Klaus Müller

Management für Ingenieure
Grundlagen · Techniken · Instrumente

Zweite Auflage
mit 105 Abbildungen

Springer-Verlag
Berlin Heidelberg New York
London Paris Tokyo
Hong Kong Barcelona Budapest

Prof. Dr. - Ing. Klaus Müller
Honorarprofessor an der Technischen Universität München,
Geschäftsführer der Treuhand Osteuropa
Beratungsgesellschaft mbH, Berlin (TOB),
Leipziger Straße 5-7, 10100 Berlin

ISBN 3-540-55197-2 2. Aufl. Springer-Verlag Berlin Heidelberg New York

ISBN 3-540-18454-6 1. Aufl. Springer-Verlag Berlin Heidelberg New York

CIP-Titelaufnahme der Deutschen Bibliothek:
Müller, Klaus:
Management für Ingenieure : Grundlagen, Techniken, Instrumente / Klaus Müller. - 2. Aufl. - Berlin ; Heidelberg ; New York ; London ; Paris ; Tokyo ; Hong Kong ; Barcelona ; Budapest : Springer, 1994
ISBN 3-540-55197-2

Dieses Werk ist urheberrechtlich geschützt. Die dadurch begründeten Rechte, insbesondere die der Übersetzung, des Nachdrucks, des Vortrags, der Entnahme von Abbildungen und Tabellen, der Funksendung, der Mikroverfilmung oder der Vervielfältigung auf anderen Wegen und der Speicherung in Datenverarbeitungsanlagen, bleiben, auch bei nur auszugsweiser Verwertung, vorbehalten. Eine Vervielfältigung dieses Werkes oder von Teilen dieses Werkes ist auch im Einzelfall nur in den Grenzen der gesetzlichen Bestimmungen des Urheberrechtsgesetzes der Bundesrepublik Deutschland vom 9. September 1965 in der jeweils geltenden Fassung zulässig. Sie ist grundsätzlich vergütungspflichtig. Zuwiderhandlungen unterliegen den Strafbestimmungen des Urheberrechtsgesetzes.

© Springer-Verlag Berlin, Heidelberg 1995
Printed in Germany

Die Wiedergabe von Gebrauchsnamen, Handelsnamen, Warenbezeichnungen usw. in diesem Werk berechtigt auch ohne besondere Kennzeichnung nicht zu der Annahme, daß solche Namen im Sinne der Warenzeichen- und Markenschutz-Gesetzgebung als frei zu betrachten wären und daher von jedermann benutzt werden dürften.

Sollte in diesem Werk direkt oder indirekt auf Gesetze, Vorschriften oder Richtlinien (z.B. DIN, VDI, VDE) Bezug genommen oder aus ihnen zitiert worden sein, so kann der Verlag keine Gewähr für Richtigkeit, Vollständigkeit oder Aktualität übernehmen. Es empfielt sich, gegebenenfalls für die eigenen Arbeiten die vollständigen Vorschriften oder Richtlinien in der jeweils gültigen Fassung hinzuzuziehen.

Einbandgestaltung: Konzept & Design GmbH, Ilvesheim
Satz: Datenkonvertierung durch Lewis & Leins Buchproduktion, Berlin
Herstellung: PRODUserv Springer Produktions-Gesellschaft, Berlin
SPIN: 10059051   68/3020-5 4 3 2 1 0 – Gedruckt auf säurefreiem Papier.

Für Irmi

Vorwort zur 2. Auflage

In den letzten Jahren hat sich die Managementlehre rasch weiterentwickelt, ja man kann sogar von Trendbrüchen sprechen. Dies hat eine Überarbeitung des Buches erforderlich gemacht. Der Grundgedanke, mit dem Managementprozeß als Leitlinie einen Überblick über die heute in der Wirtschaft anzutreffenden Managementbegriffe, -methoden und -systeme zu geben, wurde beibehalten. Auch wenn das „Modell" vom Managementprozeß auf der Basis „linearen Denkens" entstanden ist und man heute als Folge der Beschäftigung mit der viel komplexeren Wirklichkeit gelernt hat, daß die Funktionen tatsächlich nicht so linear hintereinander ablaufen, wurde an diesem ordnenden Rahmen festgehalten.

Der einführende Seitenblick auf die geschichtliche Entwicklung des Management soll die unterschiedlichen Wurzeln und Denkrichtungen zeigen. So sieht man, daß noch viele, heute angewandte „Grundsätze" auf eigentlich veraltete Gedanken der „Väter" des Mangement zurückzuführen sind.

Die Kapitel über Organisation und Managementmodelle sind um neue Konzepte wie etwa die „Fraktale Fabrik" erweitert. Auch an der auszugsweisen Darstellung der „Erfolgsstories" mit empirischen Ergebnissen wurde festgehalten um zu zeigen, wie komplex die Praxis wirklich ist und daß mit bestimmten Instrumenten und Vorgehensweisen ein größerer Erfolg erreicht werden kann. Der zunehmenden Kritik an den Methoden und Instrumenten des amerikanischen Management und der Diskussion um die Erfolge japanischer Unternehmen wurde durch Hinzufügen von zwei weiteren Kapiteln Rechnung getragen.

Die Ziele sind unverändert geblieben. Das Buch soll einen Überblick vor allem für Ingenieure geben und dies anhand von Beispielen verdeutlichen.

Berlin, im November 1994   Klaus Müller

Vorwort zur 1. Auflage

Dieses Buch richtet sich ebenso an angehende Ingenieure in der Ausbildung wie an Ingenieure in der Praxis, die mit Fragen des Management täglich in Berührung kommen, denen aber ein Gesamtbild von den komplexen Zusammenhängen und vom Prozeß des Management fehlt. Es will Ingenieuren einen Überblick über die mit der Führung von Organisationen verbundenen Aufgaben, Funktionen, Techniken und Instrumente geben.

Als gedankliches Gebäude dient der Managementprozeß, dessen modellhafte Darstellung der mit allen Managementtätigkeiten verbundenen Aufgaben dem ingenieurmäßigen Denken stark entgegen kommt. Anhand der einzelnen Funktionen im Managementprozeß werden die Aufgaben, Tätigkeiten und Systeme dargestellt, die Ingenieure als Manager und Führungskräfte im Unternehmen und in dessen Teilbereichen erwarten. Zwar tragen nur wenige Ingenieure die Gesamtverantwortung in Unternehmen, aber auch auf nachfolgenden Ebenen der Unternehmenshierarchie ist das Verständnis der Gesamtzusammenhänge wichtig, wenn die Ziele und Strategien der Unternehmensleitung erfolgreich in Maßnahmen und Ergebnisse umgesetzt werden sollen.

Das Buch ist aus einer Vorlesung über die Grundlagen des Management für Ingenieure entstanden. Sein Ziel ist es, einen Überblick über ein Gebiet zu geben, das erst in den Anfängen seiner Entwicklung steht. Dieser Überblick soll dazu dienen, die Vielfalt der im Berufsleben einströmenden Eindrücke in ein Gesamtbild einordnen zu können, sei es, daß sie aus Sicht des Vorgesetzten oder des „geführten" Mitarbeiters erlebt werden.

Im Titel wurde bewußt der Begriff „Management" und nicht das im Deutschen häufig synonym verwendete „Führen" benutzt, da der Unterschied zwischen dem im Managementprozeß enger gesehenen Führen als Beeinflussung des Verhaltens, und dem Management, als globalem Prozeß der Unternehmensführung, herausgearbeitet werden soll.

In dem Bestreben, eine Gesamtschau zu geben, wurde mit einem Überblick über die geschichtliche Entwicklung der Managementlehre begonnen. Auf diese Weise läßt sich am einfachsten ein Verständnis für die Vielfalt und Uneinheitlichkeit der umfangreichen Literatur vermitteln. Es zeigt sich, daß Management keinesfalls Domäne der Kaufleute und Wirtschaftswissenschaftler ist. Ingenieure haben einen erheblichen Anteil an der Entwicklung einer Managementlehre beigetragen.

Ingenieure erwerben ihre berufliche Qualifikation in einer langjährigen Ausbildung und setzen ihre Fähigkeiten und ihr Wissen seltener als „Nurfachleute" oder „Einzelkämpfer", häufiger als Führungskräfte und Vorgesetzte zahlreicher Mitarbeiter in einer größeren Organisation ein. Obwohl dies mit Sicherheit zu anderen, als rein technischen Tätigkeiten führt und zusätzliche Kenntnisse erfordert, sind die wenigsten Ingenieure darauf vorbereitet, Führungsaufgaben zu übernehmen. Zwar kann man sagen, daß dieses Wissen und die Fähigkeiten eben im Laufe eines Berufslebens erworben werden müssen, es stellt sich aber die Frage, ob es effizient ist, so vorzugehen und ob ein allgemeiner Überblick dieses lebenslange Lernen nicht erleichtern müßte.

Diese Lücke soll das Buch schließen. Es will weder Rezepte liefern, noch Techniken oder Instrumente im Detail darstellen. Ziel ist es, einen Gesamtüberblick zu geben, die wichtigsten Begriffe und Zusammenhänge darzustellen und in der Sprache des Ingenieurs zu erläutern. Es soll erlauben, sich in der betrieblichen Führungspraxis zurechtzufinden, den Inhalt dogmatisch formulierter Führungsrezepte und pragmatisch orientierter Führungsmodelle zu verstehen und kritisch zu beurteilen. Schließlich soll die Kenntnis der Begriffe helfen, sich leichter in der umfangreichen Literatur über Einzelfragen des Management zurechtzufinden und sich das im Berufsleben als Vorgesetzter und als Führungskraft notwendige Wissen auch später noch anzueignen.

Grundlage allen Managements ist die industrielle Arbeitsteilung. Ziel ist Produktivität und Effizienz. Dennoch soll in dieser Darstellung aus der Sicht des Prozeßansatzes mit der Beschreibung der Funktionen, Techniken und Instrumente nicht der Eindruck erweckt werden, Manager seien reine Technokraten. Dem widerspricht Peter Drucker in seinem Buch „Neue Management Praxis" entschieden: „Der Manager im Wirtschaftsunternehmen muß primär für wirtschaftliche Leistung sorgen. Gleichzeitig hat er die Aufgabe, die Arbeit produktiv zu machen und für die Lebensqualität der Gesellschaft und des einzelnen zu sorgen. Dies sprengt bei weitem den Rahmen der Technokratie".

Wer als Führungskraft etwas leisten will, muß sich zweifellos zuerst mit dem Handwerkszeug vertraut machen. Wer also Techniken und Instrumente kennt und anwendet, wird sicher seine Effizienz erhöhen, muß deswegen aber noch lange kein guter Vorgesetzter oder ein erfolgreicher Unternehmensführer sein.

Nürnberg, im Oktober 1987   Klaus Müller

Inhaltsverzeichnis

1 Der Begriff „Management" 1
  1.1 Was ist Management? 1
  1.2 Ist Management eine Wissenschaft? 3
  1.3 Die Entwicklung der Managementlehre 7
      1.3.1 Die vorwissenschaftliche Periode 8
      1.3.2 Die klassische Periode 9
      1.3.3 Die „Human-Relations"-Periode 12
      1.3.4 Die gegenwärtige Periode ab 1950 15
      1.3.5 Die verschiedenen „Schulen" 19
  1.4 Methoden der Managementausbildung 22
      1.4.1 Lehrmethoden 22
      1.4.2 Training on-the-job 28
      1.4.3 Training off-the-job 28
      1.4.4 Passive Lehrmethoden 28
      1.4.5 Aktive Lehrmethoden 29
      1.4.6 Gruppendynamische Methoden 30
  Literatur zu 1 32

2 Ingenieure und Management 35
  Literatur zu 2 38

3 Neuere Ansätze der Managementlehre 39
  3.1 Der kybernetische Ansatz 39
  3.2 Der Systemansatz 41
  3.3 Der situative Ansatz 49
  3.4 Der Managementprozess als Modell 53

3.4.1	Die Managementfunktionen	53
3.4.2	Die Darstellung von Mackenzie	55
3.4.3	Deutsche Auffassungen vom Management-Kreis	57
3.4.4	Managementtechniken und -instrumente	59

Literatur zu 3 62

4 Ziele setzen 63
- 4.1 Allgemeines 63
- 4.2 Zielbildung im Unternehmen 66
- 4.3 Elemente von Zielen 69
- 4.4 Zielbildungsprozeß im Unternehmen 70
- 4.5 Zielkataloge 73
- 4.6 Unternehmensphilosophie 76
- 4.7 Unternehmenskultur 82

Literatur zu 4 85

5 Planen 87
- 5.1 Der Vorgang Planen und Entscheiden 87
- 5.2 Prinzipien und Methoden des Planens 88
- 5.3 Planung in technischen Bereichen 91
- 5.4 Entscheiden und Problemlösen 93
- 5.5 Entscheidungsmodelle 101
- 5.6 Strategien 102
- 5.7 Techniken und Instrumente 103
  - 5.7.1 Erfassungs- und Analysetechniken 103
  - 5.7.2 Kreativitätstechniken 107
  - 5.7.3 Bewertungs- und Auswahltechniken 119
  - 5.7.4 Zeitplanungstechniken 122
- 5.8 Unternehmensplanung 124
  - 5.8.1 Der Zweck der Unternehmensplanung 124
  - 5.8.2 Strategische Unternehmensplanung 126
  - 5.8.3 Instrumente der strategischen Planung 133
  - 5.8.4 Operative Unternehmensplanung 144
  - 5.8.5 Dispositive Planung 148

Literatur zu 5 151

6 Organisieren 155
- 6.1 Ziele des Organisierens 155
- 6.2 Gestaltung der Organisation 156
- 6.3 Spezialisierung 160
- 6.4 Vertikale Strukturierung 161

6.5	Leitungs- oder Führungsorganisation	163
	6.5.1 Strukturierung und Hierarchie	163
	6.5.2 Kollegialinstanzen	165
	6.5.3 Teamorientierte Organisation	167
6.6	Kontrollspanne	169
6.7	Klassische Grundstrukturen	170
	6.7.1 Die Linienorganisation	170
	6.7.2 Das Mehrliniensystem	171
	6.7.3 Die Stab-Linien-Organisation	172
	6.7.4 Die Matrixorganisation	173
6.8	Koordination	174
6.9	Kommunikationsstruktur	176
6.10	Die Macht- und Autoritätsstruktur	177
6.11	Organisationsformen in der Praxis	178
	6.11.1 Handlungsorientierte Organisationen	179
	6.11.2 Organisation der Konstruktion	180
	6.11.3 Stab-Linien-Organisationen	181
	6.11.4 Fertigungsorganisation im Maschinenbau	182
	6.11.5 Objektorientierte Organisation	188
	6.11.6 Die Geschäftsbereichsorganisation	190
	6.11.7 Die Organisation von BAYER	193
6.12	Komplexität in Organisationen	199
6.13	Projektorientierte Organisationsformen	201
	6.13.1 Reines Projektmanagement	202
	6.13.2 Projektmanagement als Stabsfunktion	203
	6.13.3 Matrix-Projekt-Management	204
	6.13.4 Komponenten des Projekt-Management	206
6.14	Die Ablauf- und Prozeßorganisation	207
6.15	Das Konzept der Fertigungssegmentierung	212
6.16	Techniken und Instrumente der Organisation	214
Literatur zu 6		222

7 Führen 225

7.1	Das Wesen der Führung	225
7.2	Theorien über Führung	226
7.3	Elemente des Führungsprozesses	227
7.4	Ansätze von Führungstheorien	229
	7.4.1 Der pragmatische Ansatz	229
	7.4.2 Der eigenschaftsorientierte Ansatz	230
	7.4.3 Der Motivationsansatz	232
	7.4.4 Der Situations-Ansatz	233

7.5	Theorien über Mitarbeiterverhalten	235
	7.5.1 Der Verhaltensansatz	235
	7.5.2 Das Verhaltensmodell von Leavitt	236
	7.5.3 Die Bedürfnishierarchie von Maslow	237
	7.5.4 Zwei-Faktoren-Theorie der Motivation	238
7.6	Führungsstil	241
	7.6.1 Typologien von Führungsstilen	241
	7.6.2 Die „klassischen" Führungsstile	242
	7.6.3 Die eindimensionale Darstellung	242
	7.6.4 Die zweidimensionale Darstellung	243
	7.6.5 Das 3-D-Konzept von Reddin	245
7.7	Führungstechniken und -instrumente	247
	Literatur zu 7	248
8	**Kontrollieren**	**251**
8.1	Zweck der Kontrolle	251
8.2	Arten von Kontrolle	254
8.3	Kontrolle durch den Vorgesetzten	255
8.4	Trennung Ausführung und Kontrolle	258
8.5	Selbstkontrolle	259
8.6	Kontrollmethoden	260
8.7	Leistungsbeurteilung	262
8.8	Kontrollen im Unternehmen	263
	8.8.1 Operative und strategische Kontrolle	263
	8.8.2 Kostenkontrolle	264
	8.8.3 Kontrolle des Investitionsbudgets	264
	8.8.4 Controlling	266
	8.8.5 Interne Revision	271
	8.8.6 Kontrolle der Qualität	271
8.9	Kontrolltechniken und -instrumente	279
	Literatur zu 8	287
9	**Kommunikation**	**289**
9.1	Information und Kommunikation	289
9.2	Informationsgewinnung	289
9.3	Informationsverarbeitung	290
9.4	Informationsdarstellung	292
9.5	Informationsübermittlung	293
9.6	Informationsflut und Management	294
9.7	Informationssysteme in Unternehmen	295
	Literatur zu 9	299

10 Managementmodelle, -konzepte und systeme ... 301
- 10.1 Grundlagen und Ziele ... 301
- 10.2 Management by Exception ... 304
- 10.3 Management by Delegation ... 305
- 10.4 Management by Objectives ... 306
- 10.5 Elemente eines umfassenden Managementsystemes ... 308
- 10.6 Neue Einflußfaktoren ... 311
  - 10.6.1 Verstärkte Komplexität ... 311
  - 10.6.2 Komplexitätsbewältigung durch Formalisieren ... 313
  - 10.6.3 Komplexitätsbewältigung durch Planung ... 313
  - 10.6.4 Anwendung der Chaostheorie ... 314
  - 10.6.5 Selbstorganisation ... 315
  - 10.6.6 Vision zur Bewältigung von Komplexität ... 317
- 10.7 Die Fraktale Fabrik ... 317
- 10.8 Das Dynamik-Prinzip ... 321
- *Literatur zu 10* ... 329

11 Management und Effizienz ... 331
- *Literatur zu 11* ... 336

12 Untersuchungen über Management und Erfolg ... 337
- 12.1 Untersuchungen über Mißmanagement ... 337
- 12.2 Die Untersuchung von Peters/Waterman ... 341
- 12.3 Andere Untersuchungen über Management und Erfolg ... 346
- 12.4 Die Wertung der empirischen Ergebnisse ... 361
- *Literatur zu 12* ... 361

13 Japanische Methoden des Management ... 363
- 13.1 Unternehmensführung im Wettbewerb der Triade ... 363
- 13.2 Das japanische Wertesystem ... 366
- 13.3 Unternehmen und Mitarbeiter in Japan ... 368
- 13.4 Managementaufgaben aus japanischer Sicht ... 369
- 13.5 Kanban und Just-in-Time ... 370
- 13.6 Total Quality Management (TQM) ... 371
- 13.7 Die Philosophie von Kaizen ... 375
- 13.8 Total Productive Maintenance (TPM) ... 378
- 13.9 Die Strategien der Japaner ... 379
- *Literatur zu 13* ... 380

14 Lean Management ... 381
- 14.1 Das Toyota-Management ... 381

14.2   Erfolge des Lean Management 382
14.3   Prinzipien des Lean Management 383
14.4   Übertragbarkeit von Lean Management 391
Literatur zu 14 393

Sachwortverzeichnis 395

1 Der Begriff „Management"

1.1 Was ist Management?

Als Voraussetzung für die Entstehung des Begriffs „Management" wird die Arbeitsteilung angesehen. Eigentlich ist jedoch Management überall dort erforderlich, wo Menschen zusammen gemeinsam Ziele verfolgen. Das gilt nicht nur im industriellen Leben, sondern ebenso bei Behörden, Kirchen, Vereinen d.h. allen Organisationen. Im deutschsprachigen Raum wurde Management mit Unternehmens- oder Betriebsführung gleichgesetzt.

Es gibt zwei Aspekte des Führens: Zunächst müssen Probleme erkannt und analysiert, Entscheidungen getroffen und Maßnahmen zu deren Realisierung eingeleitet werden. Die Maßnahmen müssen geplant, organisiert und kontrolliert werden. Das ist der sachbezogene Aspekt der Aufgabe.

Darüber hinaus sind jedoch die an der Erledigung dieser Aufgaben beteiligten Personen mit einzubeziehen. Sie müssen vom Sinn der Ziele überzeugt und für die Durchführung der Maßnahmen gewonnen werden. Interessenskonflikte sind auszuräumen. Die erforderlichen Bemühungen in Richtung der Ziele sind zu steuern. Diese personenbezogene, verhaltenswissenschaftliche Komponente des Management wurde erst später erkannt. Sie wurde in Deutschland mit dem Begriff „Menschenführung" belegt [1.1]. Beide Aspekte des Managementbegriffes, der sach- und der personenbezogene Aspekt sind gleich wichtig.

Der Begriff „Management" wird in mehrfachem Sinne benutzt. Man kann darunter Personen verstehen, die Führung oder Management ausüben: das „Management".

- Management wurde durch Arbeitsteilung erforderlich

- Sachbezogener Aspekt

- Personenbezogener Aspekt

- „Menschenführung"

- Management als Institution

Dann versteht man Management im institutionellen Sinn. Management als Institution ist der Personenkreis, der entweder in der Unternehmensspitze oder auch auf anderen Ebenen eines Unternehmens oder ganz allgemein in einer Organisation „führt" oder „leitet". In dieser Verwendung hatte das Wort „Manager" oder „Management" im Deutschen lange einen negativen Beigeschmack. Deshalb wurde im Sprachgebrauch das Wort „Führungskraft" vorgezogen. Heute ist der Begriff voll in die deutsche Sprache integriert.

• Auch Meister und mittlere Führungskräfte gehören zum Management

Während früher unter Management nur die Unternehmensleitung verstanden wurde, hat sich immer mehr die Auffassung durchgesetzt, daß alle anordnungsberechtigten Stellen Managementaufgaben erfüllen. Es gehören nach dieser Auffassung ebenso mittlere Führungskräfte und Meister zum Management.

• Management im „funktionalen" Sinn ist die Summe aller Führungsaufgaben

Man kann mit Management auch die Gesamtheit der Führungsaufgaben dieser Personen in einer Organisation meinen. Dann sieht man Management als Funktion, also als Aufgabe und geht den Fragen nach: Wie wird diese Aufgabe oder Funktion „Management" erfüllt? Welche Teilaufgaben oder -funktionen beinhaltet sie? Welche Wege gibt es, um sie besonders gut, also effizient, und möglichst erfolgreich auszuführen?

• Management: Fachgebiet, Wissenschaft oder Kunst?

Schließlich kann man unter „Management" auch das Fachgebiet, eine Lehre, eine Wissenschaft oder gar eine Kunst verstehen. „Die Führungskunst besteht darin, über einen längeren Zeitraum hinweg die Kräfte zu mobilisieren und zu harmonisieren, damit jederzeit trotz aller Veränderungen, Entwicklungen und neuer Technologien eine wettbewerbsfähige Leistung im umfassenden Sinne mit vertretbarem Aufwand erstellt werden kann [1.2].

• Synonymer deutscher Begriff: „Führung"

Im deutschen Sprachraum wird Management als Funktion vielfach mit Leitung oder Führung, Unternehmungsführung, Betriebsführung, Menschenführung synonym verwendet [1.3,4]. Diese deutschen Begriffe reflektieren eine eigene historische Entwicklung, die mit der des Managementbegriffes nicht vergleichbar ist. Aus den zahlreichen Möglichkeiten, den Begriff „Management" zu erklären, seien folgende Definitionen ausgewählt:

(1) Management is doing things through others (American Management Association) [1.5].
(2) Management ist „wissenschaftliche Betriebsführung".
(3) Management sind die typischen Tätigkeiten, die Manager ausüben, wie Entscheiden, Organisieren, Planen, Kontrollieren, Führen, Koordinieren, Motivieren usw. [1.6,7].
(4) Management ist ein Prozeß, innerhalb dessen die Elemente eines Systems integriert, koordiniert und genutzt werden mit dem Zweck, die Ziele der Organisation möglichst effektiv und effizient zu erreichen. Grundlegendes Element des Managementprozesses sind: Planung, Organisation, Personalausstattung, Leitung und Kontrolle [1.8].
(5) Management ist: eine Sammlung von spezifischen Funktionen (Managementaufgaben), die mit Hilfe adäquater Techniken (Management-Techniken), von bestimmten Stellen des Systems (Managementpositionen) wahrgenommen werden, in denen hierfür geeignete Personen („das Management") tätig sind [1.9].
(6) Managen heißt: Menschen umweltbezogen in einem dynamischen Analyse-, Entscheidungs- und Kommunikationsverfahren so zu führen, daß Ziele durch planvolles, organisiertes und kontrolliertes Leisten erreicht werden [1.10].
(7) Unter Führung (Management) verstehen wir die Gesamtheit der Institutionen, Prozesse und Instrumente, welche im Rahmen der Problemlösung durch eine Personengemeinschaft (mit komplexen zwischenmenschlichen Beziehungen) der Willensbildung (Planung und Entscheidung) und der Willensdurchsetzung (Anordnung und Kontrolle) dient [1.3].

• Definitionen des Begriffes „Management"

1.2 Ist Management eine Wissenschaft?

Wir wollen in diesem Buch die Begriffe Management und Führung nicht als gleichbedeutend ansehen. Management soll als weiter gefaßter Begriff definiert werden, der die Teilaufgabe Führung mit einschließt. Führung wird im en-

• Management und Führung, hier nicht gleichbedeutend

- Führung als eine der Funktionen eines Prozesses „Management"

- Management, ist es eine Wissenschaft?

- Was ist Wissenschaft?

- Forschungsziel kann Entwicklung einer Theorie sein

- Ziel kann auch Hilfestellung bei Lösung konkreter Probleme sein

- Fragen zur wissenschaftlichen Durchdringung von Management

geren Sinn als ein zielgerichteter Beeinflussungsprozeß, als personenbezogener Aspekt des Managementprozesses verstanden, den Führungskräfte im Rahmen ihrer Tätigkeit neben anderen Managementfunktionen ausüben [1.11]. Hierauf wird später noch ausführlicher einzugehen sein.

Ist nun Management eine Lehre, eine Wissenschaft oder eine Kunst? Ist Management eine reine Angelegenheit der Praxis? Kann man Management überhaupt lehren oder ist es eine angeborene Fähigkeit?

Um die Frage zu klären, ob Management oder Unternehmensführung als Wissenschaft betrachtet werden kann, muß man zunächst definieren, was Wissenschaft ist. Wissenschaft will Phänomene des betreffenden Bereiches aufdecken und beschreiben, überprüfbare Hypothesen aufstellen und Prognosen auf Basis formulierter, überprüfter Hypothesen erlauben. Als Forschungsziel einer Wissenschaft kann die Entwicklung einer Theorie angestrebt werden. Es kann jedoch im Sinne einer praktischen Wissenschaft gewollt sein, Hilfestellung bei der Bewältigung konkreter Probleme zu leisten. Dann ist es Ziel der Wissenschaft, Theorien, Regeln oder auch nur Empfehlungen für das Handeln in der Praxis abzuleiten. Damit werden die „Theorien" der erforderliche Unterbau einer Technologie des Management. Techniken oder eine Technologie ohne solchen, durch eine Theorie fundierten Unterbau haben in ihrer Anwendung oft nur einen Zufallserfolg [1.12].

Um die Phänomene des Management wissenschaftlich zu durchdringen, sind folgende Fragen zu stellen [1.13]:

- Welche grundlegenden Ziele sollen mit Hilfe von „Management" realisiert werden?
- Welche Faktoren beeinflussen menschliches Handeln?
- Wie kann auf das Handeln eingewirkt werden?
- Zu welchen Ergebnissen führt die Anwendung von Instrumenten, Prozessen, Techniken, Prinzipien und Maßnahmen?
- Wie funktionieren Organisationen?
- Welche Faktoren beeinflussen ihr Systemverhalten?

Wissenschaftliche Aussagen werden in drei Kategorien eingeteilt [1.14]: Sie können erstens deskriptiv oder ex

1.2 Ist Management eine Wissenschaft?

plikativ, zweitens normativ und drittens technologisch sein.

Deskriptive Aussagen wollen lediglich beschreiben. Es geht um die Untersuchung des „Was ist der Fall?" und des „Wie?" von Prozessen und Strukturen sowie um die Darstellung eines möglichst isomorphen Abbildes der Realität. Wenn aus diesen Erkenntnissen die Grundlagen für die Aufstellung von Hypothesen geschaffen werden, die als generelle Aussagen in der Form „wenn - dann" über bestimmte Kausalzusammenhänge Auskunft geben, so sind sie beschreibend oder explikativ. Werden mehrere Hypothesen miteinander logisch verbunden und im Lauf der Zeit verifiziert, so gelangt man zu dem, was allgemein unter dem Begriff „Theorie" verstanden wird.

Eine Theorie ist ein System von generellen, empirisch gehaltvollen Aussagen, die zur Erklärung und Voraussage von Vorgängen und Ereignissen verwendet werden können [1.15]. Theorien sind Aussagensysteme, in denen Tatsachen, Gesetze bzw. Hypothesen, Modellvorstellungen zu einem Ganzen zusammengeschlossen sind [1.16]. Die Beobachtung von regelmäßig auftretenden Phänomenen führen bei Wissenschaftlern zu der Annahme, daß sich Gesetze oder Gesetzmäßigkeiten ableiten lassen, die zu einer Erklärung der Realität und einer Voraussage zukünftiger Ereignisse geeignet sind. In den Naturwissenschaften ist es gelungen, Theorien nach diesen strengen Anforderungen zu entwickeln. Auf dem Gebiet der Führung von sozialen Systemen und Organisationen, zu denen zweifellos auch Industrieunternehmen gehören, sind bisher keine Gesetze im Sinne von Naturgesetzen gefunden worden. Dennoch ist die Managementwissenschaft als eine angewandte Wissenschaft zu sehen, die die Aufgabe hat, Handlungshilfen, Regeln, Methoden zur Lösung von Problemen für die Praxis zu entwickeln [1.17].

Normative Aussagen beschränken sich nicht auf eine Beschreibung empirisch ermittelter Sachverhalte. Sie bewerten vielmehr im Sinne positiver oder negativer Wertschätzung [1.18]. Sie beinhalten ein Werturteil. Eine solche Aussage, die ein bestimmtes Verhalten fordert, unterstellt dabei eine Norm oder Wertvorstellung als richtig oder gültig. Wenn sie als Vorschlag, als Handlungsemp-

- Drei Kategorien wissenschaftlicher Aussagen

- Deskriptive Aussagen: Was geschieht?

- Explikative Aussagen

- Theorien wollen zur Voraussage und Erklärung von Vorgängen dienen

- Auf dem Gebiet der Führung sind bisher keine Gesetze gefunden worden

- Normative Aussagen beschreiben nicht nur, sie enthalten Werturteile

fehlung oder als Befehl geäußert wird, ist sie außerdem noch präskriptiv. Da Führungsvorstellungen immer auch mit Ideologien verknüpft waren, die aus dem sozialen Umfeld herrühren, kommt über Handlungsanweisungen, die auf Wertvorstellungen und Normen eines bestimmten Umfeldes herrühren, dessen ideologische Einstellung mit ins Spiel.

- Eine umfassende, Führungs- oder Managementtheorie existiert bisher nicht

Bis heute verfügen wir über keine umfassende, allgemein anerkannte „Führungs"- oder „Managementtheorie". Der Begriff Managementlehre wird als Sammelbegriff für Ansätze von Führungstheorien und Führungsmodellen verwendet. Parallel dazu verwendet man auch die Begriffe Führungssysteme, Führungskonzepte und Managementsysteme. Viele dieser führungstechnischen Ansätze beruhen auf Annahmen, die zum Teil auf Ergebnisse empirischer Untersuchungen zurückzuführen sind. Manchmal basieren sie auch nur auf Alltagserfahrungen und sind daher nicht unbedingt als gesichert und allgemein gültig anzusehen.

- In der Literatur werden beschreibende, erklärende und normative Aussagen vermengt

In der Literatur über Management und Führung werden häufig beschreibende, erklärende und normative Aussagen vermengt. Besonders in der praktischer orientierten Literatur ist es schwierig, normative Aussagen und Behauptungen überhaupt herauszukristallisieren. Manchmal kann man ein Werturteil nur an einem Ausrufungszeichen oder nur aus dem Zusammenhang einer umfassenden Textstelle erkennen.

Technologische Aussagen wollen auf die Frage eine Auskunft geben: „Was ist möglich?" „Wie kann dieses oder jenes Ziel erreicht werden?" Sie sind also unmittelbar für die praktische Verwertbarkeit bestimmt und deshalb sehr anwendungsbezogen.

- Technologische Aussagen sind für die praktische Verwertbarkeit bestimmt

Problematisch ist bei technologischen Aussagen, welche Voraussetzungen vorhanden sein müssen, damit sie überhaupt gültig sind. Es muß also das Umfeld, der Kontext definiert sein. Veränderungen im Umfeld können die Gültigkeit von Aussagen schlagartig in Frage stellen. Streng genommen können technologische Aussagen nur aus Erkenntnissen von bestätigten Theorien abgeleitet werden.

- Wenig allgemeingültige Aussagen

In der Managementlehre gibt es keine oder nur sehr wenig allgemeingültige Aussagen oder gar allgemeine Gesetze, weil viele Vorgänge nur stochastisch und nicht deterministisch zu sehen sind, die Zusammenhänge zwischen den beeinflussenden Faktoren und ihrem Umfeld viel zu komplex sind und sich dauernd mit zu großer Geschwindigkeit ändern. Leider besteht in der Managementlehre trotz der umfangreichen Literatur immer noch ein niedriger Entwicklungstand im Hinblick auf Beschreibung der beobachteten Phänomene und auf die Definition sowie Vereinheitlichung der zahlreichen verwendeten Begriffe. Es besteht ein Defizit an gesicherten Theorien zur Entwicklung und Untermauerung führungstechnologischer Aussagen.

• Große Komplexität des Umfeldes und der Einflußfaktoren

Hinsichtlich Management-Technologie gibt es zwar ein weites Spektrum von Führungsmodellen, -techniken und -instrumenten. Sie sind jedoch häufig pragmatisch und ohne theoretische Fundierung entwickelt worden. Trotzdem haben sie sich teilweise in der Praxis bewährt und besitzen daher ihre Daseinsberechtigung. Es ist zweifellos notwendig, sie zu kennen und sich kritisch mit ihnen auseinanderzusetzen.

• Modelle, Techniken als Management-Technologie

1.3 Die Entwicklung der Managementlehre

Wenn man sich näher mit Fragen des Management befassen will, ist es zweckmäßig, zunächst einen Blick auf die Entstehung der Managementlehre zu werfen. Auf der Basis grundsätzlicher Denkrichtungen wird die Entwicklung in mehrere Phasen eingeteilt: Nach einer vorwissenschaftliche Phase bis etwa zum Jahre 1900 bezeichnet man die Zeit von etwa 1900 bis 1930 als die klassische Periode des Scientific Management. Sie ist mit den Namen Frederik W. Taylor, Max Weber und Henry Fayol verbunden. Die neoklassische Phase, geprägt durch die Human-Relations-Bewegung fällt in die Zeit von 1930 bis 1950. Ab 1950 spricht man von der Phase der modernen Ansätze. Hierzu gehören der situative Ansatz, der systemische und verschiedene integrierte Ansätze der Managementlehre.

• Die verschiedenen Phasen in der Entwicklung der Managementlehre

1.3.1 Die vorwissenschaftliche Periode

- Selbst die technischen Leistungen des Altertums verlangten Koordinierung

Führung gab es zu allen Zeiten und in allen Kulturen als Phänomen, das durch das Zusammenleben von Menschen in Gruppen entstand. In diesen Gruppen bestanden gemeinsame Interessen, aber auch Interessenkonflikte. Daraus folgten Koordinationsprobleme, deren Lösung einer Führung bedurften. Führungs- und Organisationsprobleme bei der Verfolgung gemeinsamer Ziele traten schon sehr früh in der menschlichen Gemeinschaft auf. Man denke an die Realisierung der großen Vorhaben in der Antike, den Bau der Pyramiden, der chinesischen Mauer oder an die Verwaltung des römischen Reiches. Die Literatur über Führungsphänomene geht daher sehr weit zurück. Bereits in der Antike wurde von Plato und Aristoteles, in der Renaissance von Machiavelli [1.19] über Führung geschrieben. Managementaufgaben im heutigen Sinn traten erstmalig mit Beginn der Industrialisierung ab 1750 in Europa und insbesondere in England auf [1.20,21,22]. Die weitgehende Arbeitsteilung in den damals entstandenen Fabriken führte zu neuen Aufgabenstellungen, wie der buchhalterischen Abrechnung oder der Aufsicht bzw. Kontrolle, die man bereits als Managementaufgaben bezeichnen kann.

- Management im heutigen Sinn war erst mit der Industrialisierung erforderlich

- Planung im militärischen Bereich: General v. Clausewitz

Auch in einem anderen Lebensbereich bekamen Organisations- und Managementprobleme eine wachsende Bedeutung: bei der Führung militärischer Organisationen. Mit Analyse- und Planungstechniken befaßte sich besonders der preußische General Carl von Clausewitz (1832) [1.23]. Eine Reihe seiner Organisations- und Führungsprinzipien tauchen in späteren Managementkonzepten wieder auf.

- Führung als Gegenstand systematischer Forschung

Zum Gegenstand systematischer Forschung wurde Führung erst Anfang dieses Jahrhunderts. Führungsphänomene erregten sehr bald großes Interesse, so daß sich zahlreiche Bereiche der Wissenschaft, angefangen von der Betriebswirtschaft, der Soziologie, der Psychologie, der vergleichenden Verhaltenswissenschaft, aber auch die Erziehungswissenschaft und die Politologie ihrer annahmen.

1.3.2 Die klassische Periode

Die sogenannte klassische Phase der Managementlehre, die Phase der wissenschaftlichen Betriebsführung oder des Scientific Management fällt etwa zwischen 1900 und 1930.

Als Begründer des Scientific Management gilt der amerikanische Ingenieur Frederik W. Taylor (1856 - 1915). Er leitete durch Zusammenfassung und Systematisierung bereits vereinzelt vorhandener Gedanken und durch Bemühung um möglichst weite Verbreitung dieser Ideen die klassische Phase der Managementlehre ein [1.24, 25].

- Frederik W. Taylor als Begründer des Scientific Management

Taylor stellte fest, daß die meisten industriellen Arbeitsprozesse unzureichend strukturiert und die Arbeiter nicht genügend dafür ausgebildet waren. Seiner Meinung nach erlaubte die auf bloßen Faustregeln basierende Arbeitsweise nicht, einen optimalen Weg der Arbeitsverrichtung zu finden. Daher übernahm er die Systematik und die wissenschaftlichen Methoden der exakten Natur- und Ingenieurwissenschaften: genaue Beobachtung der Fakten, Analyse und Auswahl der wesentlichen Elemente, Vereinigung dieser Elemente in einer neuen Synthese mit anschließender Erprobung und Kontrolle. Er analysierte und erfaßte mit Hilfe genauer Zeit- und Bewegungsstudien die Arbeitsprozesse und zerlegte sie in möglichst kleine Aufgabenelemente, die von verschiedenen Arbeitern ausgeführt werden mußten. Dazu richtete er spezielle Arbeitsvorbereitungsbüros ein, die auf Basis der so gewonnenen Kenntnisse die optimale Arbeitsweise und -geschwindigkeit vorgaben. Somit führte Taylor die Trennung von Planung und Ausführung der Arbeit ein. Der Arbeiter sollte sich über seine Tätigkeit keine Gedanken mehr machen müssen.

- Beginn der Arbeitsteilung und der Arbeits- und Zeitstudien

- Einsatz der wissenschaftlichen Methoden der Naturwissenschaften

- Trennung von Ausführung und Kontrolle

Durch diese Rationalisierungsmaßnahmen steigerte Taylor die Leistung bei den ausführenden Tätigkeiten erheblich. Die Zuweisung exakt festgelegter Aufgaben zusammen mit genauen Arbeitsvorschriften sowie festgelegten Mindestmengen und Mindestzeiten führten dazu, daß jeder Arbeitsschritt und jedes Arbeitsergebnis kontrolliert werden mußte. Kontrolle im Sinne der Disziplinierung und Überwachung wurde neben der Planung der Arbeit zur wichtigsten Managementaufgabe.

- Kontrolle wurde wichtigste Managementaufgabe

- Leistungslohn war wesentlicher Bestandteil des Taylorsystems

- Taylor zielte auf die Probleme der Betriebsführung im unteren Management des Produktionsbereiches

- Durch Scientific Management kam ein völlig neues Effizienz- und Leistungsdenken

- „The Principles of Scientific Management" erschienen 1913 in deutscher Sprache

Ein wesentlicher Bestandteil des Taylor-Systems war das Lohnsystem, das beim Erreichen der vorgegebenen, „wissenschaftlich" ermittelten Fertigungszeit eine beträchtliche Belohnung in Höhe von 30 bis 100% zum normalen Lohn versprach, anderenfalls nur einen geringen Stundenlohn gewährte. Die Vorgabezeiten waren an besonders guten Arbeitern ermittelt worden und daher recht knapp bemessen. In den Augen Taylors war ein Arbeiter ausschließlich durch monetäre Anreize zu motivieren. Das Belohnungssystem sollte ihn einer Einführung des Taylor-Systems gewogen machen. Ferner sollte durch eine sorgfältige Personalauswahl sowie eine Schulung der Arbeiter ein optimales Produktionsergebnis erreicht werden.

Die Arbeiten Taylors zielten vorwiegend darauf ab, die Probleme der Betriebsführung auf der Ebene des unteren Management im Produktionsbereich zu lösen. Allerdings sah er seine Ideen nicht auf die Produktionsebene begrenzt. Er hoffte, daß seine Ideen alle betrieblichen und auch gesellschaftlichen Ebenen durchdringen und sich sein Effizienzstreben überall zum Wohle der Allgemeinheit durchsetzen würde. Taylors „Principles of Scientific Management", die 1911 veröffentlicht wurden und nach neueren Forschungen nur zum Teil von ihm selbst stammen, lieferten die Bezeichnung für eine neue Denkweise des Management. Sie ist geprägt von dem rationellsten Einsatz von Menschen und Maschinen im Produktionsprozeß, einer hohen Arbeitsteilung, der am Bestarbeiter orientierten Maximalleistung, entsprechender Personalauswahl und von Lohnanreizsystemen. Ferner verlangt sie die konsequente Trennung von planender und ausführender Tätigkeit. Insofern bedeutete Scientific Management nicht nur systematisches Methoden- und Zeitstudium, sondern ein neues Leistungs- und Effizienzdenken [1.28]. Taylors Verdienst ist es, viele neue Ideen entwickelt zu haben, die später von administrativen Managementtheorien übernommen wurden.

Das Denken des Scientific Management wurde Anfang der 20er Jahre international. In Deutschland beschäftigte man sich seit 1907 mit dem „System Taylor". Von seinen Schriften erschienen „Shop Management" 1912 in deut-

1.3 Die Entwicklung der Managementlehre

scher Sprache. Im gleichen Jahr behandelte der Verein Deutscher Ingenieure (VDI) auf seiner Hauptversammlung Fragen der wissenschaftlichen Betriebsführung unter Zuziehen amerikanischer Experten. Im Zuge der Bemühungen um neue Techniken der Rationalisierung wurden 1921 das Reichskuratorium für Wirtschaftlichkeit (RKW) und 1924 der Reichsauschuß für Arbeitszeitermittlung (jetzt: Rationalisierungskuratorium der Deutschen Wirtschaft e.V., REFA) gegründet.

Während in den USA und in anderen europäischen Ländern, wie Frankreich und Rußland, und selbst in Japan das Taylor-System auf eine größere Resonanz stieß, war die Aufnahme in Deutschland lückenhaft. Auch in Deutschland waren volltaylorisierte Betriebe kaum zu finden. Einzelne Aspekte, das objektive und wissenschaftliche Studium von Arbeitszeiten und Arbeitsabläufen zur Ermittlung von Vorgabezeiten und Akkordsätzen, wurden von der REFA-Lehre weitgehend übernommen und fanden damit Verbreitung.

Der Franzose Henri Fayol (1841–1925) setzte sich anders als Taylor nicht mehr nur mit Fragen des Management auf der unteren Produktionsebene auseinander, sondern befaßte sich mit der industriellen Gesamtorganisation von Unternehmen. Fayol war Bergbauingenieur und durchlief eine Karriere als Führungskraft bis zum Generaldirektor eines französischen Grubenunternehmens. Er publizierte als Ingenieur über technische und geologische Themen und begann erst 1900 in Vorträgen über seine Erfahrungen als Praktiker zu berichten, die 1925 als Buch [1.26] erschienen.

Fayol glaubte Management als eine Anzahl universeller, in allen Organisationen auftretender und nachweisbarer Funktionen zu erkennen. Diese Funktionen sind Planung, Organisation, Leitung, Koordination und Kontrolle. Er versuchte darüber hinaus, generell gültige Prinzipien des Management von Organisationen abzuleiten. Einige davon werden auch heute in der Praxis noch als verbindliche Handlungsmaximen betrachtet. Dazu gehören die Einheit der Auftragserteilung, wo Fayol im Gegensatz zu Taylor die Auffassung vertrat, daß jeder Mitarbeiter nur von einem Vorgesetzten Weisungen erhalten sollte.

- Die Aufnahme des Taylorsystems war in Deutschland jedoch lückenhaft

- Das objektive Studium von Arbeitszeiten wurde durch REFA übernommen

- Henry Fayol: Fragen der industriellen Gesamtorganisation

- Fayol betrachtet Management als eine Reihe spezifischer Funktionen

- Planung, Organisation, Leitung, Koordination und Kontrolle

- Einheit von Autorität und Verantwortung

- Max Webers Beitrag: der bürokratische Ansatz

- Beginn einer systematischen Organisationsforschung.

- Entstehung der „kaufmännischen" Funktion in Deutschland

Ferner verlangte er die Übereinstimmung von Autorität und Verantwortung. Das bedeutet, daß derjenige, der über die Autorität verfügt, Anordnungen zu erteilen, auch die Verantwortung tragen muß. Fayol hat wohl von allen „Klassikern" die Entwicklung der Managementlehre am stärksten beeinflußt. Auf ihn geht die heute noch bedeutende Management-Prozeß-Schule zurück.

Zu der klassischen Phase gehört auch der bürokratische Ansatz von Max Weber (1864 – 1920), der die Fragen der Führung aus der Sicht der Beschreibung und Gestaltung von Strukturen bürokratischer Organisationen behandelte [1.27]. Seine Arbeiten galten als Beginn systematischer Organisationsforschung. Er versuchte einen Zustand zu beschreiben, der als Merkmale die genaue Abgrenzung von Kompetenzen, Befugnissen, Leistungs- und Gehorsamspflicht, einen streng hierarchischen Aufbau, die Amtsführung nach formalisierten Regeln, die Besetzung von Ämtern als Ergebnis eines fachlichen Ausleseprozesses und die vertragliche Bindung der Beamten, eine feste Besoldung und klare Karrierewege aufweist. Weber sah in diesen Merkmalen bei entsprechend gestalteten Organisationen die Basis für eine maximale Effizienz und stellte die generalisierende These von der „technischen Überlegenheit" bürokratischer Organisationen auf.

Während in den USA Probleme der Werkstattorganisation und damit Fragen technischer Abläufe im Vordergrund von Managementfragen standen, gewann in Deutschland um die Jahrhundertwende der Kaufmann mit seinem Arbeitsgebiet gegenüber dem Ingenieur an Gewicht, was sich in der Gründung von Handelshochschulen ausdrückte. Die Gesamtorganisation des Betriebes, die kaufmännische Verwaltung und speziell die „Bureauorganisation" wurden Domäne des Kaufmanns und nicht des Ingenieurs [1.28].

1.3.3 Die „Human-Relations"-Periode

Die Rationalisierungsbewegung des Scientific Management sieht den arbeitenden Menschen einseitig als Produktionsfaktor. Taylors ursprüngliche Absicht war es

1.3 Die Entwicklung der Managementlehre

zwar, die entgegengesetzten Interessen der Betriebsleitung und der Arbeiter durch systematische Arbeitsanalysen auf objektiver, wissenschaftlicher Grundlage zufriedenzustellen und in Einklang zu bringen. Die negativen sozialen Auswirkungen auf der Basis der extremen Arbeitsteilung und der rücksichtslosen Gewinnmaximierung, die heute als Taylorismus bezeichnet werden, waren nicht seine ursprüngliche Absicht.

Bei Taylor wurde der Mensch als Maschine angesehen, die sich problemlos in ein optimales System einfügt. Ihm wurde unterstellt, er wolle den Arbeitsaufwand möglichst gering halten und dabei versuchen, den Lohn zu maximieren. Er meinte, das Management müsse seinen Arbeitern nur ein gerechtes Leistungslohnsystem bieten, dann würden diese die verlangten Arbeitsleistungen pflichtgemäß erbringen. Während in der klassischen Phase und insbesondere in Taylors „wissenschaftlicher Betriebsführung" die Fragen der Organisation der Arbeitsprozesse selbst in den Mittelpunkt der Überlegungen gestellt und der Mensch als rein rational handelndes Individuum betrachtet wurde, begann sich dieses Denken zu wandeln.

Die Bedeutung psychologischer Faktoren auf die Arbeitsleistung und Arbeitszufriedenheit wurde Ende der 20-er Jahre in den USA erkannt. Plötzlich wurde dem Menschen eine andere Rolle zugebilligt. Arbeitszufriedenheit, Führung der Mitarbeiter Verbesserung der menschlichen Beziehungen, Motivation und damit menschliches Verhalten rückten in den Mittelpunkt des Interesses. Dadurch wurde die Human-Relations- oder Human-Behaviour-Bewegung ausgelöst, die etwa zwischen 1930 und 1950 das Managementdenken in den USA dominierte. Mit den berühmt gewordenen Hawthorne-Experimenten wurde die Bedeutung psychologischer Faktoren auf die Arbeitsleistung und Arbeitszufriedenheit nachgewiesen. Die Anhänger der Human-Relations-Bewegung lasteten Taylor an, ein mechanistisches Denken aus dem Bereich der Maschinen auf den Menschen zu übertragen. Dieses Verhalten sei die Ursache für Desinteresse, niedrige Arbeitsmoral und für geringe Arbeitsleistung.

In den Hawthorne-Werken der Western Electric Company untersuchten Mayo, Roethlisberger u.a. [1.29] den

- Die sozialen Auswirkungen der Arbeitsteilung und der rücksichtslosen Gewinnmaximierung sah Taylor nicht

- Der Mensch war für Taylor ein rein rational handelndes Wesen

- Menschliches Verhalten rückte in den Mittelpunkt des Interesses

- Die Bedeutung psychologischer Faktoren auf Arbeitsleistung

- Die Hawthorne-Experimente zeigten den Einfluß sozialer Beziehungen auf die Leistung

Einfluß von Arbeitsbedingungen auf die Leistung von Arbeitenden in mehreren Gruppen. Diese arbeiteten bei unterschiedlichen Beleuchtungsverhältnissen. Bei einer Kontrollgruppe wurde die Beleuchtung konstant gehalten. Überraschendes Ergebnis war, daß sich die Leistung aller Gruppen, auch die der Kontrollgruppe, während der Untersuchung wesentlich verbesserten. Die Forscher erklärten den Effekt damit, daß nicht die Veränderung der physischen Arbeitsbedingungen, sondern die durch die Forscher bei ihrer Untersuchung geschaffenen sozialen Beziehungen und das Eingehen der Forscher auf die individuellen Bedürfnisse der Arbeitenden, Ursache für die Steigerung der Leistung sei.

- Die Effizienz von Organisationen hängt von sozialen Faktoren ab

Ergebnis der Hawthorne-Experimente war die Erkenntnis, daß die Effizienz der Organisation auch wesentlich von sozialen Faktoren und Einflüssen sowie von „informellen Beziehungen" innerhalb der formellen Organisation abhängt.

- Informelle Gruppen üben Einfluß durch ihre Werte und Normen aus

Arbeitsleistung ist demnach nicht nur Funktion der vorhandenen technischen Arbeitsbedingungen, sondern hängt wesentlich davon ab, wie die Arbeiter behandelt werden, wie sie ihre Arbeit, ihre Kollegen und ihre Vorgesetzten wahrnehmen. Sie finden ihre Identität in der Gruppe, wobei informelle Gruppen bestehen, die nicht mit den formell gebildeten Arbeitsgruppen übereinstimmen müssen. Von der Gruppe geprägte Wertvorstellungen und Meinungen von Kollegen sind teilweise wichtiger als die Meinungen von Vorgesetzten. Es entstand die Auffassung, daß der Manager über soziale Fähigkeiten verfügen müsse, um die informellen Gruppen zu erkennen und im Sinne der Ziele der formellen Organisation zu beeinflussen.

- Beginn der Beschäftigung mit Führung

Als Folge dieser Revolution im Denken in Form der Human-Relations-Bewegung begann man sich auch wissenschaftlich verstärkt mit dem Problem der Führung (leadership) im Sinne der Beeinflussung des Verhaltens der Mitarbeiter auseinanderzusetzen.

- Human-Relations-Ideen gelangten erst nach dem 2. Weltkrieg nach Deutschland

In Deutschland ruhte ab 1933 während des ganzen 2. Weltkrieges die Entwicklung auf dem Gebiet der Führungsforschung. In dieser Zeit konnte sich der Taylorismus ausbreiten. Erst nach dem Krieg gelangten die Human-Relations-Ideen auch nach Deutschland. In der betrieblichen Praxis haben sie den Taylorismus auch heute noch nicht völlig abgelöst. Sie leben in den Systemen vorbestimmter Zeiten auch heute noch fort. Motivation wird immer noch mit Bezahlung verbunden. Die durch die verhaltenswissenschaftlichen Ansätze verursachte Revolution im Denken löste zwar enorme Bemühungen auf dem Gebiet der Forschung zu Fragen der Führung (des „leadership") aus. Man ordnete jedoch „Führung" als eine Managementfunktion des Managementprozesses unter vielen ein, modifizierte und ergänzte die Liste der Managementfunktionen entsprechend.

- In der Praxis ist der Taylorismus heute noch nicht völlig abgelöst.

1.3.4 Die gegenwärtige Periode ab 1950

In der Nachkriegszeit und der Wachstumsphase der 50er- und 60er- Jahre standen in Europa neben dem Wiederaufbau leistungsfähiger Fabriken die Bemühungen um Produktivität und Kostensenkung im Vordergrund. Wesentliche Einflüsse auf das Managementdenken kamen aus den USA, das durch Massenfertigung standardisierter Produkte mit hoher Arbeitsteilung zu möglichst niedrigen Kosten geprägt wurde. Zunächst wurden in Europa unkritisch Führungsprinzipien, Managementmodelle und Führungstechniken aus den USA übernommen, da man von dort mehr Erfahrung mit Marktwirtschaft erwartete. Die Dominanz der amerikanischen Managementlehre war so groß, daß auch die Bildung von Begriffen und die Terminologie stark beeinflußt wurden. Mit erstaunlicher Gläubigkeit übernahmen Führungskräfte, aber auch Wissenschaftler die amerikanischen Konzepte. Die sogenannten Management-by-Modelle beherrschten die Diskussion (siehe Kapitel 10).

- Die 50er und 60er Jahre

- Einflüsse aus den USA

- Management-by-Modelle

Ende der 60er Jahre wurde in Deutschland als Managementmodell das Harzburger Führungsmodell entwickelt. Es bestand - etwas respektlos formuliert - aus der Anpassung und Anwendung der Führungsgrundsätze der preußischen Armee auf industrielle Unternehmen.

- Das Harzburger Führungsmodell

In diesem Jahrzehnt begann zunächst in den USA eine Umfeldveränderung. Das Wachstum ging zurück, der Wettbewerb nahm zu. Auch in Europa wurden die Metho-

| • Die Phase der „Marktorientierung" anstelle der „Produktionsorientierung"

den der systematischen Marktbearbeitung und „Marketingdenken" immer wichtiger. Man mußte Marketinginstrumente einführen und Marketingkonzepte entwickeln, da der Umschwung von der Mangelwirtschaft der Nachkriegszeit zu einem Angebotsüberhang eintrat und sich viele Märkte von einem Käufer- zu einem Verkäufermart wandelten. Voraussetzung für eine erfolgreiche Unternehmensführung wurde es, Bedürfnisse von Kunden zu entdecken und die richtigen Leistungen für diesen Markt anzubieten.

• Die Phase der 70er Jahre

• Strategisches Management als Führungsphilosophie

Aus dem bereits 1955 aufgetauchten Begriff „Strategische Planung" entwickelte sich das strategische Management als Führungsphilosophie mit sehr viel umfassenderem Anspruch als die Marketingphilosophie. Das Konzept der Strategischen Planung mit den technokratischen Machbarkeitsvorstellungen, daß alles planbar sei, begann sich durchzusetzen. Im Rahmen von Umfeldanalysen wurden bei der strategischen Planung verstärkt die Bedeutung der Verbindung des Unternehmens mit seiner Außenwelt berücksichtigt. Der Grundgedanke der strategischen Planung ist Rationalität, planmäßiges Vorgehen, systematisches Studium der Wettbewerber und Märkte, der eigenen Unternehmensstärken und -schwächen, die Verknüpfung all dieser Analysen zu ausformulierten Strategien.

• In Deutschland Fragen der Arbeitsbedingungen und Motivation

Neben der marktorientierten Unternehmensführung wurden in Deutschland Anfang der 70er Jahre auch Fragen der zumutbaren Arbeitsbedingungen und der Motivation diskutiert. Die Bundesregierung schuf im Mai 1974 das Aktionsprogramm „Forschung zur Humanisierung des Arbeitslebens". Es traten technologische Veränderungen in vielen Industrien auf, die die Welt der Arbeit und die Arbeitsplätze veränderten.

• Einsatz formaler Modelle in Planungs- und Kontrollsystemen

Unternehmensführung präsentierte sich in den 70er Jahren als ein Mix von Menschenführung nach bestimmten Mustern und Sachführung mit Managementsystemen. Zur Lösung der Fragen auf rein sachlicher Ebene wurde durch zunehmende Verbreitung der Mikroelektronik der Einsatz von formalen Modellen in Planungs-, Kontroll- also Managementsystemen forciert. Fragen auf der Beziehungsebene zwischen den in der Orga-

1.3 Die Entwicklung der Managementlehre

nisation tätigen Menschen wurden als determiniert ablaufend und ebenfalls nach gesetzmäßig arbeitenden Modellen darstellbar betrachtet. „Menschenführung" fand zwar stark beeinflußt von der Human-Relations-Bewegung statt. Sie lief jedoch unter der Vorstellung der Steuerbarkeit nach Vorgaben von Managementkonzepten, wie etwa den Motivationstheorien von Maslow und Herzberg, oder des Verhaltensmusters von Blake/Mouton ab (siehe Kapitel 7).

Mit Ende der 70er Jahre traten viele dramatische und unerwartete Entwicklungen ein. Ein Beipiel ist die Ölkrise. Die Märkte veränderten sich rapide, sie wurden global, also weltweit und der Gegensatz zwischen Gewinnmaximierung und langfristiger Sicherung des Erfolgs und damit des Überlebens wurde größer. Als Antwort auf die Sättigung der Märkte entstanden Strategien zur Beherrschung des Wettbewerbs, insbesondere das Segmentierungskonzept, als bei General Electric beschlossen wurde, das unübersichtliche Konglomerat von komplexen Tätigkeitsbereichen in autonome, selbständig zu führende Einheiten aufzuspalten.

• Entwicklungen in den 80er Jahren: Strategien zur Beherrschung des Wettbewerbs

In den 80er Jahren wurden Fragen bestimmend wie: Warum gibt es in jeder Branche auch bei schrumpfenden Märkten erfolgreiche Unternehmen, die ausreichend Gewinn erzielen? Was machen die Erfolgreichen wirklich besser und nicht nur in einer bestimmten Situation? Daraus entstanden eine Reihe von Untersuchungen, auf die in Kapitel 12 eingegangen wird.

• Bestimmende Fragen: Was machen Erfolgreiche besser als andere?

Der Glaube an die Rationalität, die Planbarkeit von klar umrissenen Zielvorstellungen und die Kausalität wurde erschüttert. In einem gewandelten, viel dynamischeren Unternehmensumfeld wurde der Sinn des Konzeptes der strategischen Planung in Frage gestellt. In den Vordergrund des Bemühens um Management gelangten immer mehr Einflußfaktoren auf den Erfolg, wie Vision, Unternehmenskultur, Flexibilität und Lernfähigkeit, „soft facts". In der Managementliteratur beschäftigte man sich teilweise mit der weiteren Perfektionierung des strategischen Management und damit die Linearität der Zukunftsorientierung eines Unternehmens. Andere Autoren versuchten, die integrative Unternehmensentwick-

• Der Glaube an die Rationalität und strategische Planung läßt nach

• Der Einfluß von „soft facts"

- Neuere, ganzheitliche Theorieansätze des New Age

- Auftauchen der Begriffe Turbulenz und Chaos

- Der Einfluß japanischen Managements

- „Lean Management"

lung als eine nichtlinearen und nicht vorhersagbaren Vorgang zu verstehen und so eine Rückkopplung zwischen Vision und Realität herbeiführen [1.30].

Im Zusammenhang mit den Gedanken des New Age begann man bereits in den 80er Jahren an den herkömmlichen Managementtheorien zu zweifeln und entwickelte neuere, ganzheitliche Theorieansätze. Basis ist eine veränderte Vorstellung vom Wesen des Unternehmens. Dies erforderte auch ein verändertes Managementverständnis. Für ein Verständnis von Management ist es von Bedeutung ob ein Unternehmen als ein mechanistisches, geschlossenes System, zweckrationale Maschine zur Gewinnerzielung oder ein offenes soziales System angesehen wird. Das übliche System der Unternehmensplanung wurde in Frage gestellt, da dieses System eine zu geringe Flexibilität hat. Die Schnelligkeit der Veränderung des Wirtschaftslebens verlangt, daß wir die Ziele schneller erreichen oder wesentlich schneller verändern müssen.

Man begann, sich mit der enormen Schnelligkeit des Wandels zu befassen und benutzte dafür immer häufiger die Begriffe Turbulenz und Chaos. Ausdruck waren neu auftauchende Begriffe und Konzepte, wie das Dynamik-Prinzip von Pümpin [1.31], Chaos-Management [1.32,33,34], die auf die typischen Probleme, wie sie in den 80er Jahren auftraten und verstärkt in den 90er Jahren zu erwarten sein werden, antworten wollen (Kapitel 10).

Beherrschenden Einfluß auf die Diskussion über Managementfragen und -systeme gewann in den 90er Jahren der Einfluß des globalen Wettbewerbs in der sogenannten Triade, zwischen Europa, USA und Japan. Die Suche nach dem Geheimnis des weltweiten japanischen Erfolges und ihrer Wettbewerbsvorteile führte schließlich zu zahllosen Beschreibungen „japanischer" Managementmethoden und -instrumente, die sich bei näherem Hinsehen als vielfach in der westlichen Welt entstanden darstellen. In der MIT-Studie über die internationale Konkurrenz in der Automobilindustrie wurde der Begriff Lean Production geprägt, der bald als ein komplexes in sich logisches Managementkonzept unter dem Namen „Lean Management" bekannt wurde. Das spezifisch japanische Umfeld und der Ansatz des Lean Management werden in Kapitel 13 behandelt.

1.3.5 Die verschiedenen „Schulen"

Nach dem Abriß über die Entwicklungsstufen der Lehre des Management soll nochmals ein Überblick gegeben werden. Die verschiedenen Phasen lassen sich zeitlich nicht strikt trennen, umso mehr als einzelne Theorien und Denkrichtungen parallel nebeneinander existierten und teilweise heute noch bestehen. Denn vielen in der Managementliteratur bereits als veraltet und nicht mehr zutreffend oder „modern" angesehenen Denkweisen begegnet man durchaus im Alltag der betrieblichen Praxis, so daß die Kenntnis der Zusammenhänge zur Beurteilung des Managementverhaltens in der betreffenden Unternehmensumwelt wertvoll ist.

Eine Übersicht über die wesentlichen angelsächsischen Denkrichtungen oder „Management-Schulen" mit ihren Vertretern und besonderen Inhalten zeigt Bild 1.1 in Anlehnung an Koontz/O'Donnell (1961), Rühli (1973), Baugut/Krüger (1976) und Kirsch (1977).

Die prozeßorientierte Management-Schule, die letztlich auf Fayol zurückgeht, sieht in dem Phänomen des Management einen Prozeß, dessen Phasen aus einzelnen Aufgaben oder Funktionen, z.B. Planung, Organisation und Kontrolle besteht.

Die Vertreter der empirischen Management-Schule versuchen aus positiven und negativen Erfahrungen Verallgemeinerungen abzuleiten, an denen die zukünftigen Entscheidungen zu orientieren sind. Als Instrument, um diese Erfahrungen speziell bei der Ausbildung zu vermitteln, sind die in einer Reihe von Ausbildungsstätten verwendeten Fallstudien (case-studies) zu betrachten.

Die behavioristische Schule stellt in den Mittelpunkt ihrer Betrachtungen den Menschen. Ihre Vertreter machen sich die Erkenntnisse der Psychologie und Sozialpsychologie zunutze und betonen die Notwendigkeit der Befriedigung der Selbstverwirklichungsbedürfnisse des Menschen im Arbeitsprozeß.

- Kenntnis der verschiedenen Ansätze nützt im betrieblichen Alltag

- Übersicht über die angelsächsischen Management-Schulen

- Die prozeßorientierte Management-Schule

- Empirische Management-Schule

- Die behavioristische Schule

Übersicht über die angelsächsichen Managementschulen

Ausrichtung	Wichtige Vertreter	Wichtige Lehrinhalte
Prozeßorientierte Schule	Barnard (1938) Urwick (1943) Davis (1957) Simon (1957)	Erklärung des Führungsverhaltens auf Grund der verschiedenen Führungsaufgaben (Funktionen) des Management. Gliederung der Führungstätigkeit als Zyklus der Funktionen
Empirische Schule (Empirical School, Case-School)	Dale (1965) Drucker (1954) Allen/McFarland (1958)	Ableitung von Führungsgrundsätzen (principles) mit Allgemeingültigkeitsanspruch aus praktischen Erfahrungen. Vermittlung des Managementwissens mit der Fallmethode
Behavioristische Schule (Human Behavior School)	Barnard (1938) Blake/Mouton (1964) Likert (1961) Maslow (1954) McGregor (1963) Odiorne (1967) Tannenbaum (1961)	Erklärung des Führungsverhaltens auf Grund der Bedürfnisse von Individuen und sozialen Gruppen, Bevorzugung gruppendynamischer Methoden bei der Schulung
Entscheidungstheoretische Schule (Decision Theory School)	Simon (1960) Ansoff (1966) Anthony (1965)	Erklärung der Führung als Entscheidungsprozeß unter Übernahme der Denkkategorien der mathematischen Entscheidungstheorie
Mathematische Schule	Churchman/Ackoff/Arnoff (1957)	Abbildung von Führungsproblemen durch mathematische Modelle mit quantitativen Optimal- oder Näherungslösungen
Kybernetische Schule	Beer (1967) Forrester (1961) Johnson/Kast/Rosenzweig (1963)	Erklärung des Managementphänomens als kybernetischer Prozeß. Besondere Beachtung der Informations- und Kommunikations-vorgänge
Integrierter Führungsansatz	Litchfield (1956) Frederick (1963) Vromm/Netton (1972)	Ganzheitliche Betrachtung der Führung

Bild 1.1: Die wesentlichen angelsächsischen „Management-Schulen" mit ihren Vertretern und besonderen Inhalten in Anlehnung an Koontz/O'Donnell (1961), Rühli (1973), Baugut/ Krüger (1976) und Kirsch (1977).

- Entscheidungs-orientierte Schule

- Die mathematische Schule

Die entscheidungsorientierte Schule hingegen betont vor allem den Entscheidungsprozeß als wichtigste Aufgaben des Managers.

Die mathematische Schule betrachtet Management als einen logischen Prozeß, der sich durch mathematische Modelle beschreiben und mit Operations Research-Methoden optimieren läßt.

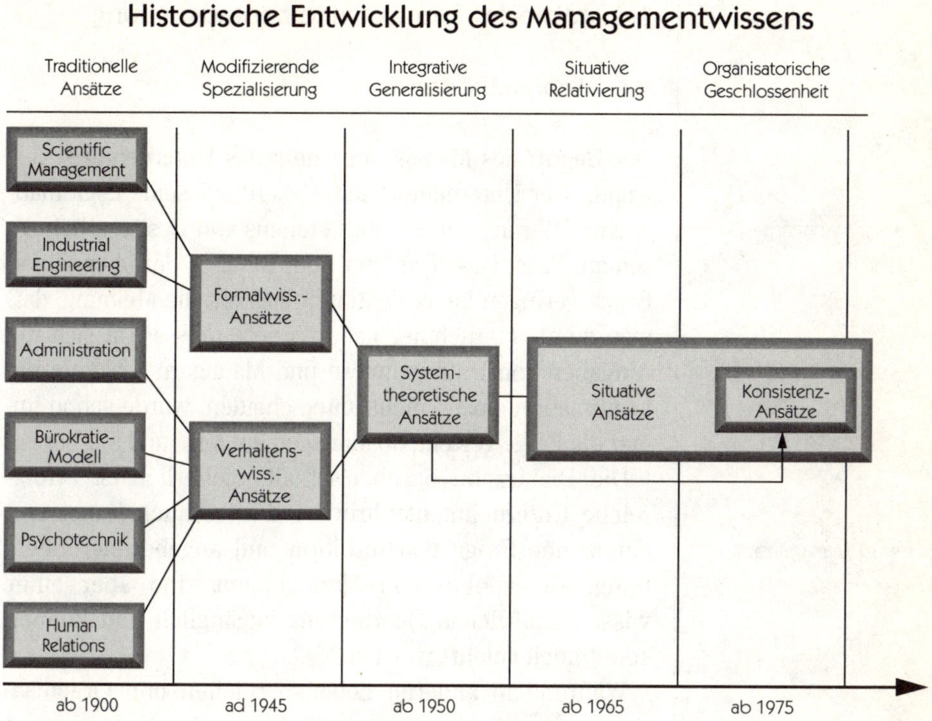

1.3 Die Entwicklung der Managementlehre

Historische Entwicklung des Managementwissens

Traditionelle Ansätze	Modifizierende Spezialisierung	Integrative Generalisierung	Situative Relativierung	Organisatorische Geschlossenheit

Scientific Management
Industrial Engineering
Administration
Bürokratie-Modell
Psychotechnik
Human Relations

Formalwiss.-Ansätze
Verhaltenswiss.-Ansätze

Systemtheoretische Ansätze

Situative Ansätze

Konsistenz-Ansätze

ab 1900 — ad 1945 — ab 1950 — ab 1965 — ab 1975

Bild 1.2: Die Entwicklung zum situativen Ansatz nach Stähle (1985)

Die kybernetische Managementschule (Systemansatz) versucht die Führung aufgrund kybernetischer Denkweisen zu beschreiben und zu erklären.

Eine gute Übersicht über die Entwicklung der Managementansätze aller Perioden gibt Staehle [1.35] (Bild 1.2). Er stellt die Ansätze der verschiedenen Führungs- und Organisationstheorien dar und zeigt, daß sie sich mit zunehmender Integration zu einer umfassenden Führungstheorie hin entwickeln. Staehle ist sich dabei bewußt, daß die formalwissenschaftlichen und die verhaltenswissenschaftlichen Ansätze durch die Systemtheorie nicht durchgängig integriert wurden, sondern sich parallel entwickelt haben. Das Systemdenken haben sie als Bezugsrahmen genutzt. Die Konsistenzansätze integrieren schließlich die systemtheoretischen und die situativen Ansätze unter dem Aspekt der Geschlossenheit der Organisation.

• Die kybernetische Schule

• Übersicht über Entwicklung der Managementansätze

1.4 Methoden der Managementausbildung

1.4.1 Lehrmethoden

- Ist Management lehrbar?

Der Begriff des Managers ist dem des Unternehmers verwandt. Der Unternehmer leitet allerdings seine Legitimation zur Führung eines Unternehmens von Besitzverhältnissen ab. Er ist Gesellschafter oder Inhaber, der über seinen Besitz verfügen kann. Weitläufig besteht die Meinung, daß man zum Unternehmer geboren sein müsse. Da sich die Aufgaben von Unternehmern und Managern – bis auf die Legitimation dazu – nicht unterscheiden, wurde schon immer die Frage gestellt, ob Management lern- und lehrbar ist.

- Ist Management eine Kunst?

Die Diskussion darüber ist alt. Sicherlich ist erfolgreiche Unternehmensführung teilweise auch Kunst und damit eine Frage von Intuition und angeborener Begabung. Teilaspekte von Management sind aber einer wissenschaftlichen Bearbeitung zugänglich und können somit auch gelehrt werden.

- Managementausbildung ist kein Ziel deutscher Universitäten

Während in anderen Lebensbereichen und Organisationen wie z.B. der Armee, der Kirche, bei Beamten und im diplomatischen Dienst eine formale Ausbildung- für die beruflichen Aufgaben immer schon selbstverständlich war, galt dies offensichtlich für die europäische Wirtschaft und Industrie lange Zeit nicht. Das Bildungssystem war so gedacht, daß die höheren Schulen die Zielsetzung der „Studierfähigkeit" verfolgten. Als Ergebnis einer kontinuierlichen Entwicklung über Jahre sollen die Schüler an bestimmte Formen des Arbeitens herangeführt werden. Die Hochschulen konzentrierten sich auf die Ausbildung eines fachlich hochqualifizierten, wissenschaftlich ausgebildeten und wissenschaftlich denkenden Nachwuchses. Eine praxisorientierte, direkte Vorbereitung auf Managementaufgaben ist an den deutschen Universitäten daher kein Ziel des Studiums. Ausnahmen bilden die erst vor wenigen Jahren gegründeten privaten Institutionen wie die Wissenschaftliche Hochschule für Unternehmensführung, Koblenz und die European Business School, Oestrich-Winkel.

In den USA etablierte sich „Management" als Lehrfach an der Universität bereits um die Jahrhundertwende. Als die berühmteste aller amerikanischen „Business Schools" in Harvard gegründet wurde, bestanden bereits mehrere solcher Einrichtungen, die an der Universität das Lehrfach „Business Administration" vermittelten. Die Ausbildung orientierte sich stark an der Praxis. Es wurden schon sehr bald Kurse über Management allgemein und Management in bestimmten Wirtschaftszweigen gegeben. Heute ist der Grad des MBA (Master of Business Administration) in den USA einer der begehrtesten Bildungsabschlüsse für eine Managementlaufbahn und gilt als Eintrittskarte zu höheren Managementebenen.

- In den USA ist „Management" ein universitäres Lehrfach

In Europa hat der heute in den USA übliche Weg, Führungsnachwuchs bereits an den Hochschulen oder in Zusatzstudien (Post-Graduate-Studies) heranzuziehen, keine so weite Verbreitung gefunden. Die bedeutendsten amerikanischen Business Schools, wie Harvard Business School, Stanford Business School u.a. mit ihren praxisnahen Lehrmethoden wurden in Europa beispielsweise am INSEAD in Fontainebleau und in der London Business School nachgeahmt.

- Geringere Verbreitung von Post-Graduate-Studies in Europa

In den deutschsprachigen Ländern wurden Managementfragen zunächst von Ingenieurwissenschaftlern aufgegriffen. An den technischen Hochschulen in Berlin (1904), Aachen (1906) und Hannover (1907) entstanden Lehrstühle für Betriebswissenschaft. Dort wurden die angehenden Manager der Produktion ausgebildet. Die etwa gleichzeitig entstandenen kaufmännischen Ausbildungsstätten und Handelshochschulen beschäftigten sich weniger mit den Fragen von Führung und Organisation, sondern mehr mit der „Kontrolle der Betriebsgebahrung", also Kontrolle der Kosten, und anderen, den kaufmännischen Disziplinen zuzuordnenden Fragen.

- Ingenieure beschäftigten sich in Deutschland zuerst mit Management

Die daraus entstandene deutschsprachige „Betriebswirtschaftslehre" als eigene, an den Universitäten vertretene Lehre und Wissenschaft begann sich mit den Fragen des Management zu befassen. Es wurde die Auffassung vertreten, die Managementlehre sei mit der Betriebswirtschaftslehre identisch. Andere Autoren sahen die Managementlehre als einen Teil der Betriebswirtschaftslehre oder eine weitgehende Identität [1.36].

- Entstehung der Betriebswirtschaftslehre

- Wirtschaftliche Aufbaustudien an technischen Hochschulen

- Kritik an der Vorbereitung von Managern an den Business Schools

- Ausbildung zu analytisch, ohne Verständnis für die Sache zu vermitteln

Die Ausbildung an Universitäten als Vorbereitung für Führungspositionen in der Industrie war damit nach dem Kriege lange auf die Betriebswirtschaft und auf zusätzliche, kaufmännische Disziplinen an den technischen Hochschulen konzentriert. Dort entstanden auch wirtschaftswissenschaftliche Aufbaustudien als Ergänzung zu den technischen Grundstudien und als Vorbereitung für gehobene Positionen, in denen „technisches Wissen nicht ausreiche". Eigene Lehrveranstaltungen und Vorlesungen über Betriebsführung, Führung und Organisation oder Management zur Vermittlung eines Grundwissens für die durch ihre qualifizierte technische Ausbildung als spätere Führungskräfte prädestinierten jungen Akademiker gab es nur ganz allmählich an den Technischen Hochschulen.

Allerdings stößt das aus den USA importierte Denken, eine Ausbildung „zum Manager" an einer Business School möglichst hoher Qualität sei der beste Weg, herausragende Führungskräfte auszubilden inzwischen selbst in den USA auf Kritik. So sieht Mintzberg [1.37] die Vorbereitung von Managern an den Business Schools kritisch. Er zweifelt daran, daß im Alter von vierundzwanzig Jahren und ohne Berufserfahrung Kandidaten mit Managementpotentialen ausgewählt werden können. Insbesondere hält er die inzwischen weltweit verwendeten Aufnahmetests, wie den bekannten GMAT (Graduate Management Aptitude Test) als Selektionskriterien für die Aufnahme von Kandidaten nicht für relevant. Die intuitiven Fähigkeiten der Bewerber würden ebenso wie ihre Führungs- und Managementfähigkeiten bei der Auswahl nicht in Betracht gezogen. Mintzberg weist auf eine nur geringe Korrelation zwischen guten Resultaten an einer Business School und Managementerfolg oberhalb einer bestimmten Ebene im Management hin. Die Studenten lernen seines Erachtens an den Business Schools zu viel formales Wissen und allgemeine Techniken. Sie absolvieren also eine rein analytische Ausbildung, ohne wirkliches Verständnis von der Sache zu haben. Intuition und Urteilsfähigkeit werden kaum entwickelt und quantitative Verfahren überbetont.

Mintzberg schreibt: „Meine ideale Managementausbildung würde Führungskräfte prüfen, ob sie mit Herstel-

1.4 Methoden der Managementausbildung

lung und Verkauf in einer Branche vertraut sind, um dann ihr implizites Wissen und ihre natürliche Intuition mit der besten Entwicklung von Fertigkeiten, konzeptionellem Wissen und praktischen Techniken zu überlagern, so daß sie eine neue Perspektive für das entwickeln, was sie bereits gut kennen."

Für Europa ist der Beitrag der wissenschaftlichen Hochschulen zur Ausbildung eines „berufsfähigen" Führungsnachwuchses daran zu messen, in wieweit er den Anforderungen an Führungskräfte in der Wirtschaft und Verwaltung gerecht wird. Dabei wird der Einfluß der Führungslehre, wie sie von den Universitäten und Hochschulen vermittelt wird, auf die Führungspraxis der Betriebe relativ gering eingeschätzt [1.38]. Stärkeren Einfluß als die Universitäten üben die Managementschulen auf die Führungspraxis aus.

Im Unterschied zu der amerikanischen Situation, wo der MBA als grundlegende Berufausbildung angesehen wird, verfügen europäische Bewerber für eine Managementaus- oder Fortbildung meist über eine solide akademische Grundausbildung, die sie in einem Zusatzstudium entweder sofort nach dem Studium oder später nach einer gewissen Berufspraxis ergänzen wollen. Hier bieten sich zwei Möglichkeiten in Deutschland: Einige Universitäten wie z.B. die TU München bieten für Ingenieure als Ergänzung zum technischen Grundstudium ein arbeits- und wirtschaftswissenschaftliches Aufbaustudium an. Ferner gibt es einige „Managementschulen", an denen ein „europäischer" MBA erworben werden kann. Diese Studiengänge sind ihrem Zusatzcharakter nach kürzer als in den USA und orientieren sich stärker an der Berufswirklichkeit [1.39]. Dabei werden möglichst praxisnahe und aktive Lehrmethoden angewendet.

Die Erfahrung, daß man Management ohne eigenes Erleben von Führungsproblemen in der Praxis nur schwer lehren kann, hat bei den meisten Managementschulen in Europa zu der Forderung nach einer gewissen Berufserfahrung geführt.

Der Führungsnachwuchs wird in Europa weitgehend durch die Unternehmen selbst herangezogen. Große Unternehmen zeigen durch ihre umfangreichen, innerbe-

- Praktische Erfahrungen eigentlich Voraussetzung

- Einfluß der von den Universitäten vermittelten Führungslehre auf die Praxis ist gering

- Andere Voraussetzungen der Bewerber für Managementzusatzausbildung in Europa

- Berufserfahrung an Managementschulen gefordert

- Bevorzugt wird in Europa die innerbetriebliche Schulung

- 3 Stufen bei der Managementaus- und -fortbildung

- Die erste Stufe: Vermittlung von Wissen

trieblichen Schulungsprogramme im Rahmen ihrer Personalentwicklungs- und -ausbildungssysteme, daß die Frage der Lernbarkeit des Management bei ihnen nicht mehr zur Diskussion steht. Großunternehmen haben allerdings den Vorteil, daß sie gestuft nach Alter, Karrierestufe und Erfahrungsstand ausbilden können. Mit dem Ziel des lebenslangen Lernens kann eine Auswahl derart verbunden werden, daß vor allem die wirklich für Managementaufgaben geeigneten Mitarbeiter weitergebildet und gefördert werden. Darüber hinaus besteht die Problematik mangelnder Praxiserfahrung und damit mangelnder Vorstellungskraft bei diesem Weg nicht. Als besonderer Vorteil gezielter, betriebsinterner Managementschulung wird angesehen, daß alle Führungskräfte nach Durchlaufen eines solchen Programmes die gleiche Lernerfahrung und den gleichen Wissensstand haben. Dadurch entsteht ein positiver Einfluß auf ihr Führungsverhalten und eine Vereinheitlichung des Führungsstils in der Firma.

Bei der Aus- und Fortbildung auf dem Gebiet des Management [1.40] unterscheidet man 3 Stufen (Bild 1.3): Vermitteln von Wissen (Knowledge), Training des Könnens (Skills, Techniques) und Ändern des Verhaltens (Attitudes).

Erste und am einfachsten erreichbare Stufe ist es, sich Kenntnisse über Vorgänge, Zusammenhänge und Ursachen von Management- und Führungsprozessen sowie über Methoden und Techniken zu erwerben. Die Aufnahme dieses Wissens ist nur ein passiver Vorgang. Es

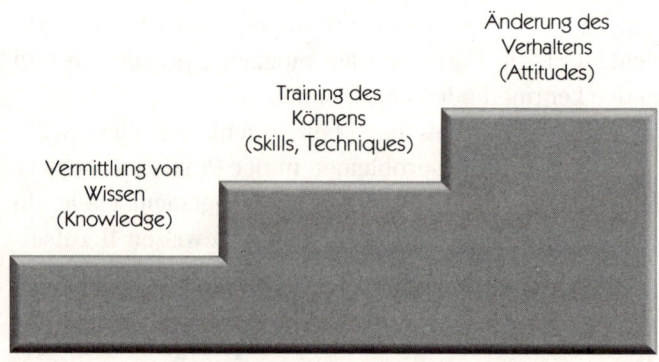

Bild 1.3: Stufen der Managementaus- und -fortbildung

1.4 Methoden der Managementausbildung

kann daher auch in Vorträgen und Vorlesungen vermittelt werden.

Ein zweiter Schritt, die Anwendung dieses Wissens und die Umsetzung in Können und Fähigkeiten, ist deswegen davon zu trennen, weil Methoden und Vorgehensweisen allein durch ihre Kenntnis meist noch nicht beherrscht werden. Sie müssen erlernt und dann auch geübt werden.

- Die zweite Stufe: Training des Könnens

Davon wiederum zu unterscheiden ist die Änderung des Verhaltens deswegen, weil oft trotz richtiger und erfolgreicher Beherrschung von Methoden ein weiterer Schritt notwendig ist. Die Betroffenen müssen innerlich überzeugt werden, daß eine geänderte und neue Arbeitsweise richtig ist und sich mit diesem Verhalten bessere Ergebnisse erzielen lassen. Viele Verhaltensweisen, die durch Kindheit, Jugend und die bisherige Berufslaufbahn geprägt wurden, bereiten einem Menschen bei Führungsaufgaben Schwierigkeiten. Sie lassen ihn auf Widerstände stoßen oder machen ihn unfähig, im Team zu arbeiten.

- Die dritte Stufe: Änderung des Verhaltens

Während man lange Zeit der Meinung war, solche Verhaltensweisen seien irreparabel, hat man in jüngerer Zeit Methoden entwickelt, die es vor allem im Rahmen gruppendynamischer Prozesse ermöglichen, in gewissem Umfang das Führungsverhalten zu verändern und anzuziehen. Eine Übersicht über die verschiedenen Gruppen von Lehrmethoden zeigt Bild 1.4:

- Methoden zur Änderung des Führungsverhaltens

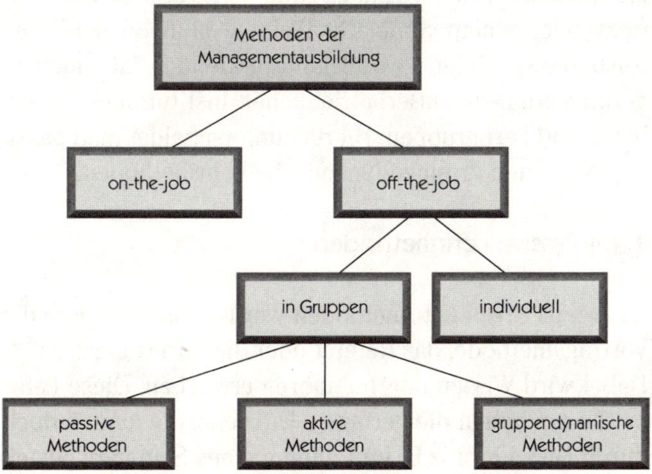

Bild 1.4: Übersicht über Managementausbildungsmethoden

1.4.2 Training on-the-job

- „Learning-by-doing"

- Training on the job

Die gebräuchlichste Ausbildungsmethode, sowohl für Fach- als auch Führungsaufgaben, ist die Konfrontierung mit Aufgaben an der auszufüllenden Arbeitsstelle und die Lösung der dort ohnehin anstehenden Aufgaben, „learning-by-doing". So ist häufig das Vorgehen bei Neubesetzung einer Position im Rahmen einer gezielten und geplanten Einarbeitung durch allmähliches Heranführen an alle mit der Stelle verbundenen Aufgaben. „Training on-the-job" ist das Lernen durch Ausfüllen der Position mit der Übernahme auch der Verantwortung für seine Fehler. Das bedingt, daß ein solches Training nicht zu kurz sein darf.

- Job-Rotation

Um einen größeren Aufgabenbereich oder eine neue Firma kennenzulernen wird oft die sogenannte „job-rotation" gewählt, wo durch gezieltes Versetzen innerhalb eines Betriebes eine Reihe von Aufgaben über längere Zeit an verschiedenen Arbeitsstellen gelöst werden.

1.4.3 Training off-the-job

- Passive, aktive und gruppendynamische Lehrmethoden

Die Vermittlung von zusätzlichem Wissen und neuen Techniken wird am besten ungestört vom Tagesgeschäft „off-the-job" erfolgen. Bei einfachen, programmierbaren Zusammenhängen kann individuelles Lernen mit programmierter Unterweisung, computergestütztem Unterricht oder einem Simulator-Training sinnvoll sein. Die Ausbildung erfolgt sowohl innerbetrieblich, als auch in Veranstaltungen außerbetrieblicher Institutionen in Arbeits- und Lerngruppen. Hierbei unterscheidet man passive, aktive und gruppendynamische Lehrmethoden.

1.4.4 Passive Lehrmethoden

- Wissenserwerb mit geringer Effizienz durch Zuhören

Zu den passiven Lehrmethoden werden insbesondere die Vortragsmethode, das Referat oder die Vorlesung gezählt. Dabei wird Wissen durch Zuhören erworben. Diese Lehrmethoden haben die geringste Effizienz. Sie kann jedoch durch Diskussion z.B. im Rahmen eines Seminars gesteigert werden.

1.4.5 Aktive Lehrmethoden

Sehr viel effizienter sind aktive Lehrmethoden, bei denen der Teilnehmer an einer Lehrveranstaltung durch aktive Mitarbeit lernt. Zu den aktiven Methoden gehört die Fall-Methode (Case-Method). Fall-Studien sind nicht zu verwechseln mit Beispielen, die ein vorgetragenes Thema erklären sollen. Die Fall-Studie schildert eine aus einem realen Unternehmen entlehnte Geschäftssituation und vermittelt die relevanten Informationen über dieses Unternehmen, seinen Markt und seine Umwelt. Der Lernende hat allein oder im Team ein bestimmtes Problem zu lösen. Dazu muß er die ihm gebotenen Informationen sichten, werten und dann eine begründete Entscheidung treffen. Diese Entscheidung ist unter Umständen vor allen Seminarteilnehmern vorzutragen und zu verteidigen.

- Aktive Mitarbeit in der Fall-Methode

Eine Variante der Fallmethode ist die Incident-Method, bei der ein Problem mit wenigen Informationen vorgegeben wird, die zur Lösung nicht ausreichen. In begrenzter Zeit besteht die Möglichkeit, die fehlenden Informationen zu erfragen oder anderweitig zu erforschen. Hierbei geht es neben der Entscheidung darum, daß der Lernende erkennt, welche Informationen für eine Entscheidung erforderlich sind.

- Incident-Methode als Variante

Bei der In-Basket-Method, die auch zur Bewerberauswahl bei Führungskräften verwendet wird, werden die Teilnehmer mit dem Inhalt des Posteingangkorbes eines Managers konfrontiert. Darin sind zahlreiche Briefe, Aktennotizen, Firmenunterlagen etc. enthalten. Hier geht es darum, in begrenzter Zeit und meist mit unvollständigen Informationen die dringendsten Probleme zu erkennen und zu lösen.

- In-Basket-Method dient auch zur Bewerberauswahl

Beim Rollenspiel führen die Teilnehmer von einer beschriebenen praktischen Situation des Betriebslebens aus einen Handlungsablauf durch Übernahme von einzelnen Rollen weiter. Jeder muß versuchen, das Spiel in die von ihm gewünschte Richtung zu bringen. Nach dem Rollenspiel erfolgt eine Diskussion des Spielablaufes und eine Verhaltenskritik.

- Das Rollenspiel

In Planspielen treten mehrere Parteien auf einem oder mehreren Märkten in den Wettbewerb. Die Ausgangsposi-

- Planspiele

tion wird jeder Partei durch Bilanzen, Gewinn- und Verlustrechnungen und Zusatzinformationen vorgegeben. Es gilt jetzt, das Unternehmen so zu führen, daß seine Lage verbessert wird, wobei die anderen Teilnehmergruppen in dem Spiel als Wettbewerber auftreten. Planspiele haben zum Ziel, Teilnehmer zur Teamarbeit zu erziehen und einen Überblick über Zusammenhänge und jene Teile des Unternehmens zu geben, in denen der Lernende nicht zuhause ist.

- Simulation des Wettbewerbs in Planspielen

1.4.6 Gruppendynamische Methoden

Gruppendynamische Methoden sollen gruppendynamische Prozesse sichtbar machen und dazu dienen, das Verhalten von Menschen in Gruppen zu beeinflussen. Hierzu gehören die Fragen des Zusammenhanges zwischen Persönlichkeit und Verhalten, des Ablaufes von Lernprozessen sowohl einzelner als auch in Gruppen, der Zusammenhänge von Verhalten und Motivation, der Reaktion auf Veränderungen in sozialen Systemen und der Beeinflussung der Gründe für erfolgreiches Führungsverhalten.

- Ziel ist das Beeinflussen des Verhaltens in Gruppen

Der Lernprozeß erfolgt in einer Gruppe mit beschränkter Personenzahl zwischen 5 und 15 Teilnehmern, die in kontrollierter Isolierung von der Umwelt längere Zeit, d.h. mindestens einige Stunden aus einer unstrukturierten Anfangssituation heraus Mitglieds- und Führungsfunktionen entwickeln. Durch Reflexion und Diskussion erarbeiten die Teilnehmer ein Bewußtsein ihrer Reaktionsweisen. Dabei erfahren sie oft zum ersten Mal, wie ihr Verhalten von anderen gesehen und beurteilt wird. Bei der sogenannten Labormethode, bei der verschiedene Abwandlungen des Verhaltenstrainings zu „Laborbedingungen" durchgeführt werden, beruht das Lernen auf Erfahrungen aus Gruppenkontakten, die Lernende selbst gemacht haben.

- Lernprozeß in einer Gruppe mit 5 bis 15 Teilnehmern

Eine der gruppendynamischen Methoden, das sogenannte Sensitivity-Training, verläuft in mehreren Schritten [1.41]:

- Sensitivity-Training

(1) Verunsicherung durch ungewohnte und unerwartete Informationen. Dies wird verstärkt durch den Verlust

der gewohnten Umgebung, der Kommunikation mit Kollegen, etwaiger Statussymbole und der hierarchischen Stellung. Die Gruppe ist völlig unstrukturiert, die Teilnehmer sind gleichberechtigt und legen selber fest, worüber diskutiert wird. Aufgabe eines Trainers ist es, in der Phase des Auftauens, des unfreezing, wo das alte Verhalten in Frage gestellt wird, ein Klima des Vertrauens zu schaffen, ohne sonst einzugreifen.

- Erste Phase: Verunsicherung

(2) In der zweiten Phase, dem „moving", ändert der Teilnehmer im Idealfall sein Verhalten. Hier ist es wichtig, daß der Trainer und alle anderen Teilnehmer sich gegenseitig helfen, ein neues Verhalten auszuprobieren.

- Zweite Phase: Verhaltensänderung

(3) Damit ist der Übergang in die dritte Phase, das „refreezing" geschaffen, in der der Teilnehmer langsam auf die nüchterne Realität seiner Umwelt im Alltag vorbereitet wird. Nun zeigt sich Erfolg und Mißerfolg. Entweder der Teilnehmer kann sich mit seinen neu erworbenen Einstellungen oder Verhaltensweisen erfolgreich behaupten oder er fällt in seine traditionellen Verhaltensmuster zurück.

- Dritte Phase: Festigung des neuen Verhaltens

Die empirischen Befunde belegen, daß Sensitivity Training beim Individuum durchaus Verhaltensänderungen zur Folge haben kann: etwa die Verbesserung der Fähigkeit zuzuhören, offen zu diskutieren und die Meinung anderer zu akzeptieren. Der „back-home"-Effekt, d.h. die Anwendung der neu erworbenen Verhaltensweisen wird als gering eingeschätzt. Die Hypothese wird immer wieder bestätigt, daß diejenigen, die in solchen Labortrainings am meisten lernen und es auch effizient zuhause anwenden, Menschen sind, die man auch schon vor dem Training für neue Ideen und Verhaltensweisen als aufgeschlossen beschreiben würde.

- Verhaltensänderungen durch Sensitivity-Training durchaus erfolgreich

Eine weitere, auf gruppendynamische Verfahren aufbauende Methode zur Veränderung von Verhaltensmustern in Organisationen, die jedoch auch zu den Techniken zum Herbeiführen von Organisationsänderungen gezählt werden kann, ist die Organisationsentwicklung (organizational development). Hier soll mit gruppendynamischen Metho-

- Organisationsentwicklung zur Veränderung der Verhaltensmuster in Organisationen

den oder mit der Methode der Prozeßberatung unter Anleitung eines außenstehenden Moderators eine planmäßige Veränderung der Verhaltensmuster, Einstellungen und Fähigkeiten von Organisationsmitgliedern und der Organisations- sowie Kommunikationsstrukturen erfolgen.

Literatur zu 1

1 Staehle, W.: Management. München 1980, S. 39
2 Worpitz, H.: Wissenschaftliche Unternehmensführung? Führungsmethoden, Führungsmodelle, Führungspraxis, Frankfurt 1991
3 Rühli, E.: Unternehmungsführung und Unternehmungspolitik. Bern, Stuttgart 1973, S. 30
4 Baugut, G.; Krüger, S.: Unternehmensführung. Opladen 1976, S. 6
5 American Management Association
6 Haynes, W. W.; Massie, J.L; Wallace, M.J.: Management, Analysis, Concepts and Cases. 3. Aufl. London 1975
7 Koontz, H.; O'Donnel, C.: Principles of Management. 4th Edition New York 1968
8 Carlisle, H. M.: Management: Concepts and Situations. Chicago 1976 (zit. n. Staehle)
9 Bessai, B.: Eine Analyse des Begriffs Management in der deutschsprachigen betriebswirtschaftlichen Literatur. ZfbF, 1974, 26, S. 353-362.
10 Hesse, P.: Management Bildungskonzept in 4 Stufen. Deutsche Management-Gesellschaft. Eigenverlag 1976
11 Ulrich, P.; Fluri, E.: Management. Bern, Stuttgart 1975, S. 38
12 Steinle, C.: Führung. Stuttgart 1978, S. 28
13 Wild, J.: Betriebswirtschaftliche Führungslehre und Führungsmodelle. In: Wild(Hrsg.) Unternehmungsführung.Festschrift für Erich Kosiol. Berlin 1974, S. 160
14 Thommen, J. P.: Die Lehre von der Unternehmungsführung. Bern 1983 S. 34
15 Ulrich, H.: Die Unternehmung als produktives soziales System. 2. Aufl. Bern 1970, S. 80
16 Fasching, G.:Die empirisch-wissenschaftliche Sicht. Wien, New York 1989
17 Ulrich, H.: Management. Bern/Stuttgart 1984
18 Wunderer, R.; Grunwald, W.: Führungslehre. Berlin 1980, Bd.I, S. 22
19 Machiavelli, N.: Der Fürst. Stuttgart 1963
20 Babbage, Ch.: On the Economy of Machinery and Manufactures. London 1832.
21 Dupin, Ch.: Discours sur le sort des ouvriers. Paris 1831
22 Ure, A.: The Philosophy of Manufactures. London 1835
23 Clausewitz, C.: Vom Kriege. 1. Aufl. 1832, Frankfurt 1980
24 Taylor, F. W.: Shop Management. Paper read before the American Society of Mechanical Engineers. New York 1903
25 Taylor, F. W.: The Principles of Scientific Management. New York 1915 (deutsch: Weinheim 1970)

26 Fayol, H.: Administation industrielle et générale. Paris, 1925
27 Weber, M.: Wirtschaft und Gesellschaft. Tübingen 1972 (orig. 1922)
28 Staehle, W.: Management. München 1980, S. 20
29 Mayo, E.: The Human Problems of an Industrial Civilization. New York 1933 (Deutsche Übers.: Probleme industrieller Arbeitsbedingungen. Frankfurt 1945), S. 18
30 Turnheim, G.: Chaos und Management. Wien 1991
31 Pümpin, C.: Das Dynamikprinzip. Düsseldorf, Wien, New York 1989
32 Müri, P.: Chaos Management. München 1985
33 Peters, T.: Thriving on Chaos, handbook for a managment revolution. New York 1988
34 Lynch, D.: Delphin Strategien, Managementstrategien in chaotischen Systemen. Fulda 1988
35 Staehle, W.H.: Management. 4. Auflage München 1989
36 Kirsch, W.: Die Betriebswirtschaftslehre als neue Führungslehre, neu betrachtet, in: Fischer-Winkelmann, W.F. (Hrsg.): Paradigmawechsel in der Betriebswirtschaftlehre? Spardorf 1983
37 Mintzberg, H.: Mintzberg über Management. Wiesbaden 1991 S.91
38 Zander, E.: Aus- und Weiterbildung von Managern. in Pieper R. (Hrsg): Westliches Management - östliche Leitung. Berlin, New York 1989
39 Cox, W. H.; Cox I.: Der MBA in Europa. Frankfurt 1987 S. 29
40 Siegert, W.: Management-Bildung. In: Management Enzyklopädie, München 1975, S. 2198
41 Staehle, W.: Management. München 1980 S. 576

2 Ingenieure und Management

Betrachtet man das Bild, das Ingenieure in der Öffentlichkeit abgeben, so dominiert eindeutig der Ingenieur als Fachmann und Spezialist. Zweifellos werden die ingenieurwissenschaftlichen Disziplinen immer spezieller und die Zäune um die Fachgebiete höher. Dies bedeutet eine immer längere Ausbildung und eine geringere Flexibilität im Beruf. Ein grundlegender Wechsel des Arbeitsgebietes ist mit großen Einarbeitungsschwierigkeiten verbunden. Um bei dieser Entwicklung die zukünftigen Aufgaben in der Industrie lösen zu können, ist das Zusammenwirken vieler Fachleute notwendig. Diesen Spezialisten müssen aber Aufgaben gestellt werden. Ihre Bemühungen sind aufeinander abzustimmen, d.h. zu koordinieren. Dies kann nur übernehmen, wer fachlich etwas davon versteht: ein Ingenieur. Damit verändern sich jedoch seine Aufgaben, er ist nicht mehr Nur-Fachmann, er leitet die Tätigkeit anderer: er führt.

Führungsfähigkeit wird Ingenieuren vielfach abgesprochen. Als der deutsche Werkzeugmaschinenbau zu Anfang der 70er-Jahre in die Krise kam, hieß es: „Techniker steuern Maschinenbau in schwere Krise. Sie haben es nicht verstanden, ihre Unternehmen dem technischen Fortschritt und den Veränderungen des Marktes anzupassen" [2.1]. Ist diese Meinung berechtigt? Liegen die Gründe in fehlender Anerkennung des Ingenieurberufs, in seiner geschichtlichen Entwicklung, in einseitiger Begabung oder Tätigkeit der Ingenieure, die sich zu einer Art „Déformation professionel" auswirkt? Beruhen sie auf mangelnder bzw. ungeeigneter Ausbildung?

Zweifellos sähe das Gesellschaftsbild des Ingenieurs heute anders aus, wenn die Sozialwissenschaften ihm

- Zukunftsaufgaben erfordern das Zusammenarbeiten vieler Fachleute

- Führung der Fachleute ist Führungsaufgabe für Ingenieure

- Kritik an der Führungsfähigkeit der Ingenieure

- Gesellschaftsbild des Ingenieurs

- Zu große Fachbezogenheit der Ingenieure

- Ingenieuren fehlt wirtschaftliches Denken

- 42 % der Topmanager deutscher AGs Ingenieure

mehr Aufmerksamkeit entgegengebracht hätten [2.2]. Die Berufsgruppe der Ingenieure hatte im 19. Jahrhundert aus einer gewissen Technikfeindlichkeit einflußreicher Gruppen der Gesellschaft heraus lange um Anerkennung zu kämpfen. Die Angehörigen dieses neuen Berufs kamen aus den unterschiedlichsten sozialen Schichten. Obwohl Ingenieure abhängige Angestellte waren, manifestierte sich ein starkes Selbstbewußtsein in den neu entstandenen Fabriken, abgeleitet aus beruflicher Qualifikation und dem Stolz auf die Maschinen, die dort konstruiert und gebaut wurden. Trotzdem dauerte es über hundert Jahre, auch hervorragende Ingenieure vom Odium des „Technikers", des „Elektrikers" des „Installateurs" zu befreien. Auch nach dem 2. Weltkrieg fühlten sich Ingenieure von der Gesellschaft unterbewertet [2.3]. Doch wurde zu dieser Zeit die Führungsrolle des Ingenieurs in Technik und Wirtschaft nicht bestritten, wenngleich ihm „aufgrund seiner zu großen Fachbezogenheit und zu geringen Allgemeinbildung eine von seiner Interessenvertretung, dem Verein Deutscher Ingenieure (VDI), geforderte, ähnliche Führungsrolle in Politik und Gesellschaft versagt blieb [2.4]. Die Meinung von Nicht-Ingenieuren über Ingenieure wird jedoch auch von Ingenieuren selbst bestätigt. So schreibt Schleip in seinem Buch „Vom Ingenieur zur Führungskraft" [2.5]: „Es fehlt den Ingenieuren, auch den Diplomingenieuren, die in höhere Positionen eines Unternehmens aufstreben, fast immer – und zwar infolge ihrer einseitigen Ausbildung – nicht nur an wirtschaftlichem Denken, sondern vor allem auch an unternehmerischer Gesamtschau." Selbst Ingenieur, stellt er fest: „Wenn aber ein Ingenieur diese Wissens- und Fähigkeitslücke überwindet und sich ernsthaft um die Gesamtschau und die unternehmerische Haltung bemüht, hat er fast immer – aufgrund seiner naturwissenschaftlich exakten und praktisch logischen Denkweise – überdurchschnittlichen Erfolg".

Diese Behauptung untermauert Schleip damit, daß im Jahre 1964 42 % der Vorstände und Aufsichtsräte deutscher Aktiengesellschaften als Vorsitzenden oder stellvertretenden Vorsitzenden eine Ingenieurausbildung hatten.

Hicks [2.6] stellte fest, daß 34 % der Top-Manager großer amerikanischer Unternehmen eine technische

2 Ingenieure und Management

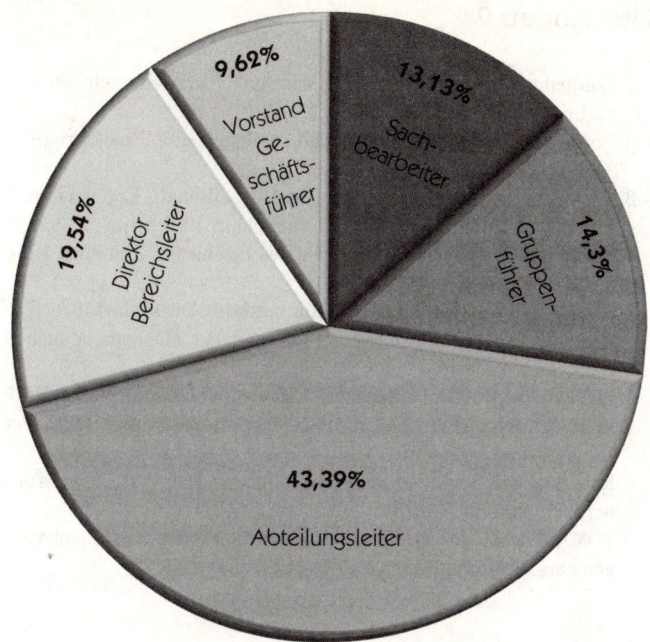

Bild 2.1: Die Stellung von Ingenieuren im Unternehmen bei ihrer Pensionierung.

oder naturwissenschaftliche Ausbildung haben. Von allen Führungskräften in der amerikanischen Industrie seien 40 % Techniker. Der VDI ermittelte 1973 die Positionen von Ingenieuren vor ihrer Pensionierung [2.7] – also bei ihren Karrierehöchstpunkten (Bild 2.1). Eine Umfrage Anfang 1984 in der Bundesrepublik [2.8] ergab, daß etwa 30 % der Führungskräfte auf Vorstands- und Geschäftsführungsebene Ingenieure waren. Der Anteil im Maschinenbau betrug 51.6 %, in der elektrotechnischen Industrie 41,5 %. Auch Befragungen von Praktikern [2.9] zeigen, daß bereits von Ingenieuranfängern bei der Bewerbung Kenntnisse über „Grundbegriffe der Arbeitsorganisation und Menschenführung, sowie organisatorische Zusammenhänge" erwartet werden. Aus einer weiteren Umfrage stellte daher der VDMA (Verein Deutscher Maschinenbau-Anstalten) unter anderen Thesen auch die Forderung auf: [2.10] „Ingenieure brauchen Management-Wissen".

- 40 % der US-Manager sind Techniker

Literatur zu 2

1 Hoffmann, K.: Techniker steuern Maschinenbau in eine schwere Krise. In: Manager Magazin 1972, S. 51 – 59
2 Hortleder, G.: Das Gesellschaftbild des Ingenieurs. Frankfurt 1974, S. 8
3 Der deutsche Ingenieur in Beruf und Gesellschaft. Ergebnis einer Erhebung, VDI-Information Nr. 5, Düsseldorf 1959
4 Hortleder, G.: Das Gesellschaftbild des Ingenieurs. Frankfurt 1974, S. 154
5 Schleip, W.: Vom Ingenieur zur Führungskraft. Düsseldorf 1970, S. 2.
6 Hicks, T. G.: Der Ingenieur als erfolgreicher Manager. München 1969, S.17
7 VDI-Erhebung 1973: Pensionierte Ingenieure. VDI-Information Nr. 5
8 VDI-Nachrichten Nr. 2, Jan 1984 Maschinenbau: Die Hälfte der Manager sind Ingenieure.
9 Radermacher, K.: Konstrukteurausbildung im Hochschulbereich aus der Sicht von BMW. 1979
10 VDMA: Thesen des VDMA zur Studienreform des Maschinenbauingenieure. Frankfurt, August 1979

3 Neuere Ansätze der Managementlehre

3.1 Der kybernetische Ansatz

Der kybernetische Ansatz der Managementlehre versucht, Erkenntnisse und Begriffe der Kybernetik für die Führung von Unternehmen nutzbar zu machen. Eine besondere Verbreitung fand die aus der Regelungstechnik übernommene Betrachtungsweise, die Vorstellung des Regelkreises, als Beschreibungsmodell. Steuerung und Regelung sind nicht nur die Grundlagen von Automatisierung in der Technik. Auch viele Vorgänge und Prozesse in Organisationen, im menschlichen Verhalten und sogar in lebenden Organismen, lassen sich stark vereinfacht als Steuerketten und Regelkreise darstellen und erklären. Zur Darstellung und Erklärung des Planungs- und Kontrollprozesses ist der Regelkreis besonders geeignet und erfreut sich als Modell großer Beliebtheit.

• Beschreibungsmodell des Regelkreises

Ein Modell ist eine vereinfachte Abbildung eines bestimmten, meist komplizierten Zusammenhanges oder Vorganges der Wirklichkeit. Es dient beispielsweise zur Erklärung von Abhängigkeiten bestimmter Einflußgrößen, die sich auf den Vorgang in der Wirklichkeit auswirken können. Das Modell repräsentiert nur diejenigen Elemente des untersuchten Systems, die für eine gegebene Problemstellung relevant sind. Vereinfachende Modelle sollen es ermöglichen, zumindest ein partielles Verständnis für komplexe Sachverhalte zu vermitteln, die sonst das menschliche Denkvermögen überschreiten. Modellbildung ist also ein Abstrahierungsvorgang. Der Regelkreis bildet die Grundlage für zahlreiche modellhafte Darstellungen vom gesamten oder von Teilen des Managementprozesses.

• Modell als eine vereinfachte Abbildung eines komplizierten Zusammenhanges

- Steuerung: von außen vorgegebene Art des Verhaltens

- Regelung: Dem Regler bleibt Art und Umfang des Verhaltens überlassen

Bei einer Steuerung werden das Soll und die Art des Verhaltens der Steuerung von außen vorgegeben. Bild 3.1 zeigt das Blockschaltbild einer Steuerkette. Als Steuerstrecke wird der zu steuernde Prozeß bezeichnet. Den Sollwert für seine Ausgangsgröße, die Steuergröße, gibt eine zielbestimmende Instanz vor. Ein entsprechender Befehl wird in einem Stellglied zu einer Stellgröße umgesetzt, die derart auf die Steuerstrecke einwirkt, daß die Steuergröße den gewünschten Sollwert annimmt. Alle Vorgänge in der Steuerkette müssen eindeutig definiert sein. Störgrößen dürfen nicht auftreten oder müssen dem Stellglied bekannt sein, um sie bei der Steuerung entsprechend berücksichtigen zu können. Eine Rückkopplung besteht nicht.

Bei einer Regelung wird das Soll ebenfalls von außen vorgegeben. Dem Regler bleibt jedoch die Art und der Umfang des Verhaltens, das zum Erreichen des Solls führt, überlassen. Eine Regelung ist als Blockschaltbild in Bild 3.2 schematisch dargestellt. Die Regelstrecke, z.B. ein technischer Prozeß, liefert ein Ergebnis oder eine Leistung. Dieses Ergebnis wird durch die Regelgröße charakterisiert. Sie soll einen bestimmten Wert, die Soll-Größe haben. Die Regelgröße wird fortlaufend als Ist-Wert erfaßt und mit der Sollgröße verglichen. Bei Abweichungen, die z.B. durch Störgrößen verursacht sein können, verändert der Regler die Stellgröße derart, daß der Sollwert für die Regelgröße wieder erreicht wird. Da auf die Regelstrecke immer Störungen einwirken, läßt sich das durch eine einmalige Einstellung nicht bewerkstelligen.

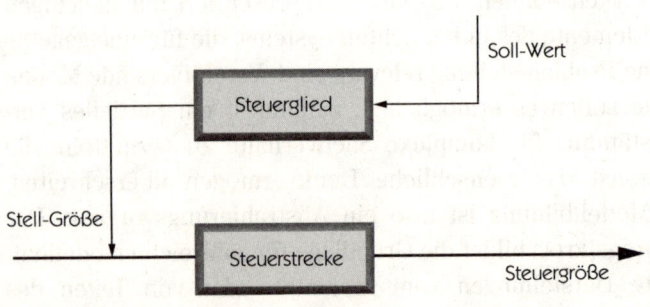

Bild 3.1: Blockschaltbild einer Steuerkette

3.2 Der Systemansatz

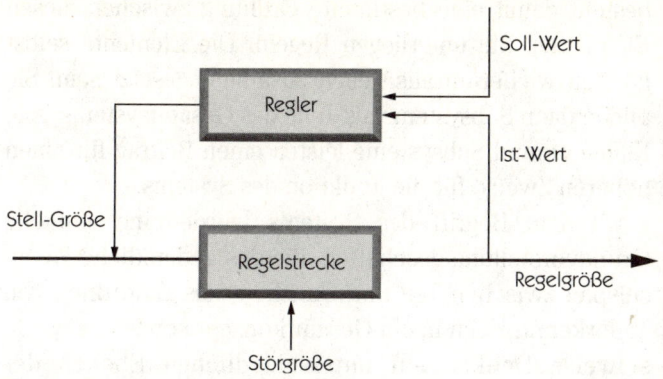

Bild 3.2: Blockschaltbild eines Regelkreises

Dieser Rückkopplungseffekt ist das Charakteristikum einer Regelung. Wenn die Störungen wirklich ausgeschaltet werden sollen, muß die Leistungsfähigkeit der Stellgröße so groß sein, daß mögliche Störungen ausgeglichen werden können. Dazu muß die Empfindlichkeit und Schnelligkeit des Reglers ausreichen.

Jedes Regelsystem kann einen Vorgang niederer Ordnung überwachen, nicht jedoch sich selbst. Dazu ist ein übergeordnetes Regelsystem nötig. Die einfachen Steuerungs- und Regelungsmechanismen können also durch Vermaschung zu beliebig komplexen Steuerungs- oder Regelungssystemen kombiniert werden. Dann werden die Soll-Größen eines Regelungssystems niederer Ordnung durch einen Regler höherer Ordnung in einer Art Regelkreishierarchie vorgegeben.

• Der Rückkopplungseffekt ist das Charakteristikum einer Regelung

• Regelungssysteme kann man zu komplexen Systemen vermaschen

3.2 Der Systemansatz

Das Wort System wird in der Alltagssprache sehr häufig verwendet. Man spricht von Verkehrssystemen, Bildungssystemen, politischen Systemen, aber auch von Wirtschaftssystemen, Managementsystemen, Planungs-, Informations- und Kontrollsystemen.

Ein System besteht aus Elementen (Objekten, Komponenten, Teilen) mit Eigenschaften, sogenannten Attributen. Die Elemente sind durch Beziehungen (Zusammenhänge, Kopplungen, Bindungen) miteinander verknüpft. Es

• Systeme

• Was ist ein System?

• Elemente

- Beziehungen

- Funktion des Systems

- Einordnen von Teilerkenntnissen in ein Gesamtkonzept

- Systemansatz, ein Ordnungskonzept

- Der Systemansatz zur Bewältigung komplexer Situationen

- Ganzheitliches Denken

- Prozeßorientiertes Denken

besteht damit eine bestimmte Ordnung zwischen diesen Elementen. Sie unterliegen Regeln. Die Elemente selbst können wiederum aus Teilen zusammengesetzt sein. Sie bilden dann Subsysteme als Teile des Gesamtsystems. Alle Elemente und Subsysteme leisten einen Beitrag für einen höheren Zweck, für die Funktion des Systems.

Mit dem Begriff des Systems wurde eine einfache Grundvorstellung geschaffen, die das gedankliche Wechselspiel zwischen Teil und Ganzheit, das Einordnen von Teilerkenntnissen in ein Gesamtkonzept sowie das wechselweise Denken auf unterschiedlichen Ebenen der Abstraktion erlaubt.

Dem Systemansatz in der Managementlehre liegt die Auffassung zugrunde, daß sowohl natürliche als auch von Menschen künstlich geschaffene Erscheinungen gewisse Gemeinsamkeiten mit der Wirklichkeit aufweisen. Sie alle lassen sich nämlich als gegliederte Ganzheiten, eben als Systeme, betrachten. In diesem Sinne stellt der Systemansatz ein Ordnungskonzept dar, das es erlaubt, inhaltlich ganz verschiedene Sachverhalte nach einheitlichen Gesichtspunkten zu beschreiben, zu analysieren und zu gestalten.

Von noch größerer Bedeutung ist die den Systemansatz kennzeichnende Denkweise. Sie ist ausgesprochen auf die Bewältigung komplexer Situationen ausgerichtet und entspricht damit einem Bedürfnis, das heute wohl aktueller ist, denn je [3.1].

(1) Das Systemdenken ist ein ganzheitliches Denken. Situationen und Probleme werde in ihrer Vielschichtigkeit erfaßt und stets in einem umfassenderen Zusammenhang gesehen, um isolierende Betrachtungen von Teilaspekten und unzweckmäßige Problemabgrenzungen möglichst zu vermeiden.

(2) Das Systemdenken ist ein prozeßorientiertes Denken. Nicht statische Zustände werden vorrangig erfaßt, sondern das Zusammenwirken von Teilen und Ganzheiten sowie die damit verbundenen Beeinflussungs-, Anpassungs- und Lernvorgänge bilden die zentralen Bezugspunkte. Dabei wird insbesondere der grundlegenden Bedeutung von Struktur und

3.2 Der Systemansatz

Information für das Verhalten dynamischer Systeme Rechnung getragen.

(3) Das Systemdenken ist ein interdisziplinäres Denken. Es ermöglicht, die verschiedenen sachlichen Aspekte von Problemen und das verschiedenartige Wissen, das zu deren Lösung benötigt wird, auf die konkrete Situation zu beziehen und zu integrieren. Dies führt zu einer ausgesprochen problemorientierten Sichtweise, wobei für das angewandte Wissen die Relevanz und nicht die Zugehörigkeit zu irgendeiner Fachdisziplin entscheidend ist.

- Interdisziplinäres Denken

(4) Das Systemdenken ist analytisches und synthetisches Denken zugleich. In Abhängigkeit vom jeweiligen Untersuchungszweck und von den konkreten Gegebenheiten wird gedanklich auf verschiedenen Abstraktionsebenen operiert. Dadurch läßt sich in jeder Situation das Wesentliche vom Unwesentlichen trennen, ohne daß der Bezug zu den größeren Zusammenhängen verloren ginge oder der Weg zur Erarbeitung eventueller Details verbaut würde.

- Analytisches und synthetisches Denken

(5) Das Systemdenken ist ein pragmatisches Denken. Es wird bewußt akzeptiert, daß äußerst komplexe Situationen teilweise unbestimmt und nicht voll durchschaubar sind; der Zustand unvollkommener Information gilt mit anderen Worten als Normalfall. Ziel ist denn auch nicht in erster Linie die vollständige Erklärung irgendwelcher Erscheinungen, sondern das Bewältigen konkreter Situationen trotz unvollständigen Wissens, wobei rückgekoppelten Lenkungs- und Lernprozessen eine fundamentale Bedeutung zukommt.

- Systemdenken ist pragmatisches Denken

Ein System kann man mit einigen Grundbegriffen beschreiben [3.2]: Jedes System ist in irgendeiner Weise abzugrenzen. Es hat eine Umgebung, auch seine Umwelt genannt (Bild 3.3).

- Beschreibung eines Systems

Es zeigt ferner gegenüber seiner Umwelt bestimmte Eigenschaften, auch Attribute genannt (Bild 3.4). Diese Eigenschaften sind die Verbindung zu seiner Umwelt. Die Eigenschaften des Gesamtsystems sind nicht in seinen Teilen, also den Elementen oder Subsystemen zu finden.

- Systemumwelt

- Attribute, Input und Output

- Funktionen eines Systems

- Das Innere eines Systems

- Es bestehen vielfältige Beziehungen zwischen den Elementen und Subsystemen

Das Ganze ist also mehr als die Summe der Teile. Verbindungen, die zum System hingerichtet sind, nennt man in der allgemeinen Systemtheorie Input, die nach außen gerichteten Verbindungen nennt man Output.

Eine weitere wichtige Eigenschaft eines Systems ist sein Zustand. Wenn man zwei oder mehr Attribute zueinander in eine Beziehung setzt, also einen Wert eines Attributs dem Wert eines anderen zuordnet, so erhält man eine Funktion des Systems. Diese kann mathematisch formulierbar sein. Oft gibt es bei einem System eine ganze Reihe von Funktionen. Es interessiert jedoch deren Verhalten – also der Output – als Folge eines bestimmten Inputs. Das geschieht wie bei einem Fernsehgerät, dessen Input die Betätigung eines Schalters ist, worauf ein Output in Form eines bestimmten Programmes erfolgt, ohne daß der Bedienende etwas über das Innere des Systems „Fernsehapparat" weiß. Zur Vereinfachung kann man ein System auch als „Black Box" betrachten, über deren Inneres nichts bekannt ist.

Bei Betrachtung des Inneren eines Systems kann man aber auch feststellen, daß es aus Teilen, Subsystemen oder Elementen besteht. Diese sind nicht beliebig zusammengewürfelt, sondern haben ein bestimmtes Verhältnis zueinander, eine Ordnung oder eine System-Struktur (Bild 3.5).

Die Elemente und Subsysteme des übergeordneten Systems sind auch durch vielfältige Beziehungen untereinander gekennzeichnet. Wenn man durch Integration von Subsystemen eine bestimmte Struktur eines übergeordneten Systems herstellt, so stellt man fest, daß das

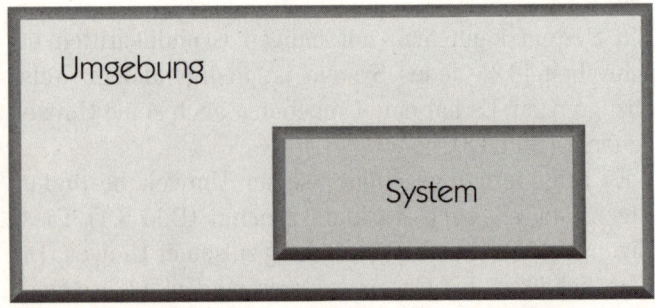

Bild 3.3: Das System und seine Umgebung nach Ropohl (1975)

3.2 Der Systemansatz

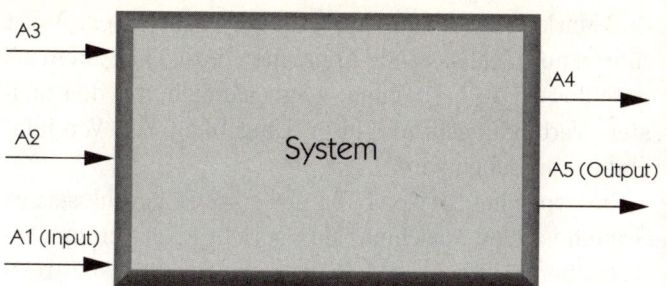

Bild 3.4: Attribute und Funktion eines Systems nach Ropohl (1975)

Attribut eines Subsystems (Output) gleich dem Attribut (Input) des anderen Subsystems ist. Als Folge des Output des einen Subsystemes, das gleichzeitig Input eines anderen Subsystemes ist, ergeben sich Interaktionen als eine gegenseitige Beeinflussung. Durch Integration von Systemen kann also ein übergeordnetes System entstehen, ein Supersystem. Man spricht in manchen Fällen von einer Hierarchie von Systemen (Bild 3.6).

Systeme lassen sich nach verschiedenen Gesichtspunkten einteilen. Es gibt konkrete, real faßbare und abstrakte, geschlossene und offene Systeme.

Geschlossene Systeme haben keine oder nur sehr wenige Verbindungen zu ihrer Außenwelt. Geschlossene Systeme streben optimale Zustände, d.h. statische Gleichgewichte an. Unternehmen wurden noch bis in die 60er Jahre als geschlossene Systeme betrachtet. Erst mit der Idee

- Integration läßt übergeordnete Systeme entstehen

- Systemhierarchien

- Klassifizierung von Systemen

- Geschlossene Systeme

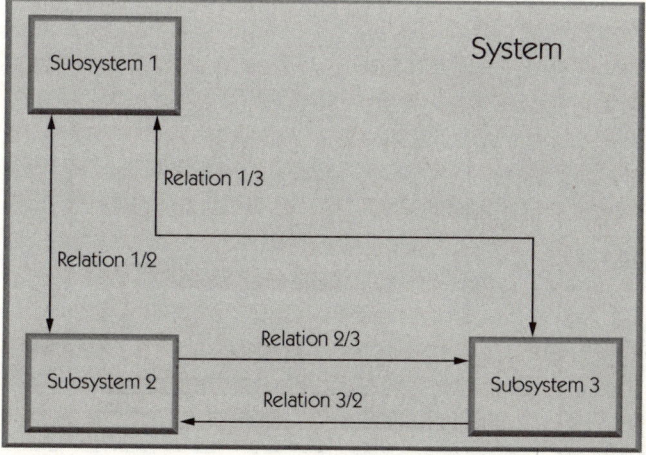

Bild 3.5: Die Struktur eines Systems nach Ropohl (1975)

- Beispiel: Die Maschine

- Offene Systeme: Viele Verbindungen mit der Umgebung

- Das Unternehmen als offenes System

des Marketing erfolgte die Öffnung nach außen. Meist führen nur idealisierende Annahmen dazu, ein System als geschlossen zu betrachten, wenn nämlich von den meisten Verbindungen mit ihrer Umgebung zur Vereinfachung abgesehen wird.

Ein typisches Beispiel für ein solches geschlossenes System ist eine Maschine. Man spricht auch von mechanistischen Systemen. Mechanistische Systeme sind relativ einfache, geschlossene Systeme, die nach einem linearen Ursache-Wirkungsprinzip arbeiten. Sie sind an und für sich einfach beherrschbar. Der Output als Funktion des Input ist prognostizierbar und kann oftmals in Form einer mathematischen Gleichung formuliert werden.

Wenn Systeme sehr viele Verbindungen mit ihrer Umgebung haben, spricht man von offenen Systemen. Soziale Systeme, zu denen auch Unternehmen gehören, sind immer offene Systeme. Sie müssen ihre eigene Komplexität und die Komplexität ihrer Umwelt bewältigen. Im Rahmen des systemtheoretischen Ansatzes der Managementlehre wird das Unternehmen als offenes, dynamisches, sozioökonomisches System verstanden. Management wird als die Beherrschung, Gestaltung, Lenkung und Entwicklung dieses Systems aufgefaßt.

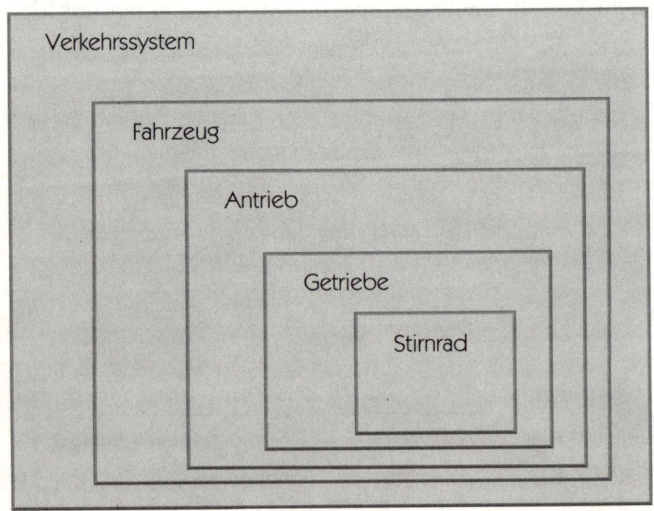

Bild 3.6: Beispiel für die Hierarchie von Systemen nach Ropohl (1975)

3.2 Der Systemansatz

Die eigentliche geistige Herausforderung besteht darin, die „Andersartigkeit" von sozialen Systemen gegenüber den uns geläufigeren und einfacher zu beherrschenden, mechanischen Systemen verstehen zu lernen. Wenn auch der systemkybernetische Ansatz der Managementlehre keinen Katalog von Rezepten für eine erfolgreiche Unternehmensführung bieten wird, so wird zunächst eine andere Grundauffassung vom Management die Folge sein, die vom Verständnis für soziale Systeme geleitet und somit besser geeignet ist, mit den Problemen unserer Zeit fertig zu werden [3.3].

Bei statischen Systemen spielt die Zeit als Attribut keine Rolle. In der Kybernetik und der Systemtheorie hat man es jedoch vorwiegend mit dynamischen Systemen zu tun. Ein System ist dynamisch, wenn es sich in einem ständigen Anpassungsprozeß befindet.

Eine Klassifizierung der Systeme in der Systemtechnik kann auch nach den in Bild 3.7 dargestellten Gesichtspunkten erfolgen. Technische Gebilde wie Maschinen, Apparate und Anlagen sind Inhalt typischer Ingenieuraufgaben. Man betrachtet sie als Sachsysteme. Die Ingenieurtätigkeit spielt sich in komplexen Organisationen ab, in denen man die Maßnahmen und Prozesse der technischen Arbeit als Handlungssysteme bezeichnen kann. Schließlich orientiert sich Ingenieurarbeit an bestimmten Zielvorgaben, die sich aus den Handlungssystemen selbst ergeben, aber auch aus der Umgebung des Systems stammen. Diese dritte Klasse nennt man Zielsysteme. Die verschiedenen Klassen beeinflussen sich gegenseitig. In einem Handlungssystem wird ein Zielsystem zu einem Sachsystem verwirklicht.

- Komplexe Systeme
- Soziale Systeme sind offene Systeme
- Dynamische Systeme: Die Zeit als Attribut
- Sach-, Handlungs-, Zielsysteme

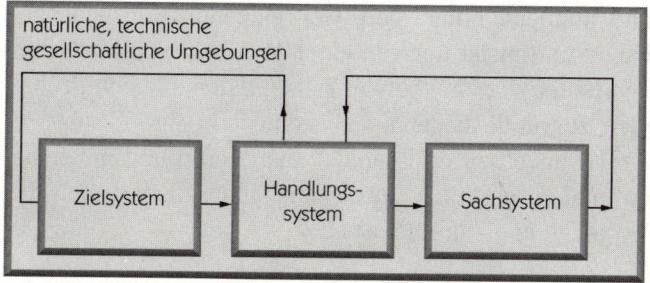

Bild 3.7: Die wichtigsten Systeme der Systemtechnik [nach Ropohl]

- Ablauf- und Aufbauorganisation aus Systemsicht

Wenn man das Handlungssystem als System von Vorgängen, Aktivitäten und Prozessen deutet, so ist es das Phänomen, das man in der Organisationslehre als Ablauforganisation betrachtet (siehe Kapitel 6). Wenn man vordringlich das Handlungssystem als ein System personaler Gebilde aus Personen, Gruppen und Abteilungen ansieht, so stellt es die organisatorische Aufbaustruktur dar, in der die Prozesse ablaufen.

- Grundgedanken der Systemtheorie

Im Rahmen der allgemeinen Systemtheorie wird davon ausgegangen, daß die Eigenschaften, Zustände und Verhaltensweisen unterschiedlicher realer Systeme durch formal isomorphe Systemgesetze erklärt werden können. Es wird daher als Aufgabe der allgemeinen Systemtheorie angesehen, formale Isomorphien zu finden, in einer einheitlichen Terminologie zu beschreiben und zu generell und interdisziplinär verwendbaren Theorien zusammenzufassen. Diese sollten möglichst als mathematisch formulierte Erklärungen für die Eigenschaften und Verhaltensweisen der Systeme vorliegen [3.4].

- Ziele der allgemeinen Systemtheorie

Die allgemeine Systemtheorie soll
– exakte Theorien in den nicht-physikalischen Gebieten entwickeln,
– eine Integration zwischen Naturwissenschaften und Sozialwissenschaften ermöglichen,
– das Zentrum dieser Integration darstellen,
– einigende Prinzipien aufspüren, die vertikal durch die einzelnen Wissenschaften verlaufen, wodurch die Unity of Science begründet werden kann.

- Systemdenken zur Lösung von komplexen Problemen

Das Systemdenken erweist sich vor allem bei der Lösung von komplexen Problemen als nützlich, die vielschichtig und unübersichtlich sind, weitreichende Konsequenzen haben und meist nur von einer Mehrzahl von Menschen bearbeitet werden können. Ziel ist dabei, die den Problemen zugrunde liegenden Systeme und ihre Bezüge zu ihrer Umwelt zu erfassen, zu analysieren und möglichst optimal zu gestalten. In diesem Sinne gliedert sich das Vorgehen in die drei Phasen:

– Systemanalyse,
– Systemsynthese
– Systemimplementierung.

Systemorientiertes Management besteht ganz allgemein darin, daß Begriffe, Vorstellungen, Erkenntnisse und Methoden aus Systemtheorie und Kybernetik aufgenommen, interpretiert und auf Führungsprobleme angewandt werden. Es bedeutet ferner, daß die Tätigkeiten der einzelnen Führungskräfte im Rahmen eines Führungssystems erfolgen, das nach den hier angedeuteten kybernetischen Vorstellungen gestaltet ist. Schließlich bedeutet es, daß man Unternehmung und Führung zunächst wesentlich abstrakter betrachtet, als es üblich war.

Bei systemorientiertem Management werden Führungssysteme nicht mehr unmittelbar durch Systematisierung praktischer Erfahrungen, sondern auf Basis formaler Modelle entwickelt. Dieser Umweg über die „Theorie" mag für viele Praktiker schwer verständlich sein und schließt die Gefahr in sich, daß Theoretiker Modelle entwickeln und perfektionieren, die sich letztlich als praktisch unbrauchbar erweisen. Die Aufgabe, Gegensätze und Mißverständnisse zwischen Theorie und Praxis zu vermeiden, stellt sich daher beim systemorientierten Management mehr denn je. Die Lösung kann nur darin bestehen, daß die Führungkräfte selbst die Denkweise und das Instrumentarium des Systemansatzes beherrschen und dies wiederum kann nur durch praxisbezogene Ausbildung erreicht werden. Der Systemansatz kann Führungskräften helfen, mit Problemen von Komplexität und Wandel fertig zu werden. Mit Modellen und anderen Hilfsmitteln wird ein natürlicher Weg gewiesen, die Problembestandteile einer Situation zu vereinfachen und aus allen Alternativen jene auszuwählen, die nach bestmöglichem Urteil angewandt werden sollte.

• Systemorientiertes Management: Anwendung der Systemtheorie auf Führungssysteme

• Formale Modelle als Basis für Führungssysteme

3.3 Der situative Ansatz

In den 60-er Jahren entwickelte sich vor allem in den USA ein neuer Forschungsansatz, der nicht mehr die überaus hohen Ansprüche der allgemeinen Systemtheorie bezüglich der Integration aller Ansätze stellte.

Der situative Ansatz (Contingency Approach) beruht auf der Beobachtung, daß bestimmte Management-Maßnahmen oder Fähigkeiten nicht generell „richtig" sind, sondern auf die jeweilige Situation bezogen gesehen werden müssen. Es konnte empirisch festgestellt werden, daß eine Reihe von Variablen aus der gegebenen Situation heraus den Führungsprozeß und sein Ergebnis stärker beeinflussen, als dies der Manager durch direkte Einwirkung tun kann. Damit werden die klassischen Management-Prinzipien mit ihrem Anspruch auf Allgemeingültigkeit durch die aufzuwerfende Frage relativiert, ob auch alle notwendigen Prämissen für ihre Gültigkeit vorliegen und ob sie in der betreffenden Situation gelten. Ein Situationsmodell erfaßt die allen Situationen gleichen Aspekte und gibt für unterschiedliche Ausprägungen der Situationsvariablen unterschiedliche Gestaltungsempfehlungen.

Interessant ist, daß das generalisierende Denken der Systemtheorie als Basis für den situativen Ansatz der Managementlehre gewählt wird. In früheren Ansätzen wurde eine industrielle Unternehmung als private Erwerbseinheit des Eigentümers angesehen. Hierbei wurde folgendes vorausgesetzt [3.5]:

– Es herrscht freie marktwirtschaftliche Konkurrenz, in der jeder eine Chance hat, aufgrund eigener Leistung, Unternehmer zu sein.
– Zwischen der Verfolgung individueller Ziele und den Zielen der Volkswirtschaft besteht eine Harmonie.
– Gewinn ist die Belohnung des Tüchtigen.
– Gewerbefreiheit, Vertragsfreiheit, Recht auf Privateigentum garantieren die Freiheit des Staatsbürgers.

Dieses Modell der Unternehmung als privatwirtschaftliche Erwerbseinheit baut eindeutig auf den Vorstellungen des historischen Liberalismus auf. Wenn man in einem neuen, modernen Modell die Unternehmung als System betrachtet, das bestimmte Zwecke für seine Umwelt erfüllt, so kann man folgende Thesen aufstellen [3.6]:

Marginalia:

• Contingency Approach

• Bestimmte Maßnahmen nicht generell „richtig"

• Relativierung von Managementprinzipien

• Systemtheorie ist Basis für den situativen Ansatz

• Modell des historischen Liberalismus: Unternehmung als private Erwerbseinheit

3.3 Der situative Ansatz

- Das Unternehmen steht dauernd mit seiner Umwelt in Beziehung, es ist ein offenes System.
- Es unterliegt laufenden Zustandsänderungen, ist daher ein dynamisches System.
- Das Unternehmen ist aus vielen Subsystemen und Elementen aufgebaut, die in sehr verschiedenartigen Beziehungen zueinander stehen, zahlreiche Rückkopplungen aufweisen und daher nicht vollständig erfaßbar und beschreibbar sind. Es ist ein komplexes System.
- Das Zusammenwirken der Elemente ist nur teilweise determiniert. Daher ist es ein stochastisches bzw. probabilistisches System.
- Das Unternehmen kann innerhalb bestimmter Grenzen entscheiden und sein Verhalten mitbestimmen. Es ist ein teilweise autonomes System.
- Das Unternehmen verfolgt Ziele, die es immer wieder konkretisieren und situationsgerecht wählen muß. Es ist ein zielgerichtetes und Ziele suchendes System.
- Das Unternehmen erstellt Leistungen für Dritte, es ist ein produktives System.
- Im Unternehmen sind Individuen, Gruppen und soziale Subsysteme tätig, die das Verhalten des Gesamtsystems maßgeblich beeinflussen. Es ist ein soziales System.

• Unternehmung als ein System betrachtet, das bestimmte Zwecke für seine Umwelt erfüllt

Zusammenfassend können der Systemansatz in der Managementlehre bzw. die viel weiter gehende allgemeine Systemtheorie als eine, alle traditionellen und modernen Ansätze integrierende Superwissenschaft dargestellt werden, welche die Führung aufgrund kybernetischer Denkkategorien mit besonderer Beachtung der Informations- bzw. Kommunikationsvorgänge erklärt.

• Systemansatz integriert alle Ansätze

Der situative Ansatz bemüht sich sowohl um ein Verständnis der Beziehungen zwischen den Subsystemen, als auch zwischen der Organisation und der Umwelt. Er betont die multivariante Natur von Organisationen und versucht zu verstehen, wie Organisationen in bestimmten Situationen und bei sich ändernden Bedingungen handeln [3.7].

• Situativer Ansatz

Die zentrale These situativer Ansätze lautet: Es gibt nicht eine generell gültige, optimale Handlungsalternative, sondern mehrere situationsbezogen angemessene Handlungs-

• Zentrale These der Situationstheorie

- Ziel: situationsabhängige Aussagen

alternativen. Sie geht davon aus, daß Führung bzw. die Position eines Managers nicht ausschließlich von Persönlichkeitseigenschaften abhängen, sondern auch und gerade von spezifischen Situationen [3.8]. Im Unterschied zu dem Versuch älterer Management-Lehren, allgemein gültige Managementprinzipien aufzustellen, besteht das Ziel beim situativen Denken immer nur darin, von der jeweiligen Situation abhängige Aussagen zu machen. Konsequenz davon ist, daß die verschiedenen situativen Einflußfaktoren systematisiert werden sollten, um sie bei konkreten Managementproblemen relativ vollständig und regelmäßig in die Analyse einbeziehen zu können. Man kann die Art der Einflüsse einteilen in

- Situative Einflußfaktoren

– personenspezifische Einflüsse, die in der Person des Individuums begründet sind, seine Kenntnisse und Fähigkeiten, seine Einstellungen und Erwartungen, sein Verhalten in der Gruppe,
– aufgabenspezifische Einflüsse, die von den durch den einzelnen oder die Gruppe zu erfüllenden Aufgaben und die angewandte Technologie bestimmt werden, sowie
– umweltspezifische Einflüsse, sowohl die innerbetriebliche wie die externe Umwelt im Hinblick auf den wirtschaftlichen, rechtlichen, politischen Rahmen.

Dimensionen der Situation

Unternehmensintern	Unternehmensextern
• Programm	• Branche
• Größe	• Wettbewerbsverhältnisse
• Fertigungstechnologie	• Kundenstruktur
• Informationstechnologie	• Technologische Dynamik
• Eigentumsverhältnisse	• Gesellschaftliche Bedingungen
• Rechtsform	
• Alter der Organisation	
• Unternehmenskultur	• Konjunktur

Bild 3.8: Einflußfaktoren auf die Situation nach Kieser / Kubicek (1977)

3.4 Der Managementprozess als Modell

Eine andere Systematik [3.9] der wichtigsten Einflußfaktoren unterscheidet nach organisationsinternen und externen Faktoren (Bild 3.8).

3.4 Der Managementprozess als Modell

Die durch den kybernetischen Ansatz und den Systemansatz ausgelöste Veränderung im Managementdenken brachte bemerkenswerte Forschungsbemühungen bei der Entwicklung von quantitativen Methoden zur Unterstützung des Management. Was „Management" selbst ist, untersuchte man dabei jedoch nicht. Beide Entwicklungen stellten merkwürdigerweise die ursprüngliche Konzeption des Management-Prozesses kaum in Frage [3.10]. Im Zuge des Vordringens dieser formalwissenschaftlichen Ansätze wurde der Ruf nach einer die formal- und die verhaltenswissenschaftlichen Ansätze integrierenden allgemeinen Systemtheorie als einer Art Superwissenschaft laut. Der Anspruch dieser Superwissenschaft, die aus unterschiedlichen wissenschaftlichen Disziplinen stammenden Forschungsansätze integrieren zu wollen, führte zwangsläufig zu einer hohen Abstraktion von der Realität und Formulierung wenig operationaler Aussagen mit geringem Informationsgehalt.

Der Managementprozess soll daher auch später in diesem Buch als Ordnungsprinzip dienen, um die zahlreichen Instrumente der industriellen Managementpraxis darzustellen.

3.4.1 Die Managementfunktionen

Wer aufgrund von Arbeitsteilung andere für sich arbeiten läßt, kann nicht mehr Nur-Fachmann sein. Er muß die an andere abgegebenen Aufgaben definieren und erklären, was er erreichen will. Er muß bei der Durchführung anleiten, helfen und schließlich prüfen, ob das von ihm gewünschte Ergebnis von dem damit Beauftragten erreicht wurde. Das Spektrum der Tätigkeiten oder der Funktionen verändert sich also bei der Führungskraft von den fachlichen Tätigkeiten zu anderen Aufgaben. Managementaufga-

- Konzeption des Management-Prozesses kaum in Frage gestellt

- Managementprozess dient als Ordnungsprinzip

- Typische Funktionen von Führungskräften

• Managementfunktionen unabhängig von der Branche

• Kataloge von Management-Funktionen

• Einfluß des kybernetischen Denkens

• Der Regelkreis als Modell

ben lassen sich weitgehend unabhängig von der Branche, der Art der Organisation, der Stellung in der Hierarchie und von den Personen definieren und beschreiben. Die Beobachtung, daß bestimmte Managementaufgaben, „Funktionen", Führungskräften in verschiedenen Branchen und Fachgebieten gemeinsam sind, geht auf Fayol [3.11] zurück. Fayol teilte alle Tätigkeiten in industriellen Organisationen in technische, kaufmännische, finanzielle, Sicherheits-, Buchhaltungs- und Management-Tätigkeiten ein. Bei den Management-Tätigkeiten unterschied er die Funktionen Planung, Organisation, Anleitung, Koordination und Kontrolle. Es kann daher mit Koontz [3.12] definiert werden: „Functions are the characteristic duties of managers".

Zahlreiche Praktiker und Forscher haben sich mit den Management-Funktionen beschäftigt und immer umfangreichere Kataloge aufgestellt. Urwick [3.13] ergänzte und erweiterte die Liste auf sieben Funktionen mit „investigation", was man mit Untersuchen oder Analysieren bezeichnen könnte, und „communication". Barnard [3.14] rückte die Kommunikation in den Vordergrund. Schließlich wurden die Kataloge immer umfangreicher. Miner [3.15] nennt nach einem Vergleich der wesentlichen Autoren folgende Funktionen: Planning, Organizing, Commanding, Coordinating, Controlling, Investigating, Communicating, Securing efforts, Formulating Purpose, Staffing, Directing, Leading, Motivating, Innovating, Representing, Decision making, Activating, Evaluating, Administering.

Unter dem Einfluß des kybernetischen und systemtechnischen Denkens ergab sich, daß die wichtigsten Funktionen nach dem Schema eines Regelkreises angeordnet werden können. Daraus läßt sich eine Systematik der Managementfunktionen aufstellen. Es entstand das Beschreibungsmodell des Management-Kreises in zahlreichen Versionen. Der Managementkreis kann als einfaches, anschauliches Modell dienen und sowohl die Funktionen des Managementprozesses als auch ihre Zusammenhänge und Beziehungen zur Umwelt darstellen.

3.4.2 Die Darstellung von Mackenzie

Von Mackenzie [3.16] wurde nach intensivem Vergleich zahlreicher Literaturstellen eine anschauliche und einprägsame Variante des Management-Kreises veröffentlicht. Mackenzie stellt den Managementprozeß dreidimensional als Scheibe dar (Bild 3.9). Im Mittelpunkt stehen die Hauptelemente, mit denen ein Manager zu tun hat: Ideen, Dinge und Menschen. Daraus ergeben sich die Aufgaben: Ideen müssen zu konzeptionellem Denken führen, Dinge müssen verwaltet werden (Administration), Menschen brauchen Führung. Mackenzie sieht Führung (Leadership) nur als einen Teil des Managementprozesses. Das gleiche läßt er für den Begriff „administration" gelten, der häufig in der angelsächsischen Literatur weiter gefaßt im Sinne von Management insgesamt verwendet wird.

Fünf Funktionen werden als sequentiell, also nacheinander im Kreis ablaufend, betrachtet:

Pfeile solle den Charakter dieser sequentiellen Funktionen betonen. Gleichzeitig werden in der Scheibe Definitionen für die Funktionen aufgeführt und sie auch noch in einzelne Aktivitäten aufgegliedert, so daß dieses Modell sehr anschaulich zur Erläuterung des Managementprozesses dienen kann. Nach dem Planen (PLAN), das durch die Aktivitäten „Prognosen machen" und „Ziele setzen" eingeleitet wird, folgt das Organisieren (ORGANIZE). Unter „TO STAFF" wird die Aufgabe verstanden, die richtigen Mitarbeiter auszuwählen, sie einzuführen, auszubilden und zu fördern. Als weitere, dann folgende Funktion wird „TO DIRECT", Führen, mit den Tätigkeiten Delegieren, Motivieren, Koordinieren, Konflikte lösen (MANAGE DIFFERENCES) und das Erreichen von Veränderungen und Innovationen (MANAGE CHANGE) aufgeführt. Der Zyklus endet mit der Kontrolle (CONTROL), um abzusichern, daß ein Fortschritt in Richtung auf die gesteckten Ziele und entsprechend den gemachten Plänen erreicht wird. Dann schließt sich der Kreis, wenn als Folge der festgestellten Resultate Korrekturen an den Zielsetzungen vorgenommen oder bei Erreichen der Ziele neue Zielsetzungen erarbeitet werden müssen.

- Die Darstellung des Managementkreises als Scheibe

- Sequentielle Funktionen

- Aktivitäten dienen der Erfüllung der Funktionen

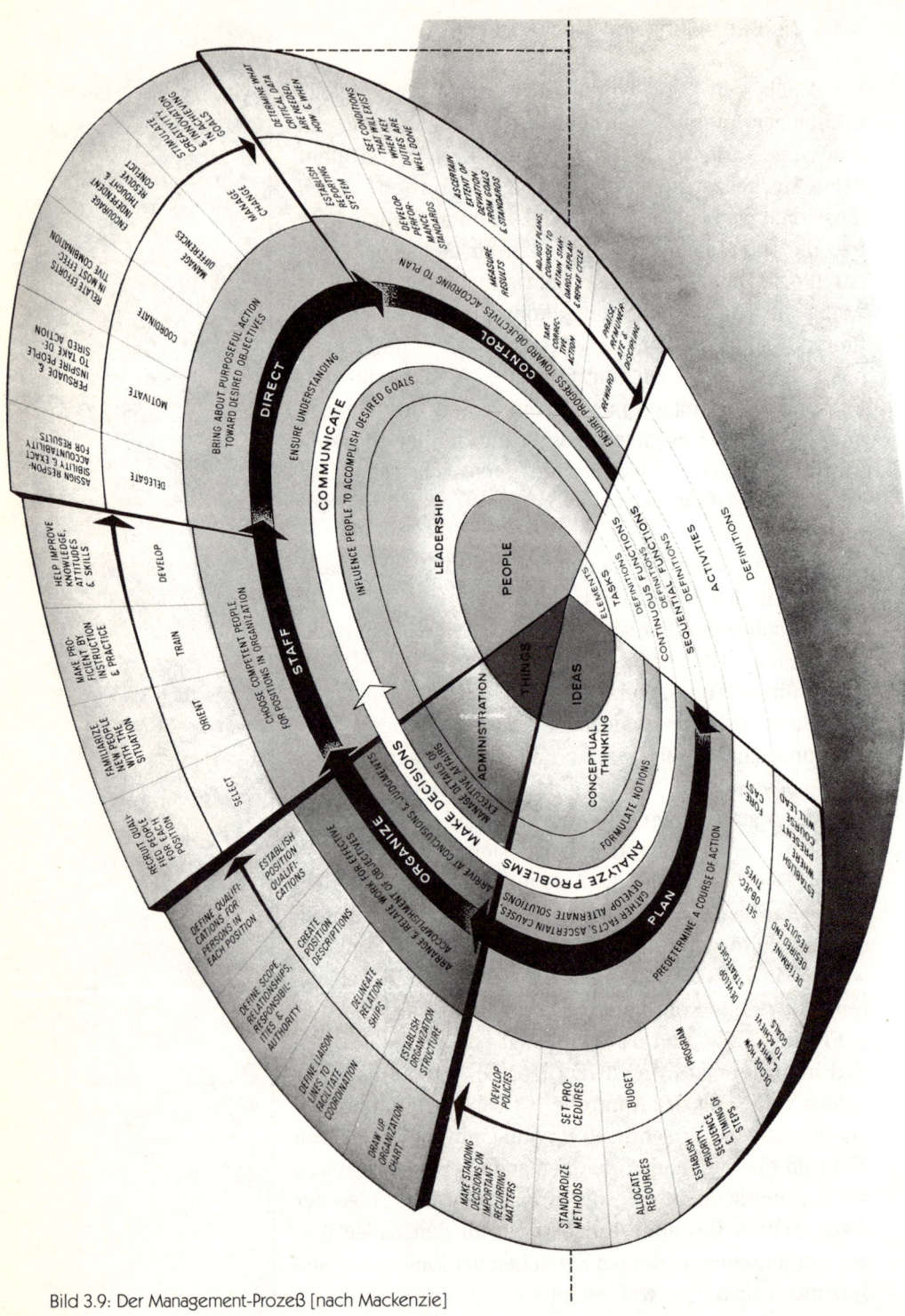

Bild 3.9: Der Management-Prozeß [nach Mackenzie]

3.4 Der Managementprozess als Modell

Drei Funktionen sind getrennt im Inneren des Kreises aufgeführt. Sie werden als kontinuierliche Funktionen bezeichnet, die ständig während der Ausübung aller sequentiellen Funktionen wahrgenommen werden müssen. Das sind: Analysieren (ANALYSE PROBLEMS), Entscheiden (MAKE DECISIONS) und Kommunizieren (COMMUNICATE). Analysieren und Entscheiden werden wir im Zusammenhang mit der Funktion Planen behandeln. Der Funktion Kommunizieren werden wir jedoch der Bedeutung wegen ein eigenes Kapitel widmen.

- Die kontinuierlichen Funktionen

Mackenzie gelang es, die wesentlichen, in der Literatur mit verschiedenen Sinngehalten verwendeten Begriffe, vor allem für Darstellungs- und Erläuterungszwecke zu strukturieren und in ein logisch erscheinendes Schema einzuordnen.

3.4.3 Deutsche Auffassungen vom Management-Kreis

Für den praktischen Gebrauch als einfacheres, anschaulicheres Modell eignen sich die Darstellungen der Deutschen Management Gesellschaft [3.17] und eines interfakultativen Autorenteams [3.18], die das Modell des „Management im Regelkreis" erarbeitet haben. Bei den deutschen Darstellungen wird im Unterschied zu den amerikanischen Versionen als erste und eigene Funktion das „Ziele setzen" genannt und vom „Planen" getrennt. Dies kommt der systemtechnischen Betrachtungsweise näher und räumt diesem ersten Schritt in der Kette der Funktionen die ihm zukommende Bedeutung ein. Dworatschek/Schubert sehen nach der danach aufgeführten Aufgabe „Planen" dann „Entscheiden" und „Realisieren" als zentrale Funktionen an. Entscheiden wird also als sequentielle Funktion angesehen. Organisieren und Führen sind unter dem Begriff „Realisieren" zusammengefaßt. Als wesentliche Kernfunktion wird die Kommunikation im Zentrum des Kreises aufgeführt.

- Die deutsche Sicht: Eine eigene Funktion „Ziele setzen"

- Andere Begriffe: Entscheiden und Realisieren

Die Deutsche Management Gesellschaft verwendet die klassische Gliederung und teilt ein in: Ziele setzen, Planen, Organisieren, Führen, Kontrollieren (Bild 3.10). Allerdings soll durch drei weitere Funktionen im Inneren des Kreises, Analysieren, Entscheiden, Kommunizieren

- Weitere Funktionen: Analysieren, Entscheiden, Kommunizieren

• Weitere Einflußfaktoren auf den Managementprozeß

und entsprechende Pfeile dargestellt werden, daß diese Funktionen permanent, d.h. kontinuierlich stattfinden. Sie sind als integrierte Bestandteile der Zielfindungs-, Planungs-, Organisations- und Kontrollprozesse anzusehen. Außerhalb des Kreises sind drei Gruppen von Faktoren aufgeführt, die weiteren Einfluß auf den Managementprozeß ausüben:

– Haltungen, Fähigkeiten und Wissen, durch die der Mensch unmittelbar auf das Management wirkt,
– Ideen und Innovation als treibende Kraft für Dynamik und Fortschritt,
– die soziologische, politische, ökonomische und technologische Umwelt, als begrenzende Faktoren.

• Dem Regelkreis stärker angenäherte Darstellung

Von Dworatschek/Schubert wurde eine weitere Darstellung (Bild 3.11) verwendet, die dem Regelkreis noch mehr angenähert ist. Hierbei verkörpert die Führungskraft den Regler.

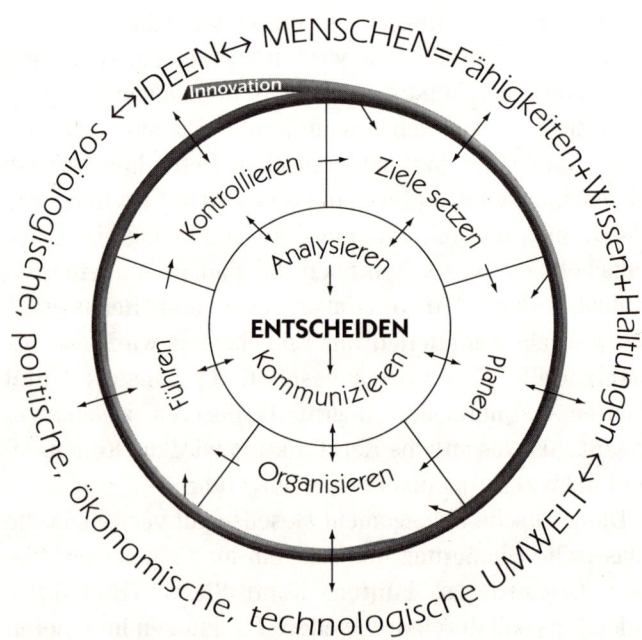

Bild 3.10: Der Managementkreis (Deutsche-Management-Gesellschaft)

3.4 Der Managementprozess als Modell

Der Mitarbeiter bzw. die Arbeitsgruppe ist das Regelobjekt oder die Regelstrecke. Der Regler übernimmt alle Aufgaben, die zur Stabilisierung des Regelkreises im Normalfall ausreichen: Entscheiden, Realisieren, Messen und Vergleichen. Es spielt keine wesentliche Rolle, in welchem Ausmaß Zielsetzung, Planung, Vorkopplung und Abweichungsanalyse vom Regler selbst oder von höherrangigen Stellen durchgeführt werden. Neu an diesem Modell ist, daß zusätzlich zur Rückkopplung - dem Schließen des Regelkreises - die Vorkopplung eingeführt wird. Hier gilt die Überlegung, daß man sich häufig bei der Zielsetzung nicht nur auf vergangenheitsorientierte Abweichungsanalysen stützen kann, sondern bereits erkennbare und voraussehbare Vorgänge mit der Vorkopplung in die Zielsetzung einfließen läßt.

- Der Mitarbeiter als Regelobjekt

- Die Vorkopplung

3.4.4 Managementtechniken und -instrumente

Wenn bestimmte Aufgaben immer wieder auf die gleiche, systematische Weise gelöst werden, spricht man von methodischem Vorgehen. Auch zur effizienten Erfüllung

- Basis: systematisches Vorgehen

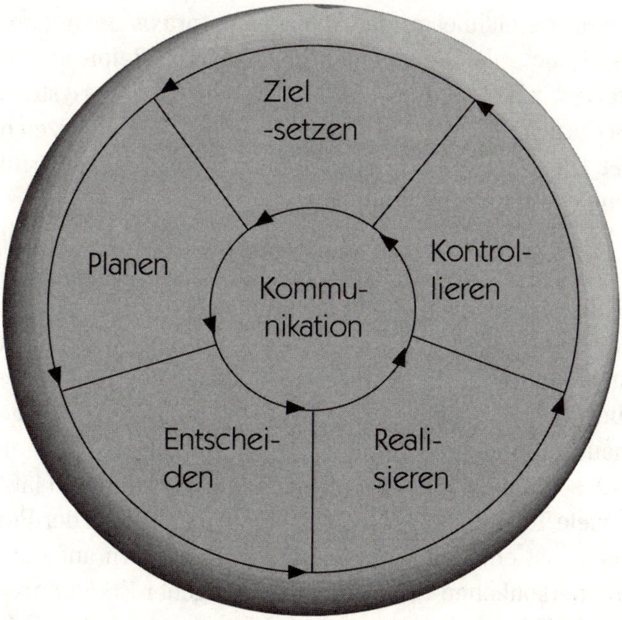

Bild 3.11: Der Management-Kreis nach Dworatschek/Schubert u.a. (1972)

- Instrumente

- Techniken

- Managementtechniken helfen beim „Wie" zur Erfüllung der Funktionen

- Ganze „Systeme" als Managementinstrumente

- Oft Mangel an wissenschaftlicher Fundierung

der Management-Funktionen wie Ziele setzen, Planen, usw. setzt man zweckmäßigerweise Management systematische Methoden ein. Methoden bestehen aus einem systematischen Vorgehen unter Einsatz bestimmter Techniken oder Verfahren mit bestimmten Hilfsmitteln oder Instrumenten. Als Instrument bezeichnet der Duden ein Mittel oder Gerät, das die Ausübung einer bestimmten Tätigkeit erleichtert. Als Technik definiert er eine ausgebildete Fähigkeit oder Kunstfertigkeit, die zur richtigen Ausübung einer Sache notwendig ist.

Management-Techniken sind als Vorgehensweisen zu charakterisieren, die das „Wie" bei der Erfüllung der Funktionen im Managementprozeß oder bei Teilprozessen aufzeigen und präzisieren. Instrumente sollen dabei als Hilfsmittel dienen und die Effizienz erhöhen. Die begriffliche Trennung zwischen Managementinstrumenten und Managementtechniken ist allerdings nicht immer eindeutig möglich. Je nach der Art ihrer Entstehung oder ihrer impliziten Annahmen sind dabei mehr oder weniger systematische, objektive, komplexe und voraussetzungsunabhängige Techniken und Instrumente zu unterscheiden.

Man bezeichnet in der Managementpraxis auch ganze „Systeme" als Managementinstrumente. Beipielsweise werden z.B. Planungs-, Kontroll- oder Berichtssysteme im Sprachgebrauch als Managementinstrumente bezeichnet. Diese Teilsysteme sind dann ein Instrument zur Erfüllung der Managementaufgaben.

Es gibt eine kaum übersehbare Zahl von Management-Instrumenten und -techniken [3, 19, 20, 21, 22, 23]. Es ist schwierig, sie nach einem eindeutigen Prinzip zu ordnen. Sie lassen sich nur notdürftig ihrer hauptsächlichen Anwendung nach bestimmten Managementfunktionen zuordnen. Oft kann ein Instrument mehreren Managementfunktionen dienen wie z.B. die Netzplantechnik, die sich sowohl der Planung als der Kontrolle zuordnen läßt.

Viele Techniken und Instrumente haben sich in der Praxis selbst entwickelt und sind von Praktikern auf Basis von persönlichen Erfahrungen oder eigener Erkenntnisse geschaffen worden. Nur wenige Instrumente sind auf wissenschaftlicher Basis mit der entsprechenden Fundierung

3.4 Der Managementprozess als Modell

entwickelt und sozusagen der Praxis zur Verfügung gestellt worden.

Managementinstrumente und -techniken bieten Vorgehensweisen, die zwar nicht mit Sicherheit, jedoch mit höherer Wahrscheinlichkeit zum Erfolg führen. Die Kenntnis und kritische Einschätzung ihres wirklichen Wertes und die Beherrschung der anwendbaren Techniken als Handwerkszeug erleichtert der Führungskraft in der Praxis ihre Aufgaben. Es soll aber nicht der Eindruck vermittelt werden, daß erfolgreiches Management etwa nur aus der Kenntnis und Anwendung von Instrumenten, Techniken und Methoden besteht. Eine Auswahl von Techniken und Instrumente wird bei den einzelnen Managementfunktionen vorgestellt.

- Höhere Erfolgswahrscheinlichkeit

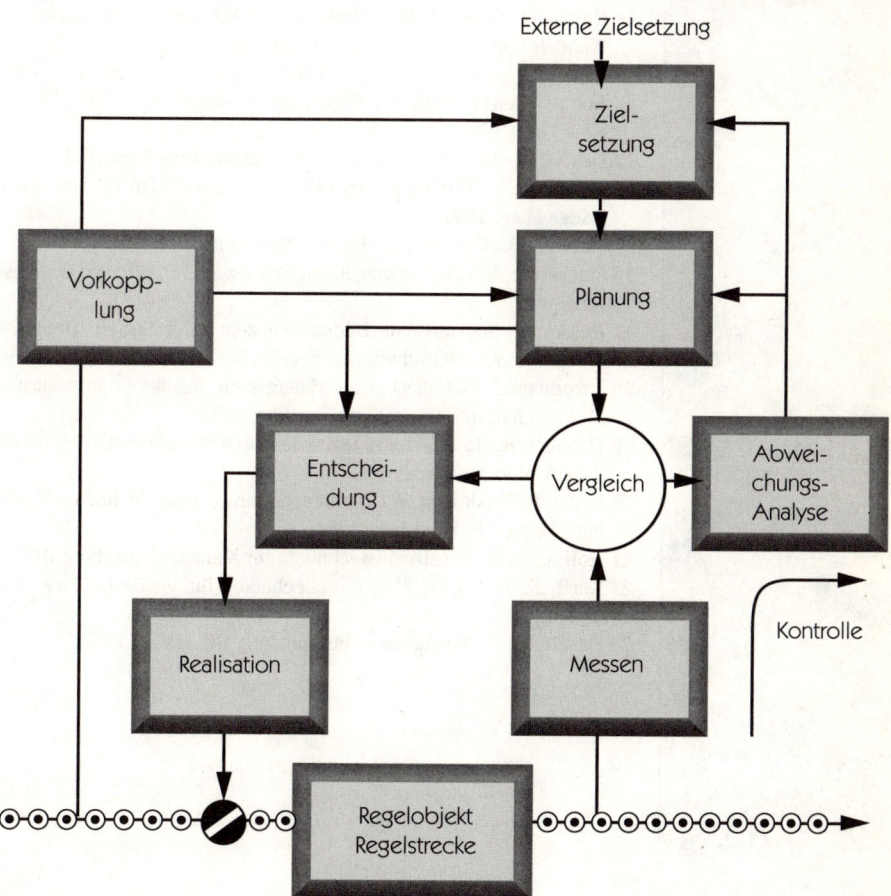

Bild 3.12: Der Management-Regelkreis nach Dworatschek/Schubert u.a. (1972)

Literatur zu 3

1. Ulrich, H.; Krieg, W.: Das St. Gallener Management-Modell. In Hentsch, B.; Malik F.: Systemorientiertes Management. Bern, Stuttgart 1973
2. Ropohl, G.: Systemtechnik München 1975 S.25
3. Worpitz, H.: Wissenschaftliche Unternehmensführung? Frankfurt am Main 1991
4. Bertalanffy, L. v.: General Sytem Theory. Foundations, Developments, Applications. New York 1968
5. Ulrich, P.: Fluri, E.: Management. Bern Stuttgart 1975 S. 16
6. Rühli, E.: Unternehmensführung und Unternehmenspolitik. Bern, Stuttgart 1973
7. Johnson, R. A.; Kast, F. E.; Rosenzweig, J. E.: The Theory and Management of Systems. 3. Aufl., New York 1973
8. Wunderer, R.; Grunwald, W.: Führungslehre. Bd. 1. Berlin, New York 1980 S. 136
9. Kieser, A.; Kubicek, H.: Organisation. Berlin 1977 S. 191
10. Kirsch, W.; Esser, W.-M.; Gabele, E.: Das Management des geplanten Wandels von Organisationen. Stuttgart 1979 S. 32
11. Fayol, H.: Administration industrielle et generale. Paris 1925
12. Koontz, H.; O'Donnel, C.: Principles of Management. 4th Edition, New York 1968
13. Urwick, L.: The Elements of Administration. New York 1944
14. Barnard, Ch.: The Functions of the Executive. 17th Edition. Cambridge Mass. 1966
15. Miner, J. B.: Management Theory. New York 1971, S. 72
16. Mackenzie, R.A.:The Management Process in 3-D, Harvard Business Review 1969, S. 80
17. Hesse, P.: Management Bildungskonzept in 4 Stufen. Deutsche Management Gesellschaft, Eigenverlag 1976
18. Dworatschek, Schubert et al.: Management für alle Führungskräfte in Wirtschaft und Verwaltung. Stuttgart 1972
19. Demmer, K. H.; Deyhle, A. u.a.: Die neuen Management-Techniken. 2. Aufl. München 1968
20. Engel, P.; Riedmann, W.: Die neuen Management-Techniken in Fällen. Band I u.II, Landsberg 1982
21. Hoffmann, H.: Kreativitätstechniken für Manager.Landsberg 1981
22. Korff, E.; Reinecke, W.: Arbeitstechniken für Vielbeschäftige. Heidelberg 1980
23. Steinbuch, P.: Management-Instrumente. Düsseldorf 1985

4 Ziele setzen

4.1 Allgemeines

Jede Organisation, jede Unternehmung verfolgt einen Zweck. Sie hat allgemein ausgedrückt bestimmte Absichten [4.1]. Aus diesen Absichten leiten sich konkrete Ziele ab.

Ein Ziel ist ein Ort oder ein Zustand, den man erreichen will. Es ist eine normative Aussage, die einen anzustrebenden Zustand beschreibt. Ein Ziel ist ein eindeutiger Endzustand einer durchzuführenden Tätigkeit oder Aufgabe.

• Definition: Was ist ein Ziel?

Die Begriffe „Ziel" und „Aufgabe" stehen miteinander in engem Zusammenhang. Das Ziel stellt häufig die Lösung der Aufgabe dar. Jede Aufgabe beinhaltet verschiedene Aktivitäten, die zur Erfüllung der Soll-Leistung erledigt werden müssen. Die Aufgabe ist der Grund, warum eine Stelle in einer Organisation eigentlich besteht. Sie ist das Dauerziel einer Stelle.

• „Ziel" und „Aufgabe"

Ein Ziel definiert einen gewünschten Endzustand und gibt somit an, wohin man nach der Durchführung einer Tätigkeit gelangen will. Es bildet den Maßstab dafür, was tatsächlich erreicht wird und wie hoch der Grad der Zielerreichung ist. Ziele dienen also auch der Kontrolle.

• Ein Ziel legt fest, wohin man gelangen will

Ziele sind darüber hinaus auch Entscheidungskriterien für die Wahl der geeigneten Vorgehensweise bei mehreren alternativen, also sich gegenseitig ausschließenden Handlungsmöglichkeiten. Mit ihrer Hilfe kann bewertet werden, welche der Vorgehensweisen am genauesten, am schnellsten oder am wirtschaftlichsten zum Erreichen des Zieles führen. Es kann auch eine Reihenfolge der möglichen Vorgehensweisen im Hinblick auf den Grad

• Ziele sind Entscheidungskriterien

- Ziele dienen der Steuerung und Koordination

- Die Ziele eines Unternehmens basieren auf den Ansprüchen der Bezugsgruppen

- Unterschiedliche Interessen der Bezugsgruppen

der Erreichung der Ziele gebildet werden, um danach eine Auswahl zu treffen. Ziele dienen damit dem Vorgang des Entscheidens.

Das Festlegen von Zielen erreicht, daß die zahlreichen in einem Unternehmen beteiligten Stellen mit ihren Bemühungen, Tätigkeiten und Entscheidungen aufeinander ausgerichtet werden und somit einen abgestimmten Beitrag in Richtung auf die gemeinsamen Ziele leisten. Ziele dienen somit auch zur Steuerung und Koordination.

Unter den Zielen eines Unternehmens werden die Ziele verstanden, welche sich aus der Interessenlage des Unternehmens selbst oder aus der Interessenlage anderer Gruppen ergeben, die Ansprüche an dieses Unternehmen haben. Man spricht von Anspruchs- oder Bezugsgruppen. Ulrich und Fluri [4.2] nennen folgende interne und externe Anspruchsgruppen einer Unternehmung und ihre Interessen (Bild 4.1 und 4.2):

Während die Firma und das Management die Ziele der Erhaltung und des Überlebens sowie einer gesunden wirtschaftlichen Entwicklung anstreben müssen, sind Aktionäre oder Eigentümer vorrangig an möglichst hoher Gewinnausschüttung interessiert. Dem widerstrebt das Interesse der Kunden, die Produkte und Dienstleistungen zu niedrigen Preisen haben wollen. Dieser Wunsch nach

Interne Anspruchsgruppen

• Eigentümer: (Kapitaleigentümer Eigentümer-Unternehmer)	• Einkommen, • Erhaltung, Verzinsung • Wertsteigerung des investierten Kapitals • Selbständigkeit
• Management	• Macht, Einfluß, Prestige • Entfaltung eigener Ideen und Fähigkeiten
• Mitarbeiter	• Einkommen • Arbeitsplatz • soziale Sicherheit • Entfaltung eigener Fähigkeiten • zwischenmenschliche Kontakte • Status, Anerkennung, Prestige

Bild 4.1: Die Interessen der internen Anspruchsgruppen im Unternehmen

4.1 Allgemeines

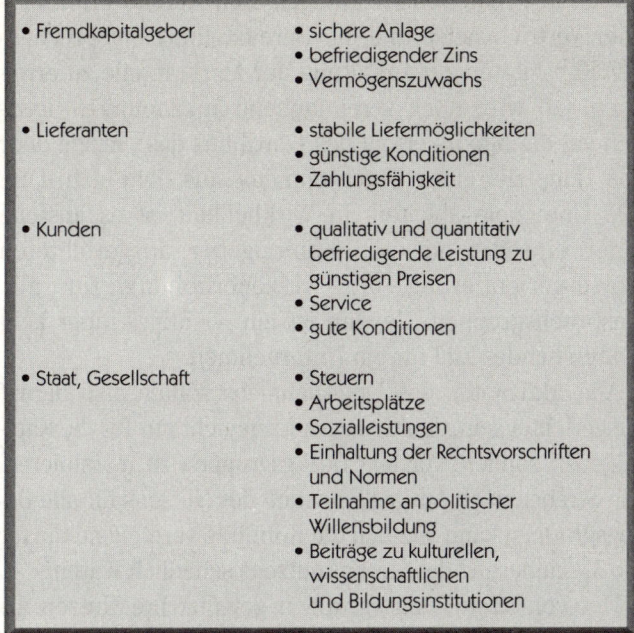

Bild 4.2: Die Interessen der externen Anspruchsgruppen des Unternehmens

niedrigem Preis kann in manchen Fällen in überragendem Maße dominieren wie z.B. bei öffentlichen Verkehrsbetrieben oder der Versorgung mit Grundnahrungsmitteln. Weiter beeinflussen Mitarbeiter die Zielsetzungen mit dem Wunsch nach hohem Einkommen, sicherem und humanem Arbeitsplatz und dem Bedürfnis nach der Entfaltung ihrer Möglichkeiten. Es müssen also Zielkonflikte durch die unterschiedlichen Interessen der Anspruchsgruppen entstehen.

In einer Wettbewerbswirtschaft ist die Erzielung eines ausreichenden – nicht eines maximalen Gewinnes – auf lange Sicht eine Voraussetzung für das Überleben des Unternehmens. Gewinn bedeutet, daß das Unternehmen fähig sein muß, eine wettbewerbsfähige Marktleistung langfristig zu erbringen und dabei einen ausreichenden Überschuß erzielt, um die zukünftige Entwicklung und die bestehenden Geschäftsrisiken zu finanzieren. Gelingt die ausreichende Gewinnerzielung über einen längeren Zeitraum nicht, so wird das Unternehmen zwangsläufig vom Wettbewerb aus dem Markt gedrängt. Nur ein aus-

• Zielkonflikte

• Das Ziel der Gewinnmaximierung

- Wirkliches Ziel: Nutzenerhöhung für alle Anspruchsgruppen

- Es sollte nach maximalem Nutzen für alle Bezugsgruppen gestrebt werden

- Kurzfristige Gewinnmaximierung ist für das langfristige Überleben nicht ausreichend

- Wirkliches Ziel: Gewinn- oder Nutzenpotentiale schaffen

reichender Gewinn erlaubt es, die notwendigen Investitionen in Produktentwicklungen, den Aufbau erforderlicher Vertriebsnetze und die Bereitstellung entsprechender Kapazitäten zur Erhaltung der Marktanteile zu erreichen. Oft wird noch vereinfachend angenommen, letztlich sei die Maximierung des Gewinnes das einzige oder das Hauptziel eines Unternehmens, aus dem sich dann alle Unterziele ableiten. In Wirklichkeit ist es anstelle einer einseitig auf den Kapitalgeber ausgerichteten Gewinnorientierung die Nutzenerhöhung für alle Anspruchsgruppen. Gewinn ist ein wichtiges, aber kein ausreichendes Ziel für ein Unternehmen.

Alle Aktivitäten des Unternehmens sollten also darauf ausgerichtet sein, den Gesamtnutzen nicht nur für die Kapitalgeber, sondern für alle Bezugsgruppen zu maximieren. Ein Streben nach Ausgeglichenheit des Nutzens für alle Bezugsgruppen kann letztlich die Konflikte vermeiden, die für die Maximierung des Gesamtnutzens schädlich wären.

Der von allen Bezugsgruppen gewünschte Nutzen als kleinster gemeinsamer Nenner ist letztlich das Überleben, also das Weiterbestehen des Unternehmens. Dies wird durch einfache Gewinnmaximierung in den Bilanzen der laufenden Perioden nicht ausreichend gesichert. Denn eine Maximierung des in der Jahresbilanz ausgewiesenen Gewinnes kann dadurch erreicht werden, daß zu wenig Ausgaben für die Zukunft getätigt wurden. Damit werden jedoch die Möglichkeiten, zukünftig noch ausreichenden Gewinn zu erwirtschaften und damit das Überleben zu sichern, verringert.

Es geht also nicht nur darum, den kurzfristigen Gewinn zu maximieren, sondern um Schaffung von genügend Möglichkeit – Potential – zu schaffen, auch zukünftig Gewinn zu erzielen. Es muß Gewinnpotential oder Nutzenpotential geschaffen werden. Dies muß die grundlegende Zielsetzung jedes normalen Unternehmens sein.

4.2 Zielbildung im Unternehmen

Die Ziele eines Unternehmens bedeuten die Reaktion des Systems auf seine Umwelt und damit eine Folge der ver-

4.2 Zielbildung im Unternehmen

schiedenen Interessen der Anspruchsgruppen. Häufig sind sie Ergebnis komplizierter, nicht systematisch ablaufender Entscheidungsprozesse zwischen diesen Gruppen. Es ist dabei leicht einzusehen, daß in einer sozialen Marktwirtschaft die Gewinnmaximierung keinesfalls das einzige oder das absolut dominierende Ziel sein kann.

In der Unternehmenspraxis beziehen sich die Ziele teils auf allgemeine Aussagen über Zweck und Sinn des Unternehmens, teils auch sehr spezifisch auf konkrete Vorgänge und Teilbereiche des laufenden Geschäftes. Es erweist sich daher als sinnvoll – wie das im englischsprachigen Raum durch unterschiedliche Wortwahl bereits ausgedrückt wird – zwischen Absichten (purposes, missions) und eigentlichen Zielen (goals, objectives) zu unterscheiden [4.1].

Absichten sind qualitative Aussagen über das, was erreicht werden soll. Auf der Unternehmensebene sind das lediglich Aussagen über die Art und Richtung dessen, was im Unternehmen, in Teilbereichen oder von einzelnen Mitarbeitern erreicht werden soll.

Ziele sind im Unterschied zu Absichten durch den konkreten Zielerreichungsgrad gekennzeichnet. Sie enthalten also quantitative Aussagen. Hintergrund für die Unterscheidung ist die Feststellung, daß in der Praxis der Planungsprozesse in Unternehmen meist zunächst qualitative Aussagen über die Richtung und Art des gewollten Vorgehens gemacht werden. Im Verlauf des Planungsprozesses sind erst später sinnvolle Entscheidungen quantitativer Art möglich. Um dies mit einem Beispiel aus dem Finanzbereich zu erklären, kann das Ziel, den Anteil des Eigenkapitals am Gesamtkapital in zwei Jahren von 1 : 3 auf 2 : 3 zu erhöhen, als Folge der Absicht bezeichnet werden, die Kapitalstruktur des Unternehmens durch Verringerung des Fremdkapitals zu verbessern.

Am Beispiel einer Konstruktionsabteilung, in der eine Arbeitsvorbereitung zur Systematisierung der Planung der eigenen Aktivitäten eingeführt werden soll, könnte die Liste dessen, was sich der Konstruktionschef vornimmt, folgendermaßen aussehen:

- Unternehmensziele: Reaktion des Systems auf seine Umwelt

- Der Unterschied: Absichten und Ziele

- Absichten sind nur qualitative Aussagen

- Ziele haben einen konkreten Zielerreichungsgrad

- • Absichten einer Konstruktionsabteilung

  – Früheres Erkennen von Engpässen
  – Erhöhung der Transparenz hinsichtlich Arbeitstand aller Aufträge
  – Bessere Erfahrungswerte für Bearbeitungszeiten
  – Ermittlung realistischerer Endtermine für Aufträge
  – Reduzierung des Planungsaufwandes für Konstruktionsaufträge
  – Verkürzung der Durchlaufzeit der Konstruktionsaufträge
  – Bessere Auslastung der Konstruktions-Kapazitäten
  – Verringerung der Konventionalstrafen für Terminverzögerungen
  – Schnellere Reaktion auf Veränderungen in der Auftrags- bzw. Kapazitätssituation

- • Ziele müssen operational formuliert werden

Diese Liste von Absichten reicht zwar aus, um den Mitarbeitern in der Abteilung deutlich zu machen, wohin der Weg führen soll. Es ist aber weder der gegenwärtige Zustand, noch der zu einem bestimmten Zeitpunkt und in einem bestimmten Zeitraum zu erreichende Endzustand präzise festgelegt. Um dem einzelnen Mitarbeiter seinen zu leistenden Beitrag klar zu machen, müssen aus diesen Absichten operationale, d.h. quantifizierte Ziele entwickelt werden. Dies kann nur in einem detaillierten Analyse- und Planungsprozeß erfolgen, bei dem beispielsweise festgestellt wird, wie häufig und um wieviel derzeit Endtermine überschritten werden, um dann festzulegen, mit welchen Mitteln, mit welchem Zeit- und Arbeitsaufwand eine gewollte Verbesserung erreicht werden kann. Erst mit diesem Schritt ist der eigentliche Vorgang der Zielsetzung abgeschlossen.

- • Ziele sind Ergebnis eines Analyseprozesses

- • Zweifel an der generellen Forderung nach Quantifizierung

Neuere Erkenntnisse von Kast/Rosenzweig [4.3] und praktische Erfahrungen [4.4] zeigen, daß die Meinung, Ziele müßten grundsätzlich sehr präzise formuliert und quantifiziert sein, nicht richtig ist. Auf oberster Unternehmensebene, wo grundsätzliche, unternehmenspolitische Fragen entschieden werden, sind die Formulierungen für die „Ziele" meist weit gefaßt. Es sind eigentlich Absichten. Erst die daraus für die mittlere und insbesondere die untere Ebene abgeleiteten Ziele haben eine wachsende Präzisierung (Bild 4.3).

4.3 Elemente von Zielen

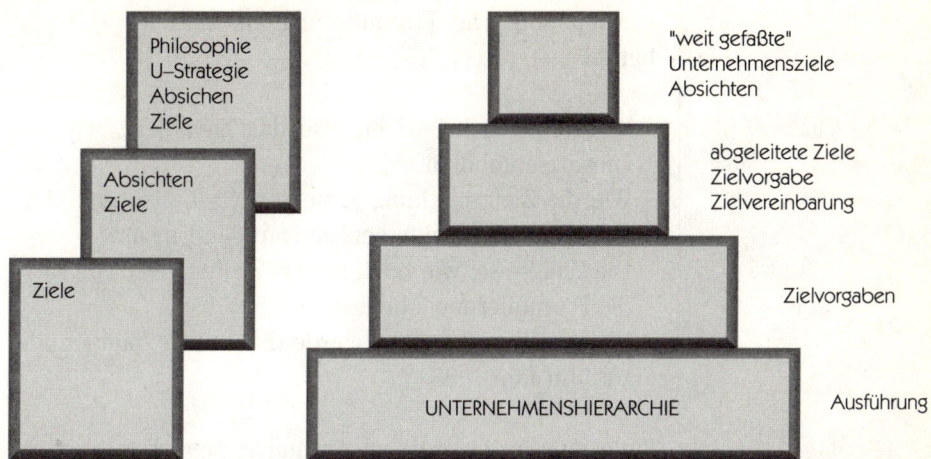

Bild 4.3: Zielbildungsprozeß und Unternehmensebene

Die Funktion „Ziele setzen" als Teilaspekt des Managementprozesses hat sicher eine besondere Bedeutung, da hier die unternehmerischen Impulse einfließen. Durch eine besondere Herausstellung dieses Teilprozesses und die Formalisierung in Form einer bestimmten Handhabung im Rahmen der Unternehmensorganisation entstand eine Managementmethode, die unter dem angelsächsischen Namen „Management by Objectives" bekannt wurde. Hierauf wird in Kapitel 10 ausführlicher eingegangen.

- Führungsmethoden auf Basis „Zielsetzung"

4.3 Elemente von Zielen

Es ist schwierig Ziele derart zu formulieren, daß man tatsächlich mit ihnen arbeiten kann. Zu oft begnügt man sich mit Trivialaussagen, wie „die geeigneten Maßnahmen treffen" oder „zweckmäßig vorgehen...". Formulierungen wie diese sind ein Beweis dafür, daß man sich mit dem Problem, für das eine Zielsetzung erfolgen soll, nicht auseinandergesetzt hat oder sich nicht festlegen will. Ebensowenig kann man anfangen mit Formulierungen wie „einen hohen Marktanteil erringen" oder „die Abwicklung beschleunigen..". Solche Aussagen könnten nur Bestandteil der Formulierungen von Absichten sein, in denen lediglich die allgemeine Richtung festgelegt

- Operationale Ziele müssen enthalten: Was? Wieviel? Bis wann?

werden soll. Die Formulierung eines Zieles soll enthalten:

- Worauf es sich bezieht, also das Zielobjekt, wie z.B. Umsatzrentabilität.
- Wie die Zielerreichung gemessen wird, also den Maßstab: Betriebsgewinn bezogen auf den Umsatz.
- Die Zielgröße; wie hoch ist das Ziel anzusetzen? Etwa die Formulierung: Mindestens 4,5 %
- Wann soll es erreicht werden? Also die Zielperiode, z.B.: Im Jahr 1995

Ziele müssen operational formuliert sein. Das sind sie, wenn sie während der Realisierung laufend unter Kontrolle gehalten werden können und danach eindeutig festgestellt werden kann, ob und inwieweit sie erreicht wurden [4.5]. Beispiele für Ziele sind:

1. Die weitere Entwicklung von drei neuen, ertragsstarken Produkten mit einer Umsatzrendite von über 10 % für den deutschen Markt, innerhalb eines Jahres.
2. Den Marktanteil bei der Produktgruppe XY auf dem europäischen Markt innerhalb von 2 Jahren von 5 auf 10 % steigern.
3. Die Durchlaufzeit der selbst gefertigten Pumpenteile der Produktgruppe Z von 12 auf 9 Wochen innerhalb von 6 Monaten senken.

4.4 Zielbildungsprozeß im Unternehmen

In sozialen Systemen, insbesondere in Unternehmen, findet der Zielbildungsprozeß nicht immer systematisch statt. Die klassische Annahme, daß die Ziele einer Anspruchsgruppe z.B. des Inhabers oder des Management so dominieren, daß diese Gruppe allein die Ziele des Unternehmens bestimmt, ist in der Praxis heute nicht mehr haltbar. Die Ziele entstehen nicht mehr als einstufiger Prozeß mit individuellen Einzelentscheidungen. Sie werden in Wirklichkeit in komplexen, mehrstufigen Prozessen gefunden, an denen zahlreiche Personen und Gruppen teilnehmen.

- Die Formulierung eines Zieles soll enthalten

- Operationale Formulierung von Zielen heißt Kontrollierbarkeit

- Ziele werden nicht nur vorgegeben, sie entstehen in mehrstufigen Prozessen

4.4 Zielbildungsprozeß im Unternehmen

Das Bild vom Zielbildungsprozeß fällt je nach der Vorstellung von der Unternehmung unterschiedlich aus [4.6]. In bürokratischen Modellen vom Zielbildungsprozeß stellt man sich vor, daß die Ziele an der Spitze festgelegt und von den untergeordneten Instanzen übernommen werden. Das Verhalten der Stellen auf den unteren Ebenen wird durch generelle Regelungen und durch abgeleitete Unter- und Teilziele auf die obersten Zielvorstellungen ausgerichtet. Die Regelungen sollen die maximale Effizienz gewährleisten und Störungen jeglicher Art ausschalten.

• In bürokratischen Organisationen erfolgt die Zielvorgabe von oben

In modernen Modellvorstellungen von Unternehmen sind die Meinungen über die Art und Weise der Zielbildung anders. Durch die Aufteilung des „Systems" in Subsysteme entsteht eine Koalition aus verschiedenen Individuen. Die Systemmitglieder, also beispielsweise die Mitarbeiter, haben eigene Ziele, die den Zielen des Systems selbst wie Ordnung, Pünktlichkeit, Leistung, durchaus widersprechen können. Der Zielbildungsprozeß ist also in Wirklichkeit ein Kompromiß, der sich durch wechselseitige Zugeständnisse ergibt. Er wird als umfassender Verhandlungsprozeß angesehen, in dem Konflikte zwischen den beteiligten Systemmitgliedern zum Ausgleich gebracht werden müssen und dabei die Ziele festgelegt werden. Der Zielbildungsprozeß wird also als Verhandlungsprozeß zwischen Individuen und Gruppen angesehen. Die Berücksichtigung der Einzelanliegen hängt von der jeweiligen Machtposition der Teilnehmer an dem Vorgang ab.

• Die moderne Vorstellung ist: Ziele entstehen durch Kompromisse der Systemmitglieder

Aus der Erkenntnis heraus, daß Zielbildung ein Verhandlungsprozeß (bargaining) zwischen den Systemmitgliedern ist, stellt sich die Frage nach der gewollten Mitwirkung (participation) der von der Zielsetzung Betroffenen, die zur Erreichung der Ziele eine Leistung erbringen müssen. Hier gibt es eine Reihe von nicht einheitlichen empirischen Ergebnissen. Eine klare und eindeutige Bestätigung der These, daß erhöhte Mitwirkung bei der Willensbildung – realisiert insbesondere durch Mitwirkung bei der Entscheidung über Ziele – zu höherer Leistung und Zufriedenheit führt, ist durch das vorhandene empirische Material nicht zu gewinnen. Es gibt eine

• Führt die Mitwirkung Betroffener bei der Zielbildung zu höherer Leistung?

Fülle von Untersuchungen, die schwache bis mittlere Korrelationen von Mitwirkung, Leistung und Zufriedenheit feststellen.

Als bestätigt kann gelten [4.7], daß Mitwirkung des Mitarbeiters bei der Zielfindung zu hoher Leistung und Zufriedenheit führt, wenn

- eine maßgebliche Einwirkungsmöglichkeit im Sinne einer Mitsprache gegeben ist und kein zu starker Zeitdruck für die Zielfindung besteht,
- klare und eindeutige Aufgabenziele vereinbart werden, die zudem herausfordernden Charakter für den mit der Realisierung Beauftragten haben,
- ein starkes Unabhängigkeitsverlangen und ein hohes Arbeitsengagement bestehen.

- Voraussetzungen für sinnvolle Mitwirkung

Unter Mitwirkungsmöglichkeiten sind die maßgebliche Beteiligung in Form von Aushandlung und Vereinbarung der Ziele gemeint. Information und Konsultation reichen nicht aus. Die Vorstellungen des Mitarbeiters hinsichtlich seiner Aufgaben und persönlichen Entwicklungsziele sind mit den Vorstellungen des Vorgesetzten in mehrmaligen Treffen abzustimmen und – nach Möglichkeit – konsensfähig zu machen. Ziele sind klar und eindeutig zu definieren, um einerseits dem Mitarbeiter zu verdeutlichen, was erstrebt wird, andererseits Grundlagen für einen adäquaten Kontrollprozeß zu schaffen. Mitwirkung bei der Willensbildung und Zielsetzung führt insgesamt zu einer befriedigenden Abstimmung von persönlichen Zielen und Unternehmenszielen; hierbei wird insbesondere auch die Verfolgung individueller Lebensziele und Motive erleichtert, Selbstachtung, Anerkennung und Entfaltung besser ermöglicht und damit das Zufriedenheitsniveau angehoben.

- Mitwirkung macht nur Sinn, wenn sie maßgeblich ist

Nach den Vorstellungen eines großen deutschen Automobilkonzerns sollen sich die Vorgesetzten hinsichtlich der Funktion „Ziele setzen" laut Führungsanweisung folgendermaßen verhalten:

- „Ziele setzen" nach der Führungsanweisung eines Automobilherstellers

- Ziele gemeinsam erarbeiten

„Der Vorgesetzte erarbeitet gemeinsam mit den Mitarbeitern deren Arbeitsziele und legt diese im Rahmen der allgemein vorgegebenen Aufgaben der Stelle fest. Er bezieht dabei die Fähigkeiten der Mitarbeiter in die Festlegung der Arbeitsziele ein und versucht, nach Möglichkeit ihre Erwartungen zu berücksichtigen. Bei veränderten Voraussetzungen müssen die Arbeitsziele überprüft und gegebenenfalls angepaßt werden.

Der Vorgesetzte erläutert den Mitarbeitern die Zusammenhänge zwischen ihren Arbeitszielen und den übergeordneten Zielen des Bereiches. Er weckt damit das notwendige Verständnis für die Ziele und Aufgaben ihrer Stelle.

• Übergeordnete Ziele erläutern

Die Ziele und die zu beachtenden Bedingungen müssen eindeutig und verständlich dargestellt sein und den Anforderungen und Möglichkeiten des jeweiligen Arbeitsplatzes entsprechen. Nur so können Mitarbeiter und Vorgesetzte auf einer sachlichen Grundlage Arbeitsergebnisse beurteilen und die Ziele überprüfen. Von den Mitarbeitern wird erwartet, daß sie die festgelegten Ziele mittragen und sich dafür einsetzen, sie zu erreichen."

• Eindeutig und verständlich darstellen

4.5 Zielkataloge

In der Realität existieren in einem Unternehmen keine unabhängigen Einzelzielsetzungen. Auch vermeintliche Einzelziele sind fast immer in ein System von weiteren Teilzielen, Nebenbedingungen und Beschränkungen eingebunden. Diese weiteren zu beachtenden Ziele und Nebenbedingungen fungieren dabei als Entscheidungsprämissen und Restriktionen.

• Zielbündel, Zielhierarchien, Zielkonflikte

Beispielsweise ergeben sich solche Restriktionen für die rein „ökonomischen" Zielsetzungen, wie das Streben nach maximaler Effizienz z.B. gemessen an Produktivitäten, Rentabilitäten oder Gewinnen aus rechtlichen Vorschriften oder Tarifverträgen. Darin sind nämlich die Zielsetzungen hinsichtlich der Befriedigung der Bedürfnisse und hinsichtlich der Grenzen der Belastbarkeit der Mitarbeiter festgehalten [4.8].

• Rücksicht auf Randbedingungen

Die Ziele eines Unternehmens lassen sich nach zeitlichen Gesichtspunkten in kurz- und langfristige Ziele gliedern. Ferner kann eine Gliederung in Rahmen- und Teilziele erfolgen. Aus den übergeordneten Rahmenzielsetzungen müssen für die einzelnen organisatorischen

• Einteilung in kurz- und langfristige Ziele

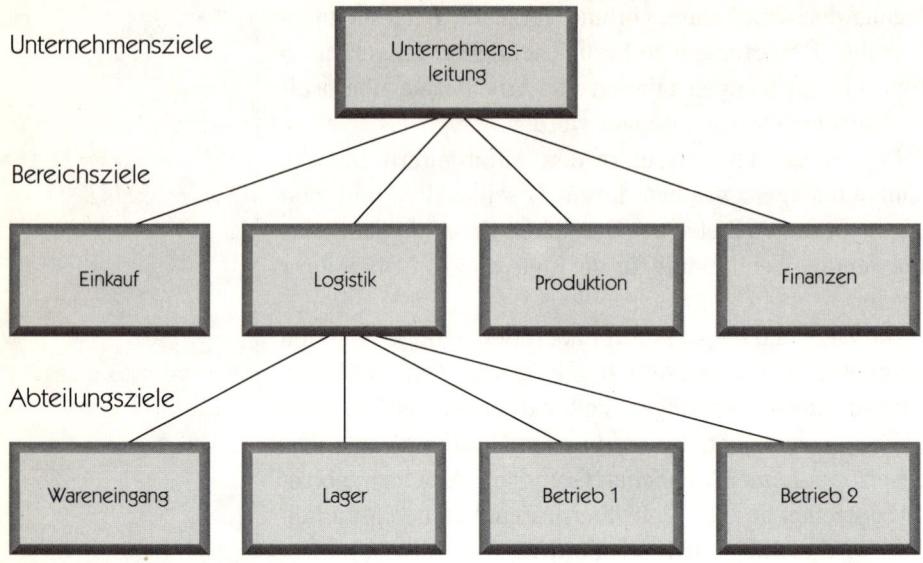

Bild 4.4: Beispiel für eine Zielhierarchie

• Beispiel für die Inhalte eines Zielkataloges

Einheiten und Ebenen Teilziele abgeleitet werden, die den zu leistenden Beitrag zur Gesamtzielsetzung definieren. Man spricht von einer Zielhierarchie (Bild 4.4). Hier bestehen im allgemeinen Zielkonflikte z.B. im Hinblick auf die Reihenfolge der Realisierung. Es sind daher Prioritäten zu setzen und Gewichtungen vorzunehmen.

Es gibt keine allgemeingültigen Aussagen, worauf sich die Zielsetzungen eines Unternehmens beziehen sollen. Ein typischer Katalog solcher Themen für Absichten und Zielsetzungen kann folgendermaßen aussehen [4.9]:

Marktstellung
– Welche Produkte und Dienstleistungen?
– Welcher Umsatz, Marktanteil?
– Welche Abnehmergruppen?
– In welchen Abnehmergebieten?
– Welche Qualitätsanforderungen?
– Welche Serviceanforderungen?

Finanzen
– Welcher Gewinn?
– Welche Umsatzrentabilität?
– Welche Rentabilität des Eigenkapitals?

4.5 Zielkataloge

– Welcher Eigenkapitalanteil?
– Welcher Selbstfinanzierungsgrad?
– Welche Liquiditätsziele?

Soziale Ziele:
– Welche Einkommenspolitik?
– Welche sozialen Leistungen?
– Entwicklungs-, Aufstiegsmöglichkeiten
– Soziale Integration

In Bild 4.5 wird am Beispiel eines Maschinenbauunternehmens die hierarchische Gliederung der Zielobjekte mit den festzulegenden Zielgrößen oder Einzelzielen dargestellt, wie sie sich aus der übergeordneten Absicht herleiten, die Fertigung mit geringstmöglichen Kosten zu vorgegebenen Terminen in vorgegebener Qualität durchzuführen.

- Beispiel einer Zielhierarchie

Absichten des Bereichs Fertigung

Fertigung mit geringstmöglichen Kosten, zu vorgegebenen Terminen, in vorgegebener Qualität.

Zielobjekte

Wirtschaftlichkeit der Produktion	Quantität der Produkte	Qualität der Produkte	Termintreue	Flexibilität des Maschinenparks	Reagibilität auf Beschäftigungsschwankungen

Festzulegende Zielgrössen

• Auslastung • Durchlaufzeiten • Gesamtkosten • Deckungsbeiträge usw.	• Gesamtausbringung • Ausbringung nach Produktgruppen usw.	• Ausschußmengen • Reklamationen • Garantieleistungen usw.	• Liefertermine • Zwischentermine • Durchlaufzeit usw.	• Anteil Mehrzweckmaschinen • Sonderwerkzeuge • Wiederholteile • Personalqualifikation usw.	• Anteil fixer Personalkosten • Anteil Fertigungsgemeinkosten • Anteil unproduktiver Stunden usw.

Bild 4.5: Gliederung der Fertigungsziele eines Maschinenbauunternehmens.

4.6 Unternehmensphilosophie

- Die generellen Absichten des Unternehmens

Viele Unternehmen machen auch in schriftlicher Form allgemeine Aussagen über ihre Absichten, über den Unternehmenszweck sowie über ihre Einstellungen gegenüber den Mitarbeitern und der Umwelt. Statt des Begriffes generelle Absichten findet man dafür häufig die Ausdrücke Unternehmensleitbild, Geschäftsgrundsätze, Unternehmensgrundsätze, Unternehmensprinzipien, Statuten. Diese Schriftstücke enthalten ganz oder teilweise die ausformulierte „Unternehmensphilosophie" eines Unternehmens. Unternehmens- oder Managementprinzipien oder -grundsätze sind im Unternehmen allgemein gültige Handlungsmaximen oder Vorschriften.

Eine Unternehmensphilosophie enthält die von der Unternehmensspitze als wahr und richtungsweisend angesehenen Werte, Überzeugungen und Normen des Unternehmens. Sie definiert also die Einstellung des Unternehmens gegenüber seiner Umwelt, sein Wertesystem oder die weltanschauliche Grundlage der Unternehmensleitung. Die Unternehmensspitze ist die oberste Gruppe der Unternehmung und formell legitimiert, dieses für das Handeln der Firma maßgebliche Wertesystem vorzugeben. Sie verfügt auch über die Macht, es durchzusetzen. Von dem Umfang der Macht hängt es ab, inwieweit hierbei Konzessionen an die Wertsysteme der anderen Anspruchsgruppen innerhalb und außerhalb des Unternehmens gemacht werden müssen.

- Überzeugungen, Werte und Normen des Unternehmens

- Was ist Unternehmensphilosophie?

Was unterscheidet die richtige Philosophie von der Unternehmensphilosophie? Philosophie ist ähnlich wie Unternehmensphilosophie ein ganzheitliches Denksystem. Gegenstand der Philosophie sind die „letzten Fragen". Wer bin ich? Wo komme ich her, wo gehe ich hin? Was ist der Mensch? Auch Unternehmensphilosophie hat letzte Fragen. Was produzieren wir? Warum? Für wen produzieren wir es? Was wollen wir in Zukunft produzieren? Philosophie soll die Welt nicht nur interpretieren, sondern auch verändern. Das trifft auch für die Unternehmensphilosophie zu. Sie betrifft das Unternehmen, seine Wertvorstellungen, wie es sich heute darstellt und gleichzeitig wie es gestaltet werden soll [4.10].

4.6 Unternehmensphilosophie

Werte bestimmen bzw. beeinflussen das Verhalten von Menschen innerhalb und außerhalb eines Unternehmens. Ändern sich die Werte, so ändert sich auch das Verhalten der Mitarbeiter, soweit das die Organisation zuläßt. Nun gibt es allgemeine Werte, die die Gesellschaft für richtig hält und Werte, die für den einzelnen wichtig sind. Man kann aber auch von den Werten eines Unternehmens sprechen. Es sind Werte, die wesentliche Anspruchsgruppen wie die Mitarbeiter, die Inhaber und das Management für gut halten. Die Werte eines Unternehmens repräsentieren das Selbstverständnis und die „philosophischen" Grundlagen der Organisation [4.11]. Sie liefern auch Maßstäbe dafür, wann man mit sich und mit der Leistung anderer zufrieden sein kann [4.12].

• Werte und ihr Einfluß auf das Verhalten

Unter „Normen" verstehen wir Verhaltensregeln mit verpflichtendem Charakter auf der Basis bestimmter Kriterien, die eng mit Werten verbunden sind. Normen sind kollektive Handlungsmechanismen, die als zielorientierte Anweisungen das Handeln von Menschen und von sozialen Gruppen regeln [4.13]. Sie sind begleitet von einem System von positiven und negativen Sanktionen, das die Einhaltung der Erwartungen sichert, die mit der von der Umwelt erwarteten Rolle einer Organisation oder eines Individuums verbunden sind. Normen besitzen den Charakter einer Aufforderung unterschiedlicher Stärke. Normen reichen von Ratschlägen über Direktiven, Sollforderungen, Ge- und Verboten bis zu Befehlen. Ihre Einhaltung ist gewöhnlich durch sozialen Zwang gesichert.

• Normen sind Verhaltensregeln mit verpflichtendem Charakter

Werte unterliegen mit der Zeit, mit sich ändernden Technologien und mit der sich ändernden Umwelt einem Wandel. Wir beobachten derzeit einen starken Wertewandel in unserer Gesellschaft. Dieser Wandel findet einerseits in der Umwelt der Unternehmen statt und wirkt sich auf die Erwartungen aus, die der „Markt" vom Unternehmen hat. Er beeinflußt die Marktpotentiale, die vom Unternehmen erwünschten Aktivitäten, Leistungen und damit die Zielsetzungen des Unternehmens. Andererseits wirkt sich der Wertewandel insbesondere unmittelbar auf die Beziehungen zwischen Unternehmen und Mitarbeitern aus.

• Die klassischen Wertvorstellungen gelten nicht mehr

• Einfluß des Wertewandels auf die Unternehmen

So wurde bei Mitarbeitern der deutschen Metallindustrie ein Rückgang der alten, puritanischen Tugenden Pünktlichkeit, Fleiß, „tun was gefordert wird" zugunsten neuer Tugenden festgestellt. Pünktlichkeit als erstrebenswerter Wert verliert im Zeitalter der gleitenden Arbeitszeit ihre Bedeutung. Für Mitarbeiter an CNC-gesteuerten Maschinen spielt Fleiß keine wesentliche Rolle für den Erfolg. Wichtiger erscheinen ihnen Kommunikationsfähigkeit, Fachkenntnisse und organisatorische Disziplin. Die ehemals in der europäischen und insbesondere in der deutschen Arbeitswelt hoch geschätzten Werte Disziplin, Gehorsam, Leistung, Karriere, Effizienz, Macht, Zentralisierung werden zunehmend abgelöst und ersetzt durch Selbstbestimmung, Partizipation, Teamdenken, Bedürfnisorientierung, Entfaltung der Persönlichkeit, Kreativität, Kompromißfähigkeit, Dezentralisierung [4.14].

• Umfrage über Werte in der deutschen Metallindustrie

Das bedeutet nicht nur einen Einfluß auf die Zielsetzungen der Unternehmen und auf die Funktion „Ziele setzen", also die Art, wie Ziele im Unternehmen entstehen. Vielmehr beeinflußt der Wertewandel auch einzelne Managementfunktionen, wie also zukünftig organisiert oder geführt werden sollte. Der Wertewandel wirkt sich selbst auf die Ansichten über Managementtheorien und die Managementlehre aus. Ihm ist daher der Anfang von Kapitel 10 gewidmet.

• Auswirkungen des Wertewandels

Als Beispiel seien die Unternehmensprinzipien eines in der Fabrikplanung tätigen Ingenieur- und Architekturbüros angeführt. Sie enthalten eine Reihe von allgemeinen unternehmerischen Prinzipien, aber auch Wertvorstellungen:

• Unternehmensprinzipien eines Ingenieur- und Architekturbüros

„Wir bekennen uns zur Ethik des freien Berufes. Wir sind kein Gewerbe, sondern erbringen geistige Leistungen. Wir sind frei in unseren Entscheidungen und unabhängig von jeglichen äußeren, materiellen Einflüssen.

• Ethik des freien Berufes

Durch unsere Freiheit und Unabhängigkeit sind wir Treuhänder des Auftraggebers. Wir wahren seine Interessen und handeln in seinem Namen. Wir erkennen, daß die Treuhändereigenschaft der Schlüssel zu unserer gesellschaftlichen Bedeutung ist.

• Treuhänder des Auftraggebers

Wir bekennen uns zum Fortschritt. Durch Planung und schöpferische Problemlösungen wollen wir die Umwelt

• Fortschritt

4.6 Unternehmensphilosophie

und die Existenzbedingungen der Gesellschaft verbessern.

Wir bauen auf der persönlichen Leistung des einzelnen auf. Die fachlichen Fähigkeiten des einzelnen, sein Wissen und seine Erfahrung auf seinem Fachgebiet sind Grundlage unserer Leistung. Wir wollen die jeweils besten und geeignetesten Kräfte zur Lösung unserer Aufgaben einsetzen.

Das Unternehmen will die persönlichen, fachlich hochqualifizierten Leistungen einzelner zu einer Gesamtleistung integrieren. Wir wollen unserem Auftraggeber das eine, fertige Werk aus einer Hand bieten.

Wir sehen unsere Aufgabe in der Lösung von Problemen. Alle Probleme sollen nach technischen, wirtschaftlichen, sozialen, und ästhetischen Gesichtspunkten gelöst werden.

Unsere Leistungen sollen wirtschaftlich fundiert sein. Wir wollen nur von objektiven Sachverhalten ausgehen. Wir wollen Wissen und Erfahrung nach dem jeweils neuesten Stand einsetzen.

Unsere Mitarbeiter sollen Persönlichkeiten sein, mit der Bereitschaft, sich in der Gruppe einzuordnen. Sie sollen anerkennen, daß die Gruppenleistung mehr ist, als eine Summe der Leistungen Einzelner. Sie sollen sich mit den Zielen des Unternehmens identifizieren können."

Der weltweit tätige amerikanische Computerhersteller Hewlett Packard veröffentlichte erstmals 1957 unter dem Titel „Statement of Corporate Objectives" Aussagen zu seiner Unternehmensphilosophie [4.15], aus der man die in diesem Unternehmen für richtig gehaltenen Wertvorstellungen sehr gut erkennen kann.

„Wir alle sollten danach streben, die Umwelt, in der wir leben, zu verbessern. Als ein Unternehmensverband, der in vielen verschiedenen Staaten und Gemeinwesen der ganzen Welt tätig ist, müssen wir sicherstellen, daß wir zu deren Wohl beitragen. Dies bedeutet, daß wir unsere Interessen mit denjenigen des jeweiligen Gemeinwesens in Übereinstimmung bringen müssen. Es bedeutet außerdem, daß wir uns gegenüber Einzelpersonen und Gruppen moralisch einwandfrei verhalten, daß wir unsere Umwelt schonen, die Infrastruktur fördern, ansprechende Fertigungsstätten und Bürogebäude errichten,

- Persönliche Leistung

Teamdenken

- Aufgabe ist Problemlösen

- Wirtschaftlichkeit, Objektivität

- Mitarbeiter

- Das „Statement of Corporate Objectives" von Hewlett Packard

- Verhältnis zum Gemeinwesen

auf welche die jeweilige Gemeinde stolz sein kann und daß wir Kreativität, Zeit und finanzielle Unterstützung für förderungswürdige Kommunalprojekte aufwenden. Es sollte jeder Vorgesetzte seine Mitarbeiter dazu ermuntern, neben Aufgaben im Unternehmen auch Verantwortung für die Allgemeinheit zu übernehmen. Auf nationaler Ebene ist es wichtig, daß jedes Unternehmen der HP-Gruppe seine gesellschaftliche Verantwortung gegenüber dem Land, in welchem es tätig ist, begreift. Wir werden unsere Mitarbeiter auch stets dazu ermutigen, ihren Beitrag zur Lösung nationaler Probleme zu leisten. Unsere Gesellschaft zu verbessern ist nicht nur einigen wenigen, sondern uns allen aufgegeben.

• Gesellschaftliche Verantwortung

In allen Bereichen des Unternehmens sollen fähige und kreative Mitarbeiter arbeiten. Sie sollen Gelegenheit erhalten ihre Kenntnisse und Fähigkeiten durch ständige Trainings- und Fortbildungsprogramme auf den neuesten Stand zu bringen. Dies ist besonders wichtig in einem Wirtschaftszweig mit schnell fortschreitender Technik. Lösungen die heute gut sind, können morgen überholt sein. Jeder Mitarbeiter soll sich daher fortwährend um neue und bessere Lösungsmöglichkeiten bemühen.

• Mitarbeiter und Personalpolitik

Es soll für die Mitarbeiter aller Bereiche möglich sein, die Zielsetzungen und den Führungsstil des Unternehmens mit Überzeugung zu vertreten. Führungskräfte sollen nicht nur selbst motiviert sein, sondern nach ihrer Fähigkeit ausgesucht werden, auch ihre Mitarbeiter für das Erreichen der Unternehmensziele zu begeistern. Es gibt keinen Platz für halbherziges Interesse oder geringen Einsatz. Dies gilt insbesondere für Mitarbeiter mit Führungsverantwortung.

• Akzeptanz der Ziele durch die Mitarbeiter

Das Unternehmen soll seine Zielsetzungen in integrer Weise verfolgen. Die Mitarbeiter aller Bereiche sollen ausschließlich nach den allgemein anerkannten Regeln guten Geschäftsgebahrens handeln. In der Praxis kann dies nicht allein durch betriebsinterne Vorschriften sichergestellt werden. Integrität muß vielmehr tief im Unternehmen verwurzelt sein und von einer Generation von Mitarbeitern an die andere weitergegeben werden.

• Unternehmensziele und Integrität

Es genügt jedoch nicht, daß sich alle Mitarbeiter des Unternehmens nach den drei vorgenannten Grundsätzen

4.6 Unternehmensphilosophie

verhalten. Ein Maximum an Effektivität und Leistung wird nur erreicht, wenn alle Bereiche des Unternehmens kooperativ auf die gemeinsamen Ziele hinarbeiten. Wir sind stolz auf unsere Mitarbeiter, ihre Leistung und ihre Einstellung zur Arbeit und zum Unternehmen. In Anerkennung ihrer persönlichen Leistung und der Selbstachtung jedes Mitarbeiters baut das Unternehmen auf die Individualität des einzelnen."

• Zusammenarbeit, um Effektivität zu maximieren

Ziele oder eigentlich Absichten, da konkrete Ziele aus Gründen der Vorsicht gegenüber der Konkurrenz meist nicht allgemein bekannt werden sollen, formuliert Hewlett Packard wie folgt:

• Die Absichten und Ziele von Hewlett Packard

„Der Gewinn ist langfristig ein unverzichtbares Maß für die Leistung unseres Unternehmens. Nur wenn wir weiterhin unsere Ziele bezüglich des Gewinnes erreichen, können wir auch die anderen Zielsetzungen unseres Unternehmens verwirklichen. Langfristig ist der Gewinn die wesentliche Meßgröße für die Beurteilung der Leistungsfähigkeit unseres Unternehmens. Die meisten Gewinne werden reinvestiert. Die Kapitalverzinsung muß ungefähr unserer Umsatzwachstumsrate entsprechen, bzw. die Umsatzrate kann nicht höher sein als die Kapitalverzinsung. Von allen Divisions wird erwartet, daß sie sich selbst finanzieren. Reinvestierter Gewinn ist unsere Hauptkapitalquelle. Wir machen keine langfristigen Schulden. Jedes einzelne Produkt muß aus der Sicht des Kunden sein Geld wert sein und einen Gewinn abwerfen. Die Notwendigkeit, einen Gewinn zu erzielen, kann nicht auf morgen verschoben werden. Gewinne müssen heute erwirtschaftet werden. Für den Gewinn sind alle verantwortlich.

• Gewinn als Maß für die Leistung

• Die Notwendigkeit der Gewinnerzielung

Hewlett-Packard-Kunden sollen spüren, daß sie es mit einem einzigen Unternehmen zu tun haben, für dessen einzelne Bereiche dieselben Maßstäbe und Grundsätze gelten. Der Kunde muß wissen, daß seine Bedürfnisse voll verstanden werden und seine Gesprächspartner bei Hewlett-Packard alles tun, um effiziente Lösungen für seine Probleme zu finden. Die Kundenbeziehungen sind langfristig angelegt. Die Verantwortung besteht gegenüber dem Kunden darin, Produkte mit überragender Leistung, in überragender Ausführung mit überragendem

• Das Verhältnis zum Kunden

Service zu liefern. Verschiedene Verkaufsteams mit identischen Kunden sollen eng zusammenarbeiten und nicht miteinander konkurrieren. Das „One-Company"-Image ist wichtig.

Unser gemeinsames Ziel ist es, unseren Kunden dabei zu helfen, bessere Ergebnisse zu erzielen. Die Marktbereiche, in denen wir tätig sind, ergänzen einander. Dieses Prinzip trägt dazu bei, die Stärke unseres Unternehmens auszubauen und gibt uns die Möglichkeit, unseren Kunden erweiterte Leistungen und somit einen höheren Nutzen zu bieten. Wir wollen zweidimensionales Wachstum: ständig neue Produkte für Märkte, auf denen Hewlett-Packard bereits eine solide Position hat, und Erweiterung der Technologie für neue Märkte, die traditionellen Märkten verwandt sind. Wir liefern weitgehend dialogfähige Geräte und Systeme. Wir dehnen unsere Tätigkeit nur dann auf neue Gebiete aus, wenn dies mit dem Unternehmenszweck übereinstimmt, wir einen wesentlichen Beitrag leisten können, die Technologie vorhanden ist, um wirklich innovative und bedarfsgerechte Produkte zu entwickeln und wenn wir darüber hinaus in der Lage sind, diese Produkte preiswert herzustellen und mit Gewinn zu verkaufen."

- In welchen Märkten will Hewlett Packard tätig sein?

4.7 Unternehmenskultur

Die offizielle, schriftlich festgehaltene und formell ausgedrückte Philosophie des Unternehmens beeinflußt zusammen mit den Wertvorstellungen und Verhaltensweisen der in der Firma tätigen Menschen die Art des Zusammenlebens und Zusammenwirkens. Sie führt zu einer gemeinsamen Denkweise und Geisteshaltung der Organisationsmitglieder. Für dieses Phänomen wurde das Wort Unternehmenskultur oder Firmenkultur (corporate culture, company culture, style) geprägt [4.16]. Die Inhalte von Unternehmenskulturen repräsentieren die zentralen Werte der Organisation. Die Unternehmensleitung erwartet, daß diese Werte von allen Mitarbeitern als richtungsweisend anerkannt werden.

Jede Firma hat eine Unternehmenskultur, selbst wenn diese nicht durch gemeinsame, akzeptierte Wertvorstel-

- Gemeinsame Geisteshaltung der Organisationsmitglieder

- Unternehmenskultur stellt die zentralen Werte des Unternehmens dar lungen und sich daraus ergebende Verhaltensweisen, sondern nur durch gegenseitiges Mißtrauen geprägt ist. Die Unternehmenskultur zeigt sich in einer Reihe von Prinzipien, Spielregeln, Normen, Annahmen und Legenden über das Unternehmen, seine Gründer oder sein Management. Sie drückt sich aus in Gebräuchen, in mehr oder weniger versteckten Ordnungen und sorgsam kultivierten Ritualen und wirkt sich in konkretem Verhalten der Mitglieder der Organisation und in den Zielsetzungen aus. Unternehmenskultur ist eine Reihe von gemeinsam getragenen und gelebten Wertvorstellungen und Überzeugungen [4.17]. Die Vermittlung von Wertinhalten einer Firmenkultur erfolgt explizit durch offizielle Bekundungen z.B. auf Haupt- und Betriebsversammlungen, in Geschäftsberichten, Betriebszeitungen und in Rundschreiben oder durch Slogans wie: „Progress is our most important product" von General Electric und „Better things for better living through chemistry" von Dupont.

- Zeichen sind die Werte, Normen, Spielregeln, Gebräuche und Legenden

Unternehmenskulturen helfen allen Organisationsmitgliedern, Verhaltensweisen auszuwählen und zu interpretieren. Die Kenntnis dominierender Werte verdeutlicht, welches Verhalten erwünscht oder unerwünscht ist. Sie können die Emotionen von Organisationsmitgliedern beeinflussen, indem sie Interesse, Freude und Zugehörigkeitsgefühle hervorrufen. Sie festigen die Bindung an Organisationen.

- Unternehmenskultur hilft das erwünschte Verhalten zu erkennen

Unternehmenskulturen sind informale Kontrollmechanismen von Mitarbeiterverhalten, die formale Kontrollmethoden wie z.B. Ziele, Pläne, Organisationsstrukturen ergänzen. Die von Mitarbeitern verinnerlichten Werte steuern Verhalten auch dann, wenn keine schriftlich niedergelegten Handlungsanweisungen existieren, rasche Entscheidungen aber dennoch notwendig sind. Ausgeprägte Unternehmenskulturen können die Leistungsfähigkeit von Organisationen fördern, so daß daraus höhere Produktivitäts- und Gewinnraten und damit eine höhere Effizienz entstehen. Die Entwicklung einer Unternehmens- oder Firmenkultur kann stark vereinfacht ebenfalls als Regelkreis dargestellt werden (Bild 4.6).

- Informale Kontrollmechanismen

Unternehmenskultur kann auf zwei Weisen entstehen: Sie kann sich als unabhängige Variable aus der Summe

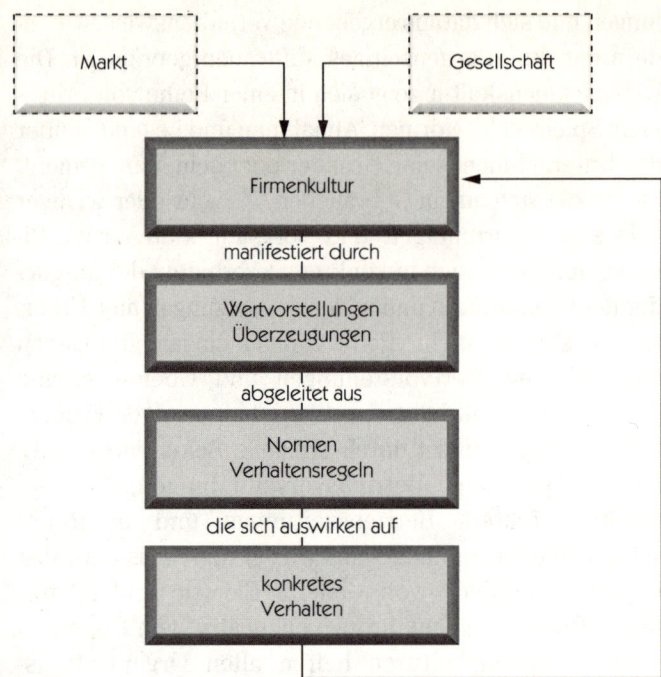

Bild 4.6: Entstehung von Unternehmenskultur nach Rüttinger

- Unternehmenskulturen entstehen, können aber auch beeinflußt werden

der Wertvorstellungen, Normen, Verhaltensweisen und Prinzipien ergeben, die die Mitglieder der Organisation mit einbringen. Sie kann sich aber auch als abhängige Variable im Unternehmen selbst entwickeln, als Funktion der mehr oder weniger flexiblen Organisation, einer Politik der „offenen Tür", eines lockeren Umgangstones, einer Atmosphäre persönlicher Integrität und Glaubwürdigkeit.

- Grenzen der Beeinflussung der Kultur eines Unternehmens

Zwischen der Kultur eines Unternehmens und seinem Erfolg bestehen Zusammenhänge, auf die in Kapitel 14 eingegangen wird. Man kann daher versuchen, Unternehmenskulturen durch Beeinflussung der Werte zu verändern, um damit auch eine direkte Verhaltensbeeinflussung der Mitarbeiter zu erreichen. Dieser Möglichkeit sind enge Grenzen gesetzt. Durchschauen nämlich Mitarbeiter die Aufbereitung der Unternehmenskultur zu strategischen Zwecken, so entsteht kein echtes Wir-Gefühl mehr.

Literatur zu 4

1 Kreikebaum, H.: Strategische Unternehmensplanung. Stuttgart 1981, S. 36
2 Ulrich, P.; Fluri, E.: Management. 5. Aufl. Bern 1988, S. 66
3 Kast, F. E.; Rosenzweig, J. E. Organization and Management. New York 1970, S.441
4 Wrap, E.: Manager Magazin 11, 1984, S. 180
5 Gälweiler, A.: Unternehmensplanung. Frankfurt, New York 1974, S. 80
6 Kupsch, P.: Unternehmungsziele. Stuttgart, New York 1979, S.12
7 Steinle, C.: Führung. Stuttgart 1978, S. 126
8 Türk, K.: Instrumente betrieblicher Personalwirtschaft. Neuwied 1978, S. 4
9 Ulrich, P.; Fluri, E.: Management. Bern 1975, S. 9
10 Antonoff, R.: Philosophische Dekade. Blick durch die Wirtschaft 29, 18. 11. 1986
11 Bresser, R. K.: Werte wieder gefragt. Wirtschaftswoche 17, 1986, S. 125 – 133
12 Schmidtchen, G.: Neue Technik, neue Arbeitsmoral. Köln 1984, S. 59
13 Kasper 1987 zitiert nach Thom, N.: Management im Wandel. Hamburg 1989
14 Rüttinger, R.: Unternehmenskultur. Düsseldorf 1986, S. 14
15 Derschka, P.: Hewlett Packard, Gemeinsame Sache. Management Wissen, 2, 1986 S. 13 – 34
16 Heinen, E.: Unternehmenskultur. München, Wien 1987
17 Rüttinger, R.: Unternehmenskultur. Düsseldorf 1986, S. 28

5 Planen

5.1 Der Vorgang Planen und Entscheiden

Planen bedeutet die gedankliche Vorwegnahme zukünftigen Handelns und dient der Umsetzung der Absichten und Ziele in konkrete Maßnahmen. Planen leitet sich aus dem Lateinischen ab. „Planum" ist die ebene Fläche, im übertragenen Sinne die übersehbare Fläche, etwas Überschaubares. In Anlehnung an diese Bedeutungen des Wortes kann man sagen: Planung heißt, künftige Gegebenheiten und Zusammenhänge, also etwas, was vor einem liegt, so weit wie möglich übersehbar zu machen, um das auf ein bestimmtes Ziel hin gerichtete eigene Entscheiden und Handeln möglichst reibungslos, d.h. ohne unerwünschte Nebenwirkungen irgendwelcher Art gestalten zu können [5.1].

• Planen dient der Umsetzung von Absichten und Zielen in konkrete Maßnahmen

Man kann „Planen" wie folgt definieren [5.2]: Planung ist ein vorwegnehmender (antizipativer) Entscheidungsprozeß, dem eine abstrakte Version von an und für sich erheblich reichhaltiger und detaillierter wahrgenommenen Problemdefinitionen zugrunde liegt und der zu einem symbolischen Modell, einem Plan, führt. Dieser bildet ein zukünftiges, reales System in vereinfachter Form ab. Ferner steht hinter dem Plan ein Commitment, also eine Verpflichtung, daß das reale System in der Zukunft dem Modell entsprechen soll. Bei der Vorwegnahme (Antizipation) der zukünftigen Probleme und der Formulierung abstrakter Modelle für deren Bewältigung wählt man ein geordnetes, systematisches Vorgehen.

• Definition von „Planen"

• Im Planen ist eine Verpflichtung mit eingeschlossen

Planung ist ein systematisches, zukunftsbezogenes Durchdenken und Festlegen von Zielen, sowie Maßnahmen und Ressourcen, um diese Ziele in der Zukunft zu

• Was bedeutet Planen?

erreichen [5.3]. Der Gegensatz von Planen ist Improvisieren, etwas dem Zufall überlassen, ad hoc entscheiden, planlos handeln [5.4].

- Improvisieren

Planen umfaßt
– die geistige Beschäftigung mit der Zukunft,
– das Prüfen alternativer Handlungsmöglichkeiten
– und das Auswählen einer Alternative im Sinne einer Entscheidung.

- Was beinhaltet Planen?

Es gibt eine umfangreiche Auseinandersetzung in der Literatur über das Verhältnis zwischen Planen und Entscheiden. Diese Begriffe werden vielfach synonym verwendet. Eine Reihe von Autoren verstehen unter Planen nur eine bestimmte Phase des Entscheidungsprozesses. Sie nehmen an, daß Planung und Entscheidung zwei verschiedene Dinge sind, auch wenn jedes Planungsproblem in eine Entscheidung mündet [5.5]. Planung ist daher für sie nicht nur eine systematische Erarbeitung der rationellen Ausführungsweise für eine getroffene Entscheidung, sondern die systematische und rechtzeitige Erarbeitung von Entscheidungsmöglichkeiten und Handlungsalternativen. Wir wollen im folgenden nur von Alternativen sprechen.

- Umstrittenes Verhältnis zwischen Planen und Entscheiden

- Erarbeitung von Entscheidungsmöglichkeiten

Unter „Alternativen" wird hier abweichend vom eigentlichen Sinne des lateinischen Wortes „alter" nicht „der eine von zweien", sondern „eine von mehreren, sich gegenseitig ausschließenden Handlungsmöglichkeiten" verstanden. Auch den Akt der Auswahl zwischen Alternativen sehen wir in die Funktion „Planen" mit einbezogen. Damit wollen wir uns auf die Seite derer stellen, die Planen und Entscheiden integriert sehen.

- Alternative: eine von mehreren Handlungsmöglichkeiten

5.2 Prinzipien und Methoden des Planens

Die grundlegende Tatsache, daß es sich bei der Planung um eine rein geistige Tätigkeit handelt, wird oft nicht gesehen. Schuld daran sind die vielen Hilfsmittel, Techniken und Instrumente, die beim Planen Anwendung finden können [5.6]. Die Grundlagen des Planens lassen sich auf verschiedene arbeitsmethodische Prinzipien zurück-

- Arbeitsprinzipien beim Planen

5.2 Prinzipien und Methoden des Planens

führen, auf das Strukturieren, das Einhüllen und die Iteration.

Komplexe Probleme lassen sich im allgemeinen nur lösen, wenn man sie in kleinere und lösbare Teilprobleme zerlegt. Dieses Vorgehen bezeichnet man als Strukturieren. Es bedeutet in der Planung eigentlich mehr, als nur zergliedern oder in Komponenten aufteilen. Es muß derartig erfolgen, daß der innere Zusammenhang zwischen den einzelnen Teilproblemen untereinander und mit dem Gesamten nicht verloren geht. Strukturieren hat also immer die Tendenz zu desintegrierenden und zentrifugalen – bestenfalls suboptimalen – Lösungsansätzen. Neben dem Strukturieren gibt es noch zwei weitere Arbeitsmethoden, die erfreulicherweise der desintegrierenden Tendenz des Strukturierens entgegenwirken.

- Strukturieren als eines der wesentlichen Arbeitsprinzipien

Eine ist die Methode des Einhüllens aller Folgephasen. Dies bedeutet, die spätere Ausführung vorwegzunehmen und die für die weiteren Schritte wesentlichen Gegebenheiten und Bedingungen zumindest grob und soweit möglich vorauszuahnen. Das die Folgephasen „mit einhüllende" Vorgehen soll alles das vermeiden helfen, was sich später ohnehin nicht verwirklichen läßt, weil irgendwelche bekannten Randbedingungen es unmöglich machen. Das bedeutet, daß alle weiteren für die Realisierung geltenden und nicht veränderbaren Voraussetzungen zu beachten sind. Das Vorgehen nach dem Einhüllprinzip erlaubt es, den Planungsaufwand zu minimieren, da nicht erst in der nächsten Planungsphase festgestellt wird, daß es nicht geht und der vorherige Planungsschritt wiederholt werden muß. Ferner können in jeder Planungsphase die Bedingungen der Folgephase so weit berücksichtigt werden, daß sie den Optimierungsspielraum für die folgenden Phasen nicht unnötig zu Lasten des Gesamtoptimums einengen.

- Einhüllen bedeutet, die spätere Ausführung vorwegnehmen

Das kann beispielhaft an den Beziehungen zwischen Konstruktion und Arbeitsvorbereitung deutlich gemacht werden, wie sie durch die immer noch typische Arbeitsteilung in Maschinenbauunternehmen gegeben sind. Die Funktionen Konstruktion und Arbeitsvorbereitung erfüllen ihre Aufgaben bei der Planung von Produkten gewöhnlich in nacheinander folgenden, in der jeweiligen

- Einhüllen am Beispiel des Überganges von Konstruktion zu Arbeitsvorbereitung

- Einhüllen heißt Vorausdenken

- Das Prinzip der Iteration: jeder Schritt wird von neuem durchgeführt

- Planung ist der geistige Prozeß, nicht die Summe aller Pläne

- Pläne als schriftlich festgehaltenes Ergebnis von Planung

Abteilung durchgeführten Planungsphasen. Aufgabe der Konstruktion ist es, das Produkt planend zu gestalten. Die Konstruktion soll jedoch nicht im Detail erarbeiten, wie das Produkt später hergestellt wird. Dies ist eine der Planungsaufgaben der Arbeitsvorbereitung. Trotzdem müssen bereits bei der Konstruktion eines Produktes die Möglichkeiten der Herstellung in einer „einhüllenden" Vorausüberlegung mit einbezogen werden. Das Produkt muß so konstruiert werden, daß es auch herstellbar ist. Arbeiten nach dem Einhüllprinzip bedeutet also, die für den späteren Ablauf und Herstellprozeß bedeutsamen Nebenbedingungen so weit wie möglich zu beachten.

Es ist für die durch die Arbeitsteilung zwischen Konstruktion und Arbeitsvorbereitung generierte Aufgabenstellung erforderlich, durch ein weiteres Arbeitsprinzip die Fortführung der Planung zu gewährleisten: durch Iteration. Iteration bedeutet, daß ein bereits als abgeschlossen angesehener Schritt des Planungsprozesses von neuem durchgeführt wird, wenn man im Folgeschritt feststellt, daß es so nicht geht, wie es zuvor geplant war. Die iterative Arbeitsweise läßt sich auch als eine Art Regelkreisverhalten im geistigen Arbeitsprozeß betrachten. Viele komplexe Planungsprobleme lassen sich nicht in einem einmaligen linearen Durchlauf sondern erst durch mehrmalige Bearbeitung lösen.

Vielfach werden die Begriffe „Planung" und „Pläne" nicht sauber auseinandergehalten. Es wird dann fälschlicherweise die Gesamtheit der Pläne in einem Unternehmen als Planung bezeichnet. Unter Planung versteht man jedoch in Wirklichkeit die Gesamtheit des geistigen Prozesses der Planung. Pläne sind hingegen die schriftlich festgehaltenen Ergebnisse des Prozesses der Planung, d.h. die schriftlichen Festlegungen der Ziele, der für ihre Ausführung notwendigen Aktionen, der Programme, der Maßnahmen und Tätigkeiten. Dabei darf jedoch nicht vergessen werden, daß man einen Planungsprozeß grundsätzlich auch vollziehen kann, ohne am Ende sichtbare Pläne auszufertigen. Man kann Pläne auch im Kopf behalten, solange sie und die zugrundeliegende Situation nicht zu kompliziert sind. Dies ist es jedoch, was dem „Einzelunternehmer" und dem Pragmatiker meist von den Vertretern einer systematischen Managementlehre vorgeworfen wird. Pläne, – so meinen sie – die nur „im Kopf" festgehalten sind, können wohl nicht systematisch entstanden sein.

Andererseits lassen sich auch sehr eindrucksvolle und schöne Pläne aufstellen, ohne daß ein der Problemstellung wirklich gerecht werdender Planungsprozeß vorausgegangen ist. Dies ist bei Planung in Unternehmen deshalb leicht möglich, weil letztlich solche Pläne immer in Geldgrößen ausgedrückt werden müssen. Bei der Betrachtung dieser finanzwirtschaftlichen Größen wird aber meist nicht sichtbar, wie die eigentlichen produkt- oder marktbedingten Planungsprobleme gelöst werden sollen, ob sie wirklich bedacht und gelöst wurden, ob sie unbeachtet oder in Wirklichkeit sogar unerkannt blieben. Dies kann auch durch finanzwirtschaftliche Plausibilitätsprüfungen nicht aufgedeckt werden. „Schöne Pläne" allein machen also noch lange keine gute Planung aus.

- Schöne, plausible Pläne müssen noch keine gute Planung sein

5.3 Planung in technischen Bereichen

Planung als geistiges Vorwegnehmen der Zukunft gibt es in vielen Lebensbereichen. Der Begriff begegnet uns im öffentlichen Bereich vom Stundenplan über den Lehrplan bis zum Bildungsplan. Man spricht vom Bebauungsplan und den Finanzplänen der Gemeinden. Feste Vorstellungen von Planung bestehen im Bauwesen und bei der Fabrik- und Anlagenplanung. Hier wird grundsätzlich unterschieden in Phasen der Planung vor und nach der endgültigen Entscheidung für die Realisierung des Vorhabens. Auf Basis der systemtechnischen Erkenntnis, daß die planerische Vorbereitung von umfangreichen und komplexen Projekten in mehreren Schritten vorzunehmen ist, unterscheidet man üblicherweise drei Planungsstufen [5.7]:

- Fabrik – und Anlagenplanung

- Schritte der Projektplanung

– Die Zielplanung, bei der die unternehmerischen und strategischen Aspekte im Vordergrund stehen und die Aufgabenformulierung für die Planungsstudie erfolgt.

- Zielplanung

- Durchführbarkeitsstudie

- Ausführungsplanung

- Produktplanung: Konstruieren

- Projektieren

- Die Phasen des Erzeugnisentstehungsprozesses

- „Methodisches Konstruieren" dient der systemtechnischen Suche nach Lösungen

– Die Projektstudie (Durchführbarkeitsstudie, Feasibilitystudie) mit dem Ziel, die optimale Realisierungsmöglichkeit zu ermitteln und Entscheidungsunterlagen zu schaffen, ob das Vorhaben tatsächlich realisiert werden soll.
– Die Ausführungsplanung, bestehend aus Detailplanung und Realisierung. Hier sind die verschiedenen technischen, wirtschaftlichen und terminlichen Gesichtspunkte aller beteiligten Fachleute und Lieferanten zu koordinieren und in optimalen Einklang zu bringen [5.8].

Bei der Planung von technischen Systemen, industriellen Gütern, Maschinen und Anlagen spricht man von Produktplanung, Konstruieren und Projektieren. Unter „Projektieren" ist das Auslegen und Gestalten komplexer technischer Systeme bis zum Erhalt eines Auftrages zu verstehen [5.9]. Dabei umfaßt die technische Projektierungstätigkeit im allgemeinen das

– Konzipieren sowie Entwerfen des technischen Systems,
– technische und wirtschaftliche Bewerten des Systems,
– Erstellen der Grundlagen für die Vorkalkulation,
– Festlegen der Gewährleistungen und
– Ausarbeiten des Angebotes.

Projektieren und Konstruieren sind Teilvorgänge des Prozesses, bei dem das Erzeugnis entsteht. Er beginnt im Anlagenbau im allgemeinen mit der Kundenanfrage beim Hersteller und endet mit der Übernahme durch den Kunden. Der Erzeugnisentstehungsprozeß kann in die Phasen Projektierung, Konstruktion, Fertigung, Zusammenbau, Versand, Montage und Inbetriebnahme unterteilt werden. Die Phasen Konstruktion bis Inbetriebnahme werden oft mit dem Begriff „Auftragsabwicklung" zusammengefaßt.

Beim Prozeß des Konstruierens sind die intuitiven und auf persönlicher Erfahrung beruhenden Verhaltensweisen „genialer Erfinder und Konstrukteure" seit langem einer systematischen Vorgehensweise gewichen. Die Ingenieurwissenschaften haben sich unter der Zielsetzung optimalen Vorgehens beim Konstruktionsprozeß zahlreicher Techniken und Instrumente bedient, die unter dem Begriff „Methodisches Konstruieren" als Lehre vom systematischen Suchen und Optimieren konstruktiver Lösungen zusammengefaßt werden. Ziele methodischen Konstruierens sind [5.10]:

- Höhere Wahrscheinlichkeit besserer Lösungen,
- Erhöhung der Lösungssicherheit,
- Rationalisierung des Lösungsprozesses,
- Lösungsprozesse lehrbar zu machen,
- Lösung und Aufwand sichtbar werden zu lassen.

• Ziele des methodischen Konstruierens

Ein weiteres klassisches Beispiel für systematisches Planen im Bereich der Technik ist die Funktion der Arbeitsvorbereitung in Maschinenfabriken. Sie wird in Fertigungsplanung und Fertigungssteuerung gegliedert. Wesentliche Aufgabe der Fertigungsplanung ist die einmalige Umsetzung der Konstruktionsunterlagen in Arbeitsanweisungen, die sogenannten Arbeitspläne, mit den einzelnen Arbeitsgängen des Bearbeitungsprozesses. Mit ihrer Hilfe soll der Fertigungsablauf beherrschbar werden und eine technisch, terminlich und wirtschaftlich einwandfreie Fertigung erreicht werden.

• Die Arbeitsvorbereitung als Beispiel aus der Produktion

Die geschilderten Vorgehensweisen bei technischen Planungsprozessen, für die in der Literatur systematisch gestaltete Abläufe beschrieben werden [5.11,12,13,14], finden sich verallgemeinert in den Methoden der Systemtechnik wieder. Die Systemtechnik als interdisziplinäre Wissenschaft will Verfahren und Hilfsmittel zur Analyse, Planung, Auswahl und zur optimalen Gestaltung komplexer Systeme bereitstellen.

• Die Systemtechnik bietet Verfahren zur optimalen Gestaltung komplexer Systeme

5.4 Entscheiden und Problemlösen

Im mathematischen Sinn ist eine Entscheidung die Wahl zwischen mehreren explizit oder implizit vorliegenden Lösungsmöglichkeiten. In der psychologisch ausgerichteten Managementliteratur versteht man unter „Problemlösen" mehr „das Auffinden von Lösungen" und schließt die Wahl einer bevorzugten Lösung, also das Entscheiden mit ein.

• Entscheidung als Wahl zwischen mehreren Lösungen

- Gliederung von Problemen in Problemklassen

- Problemzerlegung als wesentlichstes Vorgehensprinzip der Systemtechnik

- Sammeln von Informationen und Festlegung der Ziele: Problemanalyse und -definition

Probleme lassen sich in Problemklassen gliedern und zwar in noch nicht entdeckte, in unvollständig definierte und damit schlecht strukturierte, in gut strukturierte und in Pseudoprobleme (Bild 5.1).

Die eingehende Problemzerlegung ist eines der wesentlichsten Vorgehensprinzipien, das von den Vertretern der Systemtechnik entwickelt wurde. Das systemtechnische Vorgehen beruht auf der Erkenntnis, daß komplexe Probleme zweckmäßig in festen Arbeitsschritten gelöst werden. Die Systemtechnik definiert daher ganz allgemein folgende Schritte für das Vorgehen beim Entwickeln von Systemen zur Lösung eines Problems (Bild 5.2):

Nach dem ersten Schritt der Problemsuche, bei dem bestimmt wird, welches Problem von vielen untersucht werden soll, erfolgt die Problemanalyse. Es werden Informationen zusammengetragen und danach in der Problemdefinition festgelegt, welche Ziele mit der Lösung erreicht werden sollen. In der Systemsynthese werden möglichst viele in Frage kommende Lösungsmöglichkeiten gesucht. In der Systemanalyse werden diese Lösungsmöglichkeiten analysiert und in der Systembewertung

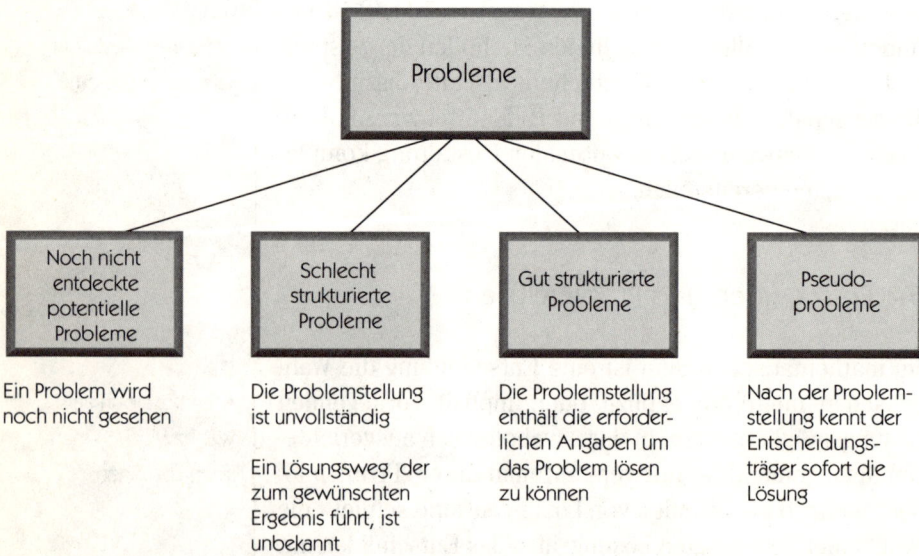

Bild 5.1: Die verschiedenen Problemklassen nach Brauchlin (1978)

5.4 Entscheiden und Problemlösen

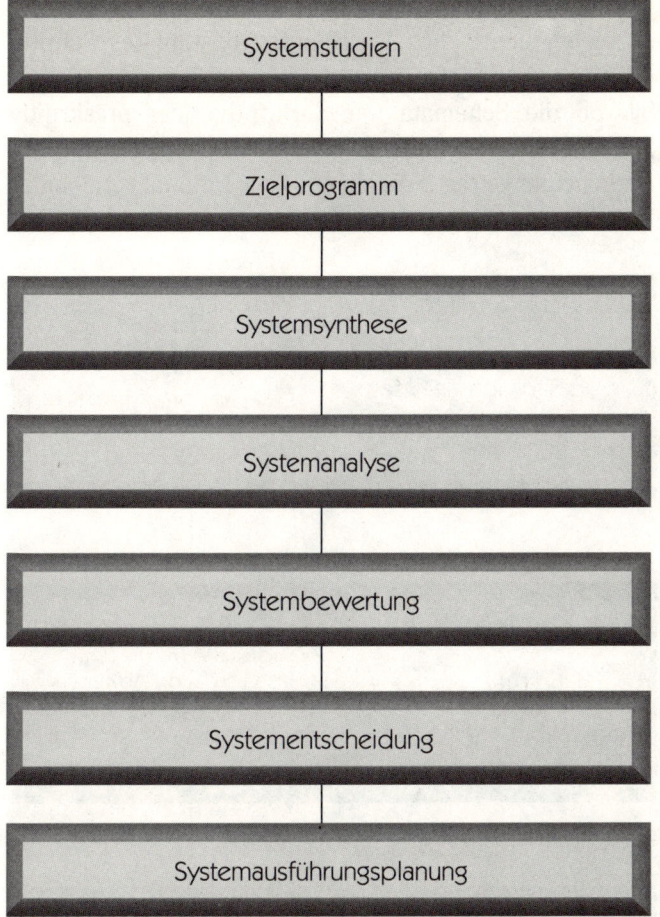

Bild 5.2: Die einzelnen Arbeitsschritte der Systemtechnik

bewertet und verglichen. Die Auswahl einer Lösung erfolgt in der Systementscheidung. Als letzter Schritt wird die Realisierung durchgeführt.

Da sich die Erkenntnis durchgesetzt hat, daß Entscheidungsprozesse sich in ähnliche Schritte gliedern lassen, die eine modulare Struktur aufweisen, gibt es eine große Zahl von Beschreibungen und Schemata des Entscheidungsprozesses [5.15,16].

Der Hauptvorteil dieser Strukturierung liegt darin, daß die einzelnen Vorgehensschritte plausibel und leicht nachvollziehbar, d.h. lernbar sind. Nachteile dieser Strukturierung sind, daß die Beschreibung häufig nicht allgemein genug ist, die Schemata einen einzigen Lösungszy-

- Schemata von Entscheidungsprozessen

- Vorteile der Strukturierung: Prozeß ist nachvollziehbar und lernbar

- Iteration meist erforderlich

klus darstellen, obwohl komplexe Entscheidungsprozesse meist mehrfaches Durchlaufen bestimmter Schritte erfordern und nicht immer klar genug herausgearbeitet ist, ob die Schemata nur deskriptiv oder präskriptiv gemeint sind. Schließlich wird davon ausgegangen, der Entscheidungsträger sei ein einziges, rational handelndes Individuum.

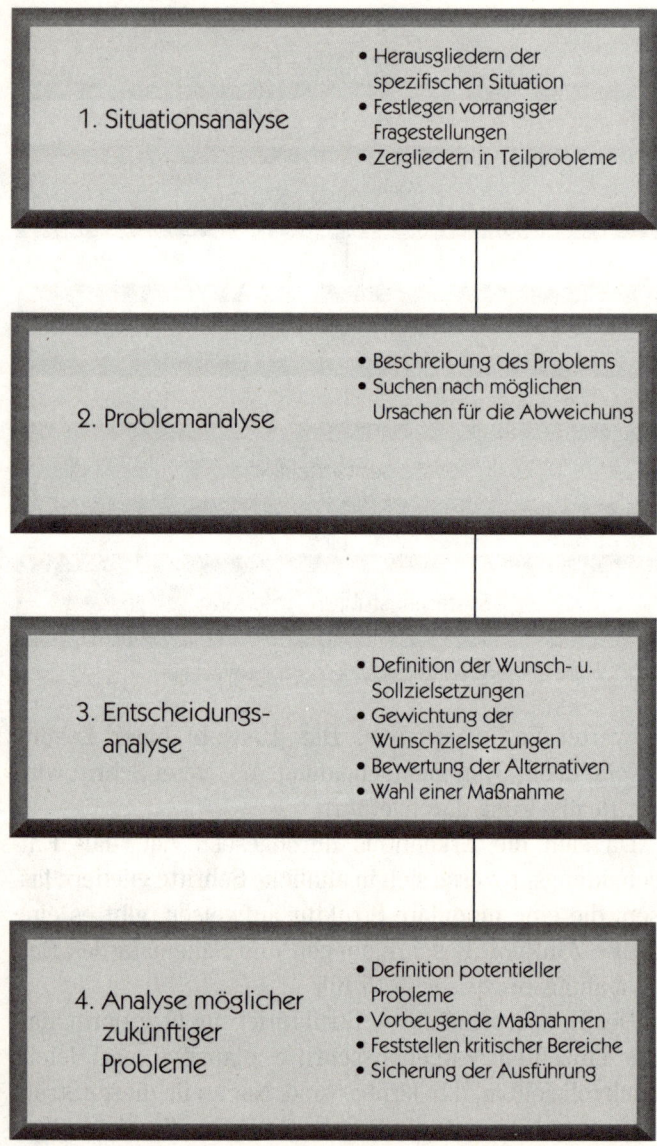

Bild 5.3: Der Entscheidungsprozeß nach Kepner/Tregoe (1982)

5.4 Entscheiden und Problemlösen

Eine bekannte und weit verbreitete Darstellung des Entscheidungsprozesses (Bild 5.3) stammt von Kepner/Tregoe [5.17]. Sie wird gleichzeitig als Handlungsempfehlung für systematisches Vorgehen beim Entscheiden im Rahmen von Beratungs- und Schulungskonzepten „verkauft":

Um durch Aneinanderfügen und Kombinieren die große Variabilität der in der Praxis vorkommenden Entscheidungsprozesse beschreiben zu können hat Brauchlin [5.14] vorgeschlagen, die Struktur des Entscheidungsprozesses in modulare Bausteine zu zergliedern und drei Module zu definieren. Unter modularen Bausteinen versteht man mehrere in sich abgegrenzte Teilkomplexe oder Module des gesamten Systems, die im Sinne einer integrierten Konzeption aneinander angepaßt sind. Sie können je nach Bedarf einzeln verwendet, alle zu einem Ganzen zusammengefügt oder falls nötig durch weitere Module ergänzt werden.

Das „logische Grundmodul" (Bild 5.4) umfaßt 5 Komponenten und bildet die Grundstruktur jedes Entscheidungsprozesses. Das „Soll" wird synonym mit dem Begriff

- Modell des Entscheidungsprozesses von Kepner/Tregoe

- Modulares Modell des Entscheidungsprozesses

- Das „logische Grundmodul"

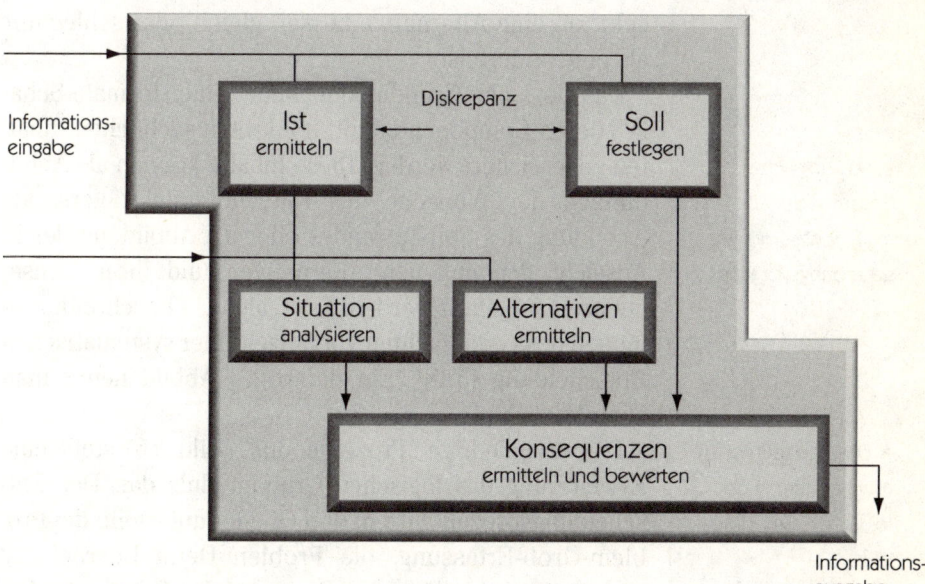

Bild 5.4: Das logische Grundmodul nach Brauchlin (1978)

• Das Soll dient als Kontrollgröße	Ziel verwendet. Es dient zum späteren Zeitpunkt als Kontrollgröße und ist Maßstab für die Zielerreichung. Das Soll kann zu Beginn des Entscheidungsprozesses sehr klar bis außerordentlich vage sein, sich aber im Laufe des Prozesses präziser ausdrücken lassen. Das „Ist" wird in denselben Dimensionen gemessen wie das „Soll", nimmt aber, wenn ein Problem vorliegen soll, andere Größen an. Häufig läßt sich ein Problem mit einer Umschreibung einer Soll-Ist-Diskrepanz umreißen.
• Der Einfluß der Situation auf die Entscheidung	Die „Situation" nennt man auch Umwelt. Sie umfaßt diejenigen Faktoren, welche die Konsequenzen möglicher Alternativen zwar beeinflussen, sich aber der direkten Beherrschung durch den Entscheidungsträger entziehen. Unter Alternativen sind die ins Auge gefaßten möglichen Handlungen zu verstehen. Bei den meisten
Alternativen als Anzahl abgrenzbarer Handlungen	Problemen müssen die Alternativen als beschränkte Zahl voneinander eindeutig abgrenzbarer Variablen explizit formuliert werden. Der Ausdruck „die Konsequenzen der Alternativen ermitteln" wird auf die Frage bezogen „was passiert, wenn....?" Kennt man die mit den verschiedenen Alternativen verknüpften Ergebnisse, so ist zu prüfen, inwieweit sie dem „Soll" entsprechen. Ferner sind sie in eine Ordnung zu bringen, aus der hervorgeht, ob eine Alternative besser, gleich oder schlechter als eine andere ist.
• Das „logische Grundmodul" als formale Schale des Entscheidungsvorgangs	Das „logische Grundmodul" bildet eine „formale Schale", deren Komponenten mit konkreten sachlichen Inhalten angereichert werden. Diese Inhalte können als Abbildungen der Wünsche des Entscheidungsträgers, als Abbildung des Soll-Zustandes oder als Abbildung der in Aussicht genommenen Alternativen und ihrer Konsequenzen aufgefaßt werden. Es ist also ein Beschreibungsmodell des vereinfachten Vorganges einer systematischen Entscheidung [5.18]. Ein derartiges Abbild nennt man auch Modell.
• Das „Prozeßmodul" als Erweiterung des logischen Grundmoduls	Das dreigliedrige „Prozeßmodul" (Bild 5.5) stellt eine Erweiterung des logischen Grundmoduls dar. Der Entscheidungsprozeß wird in drei Glieder unterteilt: die Problem-Grob-Erfassung, die Problem-Detail-Bearbeitung und die Entschlußfassung. Hier wird das Prinzip der Iteration zum Grundsatz erhoben.

5.4 Entscheiden und Problemlösen

Die Problem-Grob-Erfassung hat die erste Auseinandersetzung des Entscheidungsträgers mit dem Problem zum Gegenstand. Bei neuartigen Problemen ist eine größere Anstrengung nötig, um festzustellen, worum es überhaupt geht. Im Rahmen einer Organisation, z.B. einer Firma, erhebt sich nicht selten die Frage, in wessen Aufgabenbereich dieses Problem überhaupt fällt. Bei Problemen größeren Umfanges muß erst ein Entscheidungsträger, z.B. eine Arbeitsgruppe, konstituiert werden.

- Problem-Grob-Erfassung

Die Problem-Detail-Bearbeitung umfaßt die weitere Behandlung des in seinen Umrissen klar erkennbaren Problems. Die Entschlußfassung, bei mehreren beteiligten Personen Beschlußfassung, hat ihren Schwerpunkt in

- Problem-Detail-Bearbeitung und Selbstverpflichtung

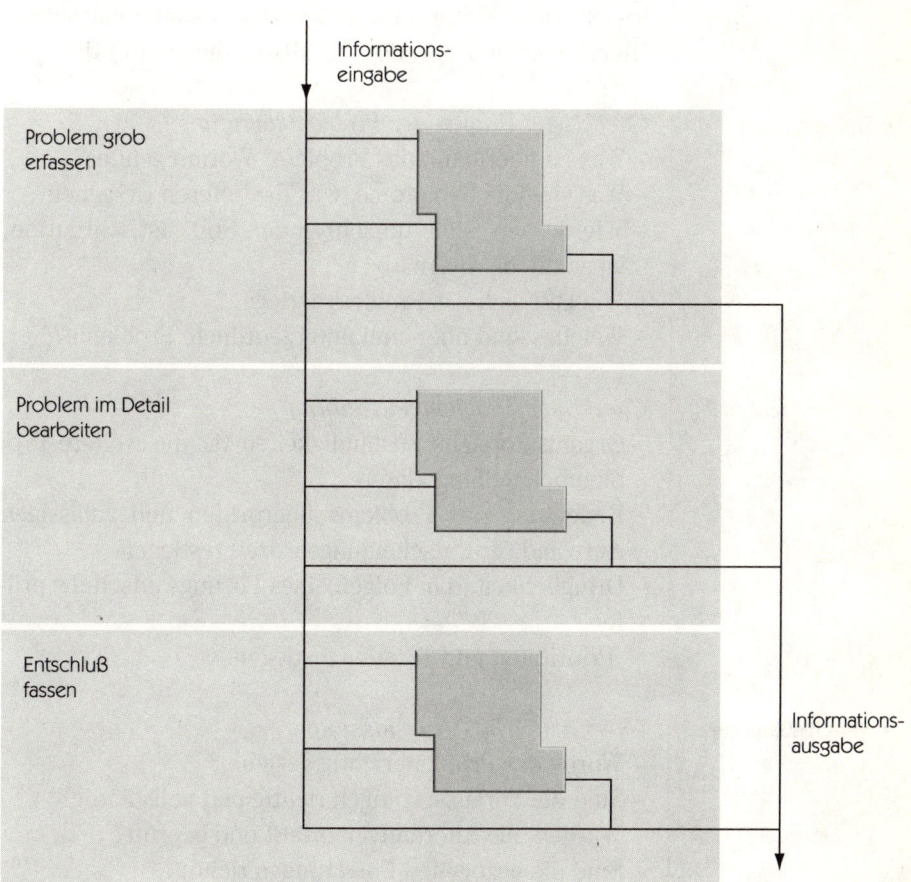

Bild 5.5: Das dreigliedrige Prozeßmodul nach Brauchlin

der Selbstverpflichtung des Entscheidungsträgers (commitment) auf das bisherige Ergebnis des Entscheidungsprozesses.

- Die Module ermöglichen ein effektives Vorgehen bei Strukturierung eines „offenen" Problems

Die beiden ersten Module weisen enge Beziehungen auf: Sie zeigen, wie ein zu Beginn noch „offenes" Problem zunehmend strukturiert wird und wie Informationen beschafft werden, bis der Entschluß gefällt werden kann. Dieses Strukturierungsprinzip ermöglicht ein effektives Vorgehen bei sehr komplexen Problemen, indem es bewußt zwischen verschiedenen Ebenen der Abstraktion unterscheidet, auf jeder Ebene immer wieder Informationen sammelt, auswertet, verschiedene Alternativen bewertet und durch Teilentschlüsse das gesamte Entscheidungsproblem wieder vereinfacht.

Die drei Hauptglieder des dreigliedrigen Prozeßmoduls lassen sich weiter unterteilen und näher analysieren. Hierzu können folgende Checklisten dienen [5.14]:

- Problemklärung

Checkliste: Fragen der Problemklärung
– Was ist überhaupt das Problem? Worum geht es?
– Was sind die Symptome, was die tieferen Ursachen?
– Wie lassen sich umschreiben: Soll, Ist, Situation, wesentliche Alternativen?
– Wie läßt sich das Problem zerlegen?
– Welches sind über- und untergeordnete Probleme?

- Problembeurteilung

Checkliste: Problembeurteilung
– Organisatorische Zuständigkeiten für die weitere Problembehandlung klären.
– Bedeutung des Problems überprüfen und zulässigen Aufwand für Entscheidungsprozeß festlegen.
– Dringlichkeit, d.h. Folgen eines Lösungsaufschubs prüfen.
– Prioritäten und Termine festlegen.

- Entschlußfassung

Checkliste: Entschlußfassung
– Wurde das Problem richtig gesehen?
– Sind die Voraussetzungen richtig und vollständig?
– Wurden alle Alternativen erfaßt und geprüft?
– Sind die gezogenen Folgerungen richtig?
– Wurden denkbare Nebenwirkungen untersucht?

- Welches sind die Folgen bei Rückweisung des Lösungsvorschlages oder Aufschub des Entschlusses?
- Ist der Entscheidungsträger in den verschiedenen Phasen des Prozesses richtig zusammengesetzt gewesen?
- Bringt die Lösung Folgeprobleme, die schon jetzt zu erfassen sind?
- Weist das Problem auf weitere, von ihm an sich unabhängige Probleme hin, welche jetzt entdeckt werden können?
- Ist die Realisierung ohne übermäßige Schwierigkeiten möglich?
- Welche Erfahrungen ergeben sich für den Entscheidungsträger aus dem Problemlösungsprozeß?
- Bin ich bereit, mich für die Lösung zu verpflichten?
- Welche Probleme stellen sich bei Ingangsetzung?
- Welche Ausführungskontrollen sind vorzusehen?

5.5 Entscheidungsmodelle

Das Wort „Modell" hat im Sprachgebrauch verschiedene Bedeutungen. Hier soll unter einem Modell eine Abbildung der Wirklichkeit verstanden werden, die „von allem unwesentlichen Beiwerk befreit ist, aber doch die wesentlichen Züge des betrachteten Bereiches trägt" [5.19]. Das Modell sollte nur die Elemente des betrachteten Systems repräsentieren, die für die untersuchte Problemstellung relevant sind. Die Modellbildung ist also ein Vereinfachungs- oder Abstrahierungsvorgang, der dem mit zu komplexen Fragestellungen überforderten menschlichen Denksystem ermöglichen soll, die Probleme zu beherrschen.

• Modell als vereinfachte Abbildung der Wirklichkeit

Bei Verwendung eines solchen Modells als Entscheidungshilfe werden die Beobachtungen und Ergebnisse von Veränderungen an Variablen und Parametern des Modells auf die Ebene des untersuchten, wirklichen Systems übertragen. Aus den Beobachtungen des Verhaltens des Modells resultieren Entscheidungsvorschläge für die Wirklichkeit.

• Das Verhalten des Modells führt zu Entscheidungsvorschlägen

Wichtiger Aspekt bei diesem Schluß ist, ob das Modell die Wirklichkeit richtig abbildet, oder ob durch die dem

Modell zugrundeliegenden Vereinfachungen eine Rückübertragung des Modellverhaltens auf die Wirklichkeit nicht oder nur eingeschränkt erlaubt ist. Eine echte Isomorphie, also eine vollständige Austauschbarkeit zwischen Modell und Wirklichkeit besteht praktisch nie. Modelle sind höchstens homomorph, d.h. strukturähnlich.

- Echte Isomorphie, besteht niemals

Die Kunst der Modellbildung besteht darin, die Homomorphie so weit zu treiben, bis der Modellentscheid die gleiche Rangfolge der Alternativen ergibt, die aus einer isomorphen Abbildung der Wirklichkeit resultieren würden [5.20]. Diese Problematik tritt bei der Anwendung von Kostenrechnungssystemen als Entscheidungsbasis auf, wo beispielsweise die Anwendbarkeit der Vollkostenrechnung für bestimmte Entscheidungen von den Anhängern der Teilkostenrechnungssysteme bestritten wird, weil sich eine unterschiedliche Reihenfolge der Alternativen ergibt.

- Homomorphie ausreichend: gleiche Rangfolge der Alternativen

Bei entsprechend vollständiger Isomorphie des Modells muß das Ergebnis der Entscheidung vernünftig oder rational sein. Vernünftiges Handeln ist immer zielgerichtet. Es richtet sich nach dem ökonomischen Prinzip aus, das entweder mit dem Grundsatz „Gegebene Mittel sind so einzusetzen, daß damit ein Maximum an Ertrag erzielt wird" oder der Maxime „Es ist ein vorgegebener Zweck mit dem geringsten Aufwand zu erreichen" ausgedrückt werden kann.

- Modelle sollen „rationale" Entscheidungen ermöglichen

5.6 Strategien

Das Wort „Strategie" kommt von dem griechischen Wort „Heerführer". Unter Strategie wurde im militärischen Bereich ganz allgemein die Kunst der Heerführung, d.h. die umfassende, vorbereitende Planung eines Krieges unter Einbeziehung aller wesentlichen Faktoren, verstanden.

- Strategie ist Kunst der Heerführung

Im Sinne der mathematischen Spieltheorie ist eine Strategie ein Handlungsplan, der für jede mögliche Entscheidungssituation, ganz gleich ob hervorgerufen durch eigene Entscheidungen, diejenigen des Spielgegners oder durch Zufallsprozesse, eine bestimmte Aktion bestimmt.

- Spieltheorie: ein Handlungsplan

Das Anwenden einer Vorgehensstrategie setzt also Planen und Entscheiden voraus. Allerdings ist der Strategiebegriff der Spieltheorie als die Anwendung einer Art Entscheidungsregel nicht ohne weiteres auf die Funktion „Planen" des Managementprozesses zu übertragen. Als Strategie ist daher eine genau geplante Vorgehensweise bzw. der Weg zu verstehen, wie ein Ziel erreicht werden soll.

Auf dem Weg, die gesetzten Ziele zu erreichen, sind also Strategien, Pläne, Entscheidungen und schließlich Maßnahmen nötig, die der Realisierung dienen. Hinsichtlich des Planungsprozesses bezogen auf ein gesamtes Unternehmen sind die Worte „Strategie" und „strategisch" zu Modeworten geworden. Hier spricht man von strategischen Entscheidungen, strategischer Unternehmensplanung und Unternehmensstrategien. Diese später behandelten Begriffe sind jedoch sorgfältig zu definieren und sollten nicht unkritisch verwendet werden.

- Strategie ist der Weg zum Ziel

- „Strategisch", ein Modewort

5.7 Techniken und Instrumente

Für die Managementfunktion „Planen" sind zahlreiche Instrumente und Techniken entwickelt und beschrieben worden. Es werden daher in den folgenden Abschnitten in etwa nach der Reihenfolge des Planungs- und Problemlösungsprozesses einige ausgewählte Instrumente und Techniken der Analyse, also der Erfassung von Ist-Zuständen, verschiedene Techniken für die Suche nach Lösungsalternativen, d.h. Ideenfindungs- und Kreativitätstechniken und schließlich Bewertungs- und Auswahltechniken dargestellt.

- Zahlreiche Instrumente zur Unterstützung der Funktion „Planen"

5.7.1 Erfassungs- und Analysetechniken

Checklisten
Checklisten, auch Prüflisten genannt, sind vorbereitete Listen von Fragen, die sich wiederholende Vorgänge betreffen. Beispiele sind Prüflisten für die Lösung eines Problems, die Vorbereitung eines Gespräches oder einer Verhandlung. Checklisten sind vielfach nach dem logi-

- Enthalten die Erfahrung von ähnlichen Problemen

- Setzen von Prioritäten bei Massenphänomenen

- Wichtige A-Aufträge

- Kostentreibende C-Aufträge

schen Ablauf dieser Vorgänge gegliedert. In Form der zahlreichen Fragen enthalten sie die Erfahrung aus ähnlichen Problemen und können dazu beitragen, ein Problem soweit wie möglich einzukreisen. Sie dienen somit der Planung als Analyseinstrument. Wird jedoch bei der Verwendung einer Prüfliste der Schwerpunkt auf Routinisierung gelegt und die Checkliste zur Prüfung der Vollständigkeit der Beantwortung aller Fragen eingesetzt, so ist sie als Instrument der Kontrolle anzusehen [5.21,22].

ABC - Analyse
Um bei Massenphänomenen beurteilen zu können, welche Teile der Masse einen wesentlichen Einfluß auf eine zu treffende Entscheidung ausüben, wird die ABC-Analyse angewandt. Solche Massenphänomene sind beispielsweise die zahlreichen Aufträge, die den Gesamtumsatz einer Firma ergeben, die Einkaufsvorgänge, die das Gesamtbeschaffungsvolumen ausmachen oder der Wert der vielen Teile, aus denen eine Werkzeugmaschine besteht. Bei der ABC-Analyse wird die Grundgesamtheit bezüglich einer bestimmten Eigenschaft in 3 Gruppen eingeteilt, z.B. bei einer Analyse der Verkaufsaufträge die A-Aufträge, die B-Aufträge und die C-Aufträge. Für den Umsatz ergibt sich die bekannte Erscheinung, daß nicht alle Artikel gleich viel zum Gesamtumsatz beitragen. Es sind meistens wenige, umsatzstarke Produkte in einem Sortiment vorhanden, die insgesamt einen großen Anteil des Gesamtumsatzes ausmachen. Demgegenüber tragen sehr viele Artikel mit jeweils nur sehr kleinem Umsatz-

Analysemethoden und -techniken

- Checklisten
- ABC - Analyse
- Multimomentstudie
- Interviewmethoden
- Fragebogenerhebung
- Stärken-Schwächen-Analyse

Bild 5.6: Übersicht über Analysemethoden und -techniken

5.7 Techniken und Instrumente

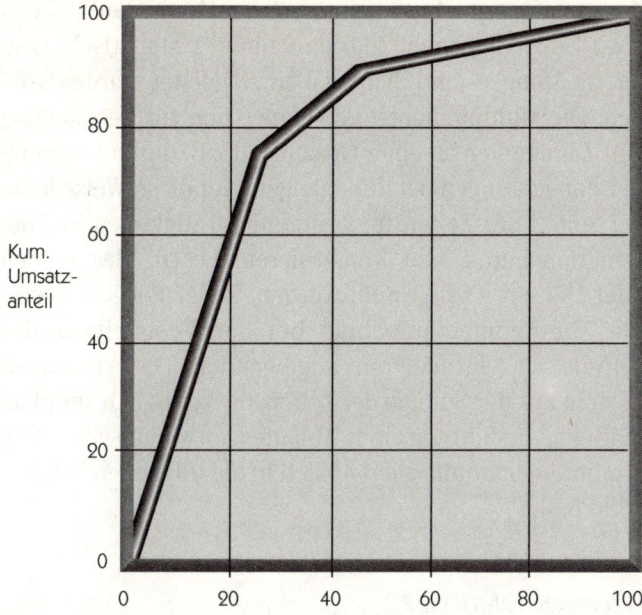

Bild 5.7: Beispiel für eine ABC-Analyse

anteil (C-Artikel) zum Gesamtumsatz bei. Schließlich kann man noch eine mittlere Gruppe von Artikeln abgrenzen, von denen jeder einen etwas bedeutenderen Anteil am Umsatz bringt. A-Artikel sind wichtig, da jeder von ihnen viel zur Erreichung der Ziele beiträgt. Hier wird durch wenige Entscheidungen großer Einfluß auf den Erfolg des Unternehmens ausgeübt. Der Verlust eines A-Auftrages wirkt sich sofort stark aus. Dies ist bei B-Aufträgen weniger der Fall, doch sie haben immer noch eine gewisse Bedeutung. C-Aufträge verursachen durch die große Zahl der Verkaufsvorgänge hohe Kosten bei nur kleinem Nutzen. In dem Beispiel einer ABC-Analyse des Bildes 5.7 bringen die A-Artikel mit nur ca. 25 % der Stückzahl ca. 70 bis 80 % des Umsatzes. Die B-Artikel mit ca. 30 bis 40 % der Stückzahl tragen etwa 15 bis 20 % zum Umsatz bei. C-Artikel mit 40 bis 50 der Stückzahl ergeben insgesamt nur ca. 5 bis 10 % des Gesamtumsatzes.

- Weniger wichtige B-Aufträge

- Kostentreibende C-Aufträge

Multimomentstudien
Die Multimomentaufnahme ist ein Zählen von Beobachtungen. Es handelt sich um ein Stichprobenverfahren, bei

- Feststellung von Zeitanteilen an einer Gesamtzeit

- Verteilzeiten

- Mündliche Befragung zur Feststellung von Fakten

dem aus einer Vielzahl von zufälligen Momentaufnahmen über einen längeren Zeitraum hinweg statistisch gesicherte Mengen- und Zeitangaben abgeleitet werden können. Die Multimomentstudie eignet sich zur Feststellung von Zeitanteilen an einer Gesamtzeit z.B. durch bestimmte Beobachtungen bei Rundgängen. Auf diese Weise kann der Anteil der Zeiten für bestimmte Tätigkeiten in Konstruktionsbüros, wie Konstruieren, Lesen, Besprechen oder Diktieren festgestellt werden. In der Fertigung wird die Multimomentaufnahme bei der Feststellung des Anteils an Verteilzeiten angewendet. Die Verteilzeit besteht aus der Summe der Zeiten, die zusätzlich zur planmäßigen Ausführung eines Ablaufes notwendig sind. Eine Multimomentstudie gliedert sich in die folgenden Schritte (Bild 5.8):

Interviewtechniken
Dies sind Verfahren der Informationsbeschaffung, bei denen in Form von mündlicher Befragung versucht wird, Äußerungen über Sachverhalte, Probleme, Ziel- und Wert-

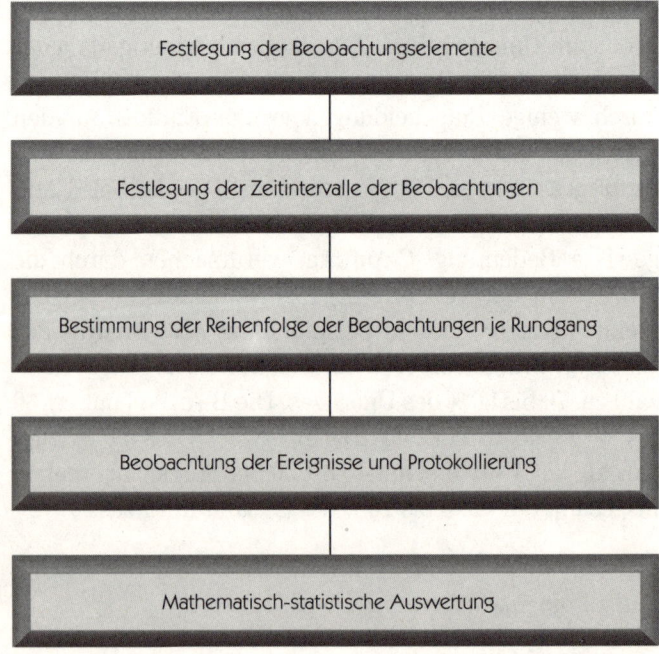

Bild 5.8: Die einzelnen Schritte einer Multimomentstudie

vorstellungen von Personen zu erhalten. Die Befragung kann völlig frei, anhand eines Gesprächsleitfadens oder als standardisiertes Interview stattfinden. Ein Interview kann nur dazu dienen, verbale Äußerungen über bestimmte Zusammenhänge oder ein bestimmtes Verhalten zu bekommen, nicht aber das Verhalten selbst objektiv festzustellen [5.23].

Befragungen mit Fragebogen
Die Befragung einer Reihe von Personen mit vorbereiteten, schriftlich zu beantwortenden Fragebogen ist eine Informationsbeschaffungstechnik, bei der versucht wird, Feststellungen über Sachverhalte, Probleme, Ziel- und Wertvorstellungen von Personen oder Personengruppen zu erhalten.

- Formalisierte Informationsbeschaffung

5.7.2 Kreativitätstechniken

Kreativität kann man definieren als die Fähigkeit, neue Ideen hervorzubringen. Während Intelligenz als Fähigkeit bezeichnet werden kann, zweckvoll zu handeln und vernünftig zu denken, ließe sich Kreativität eher als ausgeprägter Freiheitsgrad zur Schaffung neuer Ziele, Strukturen und Lösungen beschreiben [5.24].

- Neue Ideen generieren

Kreativitätstechniken sollen das Generieren möglichst vieler Ideen fördern, divergentes und spontanes Denken stimulieren sowie die zu frühe Überlegung der Zulässigkeit bzw. Realisierbarkeit dieser Ideen ausschalten. Es sind zwei Klassen von Kreativitätstechniken zu unterscheiden, die

– assoziativ-intuitiven Techniken, die sich auf die Aspekte der Informationssuche konzentrieren, wie Brainstorming, Methode 635, Delphi, Synektik und Scenario-Writing,

- Assoziativ-intuitive Techniken

– systematisch-diskursiven oder begrifflich rationalen Techniken, die den Aspekt der Informationssystematisierung in den Vordergrund stellen, wie die Methode des morphologischen Kastens und die Relevanzbaumanalyse.

- Systematisch-diskursive Techniken

- Verbreitetste Methode der Kreativitätsförderung

- Vielfältige Anwendung von Brainstorming

- Kritikverbot als Charakteristikum

- Quantität der Ideengenerierung

Brainstorming
Diese heute verbreitetste Methode zur Förderung der Kreativität in einer Gruppe wurde bereits 1939 entwickelt. Als Brainstorming bezeichnet man die gemeinsame, auf die Lösung eines genau beschriebenen Problems gerichtete, ungehemmte Ideenproduktion einer Gruppe von günstigstenfalls 4 bis 7 Teilnehmern in Gruppensitzungen von 15 bis 30 Minuten.

Brainstorming ist eine Kreativitätstechnik, die im Rahmen der Problemerkennung, der Prognose und der Suche nach Alternativen, aber auch der Suche nach Zielen und Maßnahmen prinzipiell einsetzbar ist. Sie versucht zur Lösung vorgegebener, einfacher Fragestellungen durch spontane, ungehinderte Ideenentwicklung beizutragen. Folgende Grundregeln sind einzuhalten:

Während der Produktion von Ideen ist Kritik verboten. Die Beurteilung der Ideen wird hinausgeschoben, das gilt auch für nicht-verbale Kritik wie Stirnrunzeln, Gähnen, usw. Durch Schaffung eines toleranten Klimas z.B. durch Humor, keine Selbstverpflichtung zur Realisation der Ideen, Ermutigung zur Spontaneität und zu ungewöhnlichen Perspektiven wird die Entwicklung von ausgefallenen Ideen gefördert. Durch Aufnehmen der Ideen von Gruppenmitgliedern und die aktive Weiterentwicklung der Ideen werden freie Assoziationsketten gebildet. Im Vordergrund steht die Quantität der Ideengenerierung. Die

Ideenfindungs- und Kreativitättechniken

- Brainstorming
- Brainwriting
- Methode 635
- Delphi-Methode
- Szenario-Technik
- Morphologie
- Synetik
- Relevanzbaumanalyse
- Wertanalyse

Bild 5.9: Übersicht über Ideenfindungs- und Kreativitätstechniken

Qualität oder Realisierbarkeit ist nebensächlich. Jede Idee soll ausgesprochen werden.

Die Vorteile von Brainstorming liegen in der Verhinderung negativer, emotional begründeter Spannungen und in der leichten Erlernbarkeit der Technik. Die Nachteile sind die Nichtbeteiligung der Gruppenmitglieder an der Strukturierung und an der Definition der Problemstellung zu sehen. Es besteht ferner eine mangelnde Systematik des Ablaufs etwa bei der Entwicklung von Lösungsvorschlägen. Die Funktion des Moderators bei den Sitzungen ist wenig präzisiert und kann von dominierendem Einfluß sein.

• Vor- und Nachteile von Brainstorming

Brainwriting
Bei komplexeren Problemsituationen wird schriftlichen Ideenfindungstechniken der Vorzug gegeben. Beim Brainwriting notieren die Teilnehmer der Arbeitsgruppe die Ideen zu einem bestimmten Problem auf Kärtchen. Sie werden anschließend an die Befragung nach Zusammenhängen an einer Pin-Wand geordnet zur Diskussion gestellt. Die Vorteile sind:

• Notieren von Ideen auf Kärtchen

– Jeder ist für eine begrenzte Zeit „für sich".
– Die Auswertung erfolgt schnell und einfach.
– Die Technik ist auch bei größerer Teilnehmerzahl anwendbar.
– Alle Teilnehmer werden in gleichen Maße aktiviert. Es besteht keine Gefahr, daß einzelne dominieren.

• Vorteile des Brainwriting

Dem stehen folgende Nachteile gegenüber:
– Ein Anknüpfen an die Ideen anderer Teilnehmer ist erst bei der Auswertung möglich.
– Es sind besondere Hilfsmittel erforderlich.

• Nachteile des Brainwriting

Methode 635
Diese Technik zählt zu den sogenannten Brainwritingmethoden [5.25,26]. Es werden 6 Teilnehmer nach Bekanntgabe der Aufgabenstellung und sorgfältiger Analyse aufgefordert, jeweils 3 Lösungsansätze auf ein Formular in einer Matrix mit 6 Zeilen und 3 Spalten zu notieren. Jeder gibt sein Formular an seinen Nachbarn weiter. Dieser trägt in der zweiten Zeile ebenfalls pro Spalte einen

• Formalisierte Methode des Brainwriting

Lösungsvorschlag ein, der durch freie Assoziation aus der Lösung der Vorgänger resultieren soll. Dabei darf er nur etwa 5 Minuten Zeit haben. Dieses Weitergeben erfolgt 5 mal. Insgesamt werden dadurch 108 Lösungsideen generiert. Obwohl die Spontaneität des Brainstorming nicht erreicht wird, gilt die Methode 635 als erfolgreicher.

Szenario-Technik
Ein Szenario ist eine qualitative Prognosemethode, bei der in einem kreativen Prozeß eine mögliche, zukünftige Situation beschrieben und der dazu führende Verlauf dargestellt wird. Der Begriff stammt aus den Theaterwissenschaften und bedeutet Szenerie, Bühnenbild, Kulisse oder Filmdrehbuch. Szenarien, also Bilder einer möglichen Zukunft, wurden in den 50er Jahren von Hermann Kahn in den Vereinigten Staaten bereits für militärisch-strategische Planungen benutzt.

Bei der Szenario-Technik werden ausgehend von der Gegenwart in einem kreativen, keinen festen Regeln unterliegenden Prozeß denkbare Alternativen durchgespielt und zukünftige Situationen durch die Darstellung logischer Schrittfolgen in einer Art „Drehbuch" beschrieben [5.27]. Dabei können quantitative und qualitative Informationsarten verarbeitet werden. Die Entwicklung der nahen Zukunft, also der nächsten 2 bis 5 Jahre, ist durch die vorhandenen Strukturen der Gegenwart geprägt und damit weitgehend festgelegt. Es wird vorausgesetzt, daß die Gegenwart durch vorhandene Normen, Strukturen, Vernetzungen und Verhaltensmuster geprägt ist, die sich nicht kurzfristig verändern. Dabei werden Störereignisse zunächst nicht berücksichtigt. Dies sind plötzlich auftretende, vorher trendmäßig nicht erkennbare Ereignisse. Man kann sie anschließend in die Szenarioentwicklung einführen und bezüglich ihrer Auswirkungen analysieren.

Versucht man die fernere Zukunft zu prognostizieren, so nimmt der Einfluß der heutigen Strukturen immer mehr ab. Die Zahl der Entwicklungsmöglichkeiten öffnet sich quasi wie ein Trichter. Spitze des Trichters ist die Gegenwart. Im Verlauf der Zeit können sich die denkbaren Szenariopfade von der Achse des Trichters weg bewe-

- Die zukünftige Situation wird in einem kreativen Prozeß beschrieben

- Kreativer Prozeß zur Beschreibung der Zukunft

- Strukturen der Gegenwart werden als zukünftig noch wirksam angenommen

- Die denkbaren Szenariopfade liegen auf der Schnittfläche eines Trichters

5.7 Techniken und Instrumente

gen. Die möglichen Szenarios liegen auf der Schnittfläche des Trichters mit der Zukunftsebene auf der Zeitachse (Bild 5.10)

Um die Zukunft in den Griff zu bekommen, sollen nicht alle denkbaren Szenarien ermittelt werden. Durch wenige Szenarien sollen vielmehr die Ränder des Trichters mit „extremen Zukünften" abgedeckt werden. Innerhalb dieser Extrema können dann Szenarien entwickelt werden, um den Planern zu zeigen, welche Faktoren in Wechselwirkung mit anderen Größen stehen und in welchem Ausmaß sie die weitere Entwicklung beeinflussen. Für viele Entscheidungen wird zur Abschätzung des einzugehenden Risikos das sogenannte Worst-Case-Szenario gesondert herausgearbeitet. Es stellt den schlechtesten, denkbaren Fall dar.

• Für viele Entscheidungen reichen wenige Szenarien aus

Das Durchdenken von Alternativen hilft dem Planer, sich frühzeitig auf eventuelle Änderungen, Störeinflüsse oder Trendbrüche einzustellen und nötigenfalls entsprechend schnell zu reagieren. Durch die Szenariotechnik können mögliche Chancen aber auch Risiken für Unternehmensstrategien frühzeitig erkannt und im Sinne einer Vorkopplung genutzt werden [5.28].

• Das Durchdenken von Alternativen hilft, sich auf Störeinflüsse einzustellen

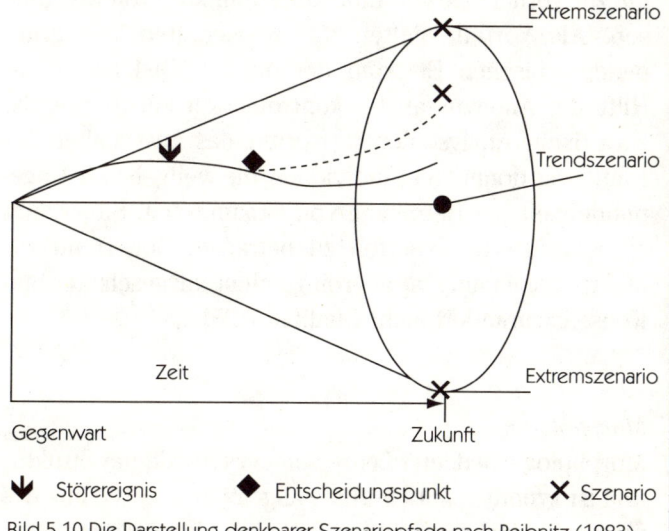

Bild 5.10 Die Darstellung denkbarer Szenariopfade nach Reibnitz (1983)

Delphi-Methode
Die Delphi-Methode ist eine Technik zur Prognose bei Problemen großer Komplexität sowie großer Unsicherheit, die sich auf die Zukunft beziehen und eine ausgeprägte Dynamik haben. Dies gilt beispielsweise für technologische Vorhersagen. Die Nachteile einer offenen Diskussion sollen ausgeschaltet werden. Zu solchen Nachteilen gehören das Gewinnen-Wollen, der Einfluß von Rhetorik, der soziale Status von Diskussionsteilnehmern und die Scheu, einmal vertretene Ideen zu revidieren. Als Hilfsmittel werden verwendet:

- Einzelbefragungen
- Fragebogen
- Mehrere Befragungsrunden
- Informationsrückkopplung
- Anonymität

- Technik zur Prognose bei Problemen großer Komplexität

- Delphi-Befragung als Sequenz von Befragungsrunden mit Rückkopplung

Eine Delphi-Befragung besteht also aus einer Sequenz von Befragungsrunden, die über bestimmte Rückkopplungen verbunden sind. In jeder Runde werden von den Experten (Befragten) und dem Moderator bestimmte für die Runde charakteristische Aktivitäten verlangt. Man unterscheidet zwischen Ideen-Delphi zum Aufdecken von Zukunftsbildern oder Alternativen und Time-Scaling-Delphi zur Vorhersage von Eintrittszeitpunkten von Ereignissen. Als Vorteile gelten das Ausschalten von gruppendynamischen Effekten der offenen Diskussion mit Hilfe der Anonymität des kontrollierten Feedbacks, die statistische Analyse der Antworten, das Ausschalten des Einflusses dominanter Individuen, die weitgehende Ungebundenheit der Befragung von Ort und Zeit. Sie erlaubt es, qualifizierte Experten zu befragen. Der Trend zur Mehrheitsmeinung ist allerdings nicht ausgeschaltet und Konsens garantiert nicht Qualität [5.25].

- Ausschalten gruppendynamischer Effekte

Morphologie
Morphologie bedeutet Lehre von der Gestalt, der Struktur und ist synonym mit Ordnung allgemein. Die Technik des morphologischen Kastens ist eine der bekanntesten

logisch-systematischen Kreativitätstechniken [5.11,15,25, 46]. Sie zielt auf die Zusammenstellung aller denkbaren Lösungen eines Problems auf dem Umweg der Problemzerlegung und der Auflistung aller möglichen Lösungen für die resultierenden Teilprobleme. Die Teilprobleme und ihre Lösungsmöglichkeiten werden in einer Matrix zusammengefaßt, dem sogenannten „morphologischen Kasten". Diese Matrix enthält alle denkbaren Lösungsmöglichkeiten für das gesamte Problem in Form der systematischen Kombination der Teilproblemlösungen. Die Gesamtproblemlösungen sind allerdings noch bezüglich ihrer Realisierbarkeit zu beurteilen.

Nachteil ist, daß die notwendige Übersichtlichkeit eine Beschränkung auf überschaubare Matrizen erzwingt. Die geringe Beachtung des kreativen Prozeßverlaufs macht den Erfolg dieser Technik vor allem von der „Genialität" der Benutzer abhängig. Sie ist also eher für Produktverbesserung als für die Planung neuer Produkte geeignet. Eine Anleitung zur Definition der Teilprobleme wird nicht vermittelt. Bewertungsregeln werden nicht definiert. Der Einsatz von Gruppen ist nicht erfolgsverbessernd.

Als Vorteil kann genannt werden, daß die Morphologie als Instrument in Verbindung mit intuitiv-kreativen Techniken zur Strukturierung und Beschreibung von Problemen universell brauchbar ist. Hierbei geht man folgendermaßen vor:

1. Problembestimmung
2. Ermittlung der lösungsbestimmenden Parameter
3. Ermittlung möglicher Parameterausprägungen
4. Aufstellung des morphologischen Schemas
5. Ermittlung von Lösungen, ohne sie zu beurteilen
6. Bewertung der Lösungen und Auswahl der optimalen Lösung

Synektik
Synektik ist die wohl anspruchsvollste intuitive Methode, die in Gruppen von 5 bis 7 Teilnehmern unter Leitung eines Moderators durchgeführt wird [5.15,25]. Synektik bedeutet das Zusammenfügen scheinbar zusammenhang-

- Zusammenstellung denkbarer Lösungen über die Zerlegung des Problems

- Lösung als systematische Kombination von Teillösungen

- Nachteile der Morphologie

- Vorteile der Morphologie

- Vorgehensweise bei der Morphologie

	loser Phänomene. Synektik ist eine Kreativitätstechnik zur Lösung gut abgegrenzter, schwieriger Probleme. Sie basiert auf der These, daß sich kreative Prozesse von Individuen beschreiben lassen, und zwar durch die diskreten Stufen
• Anspruchsvollste, intuitive Methode in Gruppen	

- Konzentration auf das Problem (Strukturierung, Informierung, Problemanalyse),
- Distanzierung vom Problem und nicht-bewußte Denkabläufe (zeitliche und räumliche Distanzierung, Wechsel der Aktivitäten, Entspannung),
- Produktion von Analogien durch ungehemmtes Denken, Assoziation, nicht-bewußte Strukturvergleiche und spontane Lösungsideen.

• Vorgehensweise bei der Synektik

Synektik versucht diesen Ablauf für kreative Gruppenprozesse zu simulieren. Weitere Annahme ist, daß kreative Individual- und Gruppenprozesse identisch sind. Synektik besteht daher aus drei Phasen:

• Drei Phasen des Prozesses

• Vertrautmachen mit dem Problem

1. Vertrautmachen mit dem Problem: Vorgabe der Problemdefinition, Klärung des Sachverhaltes, seiner Interdependenzen, gegebenenfalls Neuformulierung des Problems.

• Verfremdung des Problems

2. Verfremdung des Problems: Das geschieht mittels der verschiedenen Analogieschlußformen, für deren Anwendung die Brainstorming-Regeln gelten:
   - Persönliche Analogie: Der Problemlöser versetzt sich in die Lage des Objekts.
   - Direkte Analogie: Das Objekt wird mit einem ähnlichen konkreten Gegenstand verglichen.
   - Symbolische Analogie: Das Objekt wird mit einem ähnlichen gedanklichen Bild verglichen, das den Kern der Sache repräsentiert.
   - Phantastische Analogie: Der Problemlöser nennt eine seiner Meinung nach ideale Traumlösung des Problems, wie sie unter idealen Bedingungen vorstellbar wäre.

• Auffinden von realisierbaren Lösungsideen

3. Auffinden von realisierbaren Lösungsideen durch Gegenüberstellen der gefundenen Analogien mit der Problemstellung.

Synektik ist die Kreativitätstechnik, die bezüglich theoretischer Fundierung und Ablaufsystematik am weitesten ausgearbeitet ist. Sie stellt jedoch sehr hohe Ansprüche an die Qualifikaton der Teilnehmer. Diese kann in der Regel nur durch relativ langes Training erworben werden. Die Probleme von Synektik sind im einzelnen: Die Skepsis gegenüber dem bewußt zweckfrei angelegten Analogisieren, damit aber auch gegenüber dieser Technik generell, die Schwierigkeit, alle Analogie-Techniken zu verwenden; die Dominanz von Rationalitätsaspekten, vor allem, wenn Teilnehmer unterschiedlicher Ebenen in der Hierarchie vertreten sind.

- Synektik ist die fortgeschrittenste Kreativitätstechnik

- Hohe Anforderungen an Teilnehmer

Relevanzbaumanalyse
Diese Technik dient zur Unterstützung von Strukturierungs-, Bewertungs- und Auswahlaktivitäten in Problemlösungsprozessen [5.25]. Bei der Relevanzbaumanalyse wird ein Problembereich in unabhängige Teilprobleme zerlegt, die wiederum geteilt werden. Es entsteht eine Problemhierarchie, die durch eine Baumstruktur dargestellt werden kann. Die Elemente einer Hierarchieebene werden hinsichtlich ihrer Relevanz für die jeweils nächsthöhere Hierarchieebene bewertet. Dies geschieht, indem die Beiträge abgeschätzt werden, die jede Alternative einer bestimmten Ebene zur Förderung jeder Aktion der nächst höheren Ebene leistet. Der numerische Ausdruck dieses Beitrags heißt die Relevanzzahl. Der so gewichtete Zustandsbaum heißt Relevanzbaum oder „Baum gewichteter Zuordnungen" [5.29]. Bewertungskriterien können z. B. die wirtschaftliche Bedeutung, die Dringlichkeit oder die Durchführbarkeit sein. Der Relevanzbaum kann außer für Probleme allgemeiner Art auch für Zielhierarchien, konkurrierende Forschungs- und Entwicklungsprojekte, Systeme und Maßnahmen allgemeiner Art angewendet werden. Die Vorteile der Relevanzbaumanalyse z.B. gegenüber einer linearen Punktbewertung sind:

- Unterstützung von Bewertungs- und Auswahlaktivitäten

– Es wird innerhalb der Baumstruktur systematisch nach abwegigen oder auch aussichtsreichen Alternativen gesucht.

- Verknüpfungen und Zusammenhänge werden durch die graphische Darstellung deutlich.

Das Ableiten sinnvoller Kriterien und das Zuordnen der relativen Gewichte stellen neben dem Erfüllen der Vollständigkeitsbedingungen die größten Schwierigkeiten bei der Konstruktion des Relevanzbaumes dar [5.30].

Wertanalyse
Wertanalyse ist eine Methode, die auf die systematische Verringerung oder Vermeidung nicht notwendiger Kosten, eine Werterhöhung oder eine Funktionsverbesserung abzielt.

In der VDI-Richtlinie 2801 „Wertanalyse, Begriffsbestimmungen und Beschreibung der Methode" [5.31] heißt es: Die Wertanalyse ist eine Methode zur Steigerung des Unternehmenserfolges. Die DIN-Norm 69 010 definiert die Wertanalyse wie folgt [5.32]: Wertanalyse ist das systematische analytische Durchdringen von Funktionsstrukturen mit dem Ziel einer abgestimmten Beeinflussung von deren Elementen (z.B. Kosten, Nutzen) in Richtung einer Wertsteigerung. Sie bietet methodische Hilfe sowohl für eine Entscheidungsvorbereitung als auch für die Verwirklichung im Rahmen einer vorgegebenen Zielsetzung [5.33]. Die Wertanalyse basiert auf Zusammenarbeit in einem zu diesem Zweck zusammengestellten Team aus Mitarbeitern mit unterschiedlicher Ausbildung und Erfahrung. Der Schlüssel zum Erfolg liegt in der Systematik und der Konsequenz des schrittweisen Vorgehens [5.34] und der ganzheitlichen Betrachtung der Aufgabenstellung durch das interdisziplinär zusammengesetzte Team. Hierbei werden die beschriebenen Kreativitäts- und Bewertungstechniken in der Arbeitsgruppe angewandt. Für die praktische Durchführung der Wertanalyse ist das Vorgehen in eine Reihe von systematisch durchzuführenden Grund- und Teilschritten festgelegt (Bild 5.11).

Wertanalyse kann nicht nur auf vorhandene, sondern auch auf in der Entwicklung befindliche Objekte angewendet werden. Man bezeichnet die Anwendung bei einer schon bestehenden Leistung, also auf schon vorhandene Objekte als Wertverbesserung (Value analysis). Die

- • Vorteile gegenüber einer Punktbewertung

- • Ziel ist die Vermeidung nicht notwendiger Kosten

- • Methode zur Steigerung des Unternehmenserfolges

- • Definition nach DIN 69 010

- • Basis der Wertanalyse ist Teamarbeit

- • Wertanalyse ist anwendbar bei vorhandenen und zu entwickelnden Produkten

5.7 Techniken und Instrumente

Anwendung bei einer erst entstehenden Leistung, also auf in der Entwicklung befindliche Objekte nennt man Wertgestaltung (Value Engineering). Ziel einer wertanalyti-

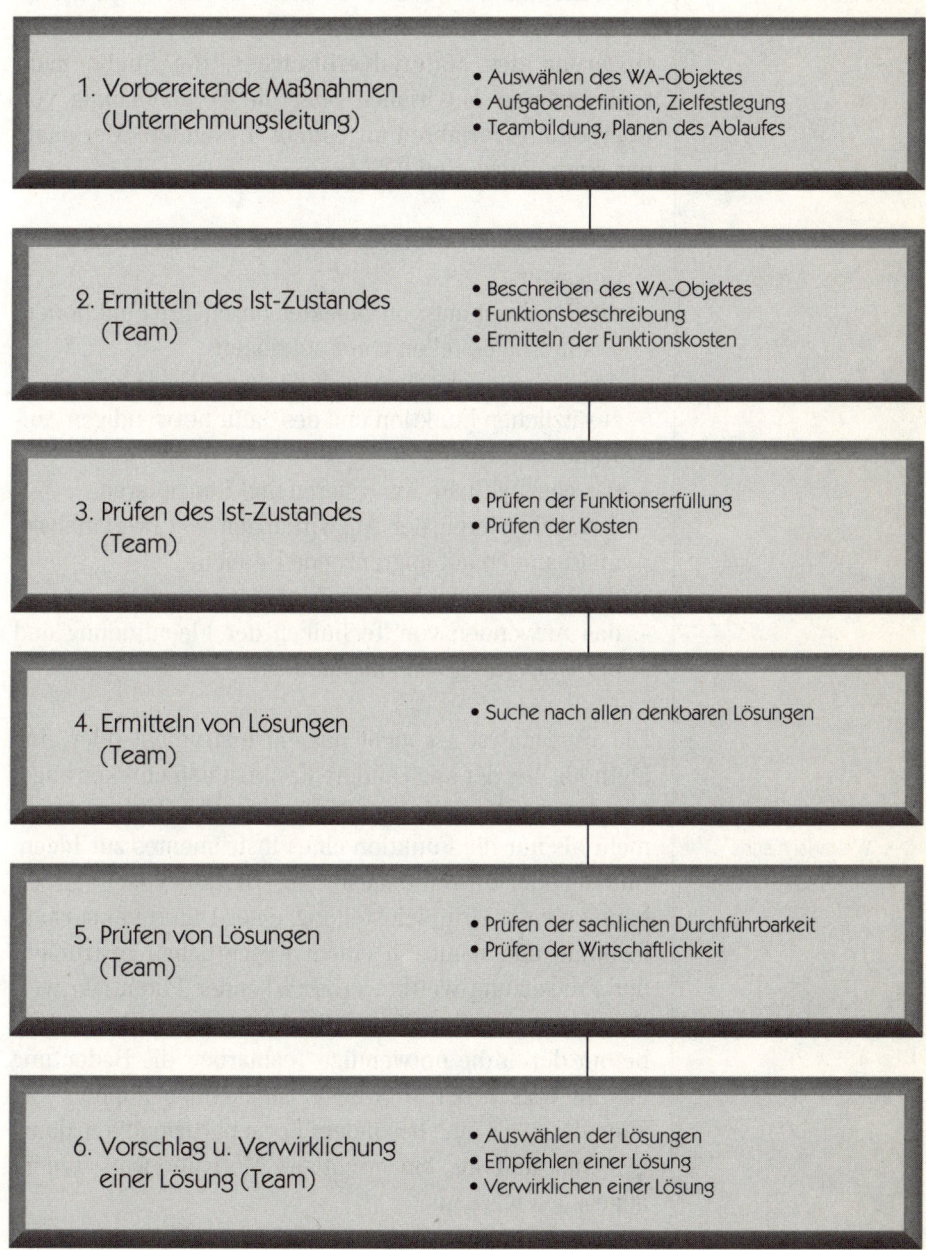

Bild 5.11: Arbeitsplan der Wertanalyse

schen Untersuchung kann die Suche und Entwicklung neuer Produkte, also eine Produktinnovation sein. Häufigste Aufgabenstellungen der Wertanalyse sind die Abmagerung unnötiger Funktionen bei gleichzeitiger Kostensenkung oder die Funktionsverbesserung zur Steigerung des Gebrauchsnutzens. Häufig wird auch die Verringerung des Materialverbrauches, die Suche nach preiswerten Materialien oder die Vereinfachung von Bearbeitungsverfahren angestrebt. Besondere Merkmale der Wertanalyse sind [5.35]:

- das Denken in Wertbegriffen, wie Gebrauchs- und Geltungswert,
- die Beschreibung von Objekten durch ihre Funktionen,
- das In-Frage-Stellen von Funktionen,
- das Gegenüberstellen des Wertzuwachses aus einer zusätzlichen Funktion und des dafür notwendigen Aufwandes,
- das ganzheitliche Analysieren und Konzipieren,
- das Analysieren der Auswirkungen von Wertanalysemaßnahmen auf angrenzende Bereiche,
- das Vorgehen nach einem festen Arbeitsplan,
- das Anwenden von Techniken der Ideenfindung und der Bewertung von Maßnahmen.

Die Wertanalyse ist nicht nur ein Instrument oder eine Methode, bei der auch andere Kreativitätstechniken angewendet werden. Sie erfüllt in manchen Unternehmen mehr als nur die Funktion eines Instrumentes zur Ideenfindung oder zur Rationalisierung. Wertanalytische Arbeit kann zu einer Grundeinstellung, einer Unternehmensphilosophie und damit zu einem wesentlichen Instrument der Freisetzung wettbewerbsstärkender Potentiale werden. Das institutionalisierte Instrument der Wertanalyse betont durch die notwendige Teamarbeit die Bedeutung des im Wissen der Mitarbeiter steckenden Kapitals. Sie kann damit als eine besondere Form partizipativen Managements und als ein wichtiges Motivationsinstrument angesehen werden.

Marginalien:

- Hauptziele: Kostensenkung Funktionsabmagerung

- Besondere Merkmale der Wertanalyse

- Wertanalytische Arbeit als Philosophie

5.7.3 Bewertungs- und Auswahltechniken

Bewertungs- und Auswahlinstrumente und -techniken sind formalisierte Verfahren, um Lösungsvarianten in der Reihenfolge ihrer Vorzugswürdigkeit im Hinblick auf die Erfüllung der gesetzten Ziele zu ordnen. Damit ist die Ausgangsbasis für eine Entscheidung geschaffen. Dies gewährleistet

- die Vergleichbarkeit der Ergebnisse der Variantenauswahl und
- die Nachvollziehbarkeit des Bewertungsvorganges bei Änderung einzelner Merkmale einer Entscheidungsvariante.

Bild 5.12 zeigt Techniken und Instrumente der Bewertung und Auswahl danach gegliedert, ob sie erlauben eine Priorisierung nach nur einem Auswahlmerkmal, also eindimensional, oder nach mehreren Merkmalen vorzunehmen. Zahlreiche der dargestellten Instrumente sind aus der Betriebswirtschaftslehre hinreichend bekannt. Es werden im folgenden nur einige ausgewählte Verfahren besprochen.

- Formalisierte Verfahren, um Lösungsvarianten auszuwählen

- Entscheidungen nach ein- oder mehrdimensionalen Kriterien

Bewertungs- und Auswahltechniken, Techniken der Prioritätenbestimmung

Eindimensional	Mehrdimensional
• Kostenvergleich	• paarweiser Vergleich
• Gewinnvergleich	• Bewertungsmatrizen
• Rendite, Interner Zinsfuß	• Faktorenanalyse
• Wiedergewinnungszeit	• Kosten-Nutzen-Analyse
• Kapitalwert	• Relevanzbaum
• Mathematische Modelle	
• Simulation	

Bild 5.12: Übersicht über Instrumente und Methoden der Prioritätenbestimmung

Entscheidungsbaum

Wo sich Entscheidungssituationen in Form eines mehrstufigen Problems darstellen lassen, hilft der Entscheidungsbaum anhand einer graphischen Darstellung, einen systematischen Überblick zu gewinnen. Der Entscheidungsbaum dient der Darstellung eines Entscheidungsproblems in graphischer Form. Er stellt den sequentiellen Ablauf der Entscheidungsfindung dar und weist zwei Klassen von Elementen auf: Kanten und Knoten. Als Knoten sind zu unterscheiden:

– Entscheidungsknoten
– Ereignisknoten
– Endknoten

- Mehrstufige Entscheidungssituationen

Die Kanten eines Entscheidungsbaumes können Entscheidungskanten oder Ereigniskanten sein. Zur Unterscheidung werden häufig Entscheidungsknoten als Rechtecke, Ereignisknoten als Kreise und Endknoten als Dreiecke dargestellt. Dem Entscheidungsknoten entspricht ein Entscheidungsproblem, das durch mindestens zwei wählbare Alternativen charakterisiert wird. Eine Entscheidungskante, die ihren Ursprung stets in einem Entscheidungsknoten hat, repräsentiert genau eine der Alternativen. Ein Ereignisknoten faßt die Informationen über alternative Umweltbedingungen, die aus vorgelagerten Entscheidungen resultieren und nachgelagerte Entscheidungen beeinflussen können, zusammen. Eine Ereigniskante beschreibt ein nicht im Einflußbereich des Entscheidenden liegendes Ereignis [5.25,46].

- Entscheidungsknoten und -kanten

Entscheidungstabellen

Die Technik der Entscheidungstabellen ist ein Verfahren zur anschaulichen Beschreibung, Analyse und Dokumentation von Zusammenhängen bei Entscheidungen in der Form bedingter Entscheidungen. Die Entscheidungstabelle dient dazu, komplexe Entscheidungssituationen übersichtlich, absolut eindeutig und in knapper Form darzustellen. Voraussetzung ist die eindeutige Zuordnung von bestimmten Aktionen zu klar definierten Bedingungen.

- Stellen komplexe Entscheidungssituationen übersichtlich dar

Dieses Entscheidungsmodell ist eine stark vereinfachte Darstellung der Wirklichkeit. Die denkbaren Alternativen werden in einer Matrix den verschiedenen Situationen oder Umweltzuständen gegenübergestellt und die Konsequenzen oder Ergebnisse in den einzelnen Feldern festgehalten. Dies stellt ein einfaches Entscheidungsmodell als Grundmodell dar. In den einzelnen Quadranten der Ergebnismatrix werden die möglichen Ergebnisse beispielsweise verbal beschrieben. Es ist daher zu fragen, ob für die zu treffende Entscheidung die Isomorphie, also die Austauschbarkeit mit der Wirklichkeit, gegeben ist. Beispielsweise könnten sich die Alternativen oder die Umweltzustände kontinuierlich verändern, so daß diese unendlich vielen Möglichkeiten in einer Matrix nicht richtig dargestellt werden können.

- Darstellung der Alternativen in einer Matrix

Um einen Zusammenhang zwischen den Ergebnissen und dem Grad der Zielerfüllung, also einer Vorteilhaftigkeit der Entscheidung zu bekommen, kann man mit Nutzenfunktionen den Zusammenhang zwischen den Konsequenzen und dem Grad der Zielerreichung bewerten. Gewählt wird die Alternative, die den höchsten Grad der Zielerfüllung aufweist [5.21].

- Der Grad der Zielerfüllung ist durch Bewertung darstellbar

Lineare Optimierung
Sie umfaßt Verfahren zur Lösung von Optimierungsproblemen, bei denen die Verknüpfung von Entscheidungsvariablen, gewissen Parametern sowie einschränkender Bedingungen in linearen Gleichungen ausgedrückt werden können [5.36,37]. Die Anwendung erfolgt z.B. bei Fertigungsprogrammplanungen, Verschnittproblemen oder der Maschinenbelegungsplanung.

- Das Problem muß mit linearen Gleichungen ausgedrückt werden

Dynamische Optimierung
Die dynamische Optimierung ist ein Verfahren des Operations Research, bei dem auch der Zeitfaktor berücksichtigt wird. Das Entscheidungsproblem läßt sich in Form eines mehrstufigen Prozesses darstellen. Der Entscheid jeder Stufe beeinflußt die Entscheidungssituation der nachfolgenden Stufen. Die Stufen können durch sachliche, räumliche oder zeitliche Untergliederung entstehen.

- Auch der Zeitfaktor kann berücksichtigt werden

Anwendungsbeispiele finden sich bei Ersatzproblemen, Lagerhaltungsproblemen oder in der Produktionsplanung.

Wirtschaftlichkeitsrechnungen

- Bewertbarkeit ist Voraussetzung

Die Verfahren der Wirtschaftlichkeitsrechnung werden zur Auswahl der optimalen Lösung angewandt, wenn die Vorteile in finanziellen Werten gemessen werden können [5.38,39,40,41].

Kosten-Nutzenanalysen

- Geeignet, wenn nicht alle Faktoren wertmäßig erfaßbar sind

Kosten-Nutzen-Analysen werden angewandt, wenn einige oder alle Merkmale nicht wertmäßig meßbar sind. Die Kosten-Nutzen-Analyse ist also ein mehrdimensionales Bewertungsverfahren. Es verlangt, daß für alle Alternativen die monetären und nichtmonetären Größen in ihrer zeitlichen Verteilung zu monetären Größen zusammengefaßt werden. Somit werden alle Konsequenzen einer Alternative in der Bewertung zwar theoretisch berücksichtigt, aber eine überzeugende Vorschrift für die Überführung nichtmonetärer Größen in monetäre Größen gibt es nicht [27].

Simulationstechnik

- Abbildung von Problemen mit mathematischen Modellen

Sie bildet mit mathematischen Modellen komplexe Vorgänge oder das Verhalten von Systemen in der Realität nach [5.42]. Simulationen werden insbesondere dann angewandt, wenn gewisse Prozesse in Wirklichkeit zu schwierig experimentell oder theoretisch untersucht werden können, wenn das bei einer Untersuchung des wirklichen Prozesses etwa das Risiko zu groß oder eine experimentelle Untersuchung unmöglich ist [5.43,44].

5.7.4 Zeitplanungstechniken

Balkendiagramm

- Einfachstes Zeitplanungsinstrument

Das Balken- oder Ganttdiagramm ist ein Instrument zur Veranschaulichung von zeitlichen Zusammenhängen. Über der Zeitachse werden die Zeitdauern einzelner Teile von Projekten als Balken aufgetragen. Anfang und Ende des Balkens symbolisieren Anfang und Ende des Teilschrittes, die Länge des Balkens die Zeitdauer (Bild 5.13) [5.46].

5.7 Techniken und Instrumente

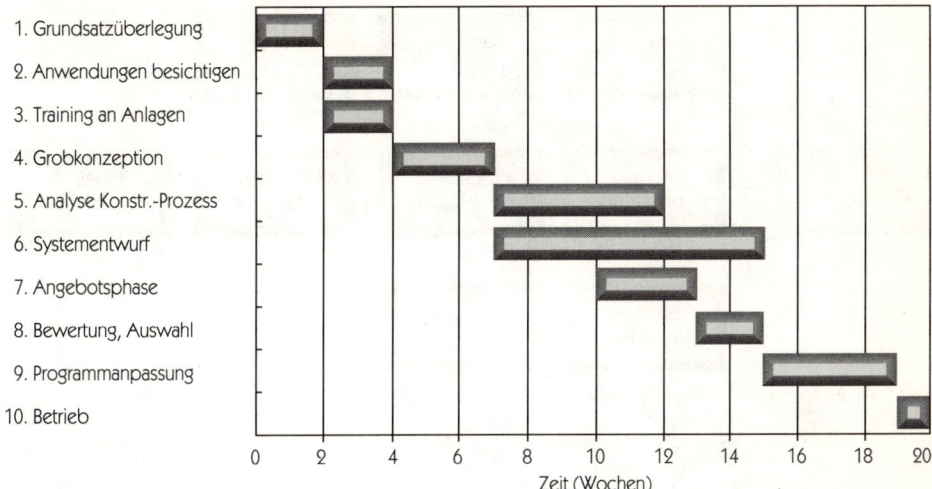

Bild 5.13: Zeitplan für die Einführung von CAD in einer Maschinenbaufirma als Balkendiagramm

Netzplantechnik
Die Netzplantechnik dient zur zeitlichen Planung, Koordinierung und Überwachung von Arbeitsprozessen und zur Ermittlung von kritischen Teilprozessen im Anlagenbau, bei Investitionsvorhaben, Forschungs- und Entwicklungsprojekten. Der Netzplan ist ein graphisches Abbild der zeitlichen Folge von Ereignissen oder Tätigkeiten [5.25]. Vorgänge werden durch Pfeile und Ereignisse durch Knoten dargestellt und damit der Ablauf eines geplanten Ereignisses sichtbar gemacht. Mit Hilfe der Abhängigkeiten und der geschätzten Zeiten ist der zeitliche Gesamtablauf vorauszuberechnen, der kritische Weg zu ermitteln und die Beeinflußbarkeit des Systems zu simulieren [5.45,46].

Klassische Methoden der Netzplantechnik sind CPM (Critical Path Method), PERT (Program Evaluation and Review Technique) und MPM (Meta Potential Method). Auf die Critical Path Method lassen sich alle anderen Verfahren der Netzplantechnik zurückführen. Bei der MPM-Methode entspricht jeder Knoten einer abgeschlossenen Tätigkeit. Wie in Bild 5.14 ersichtlich werden in MPM-Plänen die Tätigkeiten als Rechtecke dargestellt.

• Überwachung von komplizierten Projekten

• Die klassischen Methoden CPM, PERT und MPM

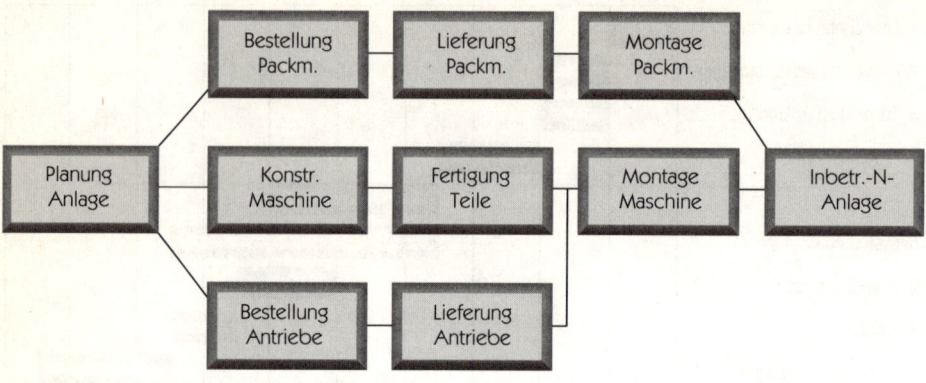

Bild 5.14: Beispiel eines MPM-Netzplanes

5.8 Unternehmensplanung

5.8.1 Der Zweck der Unternehmensplanung

- Planen im Unternehmen

Die Managementfunktion „Planen" erfährt in Unternehmen eine besondere Ausprägung. Man spricht von „Unternehmensplanung". Sie hat folgende Zwecke:

- Absichten und Ziele müssen operational gemacht werden

Die in der Unternehmenspolitik festgelegten Wertvorstellungen, Absichten und Ziele sind als konkrete Handlungsanweisungen nicht brauchbar. Sie sind zu allgemein und beziehen sich auf das Gesamtunternehmen. Daher müssen sie auf die einzelnen, durch die Arbeitsteilung im Unternehmen entstandenen Teilfunktionen „übersetzt" und operational gemacht werden. Aus den Gesamtzielen sind Teilziele für die einzelnen Unternehmensfunktionen, Bereiche und Abteilungen zu formulieren. Darüber hinaus müssen zum Erreichen dieser Teilziele Entscheidungen getroffen und Maßnahmen festgelegt werden.

- Mit „Planung" Subsysteme abstimmen

Bei dieser Strukturierung der Ziele, der Quantifizierung der Ressourcen und der Festlegung von Maßnahmen mit ihren Folgen in „Unternehmensplänen" ist eine Abstimmung der betroffenen Teilfunktionen, der Bereiche und Abteilungen im Unternehmen erforderlich. In den Plänen ist festzulegen, was jeder beizutragen hat. Unternehmensplanung dient also der Koordination aller Subsysteme.

Bei der Auseinandersetzung mit den Zielen, Ressourcen, Maßnahmen und ihren Folgen zeigt die Unternehmensplanung unter der Annahme des Eintritts der Planungsprämissen im voraus die wirtschaftlichen Folgen. Ein „Durchspielen" alternativer Ziele und Vorgehensweisen erlaubt die Optimierung des Systems „Unternehmung" und seiner Teilsysteme. Durch Unternehmensplanung kann daher ein größerer Unternehmenserfolg erreicht werden.

Die in der Unternehmensplanung auf die Funktionen bezogenen, detaillierten und quantifizierten „Teilpläne" stellen eine „Meßlatte" für die spätere Ist-Situation dar. Sie bilden also eine Vergleichsbasis und damit die Voraussetzung für ein wirkungsvolles Kontrollsystem.

In einer dynamischen Umwelt erlaubt das Vorhandensein einer Unternehmensplanung durch rasche Überarbeitung bereits vorhandener Pläne, eine Reaktion auf Veränderungen der Umwelt. Unter Umständen kann die Reaktionsgeschwindigkeit durch Vorbereitung von im voraus durchdachten Alternativplänen noch erhöht werden.

Bei der Unternehmensplanung unterscheidet man die strategische, die operative und die dispositive Planung. Im weiteren Sinne wird häufig nicht nur von strategischer und operativer Unternehmensplanung, sondern von strategischem und operativem Management gesprochen. An der Definition [5.47] dieser beiden Begriffe sind die Unterschiede zwischen „strategisch" und „operativ" am leichtesten erkennbar:

Unter operativem Management versteht man weitgehend das, was bisher als Hauptinhalt der Führungsaufgabe angesehen wurde, nämlich die auf die unmittelbare Erfolgserzielung ausgerichtete Unternehmensführung. Aufgabe des operativen Managements ist es, das Unternehmen effizient zu führen, seine Liquidität zu sichern und Erfolg im Sinne von Umsatz und Gewinn zu erarbeiten. Dazu dient die operative Planung. Zur Erzielung von möglichst optimalem Erfolg muß jeder einzelne Vorgang der im Unternehmen ablaufenden Prozesse – gleichgültig ob Prozeß der Ver- oder Bearbeitung oder Informationsprozeß – möglichst effizient vollzogen werden.

Aufgabe des strategischen Managements ist, so früh wie möglich für die Schaffung und Erhaltung der besten

- „Durchspielen" alternativer Pläne

- Planung als „Meßlatte" für ein Kontrollsystem

- Rasche Reaktion auf Änderungen der Umwelt

- Strategische, operative und dispositive Planung

- Operatives Management dient der unmittelbaren Erfolgserzielung

Marginalia (left column):
- Strategisches Management dient der Schaffung von Erfolgspotentialen
- Operative Daten für strategische Planung nicht geeignet
- Datenbasis für die strategische Planung
- Langfristplanung durch die Strategische Planung ersetzt
- Grundfragen der Strategischen Planung

Haupttext:

Voraussetzungen für anhaltende und weit in die Zukunft reichende Erfolgsmöglichkeiten und Wettbewerbsvorteile zu sorgen. Diese Erfolgsmöglichkeiten nennt man Erfolgspotentiale. Durch die Entwicklung künftiger Erfolgspotentiale, nachhaltiger Wettbewerbsvorteile und der dazu notwendigen organisatorischen Voraussetzungen muß die langfristige Existenz des Unternehmens gesichert werden.

Operative Daten, die zur Steuerung des laufenden Geschäftes unersetzbar sind, sind oft nicht zur richtigen Darstellung der wirklichen strategischen Situation im Unternehmen geeignet. Sie können zu strategisch falschem Verhalten verleiten. Beispielsweise signalisieren die Erfolgszahlen älterer, seit langem eingeführter Produkte, daß man mehr Geld in Form von Investitionen in sie stecken sollte. Sie zeigen nicht gleichzeitig an, daß diese Produkte in kurzer Zeit möglicherweise überholt und nicht mehr marktfähig sind. Daher sollte die strategische Planung eigenständig sein und auf eigenen Orientierungsgrundlagen basieren. Ihre Daten sind meist wesentlich abstrakter und komplexer, als die zur Steuerung des Erfolges notwendigen Informationen.

5.8.2 Strategische Unternehmensplanung

Der Begriff „Strategische Planung" taucht um 1955 in der Diskussion um Planungsprobleme auf, als die sogenannte „langfristige Unternehmensplanung", eine Extrapolation von Vergangenheitszahlen – auch als „Vorwärtsbuchhaltung" bezeichnet – nicht mehr für ausreichend angesehen wurde. Ein besonderes Merkmal der strategischen Unternehmensplanung ist die umfassende Analyse der Umwelt des Unternehmens [5.48]. Sie stellt dabei folgende Fragen in den Vordergrund:

– Welches sind die Antriebskräfte für den Wettbewerb in unserer Branche?
– Wie wird sich unsere Branche entwickeln?
– Welche Maßnahmen wird die Konkurrenz vermutlich ergreifen und wie reagieren wir am besten darauf?

5.8 Unternehmensplanung

– Wie kann das Unternehmen in eine langfristig wettbewerbsfähige Position gebracht werden?

Diese Fragen werden im Rahmen eines strategischen „Unternehmensplanes" zu beantworten versucht. Er definiert die wirtschaftliche Aufgabe mit möglichen Betätigungsfeldern, Fähigkeitsprofilen, den Stärken und Schwächen sowie das Leistungsvermögen des Unternehmens. Der strategische Unternehmensplan gliedert sich in vier Bestandteile:

1. Formulierung der wirtschaftlichen Aufgabe
2. Bestimmung der Wettbewerbsstrategien
3. Planung der erforderlichen Maßnahmen
4. Überprüfung und Bewertung der Strategien und daraus abgeleiteten Maßnahmen

• Bestandteile des strategischen Unternehmensplans

Jedes im ständigen Wettbewerb stehende Unternehmen verfolgt eine Wettbewerbsstrategie. Es sucht einen Weg, um seine Ziele zu erreichen. Diese Strategie kann ausdrücklich durch einen gewollten Planungsprozeß entwickelt und schriftlich festgehalten sein. Sie kann aber auch aus den Aktivitäten der verschiedenen Stellen der Organisation mehr oder weniger „von selbst entstehen", ohne jemals schriftlich formuliert zu sein.

• Jedes Unternehmen verfolgt eine Wettbewerbsstrategie

In kleineren Unternehmen besteht die Wettbewerbsstrategie manchmal als mehr oder weniger klare Vorstellung nur im Kopf des Unternehmers. Bei großen Unternehmen mit übersichtlichem Produktprogramm und funktionaler Organisationsstruktur sind Ad-hoc-Entscheidungen über die Wettbewerbsstrategie noch denkbar. In großen, diversifizierten Konzernen mit vielen Produktgruppen und Unternehmensbereichen, die aufgrund eines breiten Tätigkeitsspektrums selbständig organisiert sein müssen, kann die Wettbewerbsstrategie nur in einem formalisierten Prozeß festgelegt werden.

• Großunternehmen benötigen einen formalisierten Prozeß zur Festlegung der Wettbewerbsstrategie

Sich selbst überlassen wird in einem Unternehmen jede Stelle, jede Abteilung, jeder Unternehmensbereich zwangsläufig eine eigene Strategie verfolgen, die durch die geschäftliche Orientierung und den Antrieb der jeweiligen Verantwortlichen diktiert wird. Die Summe dieser

• Koordinierung von Teilplänen erforderlich

abteilungsspezifischen Ansätze kann jedoch nicht die optimale Strategie für das Gesamtunternehmen sein.

Nicht alle Strategien entspringen einem geplanten Strategiefindungsprozeß, insbesondere bei kleineren und mittleren Unternehmen findet eine klare Ausrichtung auf strategische Wettbewerbsvorteile und eine konsequente Differenzierung zum Wettbewerb statt, ohne daß eine streng formalisierte strategische Planung besteht. Der permanente Prozeß des Weiterentwickelns strategischer Perspektiven, des Nachdenkens über künftige Optionen und des intuitiven Erfassens strategischer Chancen wie der sogenannten schwachen Signale kann offensichtlich überall im Unternehmen ablaufen, auch ohne einen entsprechenden formalen Auftrag und sogar entgegen anderslautenden Anweisungen. Dabei spielt Intuition eine wichtige und oftmals unterschätzte Rolle. Gerade das Generieren neuer strategischer Ansätze erfordert ein hohes Maß an Intuition und Kreativität. Allerdings wird in Großunternehmen einer analytisch-rationalen Entscheidungsfindung oftmals der Vorzug gegeben, während die Intuition mit gewissen Vorbehalten kämpfen muß [5.49].

- Auch Intuition und Kreativität sind bei der strategischen Planung wichtig

Eine Unternehmensstrategie bringt zum Ausdruck, wie ein Unternehmen seine vorhandenen und seine potentiellen Stärken einsetzt, um den Veränderungen der Umwelt zielgerichtet zu begegnen und wirksam zu beherrschen [5.50]. Der Zweck erfolgreicher Unternehmensstrategie besteht darin, einzigartige und verteidigungsfähige Wettbewerbsvorteile, d.h. Erfolgspotentiale aufzubauen und sie später zu nutzen [5.51]. Erfolgspotentiale sind alle produkt- und marktspezifischen, erfolgsrelevanten Voraussetzungen, die spätestens dann bestehen müssen, wenn es um die Realisierung des Erfolgs geht [5.52]. Sie haben die Eigenschaft, daß für ihre Schaffung lange Zeit gebraucht wird, die nicht beliebig verkürzt werden kann. Man kann Erfolgspotentiale nicht mehr schaffen, wenn ihr Fehlen im Rahmen des operativen Geschäfts an den ungenügenden Erfolgsdaten bemerkbar wird.

- Was ist eine Unternehmensstrategie?

- Zweck der Unternehmensstrategie

Zu Erfolgspotentialen können Produkt- und Verfahrensentwicklungen, das Eindringen in neue Märkte, die Entwicklung von Marktpositionen, der Aufbau neuer Fertigungskapazitäten und die Schaffung besonders geeigneter

- Was sind Erfolgspotentiale?

5.8 Unternehmensplanung

oder kostengünstig arbeitender Organisationen beitragen. Wettbewerbsvorteile sind nur dann wirkliche Vorteile, wenn man sie verteidigen kann, wenn sie von Wettbewerbern nur schwer oder gar nicht imitiert werden können. Wettbewerbsvorteile als Grundlage des Unternehmenserfolges bestehen darin, in für den Kunden wichtigen Leistungsmerkmalen besser zu sein als die Konkurrenz. Dabei interessiert es den Kunden nicht, wie die Leistungen erstellt werden. Ihn interessieren Dinge wie Qualität, Lieferniveau, Produktnutzen, Produktpalette und Service.

• Wettbewerbsvorteile müssen verteidigungsfähig sein

Viele Wettbewerbsvorteile bei Produkten und Dienstleistungen entstehen durch Andersartigkeit, Einmaligkeit, letztlich durch Kreativität. Den langfristigen Erfolg eines Geschäfts bestimmt jedoch der relative Vorteil oder Nachteil gegenüber dem Wettbewerb. In den durch den freien Wettbewerb hart umkämpften Märkten kann ein Unternehmen nur überleben, wenn es im Vergleich zu den direkten Wettbewerbern für seine Kunden Vorteile bieten kann. Sonst verliert es Marktanteile und schrumpft, bis es letztlich nicht mehr überlebt.

• Relativer Vorteil gegenüber dem Wettbewerb

Wie werden Vorteile im Sinne der Einmaligkeit oder Differenzierung vom Wettbewerb erreicht? Oft üben Unternehmen eine besondere Disziplin aus, um sich auf die wesentlichen Elemente ihres Geschäftes zu konzentrieren und sich so Vorteile durch besondere Erfahrung zu verschaffen. Man spricht hier von Spezialisierung. Manche Spezialisten können Kosten für ihren Teilmarkt abbauen und senken die Preise. Andere verwenden besondere Anstrengungen darauf, sich als „Spezialisten" durch Schaffen neuer oder besonderer Leistungsmerkmale ihrer Produkte von den großen Wettbewerbern abzuheben, die sich nicht darauf konzentrieren können. Sie nutzen diese Differenzierung, indem sie für den besonderen Nutzen von ihren Kunden höhere Preise verlangen können. Sie schaffen also Wettbewerbspotentiale durch Innovation und die Erarbeitung von Technologie- oder Patentvorsprüngen.

• Wie erreicht man Wettbewerbsvorteile?

• Technologievorsprünge, neue Leistungen, Spezialisierung

Auch zusätzliche Dienstleistungen wie z.B. das Angebot, Kundenaufträge langfristig zu finanzieren, können Vorteile gegenüber dem Wettbewerb bedeuten. Der strategische Vorteil eines Unternehmens kann auch darin liegen, daß es den Wandel seiner Umwelt früher erkennen

• Wettbewerbsvorteile Flexibilität, Schnelligkeit, Zeit

- „Normstrategien"

- Umfassende Kostenführerschaft

- Differenzierung

- Konzentration auf Schwerpunkte

- Divestitions- und selektive Strategien

- Verdrängungsstrategien

kann und schneller mit der Anpassung der Strategien und der Organisation ist.

Unternehmensstrategien lassen sich typisieren. Um Wettbewerber in der Branche zu übertreffen, werden als Ansätze für Strategien von Porter folgende Strategietypen genannt [5.53]:

Die umfassende Kostenführerschaft erfordert den aggressiven Aufbau von Produktionsanlagen effizienter Größe, ein energisches Ausnutzen erfahrungsbedingter Kostensenkungen, die strenge Kontrolle von variablen Kosten und Gemeinkosten für Forschung und Entwicklung, Service, Vertreterstab, Werbung usw.

Die Normstrategie der Differenzierung verlangt nach etwas, das in der ganzen Branche als einzigartig angesehen wird. Derartige Ansätze zur Differenzierung können viele Formen annehmen: Besonderes Design, Markenimage, Technologie, außerordentliche technische Merkmale, überragender Kundendienst, dichtes Händlernetz oder andere Möglichkeiten, um sich vom Wettbewerb abzuheben

Bei der Konzentration auf Schwerpunkte richtet das Unternehmen seine ganze Aufmerksamkeit auf eine bestimmte Abnehmergruppe, einen bestimmten Teil des Produktprogrammes oder einen abgegrenzten Markt. Während die Kostenvorsprungs- und Differenzierungsstrategien auf branchenweite Umsetzung ihrer Ziele abstellen, geht es bei der Konzentrationsstrategie nur darum, ein bestimmtes Ziel bevorzugt zu bedienen und jedes Instrument wird im Hinblick darauf entwickelt.

Nach einer anderen Einteilung möglicher Normstrategien [5.60] kann man auch nach Investitions- und Wachstumsstrategien, Abschöpfungs- oder Divestitionsstrategien und selektive Strategien unterscheiden. Zu der ersten Gruppe der Investitions- und Wachstumsstrategien können Kampf-Strategien gehören, bei denen versucht wird, Wettbewerbsprodukte und Wettbewerbs-Unternehmen aus dem Markt zu verdrängen. Ferner wählt man häufig Übernahmestrategien, bei denen versucht wird, durch Kauf von Wettbewerbern mit deren Marktanteilen zu wachsen.

Zur Gruppe der Abschöpfungs- oder Divestitionsstrategien und zu den selektiven Strategien kann man

Anpassungsstrategien zählen: Man orientiert sich am Marktführer oder an einem anderen Unternehmen oder man versucht zu Vereinbarungen zu kommen, um die gegenseitigen Interessen zu schützen und abzugrenzen. Manchmal ist dies der Vorläufer einer Übernahmestrategie. Man kann auch bewußt Marktanteile aufgeben, jedoch versuchen, aus der bestehenden Marktstellung noch möglichst großen Nutzen zu ziehen.

• Abschöpfungs- oder Divestitionsstrategien

Technologieorientierte Unternehmen verfolgen häufig folgende Grundstrategie [5.54]: „Als erster auf dem Markt sein". Diese risikoreiche, oft lohnende Strategie erfordert forschungsintensive Arbeit unter Einsatz großer Entwicklungsressourcen, eine technologisch führende Rolle und die Beherrschung des Standes der Technik. Meist muß ein hoher Aufwand in den Markt und die technische Entwicklung gesteckt werden, ohne daß sich das sofort auszahlt.

• Strategie Technologieorientierter Unternehmen

„Dem Marktführer folgen": Diese Strategie verlangt ebenfalls gewisse, genügend flexible Entwicklungsressourcen, um schnell die entsprechenden Arbeiten nachvollziehen und dem Marktführer folgen zu können. Die Ressourcen müssen jedoch nicht so groß wie beim Marktführer sein, da nur nachvollzogen werden muß.

• Strategie des „Zweiten" auf dem Markt

Darüber hinaus gibt es auch die „Ich auch (me too)-Strategie": mit geringem Forschungsaufwand die gleichen Produkte wie der Wettbewerber anbieten, dies jedoch mit besonders hoher Effizienz in der Produktion und unter strengster Kostenkontrolle tun.

• Strategie des Imitators

Die Strategie des kleineren Spezialisten ist es, Marktlücken zu suchen: Dies bedeutet die Konzentration (Fokussierung) auf kleine, deutlich abgrenzbare Marktteile, die für den Marktführer nicht so interessant- weil zu klein – sind und wo man mit beschränkten Ressourcen relativ viel erreichen kann. Man spricht auch von Marktsegenten. Unternehmen, die keinen hohen Marktanteil erringen können, müssen versuchen, kleinere Teilmärkte – auch Marktnischen genannt – zu suchen. Dort können sie bezogen auf dieses Segment mit ihren auf die Anforderungen des Segmentes entsprechend zugeschnittenen Produkten und deren besonderen Stärken einen bezogen auf das Segment relativ hohen Marktanteil erringen. Vielfach

• Segmentierung, die Strategie des mittelgroßen Unternehmens

- Hoher relativer Marktanteil in Marktnischen

- Der Mittelstand als erfolgreicher Anwender dieser Strategie

ist diese Strategie für kleinere Firmen die einzige Chance, langfristig größeren Unternehmen zu widerstehen, die aufgrund der „Economies of Scale", d.h. ihrer Größenvorteile, wettbewerbsfähiger sein müßten. In Marktlücken, die man auch als kleinere Teilmärkte mit eigenen, spezifischen Anforderungen betrachten kann, sind diese Spezialisten viel besser in der Lage zu wissen, welche Probleme den Kunden drücken und wie man sie schnell löst.

Durch die Fähigkeit, sich auf solche Teilmärkte zu konzentrieren und sich durch hohe Spezialisierung Wettbewerbsvorteile zu schaffen sind in der westlichen, freien Wirtschaft zahlreiche, sehr erfolgreiche, mittelgroße Firmen entstanden. Diese sogenannte mittelständische Industrie wird als Eckpfeiler der freien Marktwirtschaft angesehen. Beispiele aus dem Maschinenbau sind Fischverar-

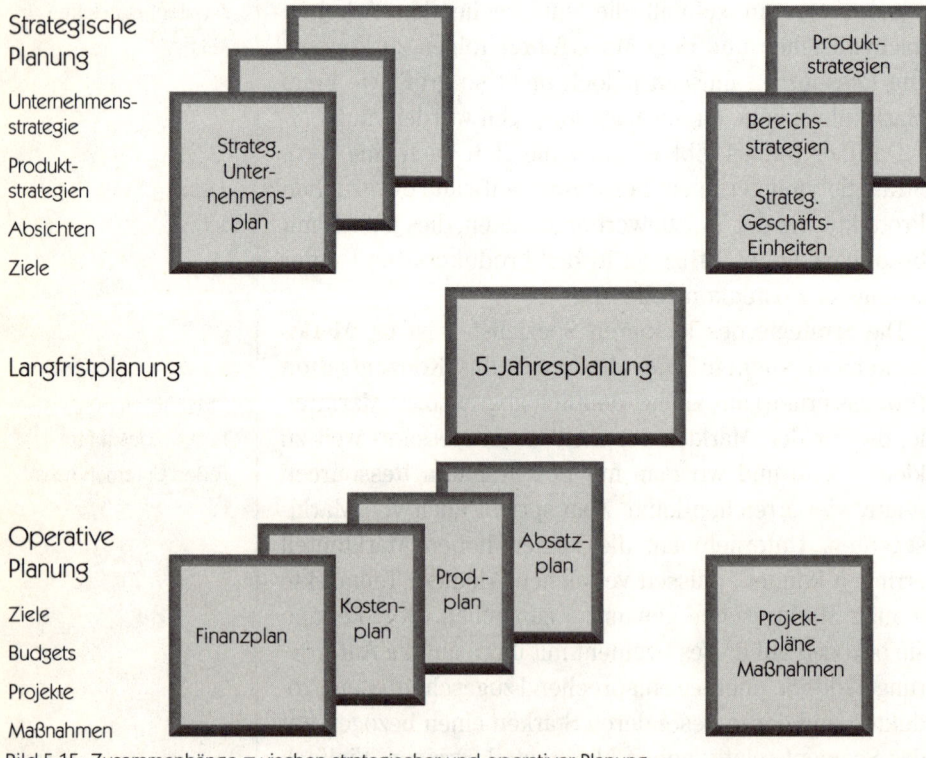

Bild 5.15: Zusammenhänge zwischen strategischer und operativer Planung

beitungsmaschinen, Bandsägen oder Laserschneider. Viele Firmen sind in ihren kleinen Teilmärkten die Nummer eins weltweit. Alle gehen so eng wie möglich auf die Belange des Kunden ein. Zu ihren wichtigsten Erfolgsfaktoren zählen sie selbst Produktqualität, Kundennähe und Service. Auch bei den Faktoren Qualität der Mitarbeiter, technologischer Führerschaft und Wirtschaftlichkeit halten sie sich für immer noch überdurchschnittlich. Die Faktoren Preis, Kosten und Herkunft „Made in Germany" werden hingegen nicht besonders hervorgehoben [5.55].

Qualität als Strategie der Differenzierung ist ein wichtiger Wettbewerbsfaktor, weil der Verbraucher ein wachsendes Recht auf die erstklassige Befriedigung seiner Bedürfnisse empfindet und der Überzeugung ist, die Marktmacht zu besitzen, es auch verlangen zu können [5.56]. Weiterer Grund ist der intensiver gewordene Wettbewerb. Da die Märkte für den Massenbedarf, die nach dem Krieg große Chancen boten, heute gesättigt sind, verlagert der Wettbewerb sich vielmehr in segmentierte Märkte, wo der einzelne Hersteller sich durch besondere Eigenschaften seiner Produkte von den Wettbewerbern abzuheben trachtet. Dies tut er teilweise, indem er versucht sich durch bessere Qualität abzuheben.

- Qualität als Strategie der Differenzierung

- Qualität als Strategie immer wichtiger

5.8.3 Instrumente der strategischen Planung

Stärken-Schwächen-Analyse
Unter der Stärken-Schwächen-Analyse wird die Analyse der Ressourcen eines Unternehmens, insbesondere der finanziellen, personellen Mittel, der vorhandenen Kenntnisse und besonderen Erfahrungen im Vergleich zu den wichtigsten Konkurrenten verstanden. Die Stärken und Schwächen werden für die gegenwärtige und insbesondere zukünftige Situation ermittelt. Die Analyse soll dazu dienen, die bestehenden Stärken in den einzelnen Unternehmensfunktionen zu erhalten und auszubauen und bestehende Schwächen zu korrigieren. Dies erfolgt durch Festlegung und Verfolgung entsprechender Unternehmens- und Bereichsstrategien.

- Analyse der Ressourcen im Vergleich zu den wichtigsten Konkurrenten

- Analyse der Ressourcen hinsichtlich ihrer Verfügbarkeit für strategische Entscheidungen

Potentialanalyse
Unter Potentialanalyse versteht man die Analyse der Ressourcen eines Unternehmens unter dem Gesichtspunkt ihrer Verfügbarkeit für strategische Entscheidungen. Neben den vorhandenen Potentialen müssen auch alle zusätzlich verfügbaren oder im Unternehmen noch nicht eingesetzten Potentiale mit in die Analyse einbezogen werden. Untersucht werden können im Produktbereich die Produktgestaltung, die Produktqualität, im Vertriebsbereich die Schlagkraft der Vertriebsorganisation, der Kundendienst, im Forschungs- und Entwicklungsbereich die Intensität und Wirksamkeit aller Aktivitäten, das Know-how, Kooperationsmöglichkeiten usw. [5.40]. Ein Schwerpunkt kann die Analyse des finanziellen Potentials im Hinblick auf den Einsatz von Mitteln für Investitionen zur Verbesserung der strategischen Position des Unternehmens sein.

- 20 bis 30 % Kostensenkung mit Verdoppelung der Erfahrung

Erfahrungskurve
Henderson [5.57] stellte in den 70er Jahren in einer Untersuchung fest, daß mit jeder Verdoppelung der insgesamt bisher erzeugten, kumulierten Menge eines Produktes die Stückkosten um etwa 20 % bis 30 % sinken. Diese, später Bostoneffekt genannte Erkenntnis, wurde als Erfahrungkurve bekannt (Bild 5.16) Sie wurde empirisch ebenso für Flugzeuge, Dampfturbinen, Gas-Herde, wie für Transistoren, integrierte Schaltkreise, Polystyrol, Polypropylen, und schließlich Bier und Gesichtstücher festgestellt. Der „Einfluß der Erfahrung" bezieht sich nicht nur auf die Herstellkosten, sondern erfaßt die Gesamtheit aller Selbstkosten, also auch die Entwicklungs-, Absatz-, Kapital- und Verwaltungskosten. Die Kosten sinken mit kumulierter Erfahrung [5.59], weil

– Mitarbeiter und Management lernen, ihre Aufgaben effizienter zu lösen,
– mit größerer Menge bessere Fertigungsmethoden Anwendung finden,
– die Produkte speziell für eine rationellere Fertigung entworfen werden,

5.8 Unternehmensplanung

- die Kosten für Entwicklung und Investitionen in Produktionsanlagen auf eine höhere Stückzahl verteilt werden,
- neue Materialien und Produktionstechnologien entwickelt werden.

Die grundsätzliche und sehr weitreichende Erkenntnis dieser Konsequenz ist: Es muß das Ziel eines jeden Unternehmens sein, einen möglichst hohen Marktanteil zu erreichen, da dieses auf Erfahrung basierende Kostensenkungspotential allen Wettbewerbern offen steht. Das Unternehmen mit dem höheren Marktanteil ist seinem Konkurrenten bezüglich der gesamten produzierten Stückzahl voraus und baut diesen Vorsprung bei Beibehaltung dieses Marktanteils sogar noch aus. Der Vorsprung in der Stückzahl führt zu einem entsprechenden Vorsprung bei den Kosten und damit bei gleichem Angebotspreis zu einer höheren Gewinnspanne. Daraus leitet sich die Strategie der Marktführerschaft ab. Nur der Marktführer, also der Hersteller mit dem größten Marktanteil und damit der größten Mengenerfahrung kann die günstigsten Kosten haben.

Dieser Effekt wurde durch zahlreiche Bespiele und durch das seit den 70er Jahren laufende umfangreichen PIMS Programm (Profit Impact on Market Strategies) immer wieder bestätigt. Hinter dem PIMS-Programm stehen eine Anzahl von über 200 Unternehmen, die dem Strategic Planning Institute in Cambridge (Mass.) strategisch

- Konsequenz ist das Streben nach hohen Marktanteilen

- Strategie der Marktführerschaft

- Empirischer Nachweis anhand vieler Märkte

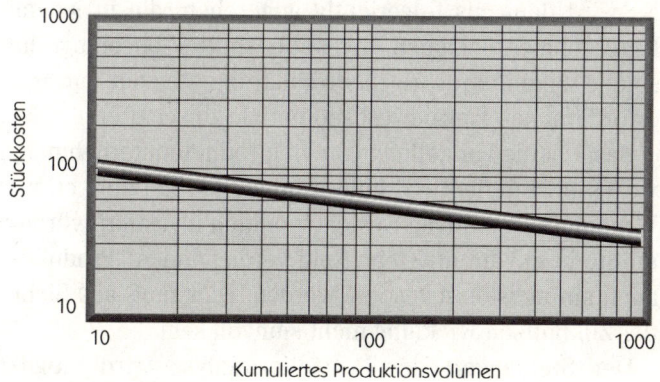

Bild 5.16: Beispiel einer Erfahrungskurve

bedeutsame Daten über ihre Geschäftstätigkeit für Forschungszwecke zur Verfügung stellen.

Unternehmen, die keinen hohen Marktanteil erringen können, müssen daher immer versuchen, kleinere Teilmärkte – Marktsegmente oder Marktnischen genannt – zu finden, in denen sie – bezogen auf dieses Segment einen hohen Marktanteil erringen können. Dazu müssen ihre Produkte entsprechend auf die Anforderungen dieses Segmentes zugeschnitten sein. Solche Segmente können beispielsweise durch besondere Anforderungen definiert sein. Im Kraftfahrzeugmarkt können an Stelle des Massenmarktes Personenkraftwagen die Teilmärkte Sportwagen, Cabriolet, Station Car und Van (also Familienbus) definiert werden.

- Grund für Notwendigkeit der Segmentierung

Eine andere Konsequenz für Unternehmen mit kleinem Marktanteil ergibt sich aus der Erfahrungskurve, daß es kostengünstiger ist, die vertikale Integration in der Fertigung zu verringern und Vorprodukte oder Komponenten der eigenen Produkte zuzukaufen oder diese Produktionsstufen fremd zu vergeben. Der Zulieferer kann, wenn er die gleichen Komponenten auch für andere fertigt, eine größere kumulierte Erfahrung besitzen und damit wesentlich kostengünstiger fertigen.

- Erklärung für Aufgabe der vertikalen Integration

Portfolioanalyse
Die Portfolioanalyse ist eines der zentralen Instrumente der strategischen Planung. Sie soll vor allem „Nachwuchs-" von „reiferen", d.h. älteren Produkten mit weniger langfristigen Zukunftschancen, unterscheiden helfen. Es wird dann als folgerichtig angesehen, die in jedem Unternehmen knappen Investitionsmittel bevorzugt in solche zukunftsträchtigen Produkte zu stecken, um die erforderlichen Wettbewerbspotentiale zu schaffen.

- Methoden der Portfolioanalyse

Basis ist die Vorstellung von Vielprodukteunternehmen, wo es erforderlich ist, eine solche Auswahl zu treffen. Wenn nach operativen Gesichtspunkten investiert würde, müßte in die am meisten „Geld verdienenden" Produkte auch am meisten investiert werden. Dies muß aus Sicht der Zukunftsentwicklung nicht sinnvoll sein.

- Klassifizierung Produktgruppen in Vielprodukteunternehmen

Der Stellenwert der Portfolio-Analyse wird möglicherweise überschätzt. Die Portfolio – Matrix soll als

5.8 Unternehmensplanung

Instrument die Zusammenhänge zwischen den Kunden bzw. dem Markt und den Produkten ermitteln und visualisieren. Ziel der Portfolio-Matrix ist es weiter, ausgehend von einem Ist-Portfolio für die einzelnen Geschäftsfelder, Strategien zu entwickeln, die dazu führen, daß sich das Unternehmen auf ein Soll-Portfolio zubewegt, das ein langfristiges Überleben der Organisation sicherstellt.

• Strategien für Geschäftsfelder

Grundlage der Portfolio Methode ist zunächst, die Aktivitäten eines Unternehmens in „Geschäftsfelder", auch strategische Geschäftseinheiten (SGE) genannt, aufzuteilen. Eine strategische Geschäftseinheit läßt sich als eine identifizierbare, eigenständige Marktaufgabe definieren, die klar erkennbare externe Wettbewerber und/oder ein eindeutiges Know-how bzw. Anwendungsfeld hat.

• Strategische Geschäftseinheit

Das Gesamtunternehmen wird als ein Portfolio von Geschäftseinheiten dargestellt, deren jede ihren eigenen Beitrag zum Erfolg leistet, was Wachstum und Rentabilität betrifft. Somit kann die strategische Ausrichtung jeder Geschäftseinheit einzeln behandelt werden. Die Geschäftsfelder sollten von Führungskräften autonom geführt werden. Die Festlegung der Geschäftsfelder ist eine der wichtigsten Entscheidungen im Prozeß der strategischen Planung. Das strategische Ziel lautet dabei, in einem wachsenden Markt mit einem möglichst hohen relativen Marktanteil vertreten zu sein [5.59]. Ziel ist ferner, nur solche Aktivitäten im Gesamtunternehmen zu belassen, die positiv dazu beitragen.

• Ziel ist Entwicklung von Einzelstrategien für die SGE

Die von der Boston-Consulting-Group, einer Unternehmensberatung, entwickelte Vier-Felder-Matrix stellt die Marktwachstumsrate über dem relativen Marktanteil dar (Bild 5. 17).

• Die Vier-Felder Produkt-Matrix

Die Marktwachstumsrate dient als Hilfsmittel, um die äußere Marktattraktivität für jede Geschäftseinheit des Unternehmens zu bestimmen. Die interne Stärke einer Geschäftseinheit wird durch den relativen Marktanteil im Vergleich zu führenden Konkurrenten ausgedrückt. Die Idee ist, daß das Risiko mit zunehmendem Marktanteil abnimmt. Unternehmen mit einem höheren relativen Marktanteil haben im Vergleich zum Wettbewerb einen Erfahrungsvorteil, der sich in Kostenvorteile umsetzen läßt. Im Portfolio werden die Geschäftsfelder nach ihrer

• Bedeutung des Marktanteils

• „Stars"

jeweiligen Produkt/Marktkombination eingezeichnet. Die Größe des jeweiligen Geschäftsfeldes wird man durch verschieden große Kreise gerecht, wobei die Größe sich nach Umsatz bemessen kann. Es werden vier Grundtypen von Geschäftsfeldern symbolisiert und dafür Normstrategien empfohlen.

Stars sind Geschäftsfelder, die bereits Gewinne erwirtschaften und aufgrund des hohen Wachstums auch spätere Gewinne versprechen. Stars: Diese Geschäftseinheiten liegen in der linken oberen Ecke der Matrix. Es handelt sich um sehr attraktive Aktivitäten mit hohem Marktwachstum, in denen das Unternehmen eine starke Wettbewerbsposition durch einen hohen relativen Marktanteil erreicht hat. Hier kommt es darauf an, den hohen Marktanteil bei dem Wachstum zu halten und entsprechend zu investieren. Meist ist der erwirtschaftete Ertrag zu gering, um die erforderlichen Investitionen damit finanzieren zu können.

Die als Cash-Kühe bezeichneten Geschäftseinheiten erwirtschaften mehr Mittel, als sie sinnvoll verbrauchen und reinvestieren können. Aus der Portfoliodarstellung

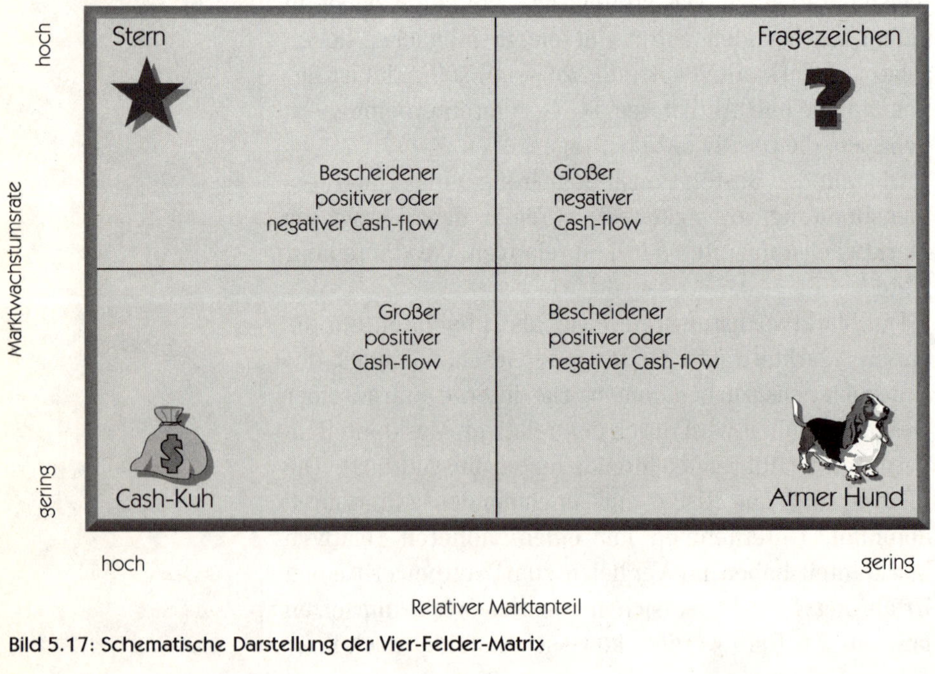

Bild 5.17: Schematische Darstellung der Vier-Felder-Matrix

5.8 Unternehmensplanung

erkennt man, daß sie mit ihrer hohen Wettbewerbsstärke bei gleichzeitig geringem Marktwachstum, also in schrumpfenden Märkten, keine Investitionen mehr erfordern. Es bleibt also ein Überschuss an Cash, an liquiden Mitteln, die den anderen Geschäftseinheiten zur Verfügung gestellt werden können. Wichtig ist es zu erkennen und durch entsprechende Strategien auch zu verhindern, daß noch unnötig in diese schrumpfenden Märkte investiert wird. Dies bedingt, daß die Verteilung der finanziellen Ressourcen zentralisiert wird und die Entscheidungen darüber aus dem Einflußbereich der Geschäftseinheiten herausgenommen werden.

- „Cash-Kühe"

Die als Fragezeichen klassifzierten Geschäftseinheiten brauchen mehr Mittel, als sie erwirtschaften können. Sie haben bisher ungenutzte Chancen, die wegen der hohen Marktattraktivität bzw. des hohen Marktwachstums sehr attraktiv erscheinen. Das Unternehmen hat jedoch noch keine bedeutende Marktposition mit diesen Geschäftseinheiten erreicht. Daraus leitet sich ab, daß bestimmt werden muß, welche dieser Geschäftseinheiten sich wirklich zu einer marktführenden Stellung ausbauen läßt, um damit überleben zu können. Dazu sind entsprechende Kapitalmengen, also Ressourcenzuweisungen nötig. Diese Prüfung muß gegebenenfalls zu dem Eingeständnis führen, daß die innere Stärke des Unternehmens nicht ausreicht, um eine ausreichend starke oder gar führende Stellung zu erhalten.

- „Fragezeichen"

Die „armen Hunde" haben sowohl ein zu schwaches Marktwachstum als auch eine zu schwache Marktposition. Sie sind daher aufzugeben oder es ist durch eine weitere Segmentierung die Suche nach einer neuen Nische aufzunehmen.

- „Arme Hunde"

Aus der Marktwachstum-Marktanteil-Matrix (BCG) sollen folgende Erkenntnisse gewonnen werden:

1. Darstellung der Stärken des Geschäftsportfolios eines Unternehmens.
2. Beurteilung der Fähigkeiten zur Cash-Flow-Erzeugung jeder einzelnen Geschäftseinheit.
3. Finden von speziellen Strategien aufgrund der Stellung in der Matrix.

- Erkenntnisse aus der Marktwachstum-Marktanteil-Matrix

- Kritik der BCG-Matrix

- Die Neun-Felder-Matrix gibt detailliertere Strategiehinweise

Kritisiert wurde an der BCG-Matrix, daß die Geschäftsfelder in der Nähe der Mitte der Matrix nicht genau erfaßt und für sie nur schwer eine Strategie abgeleitet werden kann (Bild 5. 18). Dies versucht die Neun-Felder-Matrix, wo beispielsweise Wettbewerbsposition über Branchenattraktivität dargestellt ist, zu vermeiden.

Die Neun-Felder-Matrix wurde auf Wunsch von General Electric durch die Unternehmensberatung McKinsey entwickelt, um weitere wichtige Faktoren in die Branchenattraktivität/Wettbewerbsstärke-Matrix zu integrieren. Bild 5.19 zeigt die Grundelemente dieser Matrix, in der die Wettbewerbsstärke über der Branchenattraktivität aufgetragen ist. Die Bestimmung und Bewertung der externen

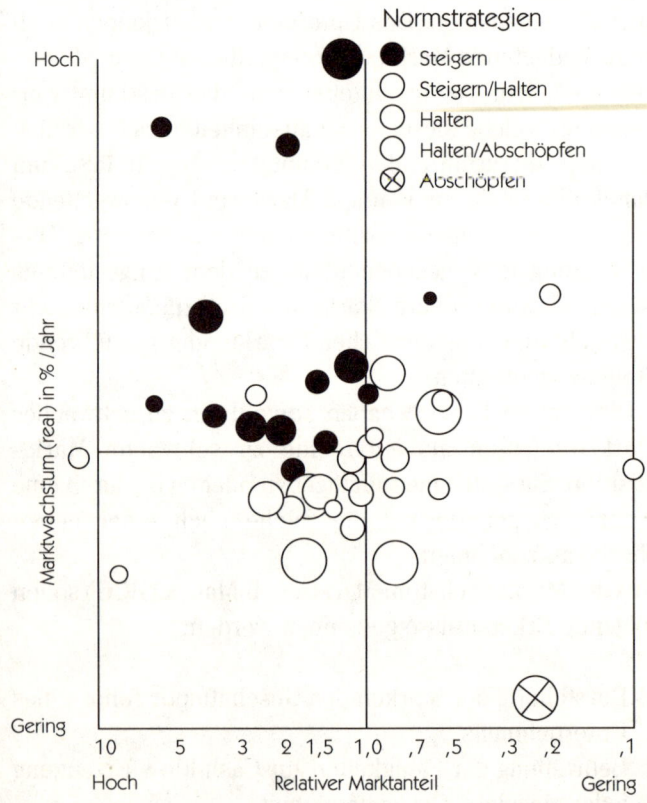

Bild 5.18: Marktwachstum-Marktanteil-Matrix eines Konzernes nach Hax (1988)

Faktoren, die das Unternehmen nicht kontrollieren kann, führt zur Bewertung der Gesamtattraktivität der Branche, zu der die Geschäftseinheit gehört. Die wichtigen internen Faktoren, auch kritische Erfolgsfaktoren genannt, bestimmen die Stärke des Geschäftsfeldes gegenüber seinen Wettbewerbern.

Die Neun-Felder-Matrix gibt genauere Auskunft über die zu empfehlenden Stoßrichtungen für die einzelnen Geschäftsfelder. Allerdings ist auch die Komplexität der Darstellung erheblich höher, die die Handhabbarkeit stark erschwert [5.60].

- Kritik der Neun-Felder-Matrix

Die Portfolioidee wurde in analoger Weise auch für die Technologieplanung eingesetzt [5.61]. Die verschiedenen Technologien eines Unternehmens bzw. einer Branche wurden in einer Matrix mit den Dimensionen „Attraktivität der Technologie" und „relative eigene Stärke" eingetragen, um daraus bestimmte Basisstrategien für die Forschung und Technologieentwicklung abzuleiten.

- Portfolios zur Technologieplanung

Wertkette
Das von M. Porter [5.62] entwickelte Konzept der Wertkette ist ein weiteres Instrument der strategischen Analyse. Die zugrundeliegende Idee ist einfach: Unternehmen sind langfristig nur dann erfolgreich, wenn sie aus der Sicht des Kunden erkennbare, nachhaltige Wettbewerbsvorteile besitzen. Wettbewerbsvorteile entstehen im wesentlichen aus dem Wert, den ein Unternehmen für seine Abnehmer schaffen kann, soweit dieser die Kosten der Wertschöpfung durch das Unternehmen übersteigt. Wert ist das, was der Abnehmer zu zahlen bereit ist. Ein höherer Wert für den Abnehmer resultiert aus dem Angebot zu Preisen, die für gleichwertige Leistungen unter denen der Wettbewerber liegen. Ein höherer Wert ergibt sich auch, wenn die Leistungen den höheren Preis mehr als wettmachen. Die Wertkette setzt sich aus den vom Unternehmen ausgeführten Aktivitäten und der Gewinnspanne oder Marge zusammen. Sie sind die Bausteine, aus denen für den Abnehmer ein wertvolles Produkt geschaffen wird.

- Wettbewerbsvorteile durch Wertschöpfung in der Wertkette

- Die Wertkette setzt sich aus den Aktivitäten und der Marge zusammen

Derartige Wettbewerbsvorteile lassen sich mit dem Instrument der schrittweisen Wertschöpfungsanalyse identifizieren. Die unternehmerischen Aktivitäten eines

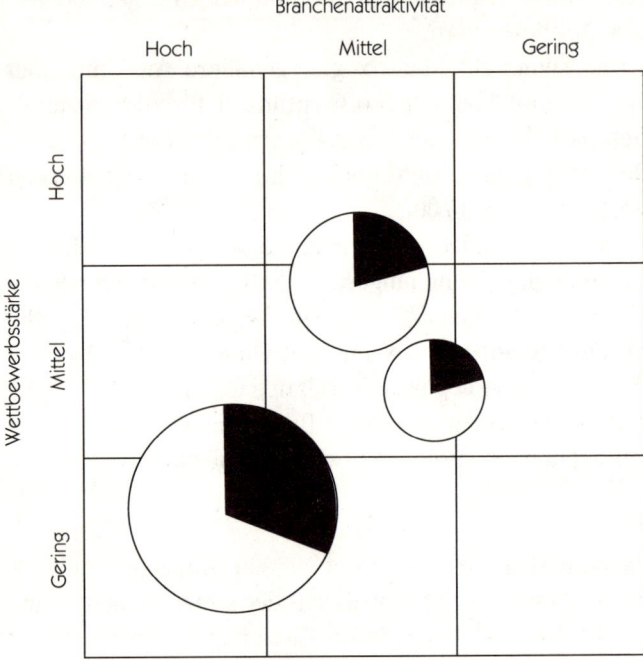

Bild 5.19: Die Branchenattraktivität-Wettbewerbsstärkenmatrix mit den Kreisflächen proportional der jeweiligen Branchengröße und dem Marktanteil entsprechend dem Kreisausschnitt (nach Hax, 1988)

- Instrument der schrittweisen Wertschöpfungsanalyse

Unternehmens oder Geschäftsbereiches werden in eine „Wertschöpfungskette" (Value Chain) zerlegt. Die einzelnen Schritte der Wertkette können Quellen für Kosten- und Differenzierungsvorteile gegenüber dem Wettbewerb sein. Mit einer im Vergleich zur vorhandenen Konkurrenz innovativen Wertkette lassen sich ebenfalls nachhaltige Wettbewerbsvorteile erzielen.

- Schritte bei der Grundstrategie Kostenvorsprung

1. Die richtige Wertkette ermitteln und ihr Kosten und Anlagen zurechnen.
2. Die Kostenantriebskräfte jeder Wertaktivität und deren Wechselwirkungen diagnostizieren.
3. Die Wertketten der Konkurrenten ermitteln und deren relative Kosten sowie die Quellen von Kostenunterschieden feststellen.

5.8 Unternehmensplanung

4. Eine Strategie zur Verbesserung der relativen Kostenposition durch Kontrolle der Kostenantriebskräfte oder Neustrukturierung der Wertkette und/oder der nachgelagerten Wertaktivitäten entwickeln.
5. Sicherstellen, daß Bemühungen um Kostensenkungen die Differenzierung nicht beeinträchtigen.
6. Die Kostensenkungsstrategie auf ihre Dauerhaftigkeit prüfen.

Im Falle der Grundstrategie „Differenzierung" nennt Porter folgende Schritte:

1. Ermitteln, wer der „wirkliche" Käufer ist.
2. Die Abnehmerwertkette und den Einfluß des Unternehmens auf sie ermitteln.
3. Die Rangfolge der Kaufkriterien des Abnehmers ermitteln.
4. Bestehende und potentielle Quellen der Einmaligkeit in der Wertkette eines Unternehmens bewerten.
5. Die Kosten vorhandener und potentieller Differenzierungsquellen ermitteln.
6. Die Zusammenstellung von Wertaktivitäten wählen, welche an den Differenzierungsquellen gemessen, die für die Abnehmer wertvollste Differenzierung schafft.
7. Die gewählte Differenzierungsstrategie auf Haltbarkeit prüfen.

- Schritte bei der Grundstrategie Differenzierung

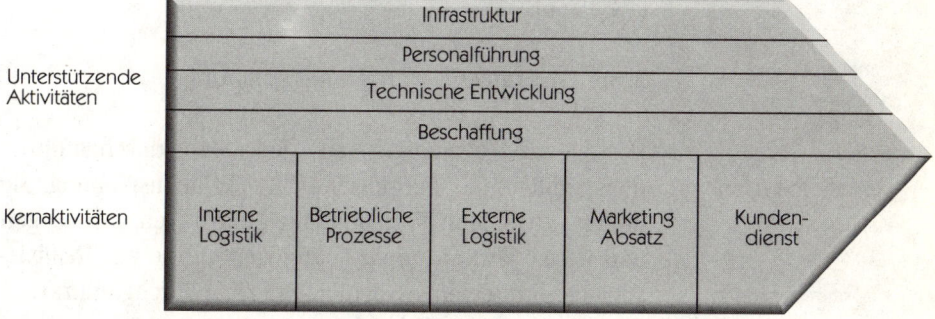

Bild 5.20 zeigt das Grundmodell einer Wertkette nach Porter. (1983)

Bemerkenswert ist an dem Konzept, daß die Aufmerksamkeit auf geschäftsfeldübergreifende Wettbewerbsvorteile gelenkt wird. Die Vorgehensweise bei diesem Instrument der strategischen Analyse ist anspruchsvoll. Häufig erweist sich die methodisch ideale Anwendung in der Praxis unter dem immer vorhandenen Zeitdruck aus der Sicht der betroffenen Führungskräfte selbst unter Mithilfe außenstehender Berater als zu aufwendig.

Ein stark vereinfachtes praktisches Beispiel aus dem Bereich der Möbelindustrie (IKEA) nach [5.63] zeigt Bild 5. 21

In der Praxis gibt es auch Kritik am Konzept der Wertkette, umso mehr als im Rahmen einer allgemeinen strategischen Bestandsaufnahme die Analyse der Wertkette nur ein Baustein neben einer Anzahl anderer Analyseinstrumente sein kann. Es wird auch vor einer Überbewertung aller Instrumente der strategischen Planung gewarnt. Sie vermitteln den Anschein von Objektivität, Genauigkeit und Operationalität. Oft sind Entscheidungskriterien nicht quantifizierbar sondern müssen als „soft facts" zusätzlich oder anstelle von „hard facts" zur Entscheidung herangezogen werden [5.64].

Die strategische Planung steht heute in einem Widerspruch zu einer dynamischen Wirtschaftsentwicklung und einem nur noch als turbulent zu bezeichnenden Umfeld. Die strategische Planung geht von einer Vorstellung der planbaren Zukunft aus. Sie nimmt also die Gültigkeit von Ursache-Wirkungsprinzipien an und setzt eine bestimmte Linearität des Gedankenprozesses voraus, der eine Planbarkeit von klar umrissenen Zielsetzungen zuläßt [5.65].

5.8.4 Operative Unternehmensplanung

Die operative Planung ist eine jedes Jahr durchgeführte, meist rollierende, periodische Unternehmensplanung. Sie dient dazu, solche Maßnahmen zu erarbeiten, festzulegen und deren Wirkungen zu quantifizieren, die zur Realisierung der Strategien, Absichten und Ziele durchgeführt werden müssen. Sie soll also das laufende Geschäft optimieren und die bestehenden Erfolgspotentiale ausschöpfen.

- Vorgehensweise ist anspruchsvoll

- Kritik am Konzept der Wertkette

- Widerspruch von Dynamik und strategischer Planbarkeit

- Jährlich durchgeführte, rollierende, Planung

- Optimierung des laufenden Geschäftes

5.8 Unternehmensplanung

Beispiel Wertketten aus der Möbelindustrie

	Roh-material	Her-stellung	Mon-tage	Trans-port	Show-room	Liefer-zeit	Anlie-ferung
Herkömmliche Möbelanbieter	Je nach Material: Geringe bis hohe Kosten	Kleine Mengen: Hohe Kosten	arbeits-intensiv: Hohe Kosten	Luft: Hohe Kosten	Zentrale Lage: Hohe Kosten	Kleines Lager: Lang	Luft: Hohe Kosten
IKEA	Geringe Kosten	Große Mengen: Geringe Kosten	durch Kunden: Keine Kosten	Kompakt zerlegt: Geringe Kosten	Außer-halb: Geringe Kosten	Großes Lager: Kurz	Abholung durch Kunden: Keine Kosten

Bild 5.21

Das Management macht erst im Rahmen der operativen Tätigkeit, die sich in der operativen Planung niederschlägt, aus den Erfolgspotentialen tatsächlich Erfolge. Strategisches Management kann nur dann erfolgreich sein, wenn es gelingt, die mit dem operativen Geschäft betraute Mannschaft entsprechend zu mobilisieren und die Umsetzung der strategischen Gedanken zu bewerkstelligen.

• Umsetzung der strategischen Gedanken

Die zeitliche Reichweite der operativen Planung geht bis zu 5 Jahren, wobei als Mittelfristplanung die Pläne über einen Zeitraum von 2 bis 5 Jahren bezeichnet werden. Unter rollierender Planung versteht man eine Planung über mehrere Jahre, die jährlich überarbeitet wird. Dabei wird das zweite Planjahr zum ersten.

• Zeitliche Reichweite von 2 bis 5 Jahren

• Rollierende Planung

Die Planung für dieses, das laufende Jahr erfolgt differenzierter und feiner. Man nennt sie auch Jahresplanung und überführt die Jahresziele in mengen- und wertmäßige Monatsziele für die einzelnen Unternehmenseinheiten. Die Jahresplanung bietet damit einen Rahmen für die tägliche Steuerung des Geschäftes, wenn nämlich die Plan-Werte als verbindliche Soll-Vorgaben für die mittlere und untere Führungsebene dienen. Sie dient ferner der zielorientierten Koordination aller Einheiten des Unternehmens, da deren Verhalten durch den Charakter als Richtlinien und nach Abstimmung der Pläne im Sinne des Gesamtzieles beeinflußt wird.

• Grundlage für die Steuerung des Geschäfts

• Einzelpläne	Das operative Planungssystem eines Unternehmens enthält eine Reihe von Plänen, deren Zusammenhänge in Bild 5.22 vereinfacht dargestellt sind. Es sind im einzelnen folgende Pläne:
• Vertriebs- oder Absatzplan	Der Vertriebsplan oder Absatzplan enthält die mengen- und wertmäßige Planung der Absatzmengen für jedes Produkt oder jede Produktgruppe in der Planungsperiode. Die Absatzzahlen werden aufgrund der Vorstellungen des Vertriebes über die zukünftige Marktlage und Konkurrenzsituation auf Basis der Entwicklungen in den vergangenen Perioden und der geplanten vertrieblichen Maßnahmen festgesetzt. Aus den abzusetzenden Mengen läßt sich mit Hilfe der geplanten Preisentwicklung in den verschiedenen Regionen und für die verschiedenen Artikel der Umsatz planen.
• Forschungs- und Entwicklungsplan	Der Forschungs- und Entwicklungsplan enthält Inhalt, Termin und gewünschtes Ergebnis aller Forschungsvorhaben und Neu- und Weiterentwicklungen.
• Produktionsplan	Im Produktionsplan werden die zu produzierenden Mengen an Vor-, Zwischen- und Fertigprodukten sowie die zu ihrer Fertigung notwendigen Personal- und Betriebsmittelzeiten festgelegt. Ferner werden Maßnahmen der Rationalisierung und Verfahrensverbesserungen geplant. Im Maschinenbau ist es bei Einzel- und Kleinserienfertigung schwierig, aus den geplanten Absatzmengen für Produktgruppen, zu denen die an sich nicht gleichen Einzelprodukte zusammengefaßt werden müssen, trotz Vorhandensein von Stücklisten für diese Einzelprodukte, den Bedarf an Einzelteilen zu errechnen oder zu schätzen.
• Kapazitätsplan	Der Kapazitätsplan stellt die im Unternehmen vorhandenen Ressourcen an Personal, Betriebsmitteln und Raum dem geforderten Bedarf gegenüber. Bei Differenzen ergeben sich hieraus Anforderungen für eine rasche Anpassung der Kapazitäten, Vergabe von Aufträgen an Unterlieferanten oder Änderung des Vertriebsplanes.
• Personalplan	Der Personalplan enthält genaue Angaben zur Sicherung, Betreuung und gegebenenfalls Veränderung des Personalbestandes, die erforderlichen Aus- und Fortbildungsmaßnahmen und eventuell auch die Schritte zur Beschaffung neuer Mitarbeiter.

5.8 Unternehmensplanung

Der Beschaffungsplan enthält die Zusammenfassung des Bedarfs an Roh-, Hilfs- und Betriebsstoffen, Handelswaren und Investitionsgütern. Zu den Maßnahmen in Bezug auf die zu beschaffenden Güter gehören der Abschluß von Einkaufs-Rahmenverträgen, Prüfungen des Versorgungsrisikos sowie die Suche nach neuen Lieferanten.

- Beschaffungsplan

Der Investitionsplan legt fest, welche Anschaffungen an neuen Maschinen, Gebäuden und Beteiligungen für welchen Zweck und zu welchen Terminen zu machen sind. Er bildet die Basis für die Planung der dafür fälligen Zahlungen in der Finanzplanung und der nach Inbetriebnahme anfallenden Abschreibungen für die Bilanzplanung.

- Investitionsplan

Alle Maßnahmen schlagen sich im Kosten- und Ergebnisplan nieder. Die sich aus den Teilplänen ergebenden Planmengen werden mit geplanten Preisen bewertet.

- Kosten- und Ergebnisplan

Er enthält den Bedarf an Finanzmitteln für die geplanten Maßnahmen in der Planperiode sowie die aus

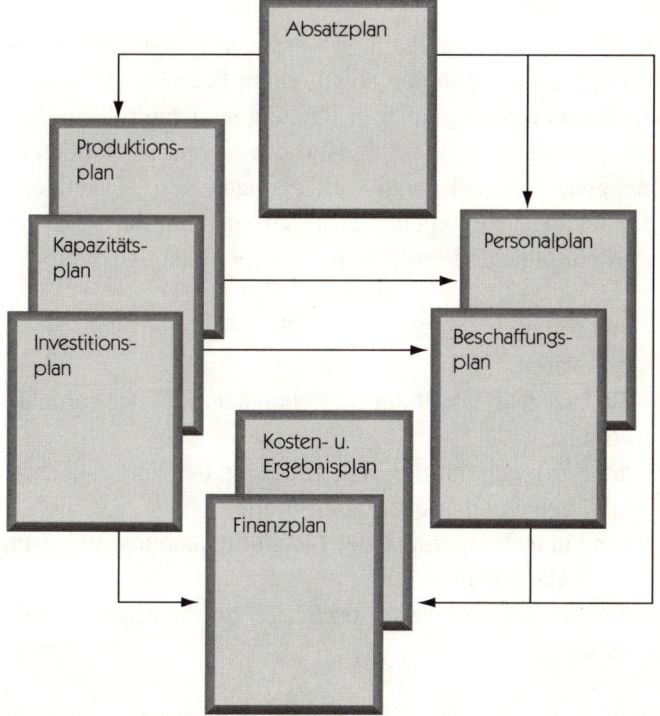

Bild 5.22: Der Zusammenhang zwischen den operativen Unternehmensplänen

- Finanz- und Bilanzplan

- Simulation des wirtschaftlichen Verhaltens mit dem operativen Planungssystem

dem normalen Geschäftsverlauf dafür zur Verfügung stehenden Mittel. Eine eventuelle Lücke muß durch entsprechende Maßnahmen, etwa eine rechtzeitige Kreditaufnahme geschlossen werden.

Die operative Planung, bestehend aus miteinander verknüpften Teilplänen, führt in der Summe aller Pläne zu einer Plan-Gewinn- und Verlustrechnung. Ein solches Planungssystem, auch geschlossenes oder integriertes Planungssystem genannt, kann bei entsprechender Computerunterstützung als Modell des Unternehmensprozesses angesehen und zur Simulation des wirtschaftlichen Verhaltens der Unternehmung benutzt werden. Das Planungssystem hat damit einen Modellcharakter und ist verwendbar, um die Auswirkungen unterschiedlicher Einflußfaktoren wie der Auftragsentwicklung, der Kostenentwicklung oder auch vorgesehener Maßnahmen „durchzuspielen".

5.8.5 Dispositive Planung

- Zweck ist die Steuerung des Tagesgeschäftes

Mit der dispositiven Planung werden kurzfristig die regelmäßig im Unternehmen ablaufenden Prozesse gesteuert. Im Rahmen der operativen Planung sind zahlreiche Entscheidungen zu treffen. Es sind beispielsweise Teilliefermengen, Lieferzeitpunkte, Belegungen von Maschinen, Kapazitäten von Speditionen „zu disponieren". Davon werden folgende Bereiche im Unternehmen betroffen:

- Beipiele für dispositive Entscheidungen

– der Einkauf von Rohmaterialien, Zulieferteilen, Handelswaren,
– die Lagerwirtschaft mit Zwischenlägern, Fertigwarenlägern
– die Fertigung mit der Teilefertigung, der Vor- und Endmontage und der Qualitätsprüfung,
– der Finanzbereich mit der Liquiditätsplanung und dem Cash-Management,
– der Vertrieb mit Vertretereinsatz, der Transportmitteleinsatz.

Während früher diese Problemkreise einzeln optimiert wurden, können heute durch die modernen Informationsverarbeitungsmethoden z.B. im Rahmen von Computer Integrated Manufacturing (CIM) integrierte Betrachtungsweisen und Optimierungsmethoden angewendet werden. Ein großer Teil dieser Bereiche, nämlich Beschaffung, Lagerverwaltung und Produktionssteuerung sind eng miteinander verbunden und am besten bei integrierter Behandlung durch entsprechende Informations- und Kommunikationssysteme zu optimieren. Die Zusammenfassung dieser Problemkreise erfolgt unter dem Begriff „Logistik".

Der Begriff „Budget" wird häufig mit dem der operativen Pläne als synonym ansehen. Viele Autoren verstehen jedoch die Budgetierung als einen, der eigentlichen Planung nachfolgenden Schritt, so daß man das Budget auch der dispositiven Planung zurechnen kann. Die Realisierung der Ziele und Maßnahmen verlangt eine detaillierte Planung der vorhandenen Ressourcen, d.h. Ziele und Maßnahmen sind in Mengen und Wertgrößen zu konkretisieren [5.66]. Budgets sind dann üblicherweise Projektionen der Kosten und der Erträge bzw. Leistungen über den Zeitraum eines Jahres. Das Gesamtbudget eines Unternehmens kann aus einer Vielzahl von Teilbudgets bestehen und umfaßt alle diejenigen Aktivitäten, deren Überwachung für die Entwicklung der Unternehmensteile erforderlich sind. Dazu gehören beispielsweise Beschaffung, Produktion, Absatz, Verwaltung, Forschung und Entwicklung und Finanzen usw. Die als Basis des Gesamtbudgets erforderlichen Teilbudgets sind von der organisatorischen Gestaltung des Unternehmens abhängig. Es müssen je nach Abgrenzung in einzelne Verantwortungsbereiche in den verschiedenen Unternehmensfunktionen wie Absatz, Produktion, Vertrieb, Verwaltung usw. jeweils Budgets erstellt werden.

Implizit enthalten die Budgetzahlen für alle Aktivitäten Effizienznormen. Die geschätzten, in die Budgets eingehenden Produktivitätszahlen beruhen meistens auf Vorgaben für die Leistung, die aus historischen Daten abgeleitet sind.

Um aus dem Budget ein aktives Führungsinstrument zu machen, sollte daher der Ansatz der Budgetzahlen nicht nur auf Basis historischer Daten entstehen, sondern auch

• Anstelle Einzeloptimierung integrierte Behandlung mit EDV-Systemen

• Budgetierung: detaillierte Planung der Ziele und Maßnahmen

• Teilbudgets zu Steuerung der Bereiche

• Budgetzahlen enthalten Effizienznormen

- Das Budget als Führungsinstrument enthält Verpflichtungen

Verpflichtungen (commitments) enthalten, was erreicht werden soll. Sie können auf Vereinbarungen über Leistungsziele beruhen, die im Rahmen eines Management by Objectives (siehe dort) mit den leitenden Mitarbeitern gemacht wurden. In den meisten Unternehmen erhalten Budgets nach der Verabschiedung durch die Unternehmensleitung einen verbindlichen Charakter. Ein gut konzipiertes Budgetsystem erfüllt folgende Funktionen:

1. Es dient als Koordinationsinstrument. Die Budgetierung zwingt noch mehr als die operative Planung allein, eine Abstimmung zwischen den verschiedenen Teilbudgets durchzuführen und damit alle Aktivitäten zu koordinieren.
2. Es bedeutet Eingehen einer Verpflichtung (Commitment). Budgets sollen die Verantwortlichen auf das Erreichen der in die Zahlen eingebauten Leistungsnormen und Ziele verpflichten.
3. Es dient der Motivation. Wenn sich die betroffenen Mitarbeiter mit den Zielvorgaben identifizieren, können diese im Sinne eines quantifizierten, erreichbaren Zieles eine Motivationsfunktion erfüllen.

- Funktionen eines gut konzipierten Budgetsystems

4. Es ist Basis für die erforderliche Erfolgskontrolle. Durch die detailliert festgelegten, in monetären Größen fixierten Vorgaben setzt das Budget Maßstäbe für die Erreichung der Ziele. Durch Vergleich mit den leicht zu ermittelnden, tatsächlich eintretenden Ist-Größen können auf einfache Weise Abweichungen zwischen Plan und Ist festgestellt werden.

Budgetierungssysteme haben jedoch auch Gefahren und Schwächen. Dazu gehören:

- Schwächen von Budgetsystemen

1. Sie können zu Etatdenken führen. Mangels exakter Grundlagen für die Zumessung von Budgetmitteln muß vielfach auf Vergangenheitsdaten zurückgegriffen. Da die Ressourcen immer knapp sind, stellt der jeweilige Budgetverantwortliche erfahrungsgemäß aus Vorsicht höhere Forderungen, als seine tatsächlichen Erwartungen sind. Es besteht also die Gefahr, daß überschüssige, am Ende des Budgetjahres noch vorhande-

ne Mittel ausgegeben werden, um einer Gefahr der
Kürzung für die Zukunft aus dem Wege zu gehen.
2. Sie können Unflexibilität fördern. Wenn verabschiedete Budgets als verbindliche Vorgaben gelten, besteht die Gefahr, daß an den Budgets ohne Rücksicht auf eventuell veränderte Planungsprämissen festgehalten wird, anstatt sich auf eine veränderte Situation einzustellen.

- Etatdenken
- Unflexibilität

Literatur zu 5

1 Gälweiler, A.: Unternehmensplanung. Frankfurt, New York 1974, S. 15
2 Kirsch, W.; Esser, W.; Gabele, E.: Das Management des geplanten Wandels von Organisationen. Stuttgart 1979, S. 49
3 Wild, J.: Grundlagen der Unternehmensplanung. Reinbeck 1974, S.13
4 Kreikebaum, H.: Strategische Unternehmensplanung. Stuttgart 1981, S. 20
5 Gälweiler, A.: Unternehmensplanung. Frankfurt, New York 1974, S. 163
6 Gälweiler Unternehmensplanung Frankfurt, New York 1974, S. 17
7 Aggteleky, B.: Fabrikplanung. München 1970
8 Bernecker, G.: Planung und Bau verfahrenstechnischer Anlagen. Düsseldorf 1977
9 Baumann, H. G.: Systematisches Projektieren und Konstruieren. Berlin, Heidelberg, New York 1982, S. 10
10 Ehrlenspiel, K.: Vorlesung Konstruktionstechnik. Lehrstuhl für Konstruktion im Maschinenbau der TU München 1982/83
11 Pahl, G.; Beitz, W.: Konstruktionslehre. Berlin, Heidelberg, New York 1976
12 Bernhardt, R.: Systematisierung des Konstruktionsprozesses. Düsseldorf 1981
13 Cramer, F. D.: Ziele und Inhalte der Konstruktionslehre. Hochschuldidaktische Forschungsberichte Nr.19, Hamburg 1981
14 VDI-Richtlinie 2225: Technisch-wirtschaftliches Konstruieren. Beuth-Vertrieb, Berlin 1981
15 Brauchlin, E.: Problemlösungs- und Entscheidungsmethodik. Bern 1978, S. 34
16 Jackson, K.F.: Die Kunst der Problemlösung. München 1980
17 Kepner, H.; Tregoe B.: Entscheidungen vorbereiten und richtig treffen. Landsberg 1982, S. 43
18 Laager, F.: Entscheidungsmodelle. Zürich, Köln 1978, S. 55
19 Hürlimann, W. zitiert nach Laager: Entscheidungsmodelle. Zürich, Köln 1978, S. 13
20 Laager, F.: Entscheidungsmodelle. Zürich, Köln 1978, S. 20
21 Feyler, G.: 140 Checklisten. München 1981
22 VDMA (Verein Deutscher Maschinenbauanstalten): Prüfliste für die Planung einer Fertigungsniederlassung im Ausland. Frankfurt 1974

23 Schmidt, G: Organisation. Methode und Technik. 3. Aufl., Gießen 1973, S. 62
24 Matheis, R.: Praxis der Marktorientierten Unternehmenssteuerung. Düsseldorf 1973, S. 213
25 Szypersky, N.; Winand U.: Grundbegriffe der Unternehmungsplanung. Stuttgart 1980, S. 145
26 Rohrbach, B.: Kreativ nach Regeln – Methode 635, eine neue Technik zum Lösen von Problemen. Absatzwirtschaft 12 (1969), S. 73 – 75
27 Franke, R.; Zerres, P.M.: Planungstechniken. 3. Aufl. Frankfurt 1992
28 Reibnitz, U.v.: Szenarien als Grundlage strategischer Planung. Harvard Manager I (1983), S. 1
29 Dathe, H. M.: Moderne Projektplanung in Technik und Wissenschaft. München 1971, S. 68
30 Bundesminister für Bildung und Wissenschaft: Methoden der Prioritätsbestimmung. Bd. I,II,III Schriftenreihe Forschungsplanung, Bonn 1971, Bd.I S. 35
31 VDI-Richtlinie 2801: Wertanalyse. Begriffsbestimmungen und Beschreibung der Methode. Düsseldorf 1970
32 DIN-Norm 69910: Wertanalyse, Begriffe, Methode. Berlin 1973
33 Autorenkollektiv: Wertanalyse, Idee – Methode -System. Düsseldorf VDI-Verlag T 35, 1981
34 Lisson, A.: Verbraucherschutz durch Gütesicherung. 3.Aufl., Nürnberg, Quelle-Institut für Warenprüfung 1977
35 Dorloff, D.; Pilz, V.: Kreative Methoden für die Suche nach neuen Produkten und neuen Märkten. In: RKW-Handbuch Führungstechnik und Organisation. Berlin 1978
36 Churchman, C.W.; Ackoff,R.L;. Arnoff,E.L.: Operations Research. München 1961
37 Müller-Merbach,H.: Operations Research. München 1971
38 Blohm, H.; Lüder, K.: Investition. München 1978
39 Hochstrasser, A.: Kosten- und Investitionsrechnung. München 1974
40 Warnecke, H.-J.; Bullinger, H.-J.; Hichert, R.: Kostenrechnung für Ingenieure. München, Wien 1978
41 Warnecke, H.-J.; Bullinger, H.-J.; Hichert, R.: Wirtschaftlichkeitsrechnung für Ingenieure. München, Wien 1980
42 Koelle, H.H.: Die Anwendung der Simulation als Entscheidungshilfe. IBM-Nachrichten 21 (1971), S. 870 – 879
43 Demmer, K.H.; Dyhle, A.; u.a.: Die neuen Management-Techniken. München 1968.
44 Laager, F.: Entscheidungsmodelle. Zürich, Köln 1978
45 DIN 69900: Netzplantechnik. Blatt 1: Begriffe, Kurzzeichen. Ausg. Nov 1974. Bl. 2: Darstellungstechnik. Ausg. Dez 1974
46 Steinbuch, P.A.: Management-Instrumente. Düsseldorf 1985
47 Hill, W.: Das ungewisse Etwas: Strategische Planung. Manager Magazin 9 (1983), S. 168-181
48 Grimm, U.: Analyse strategischer Faktoren. Wiesbaden 1983
49 Riekhoff, H.-C.: Strategische Planungsinstrumente in der praktischen Bewährung. S. 168 In: Riekhof, H.-C.(Hrsg): Strategieentwicklung. Stuttgart 1991
50 Kreikebaum, H.: Strategische Unternehmensplanung. Stuttgart 1981, S. 37

5.8 Unternehmensplanung

51 Boston Consulting Group: Strategie für die 80er Jahre. Konferenznotizen 1983
52 Gälweiler, A.: Strategische Unternehmensführung. 2. Aufl., Frankfurt, New York 1990
53 Porter, E. M.: Wettbewerbsstrategie. Frankfurt 1983, S. 62
54 Falkenhausen, H.v.: Erfolgskonzepte für den Topmanager. Düsseldorf, Wien 1973
55 Simon H.: zitiert in Wirtschaftswoche Nr. 27 1992
56 Luchs, R; Neubauer, F.: Qualitätsmanagement. Frankfurt 1986
57 Henderson, B.D.: Die Erfahrungskurve in der Unternehmensstrategie. 2. Aufl. Frankfurt/M. 1984
58 Stalk, G.Jr.; Hout, T.M.: Zeitwettbewerb. 2. Aufl. Frankfurt, New York 1991
59 Henderson, B.D.: Die Erfahrungskurve in der Unternehmensstrategie. 2. Aufl. Frankfurt/M. 1984
60 Riekhoff, H.-C.: Strategische Planungsinstrumente in der praktischen Bewährung. S. 168 In: Riekhof, H.-C.(Hrsg): Strategieentwicklung. Stuttgart 1991
61 Pfeiffer, W. et. al.: Technologie-Portfolio zum Management strategischer Zukunftsgeschäftsfelder. 6. Aufl., Göttingen 1991
62 Porter, M.E.: Competitive Advantage. New York 1985
63 Esser, W.M.: Die Wertkette als Instrument der Strategischen Analyse. In: Riekhof,H.-C.(Hrsg): Strategieentwicklung. Stuttgart 1991
64 Steger U.: Future Management. Frankfurt 1992
65 Turnheim, G.: Chaos und Management. Wien 1991
66 Pfohl, H.-C.: Planung und Kontrolle. Stuttgart, Berlin 1981
67 Hax, A.C.; Majhef, N.S.: Strategisches Management. Frankfurt, New York 1988

6 Organisieren

6.1 Ziele des Organisierens

Organisieren als Managementfunktion stellt eine Aufgabe dar, nach deren Erledigung als Ergebnis eine formalisierte Ordnung vorliegen soll: eine Struktur. Sie dient nach den Vorstellungen der klassischen Organisationstheorie dazu, möglichst dauerhaft die Ziele des zu strukturierenden Systems zu erreichen und seine Probleme effizient zu lösen. Sieht man eine Unternehmung als ein geordnetes System von Elementen, so hat die Organisation die Aufgabe, diese Ordnung durch formale Regelungen zu schaffen.

Das Unternehmen als System setzt sich aus einer Vielzahl von Teilsystemen zusammen. Die Strukturierung erfordert das Ordnen der Beziehungen zwischen den einzelnen Elementen des Systems. Die im System ablaufenden Teilprozesse bestehen aus Aufgaben und Tätigkeiten (Verrichtungen), die von Mitarbeitern, Arbeitsgruppen, Abteilungen (Subjekten) an Produkten, Aufträgen (Objekten) durchgeführt werden. Ziel der Strukturierung ist es, die zum Erreichen des Zweckes notwendigen formalen Regelungen festzulegen. Beim Organisieren werden daher folgende Ziele verfolgt [6.]:

Die sich aus der Unternehmenszielsetzung ergebenden Aufgaben sind möglichst wirtschaftlich zu erfüllen. Dabei sollen

- größtmögliche Motivation und Zufriedenheit der Mitarbeiter erreicht,
- genügende Anpassungsfähigkeit der Organisation gesichert,

- Organisation eine Ordnung

- Ordnung entsteht durch formale Regelungen

- Ordnen der Beziehungen zwischen Elementen des Sytems

- Ziele des Organisierens

– Spezialisierungs- und Synergieeffekte genutzt,
– Transparenz und Kontrollierbarkeit erreicht,
– der Koordinationsaufwand minimiert,
– vorhandene Ressourcen wirtschaftlich genutzt werden.

• Struktur: Abbild der Strategie

Die Organisationsstruktur soll im Grundsatz ein Spiegelbild der Unternehmensstrategie sein, denn sie dient dazu, diese zu realisieren. Es kann immer wieder festgestellt werden, daß die Organisationsstruktur von Firmen nur danach ausgerichtet ist, wie der Alltagsbetrieb, also das operative Geschäft betrieben werden soll. Aufgabenverteilung, Verantwortlichkeiten und Informationsstrukturen werden als relativ kurzfristig zu behandelnde Probleme betrachtet. Chandler hat in seiner klassischen Analyse großer amerikanischer Unternehmen als erster auf die Wichtigkeit der Unternehmensstrategie als Kriterium für die Struktur und damit für die Organisation hingewiesen. Die Organisation sollte so konzipiert sein, daß sie vorrangig die Verfolgung der eingeschlagenen oder einzuschlagenden Strategie erleichtert. So formulierte Chandler

• Structure follows Strategy

„Structure follows Strategy" [6.2].

6.2 Gestaltung der Organisation

• Einfluß unveränderlicher Parameter

Beim Organisieren gibt es unveränderbare Faktoren oder Gestaltungsparameter, die einen Einfluß auf das Ergebnis, die gewünschte Struktur ausüben. Beispiele sind die vorgegebenen Unternehmensaktivitäten, die Branche oder die vorhandenen Mitarbeiter. Andere Parameter können vom Organisator gestaltet werden. Diese beeinflußbaren Parameter kann man in Art und Stärke ihrer Auswirkung verändern, um die Organisationsziele zu erreichen. Dazu zählen die

• Vom Organisator beeinflußbare Parameter

- Aufgabengliederung, d.h. wie Aufgaben in Teilaufgaben zerlegt, wie stark sie zentralisiert oder dezentralisiert werden,
- Entscheidungsdelegation, d.h. wie durch Delegation eine vertikale Strukturierung erfolgt,

6.2 Gestaltung der Organisation

- Konfiguration, d.h. welche Grundstruktur für die Form der Organisation gewählt wird,
- Standardisierung und Formalisierung, d.h. wie stark Handlungen durch feste Regeln im voraus festgelegt werden.

Unter Organisationsstruktur wird die Gesamtheit aller formalisierten und generalisierten Regeln einer Organisation verstanden [6.3]. Nach empirischen Untersuchungen gehen von der Unternehmensgröße, von der angewandten Technologie und der Umwelt interessante Einflüsse auf die Organisationsstruktur aus [6.4]. Der Begriff der Technologie ist dabei nicht einfach zu definieren. Wenn man beispielsweise den Maschinenbau betrachtet, so sind deutlich Einflüsse von der Art der Fertigungsmethode, z.B. Einzelfertigung, Kleinserienfertigung oder Massenfertigung zu erkennen.

Organisationsstrukturen werden geschaffen, um das Verhalten der Organisationsmitglieder auf ein Gesamtziel zu beeinflussen. Die Organisationstheorie hat sich jedoch relativ spät mit dem Zusammenhang zwischen individuellem Verhalten und der Organisationsstruktur befaßt und steht hier noch in den Anfängen.

Bei der Tätigkeit des Organisierens kann die Struktur der Aufgaben, die Macht- bzw. Entscheidungsstruktur oder die Kommunikationsstruktur im Vordergrund der Überlegungen stehen. Mit einfachen Fragen ausgedrückt: Wer macht was? Wer berichtet davon wem? Wer muß noch davon wissen? Wer entscheidet was? Wer gibt wem Anweisungen?

In der Organisationslehre spricht man von der Aufbauorganisation, wenn man vorrangig die Aufgaben betrachtet, die als Teilziele der übergeordneten Unternehmensziele erfüllt werden sollen. In der bisherigen, „klassischen" Denkweise und dem starken Einfluß „taylorschen Denkens" wurden unter Betonung des Effektes der aus der Arbeitsteilung erwarteten Vorteile vorrangig die Aufgaben betrachtet und beim Organisieren die Fragen gestellt: Wie werden die Aufgaben so aufgeteilt, daß sie effizient erledigt werden können? Wie sorgt man dafür, daß die Erledigung dieser Aufgaben an den verschiedenen Stellen richtig koordiniert werden?

- Organisationsstruktur ist die Gesamtheit aller formalisierten Regeln

- Ziel: Verhalten der Organisationsmitglieder beeinflussen

- Grundfragen beim Organisieren

- Aufgaben: Aufbauorganisation

- Prozesse: Ablauforganisation

- Schnittstellen

- Aufgabenanalyse

- Aufgabensynthese

- Differenzierung und Integration

Die Ablauforganisation, d.h. die Organisation der verschiedenen Prozesse wurde lange als zweitrangig betrachtet. Sie befaßt sich mit der räumlichen und zeitlichen Gestaltung der physischen Arbeits- und Bewegungsvorgänge und der Informationsprozesse. Durch die vorrangige Strukturierung der Gesamtaufgabe des Unternehmens in Teilaufgaben, die von bestimmten Stellen optimal erledigt werden sollen, werden Prozesse willkürlich unterbrochen: es entstehen Schnittstellen. Maßnahmen in der Aufbauorganisation führen immer zu Konsequenzen bei den Abläufen und Prozessen, so daß sich beide Betrachtungsweisen nicht voneinander trennen lassen. Eine optimale Gestaltung der Prozesse setzt eine entsprechende Gestaltung des Aufbaues voraus [6.5,6,7,8]. Durch die Strukturierung der Unternehmensaufgabe nach Teilaufgaben, wie z.B. Forschung und Entwicklung, Produktion, Vertrieb werden künstliche Grenzen errichtet, die den optimalen Ablauf der funktionsübergreifenden Unternehmensprozesse erschweren, Schnittstellen. Modernere, prozeßorientierte Managementansätze, insbesondere auch der Japaner wie sie in Kapitel 11 und 12 behandelt werden, tragen dem Rechnung.

Mit der Absicht, durch optimale Arbeitsteilung Synergieeffekte zu erzielen wird die Gesamtaufgabe bei der sogenannten Aufgabenanalyse in Teilaufgaben zerlegt (Bild 6.1).

Sie werden anschließend zu Bündeln gleichartiger Aufgaben zusammengefaßt und entsprechend spezialisierten Mitarbeitern zugewiesen. Diese Zusammenfassung nennen die Organisatoren „Aufgabensynthese". Ein Beispiel dafür ist, wenn alle Schreibarbeiten in einem Schreibbüro oder alle Datenverarbeitungsaufgaben in einem Rechenzentrum konzentriert werden. Die Mitarbeiter sollen die Aufgaben dabei unter Nutzung der Gleichartigkeit, besonders geeigneter technischer Hilfsmittel und einer hohen Standardisierung möglichst effizient ausführen.

Es geht also beim Organisieren darum, ein Sub-System, bestehend aus Aufgaben, Personen und Sachen zu strukturieren und eine formelle Ordnung zu schaffen. Dies nennt man Differenzierung. Anschließend ist die zielent-

6.2 Gestaltung der Organisation

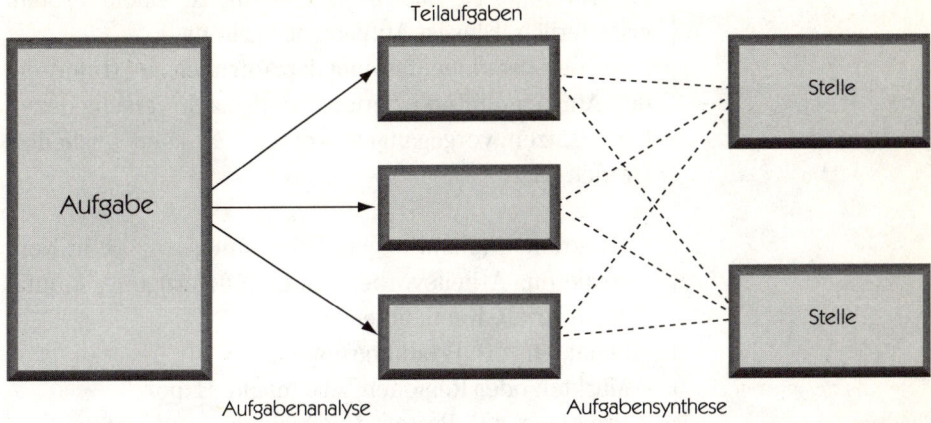

Bild 6.1: Der Prozeß der Aufgabengliederung

sprechende Koordination sicherzustellen: dies nennt man Integration.

In der Umgangssprache versteht man unter einer „Aufgabe" eine Arbeit, die zu verrichten ist, um ein bestimmtes Ziel zu erreichen. Eine Aufgabe kann auch als Verpflichtung definiert werden, eine bestimmte Leistung zu erbringen [6.3].

Bei dynamischer Betrachtung beinhaltet jede Aufgabe eine Reihe von Aktivitäten. Aktivitäten sind die Elemente von Prozessen. Bei physischen Prozessen treten Aktivitäten auf wie Transportieren, Lagern, Sortieren, Prüfen, Einspannen, Ablängen, Drehen, Schleifen, Prüfen, Verpacken, Einlagern usw. Bei Kommunikationsprozessen kann man beispielsweise als Aktivitäten nennen: Aufnehmen, Eingeben, Speichern, Verarbeiten, Abgeben von Informationen. Die gebündelten Teilaufgaben werden bestimmten Stellen zugeordnet (Bild 6.1). Die Stelle ist die kleinste organisatorische Einheit, d.h. das kleinste Subsystem in der Organisation.

Mehrere Stellen können in einer Organisation zu Arbeitsgruppen, diese zu Abteilungen, Hauptabteilungen, Bereichen, einem Werk, einer Sparte (häufig auch Division oder Geschäftsbereich genannt) zusammengefaßt werden. Um die Erledigung der Aufgaben in solchen Einheiten zu planen, zu koordinieren und zu überwachen ist

- Aufgabe: Verpflichtung, eine Leistung zu erbringen

- Eine Aufgabe beinhaltet eine Reihe von Aktivitäten

- Verknüpfung der Subsysteme zu einem System ist Aufgabe der Leitung

die Verknüpfung dieser Subsysteme zu einem System erforderlich. Dies ist Aufgabe der Leitung.

Bei der Zusammenfassung der Aufgaben zu Strukturen, der Aufgabendifferenzierung, kann nach verschiedenen Grundsätzen vorgegangen werden. Es kann gegliedert werden nach

- Funktionen (Handlungen, Verrichtungen), z.B. in Konstruktion, Arbeitsvorbereitung, Teilefertigung, Montage, Vertrieb, Kundendienst;
- Objekten, z.B. Produktgruppen;
- Märkten oder Regionen, z.B. Inland, Export;
- Projekten, z.B. Projekt 1, Projekt 2;
- Phasen des Entscheidungsprozesses bei der Durchführung der Aufgaben, z.B. Produktplanung, Produktherstellung, Qualitätskontrolle.

Die Trennung gleichartiger Aufgaben und die Zuordnung auf mehrere Stellen nennt man Dezentralisation. Die Zusammenfassung der Normungsaufgaben mehrerer Betriebe in einer dem technischen Leiter unterstellten Abteilung, die Zusammenfassung der Buchhaltungen aller Tochtergesellschaften bei der Konzernspitze, kann als Zentralisation bezeichnet werden. Zentralisation ist die Zusammenfassung von Teilaufgaben, die hinsichtlich eines bestimmten Merkmals gleich sind.

6.3 Spezialisierung

Wenn nicht jedem Mitarbeiter die Ausführung aller Teile der Gesamtaufgabe übertragen, sondern Teilaufgaben derart gebildet werden, daß diese von darauf besonders vorbereiteten Mitarbeitern ausgeführt werden können, so spricht man von Spezialisierung. Sie gilt als Grundlage der westlichen, arbeitsteiligen Industriegesellschaft. Das Interesse der Organisatoren hat sich seit jeher auf die Spezialisierung gerichtet, da sie besondere Produktivitäts- und Wirtschaftlichkeitseffekte versprach.

Der Begriff Spezialisierung trifft nicht nur für einzelne Aufgaben sondern auch für ganze Unternehmen zu, wo es

---

- Aufgabendifferenzierung

- Gliederungsprinzipien

- Zentralisation: Zusammenfassung von Teilaufgaben

- Spezialisierung zur Erhöhung der Produktivität

Großfirmen mit komplettem Sortiment und im Gegensatz dazu spezialisierte, meist mittelständische Unternehmen gibt, die sich auf ein bestimmtes Teilgebiet ihres Marktes konzentrieren, um hier besonders stark zu sein. Für kleinere Firmen wird die Spezialisierung und die Konzentration auf bestimmte Marktsegmente vielfach als Voraussetzung für ein langfristiges Überleben angesehen.

• Spezialisierung in Unternehmen

6.4 Vertikale Strukturierung

Wenn man beim Strukturieren weniger die Aufgaben sondern vielmehr die Entscheidungen als vorrangig betrachtet, so kann man Entscheidungen an einer Stelle der Hierarchie zusammenfassen, sie werden zentralisiert. Das Gegenteil, die Aufteilung und generelle Abgabe von Entscheidungen von einer zusammenfassenden „höheren" Instanz der Hierarchie an „untere", dezentrale Stellen bezeichnet man als Delegation.

• Delegation: Abgeben von Entscheidungen

Delegieren bedeutet das Übertragen von Entscheidungskompetenzen von einer höheren auf eine niedrigere Ebene in der Hierarchie. Der Entscheidungsspielraum unterstellter Stellen wird vergrößert. Er kann sich auf die Methode der Arbeit, die zeitliche Arbeitseinteilung oder bestimmte Entscheidungen beziehen, die der Vorgesetzte nicht selbst treffen will. Der Delegationsgrad ist umso höher, je unabhängiger die unteren Stellen von den vorgesetzten Stellen in Bezug auf die Erledigung der ihnen zugeteilten Aufgabe sind.

• Spielraum von Mitarbeitern wird vergrößert

Beim Delegieren wird ein Teil der Entscheidungen Mitarbeitern anvertraut und dadurch der eigene Handlungsspielraum eingeschränkt. Aufgaben werden also indirekt erledigt. Der Mitarbeiter, der eine Aufgabe übernimmt, geht die Verpflichtung ein, sie richtig zu lösen; er übernimmt Verantwortung. Damit er die Aufgabe richtig lösen kann, braucht er die Befugnisse, um alle notwendigen Entscheidungen zu treffen: Kompetenz. Als Grundsatz richtiger Delegation gilt, daß Aufgabe, Kompetenz und Verantwortung übereinstimmen müssen. Man spricht von Einheit von Aufgabe, Kompetenz und Verantwortung. Die Führungsverantwortung trägt bei der Delegation der

• Übereinstimmung von Aufgabe, Kompetenz und Verantwortung

Vorgesetzte. Er hat zu verantworten, daß er die Aufgabe richtig gestellt, den geeigneten Mitarbeiter dafür ausgewählt, die Durchführung ausreichend kontrolliert und gegebenenfalls korrigierend eingegriffen hat.

Neben der Entscheidungskompetenz unterscheidet man eine Reihe von abgeschwächten Möglichkeiten, Kompetenzen zu vergeben: Es sind in der Reihenfolge wachsender Autonomie:

- Ausführungskompetenz
- Verfügungskompetenz
- Antragskompetenz
- Mitsprachekompetenz
- Vertretungskompetenz

- Abgeschwächte Kompetenzen

Natürlich spielt die Art der Entscheidung eine Rolle, auf die sich die erteilte Kompetenz bezieht und von welcher Tragweite sie für die Organisation und die Erreichung ihrer Ziele ist. Ziel von Delegation ist es, übergeordnete Stellen zu entlasten sowie die Handlungsfähigkeit untergeordneter Stellen und damit die Flexibilität des Systems zu vergrößern. Darüber hinaus soll das Bedürfnis nach Selbständigkeit und nach persönlicher Entfaltung der Mitarbeiter erfüllt und dadurch ihre Zufriedenheit erhöht werden.

- Delegation: Entlastung übergeordneter Stellen

Sozialpsychologische Untersuchungen in der Metallindustrie [6.9] haben gezeigt, daß auf den ausführenden Ebenen, charakterisiert durch die Entlohnungsformen Akkordlohn, Zeitlohn und bei Mitarbeitern im Monatslohn eine Zunahme des Entscheidungsspielraumes die Arbeitszufriedenheit erhöht. Arbeitszufriedenheit läßt sich steuern. Unzufriedene Mitarbeiter bedeuten: geringe Leistungsbereitschaft.

- Ein größerer Entscheidungsspielraum erhöht Arbeitszufriedenheit

Der Entscheidung für mehr oder weniger Zentralisation bzw. Dezentralisation sollten folgende Fragen zugrunde gelegt werden [6.10]: Wer kennt die für die Entscheidung notwendigen Fakten oder kann sie am schnellsten beschaffen? Wer kann die richtigen Entscheidungen treffen? Sind schnelle Entscheidungen unter Berücksichtigung lokaler Besonderheiten „am Ort" nötig? Ist es notwendig, die lokalen Aktivitäten sehr genau mit anderen Aktivitäten abzustimmen?

- Fragen vor einer Entscheidung für mehr oder weniger Zentralisation

6.5 Leitungs- oder Führungsorganisation

6.5.1 Strukturierung und Hierarchie

Die Zusammenfassung von mehreren Stellen führt zu einer gemeinsamen Leitung mit größerem Verantwortungsbereich. Es werden Stellen zu Abteilungen, Abteilungen zu Hauptabteilungen und diese schließlich zu Bereichen zusammengefaßt. Folge ist ein System von Über-, Unter- und Nebenordnung der Stellen. Es entsteht eine Hierarchie in Form einer Pyramide, in deren unterster Ebene die ausführenden, „sachbearbeitenden" Aufgaben angesiedelt sind (Bild 6.2). Die höheren Stellen nennt man auch Instanzen.

- Entstehen einer Stellenhierarchie

Bei Interessenkonflikten zwischen verschiedenen Stellen in der Hierarchie kommt eine abschließende Entscheidung nur zustande, wenn einer übergeordneten Instanz das Recht zusteht, die Aufklärung der kontroversen Informationen zu verlangen und über die Konflikte zu entscheiden. (Bild 6.3)

- Entscheidungen bei Interessenkonflikten

Wenn mehrere Stellen gemeinsam zu einer Entscheidung beitragen oder sie diese aufgrund ihrer Aufgabenzu-

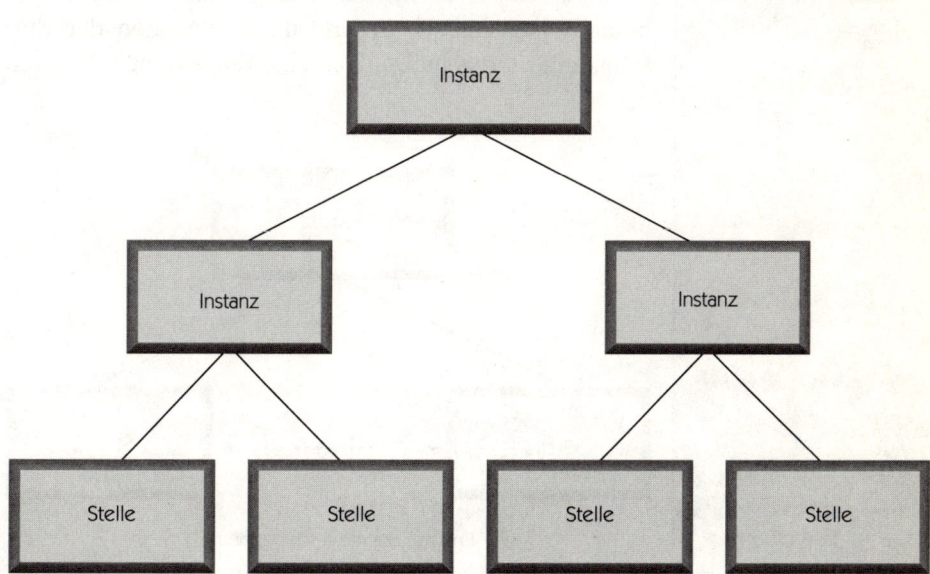

Bild 6.2: Hierarchische Beziehungen von Organisationseinheiten

- Entscheidungsinterdependenzen bei Mitwirkung mehrerer Stellen

- Mitspracherechte auf Basis von Expertenwissen

- Kollegialentscheid mit gemeinsamer Verantwortung der Beteiligten

ständigkeit beeinflussen können, spricht man von Entscheidungsinterdependenzen. Die Zuständigkeit für den endgültigen Entscheid liegt dann bei der vorgesetzten Instanz. Diese Zuständigkeit schließt das Recht ein, die Durchsetzung der Entscheidung durch Anordnung oder Weisung zu bewirken.

Neben der alleinigen Entscheidung gibt es eine Reihe von Einwirkungsmöglichkeiten auf den Entscheidungsprozeß:

Mitspracherechte können auf der Basis von Expertenwissen gegenüber dem Entscheidungsträger zu Einfluß führen. Ein Mitspracherecht vorzusehen heißt zunächst nur, daß eine Stelle nicht völlig unabhängig von einer anderen Stelle entscheiden darf. Es kann reines Anhörungsrecht, aber auch ein wesentlich stärkeres Vetorecht oder ein wirkliches Mitentscheidungsrecht gewollt sein. Dabei sind zwei Formen der Mitentscheidung denkbar [6.11]:

Anstelle des Alleinentscheids tritt ein Kollegialentscheid. Er begründet die gemeinsame Verantwortung der Beteiligten, auch der Überstimmten. Wer überstimmt wird, muß sich allerdings an eine höhere Instanz zur Bestätigung oder Revision der Entscheidung wenden können, falls er die Entscheidung nicht mittragen will. Beim Kollegialentscheid sind die Modalitäten der Entscheidung zu regeln. Denkbar sind Einstimmigkeit, einfa-

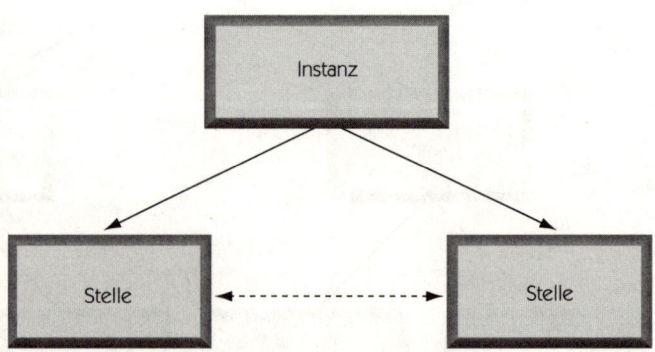

Bild 6.3: Entscheidungsinterdependenzen beim Mitwirken mehrerer Stellen an einer Entscheidung

che oder qualifizierte Mehrheit oder die ausschlaggebende Stimme eines Vorsitzenden im Falle von Stimmengleichheit.

Eine andere Form der Mitentscheidung ist die Aufteilung der Gesamtentscheidung in Teilentscheidungen: für bestimmte Teile der Entscheidung sind verschiedene Stellen zuständig. Im Gegensatz zum Kollegialentscheid kann eine Entscheidung erst zustande kommen, wenn jede Stelle einzeln den sie betreffenden Teilaspekt entschieden hat. Die Mitsprache beschränkt sich hier auf den Teil des Problems, für den die jeweilige Stelle zuständig ist. Ein Beispiel ist der Sicherheitsingenieur, der ein Mitspracherecht bei der Konstruktion und beim Bau neuer Anlagen hinsichtlich der Einhaltung der Sicherheitsvorschriften hat.

- Teilentscheidungen: jede Stelle entscheidet ihren Teilaspekt

Eine weitere Abstufung zur eigentlichen Alleinentscheidung, d.h. der initiativen und inhaltlichen Festlegung dessen, was getan werden soll, stellen Genehmigungsvorbehalte dar. Sie bedeuten den Zwang, einer übergeordneten Instanz die Entscheidung vor ihrer Wirksamkeit vorzulegen. Gleichzeitig hat diese das Recht, die Entscheidung abzulehnen. Dadurch kann jedoch nur die inhaltlich bereits vollständig festgelegte Entscheidung verhindert werden. Durch den Genehmigungsvorbehalt kann nicht die Initiative ergriffen und festgelegt werden, was getan werden soll. Es wird nicht entdeckt, ob in der Phase der Lösungssuche vor der Entscheidung versäumt wurde eine wesentlich bessere Entscheidung zu treffen. Wohl kann aber ein Genehmigungsvorbehalt sichern, daß der Vorschlag den übergeordneten Zielen entspricht. Bei einem Verstoß gegen die Ziele kann die Genehmigungsinstanz einen neuen Enscheidungsvorschlag verlangen. Genehmigungsvorbehalte sind trotzdem weitreichende Machtinstrumente; denn das Management als initiative Entschlußinstanz wird wohlweislich vielfach die Genehmigungsinstanz bereits vorab um „Rat" angehen, um so eine reibungslose Genehmigung vorzubereiten [6.12].

- Genehmigungsvorbehalt als weitere Abstufung zum Alleinentscheid

- Sicherung, daß vorgeschlagene Entscheidung den übergeordneten Zielen entspricht.

6.5.2 Kollegialinstanzen

Eine andere Form der Mitwirkung an Entscheidungen ergibt sich bei Kollegialinstanzen. Dies sind dauerhaft

- Andere Form der Mitwirkung an Entscheidungen

- Gemeinsame Vertretung der Gesellschaft durch Vorstand der AGs

- Aufsichtsrat als beratendes und kontrollierendes Gremium

- Gremien und Ausschüsse in Unternehmen

- Komitees: Patentausschuß, Werksleiterkonferenz, Investitionsausschuß

oder zeitlich begrenzt in der Organisationsstruktur verankerte Einheiten, die zu einer gemeinsamen Entscheidung kommen müssen. Problem ist die Frage nach der Art der Entscheidungsfindung im Kollegium. Kollegien, Ausschüsse oder Komitees werden zu Planungs- Kontroll- und Koordinationszwecken gebildet.

Das deutsche Recht sieht dies bei dem meist mehrköpfigen Vorstand einer Aktiengesellschaft vor, der nach dem Aktiengesetz als Gruppe nur zu einer gemeinsamen Vertretung der Gesellschaft nach außen befugt ist. De jure tragen die Vorstände als Kollegium gemeinsam die Verantwortung für eine Aktiengesellschaft. Sie müssen daher in allen wesentlichen Angelegenheiten zu einer gemeinsam getragenen Entscheidung unter Mitwirkung aller Vorstandsmitglieder kommen. Es kann nicht bestimmt werden, daß ein oder mehrere Vorstandsmitglieder bei Meinungsverschiedenheiten im Vorstand gegen die Mehrheit seiner Mitglieder entscheiden.

Der Aufsichtsrat ist ein weiteres Kollegium, das bei der Rechtsform der Aktiengesellschaft gesetzlich vorgeschrieben ist. In GmbHs wird häufig ein Beirat mehr als beratendes denn als wirklich Aufsicht führendes Gremium gebildet.

Andere in Unternehmensorganisationen vorkommende Kollegien sind Ausschüsse, Komitees, manchmal auch Konferenzen genannt, die dauerhaft oder auch ad hoc und zeitlich begrenzt zur Erfüllung bestimmter Aufgaben in der Organisationsstruktur verankert sind. Sie können aus Personen im Unternehmen auf der gleichen oder auch aus verschiedenen Hierarchiestufen und mit verschiedenen Funktionen zusammengesetzt sein.

Beispiele für Komitees gleicher hierarchischer Ebene sind in einem Unternehmen mit mehreren Standorten beispielsweise eine Konferenz der Werksleiter, der Patentausschuß oder der Investitionsausschuß. Die Konferenz der Werksleiter beispielsweise kann der Kommunikation zwischen dem Vorgesetzten und den auf gleicher organisatorischer Stufe stehenden Werksleitern sowie ihrer Koordination dienen. Ein Patentausschuß, bestehend aus dem Forschungschef, dem Leiter des Ingenieurwesens, dem Patentanwalt und dem Marketingleiter hat dem Vorstand Vorschläge über die Anmeldung von eingereichten Patentvorschlägen und die Aufrechterhaltung von Patenten zu machen. Der Investitionsauschuß in einem Großunternehmen kann die Vorprüfung und Vorauswahl von Investitionsprojekten übertragen bekommen, um dem Vorstand nach eingehender Prüfung entscheidungsreife Projekte vorzuschlagen. Häufig auftretendes Beispiel für ein Komitee über mehrere Hierarchieebenen ist die sogenannte erweiterte Geschäftsleitung, meist bestehend aus der eigentlichen, gesetzlich erforderlichen Geschäftsführung selbst und wesentlichen Mitarbeitern der zweiten Ebene.

- Investitionsausschuß

- Erweiterte Geschäftsleitung

6.5.3 Teamorientierte Organisation

Wenn in einer Arbeitsorganisation die hierarchische Strukturierung aufgegeben wird, entsteht eine Gruppe ohne Hierarchie, die als Team bezeichnet wird. Mit dem Begriff „Teams" wird meistens die Vorstellung von autonomen, selbstregulierenden Arbeitsgruppen verbunden. Teams können für dauernde Aufgaben anstelle einer hierarchisch strukturierten Organisation eingesetzt werden. Man spricht dann von Teamarbeit oder Gruppenarbeit. Die Bedeutung von Gruppenkonzepten ist nicht unumstritten. Sie wird zwar als therapeutisches Mittel gegen Fremdbestimmung und Entfremdung von der industriellen Arbeit angesehen. Andererseits wird der eventuell im Team durch die Teammitglieder ausgeübte Leistungsdruck auf den einzelnen kritisiert. „Die Gruppe geht wesentlich brutaler mit ihren Mitgliedern um, als es je ein Meister wagen würde" [6.13]. Insbesondere im Zusammenhang mit modernen Organisationsformen, wie sie aus Japan zu uns kommen, wird die Gruppenarbeit als eines der wichtigsten Merkmale bezeichnet. Das Phänomen, daß Menschen in einer Gruppe mehr leisten, als wenn sie auf sich allein gestellt wären, wird in Japan besonders gepflegt [6.14]. Das japanische Selbstverständnis, nach dem nicht Einzelleistungen sondern nur der Erfolg der Gruppe zählen, verstärkt das sicher.

Teams werden für zeitlich begrenzte, ad hoc zu lösende Aufgaben insbesondere dann geschaffen, wenn es sich

- Teams als autonome, selbstregulierende Gruppen ohne Hierarchie

- Teamarbeit

- Teams für funktionsübergreifende Aufgaben

- Ein Team zur Lösung von Ad-hoc-Aufgaben nennt man auch Task-Force

- Leistungsvorteile von Teams

- Teams setzen bisher ungenutzte Energien frei

- Auch Teams müssen überwacht werden

um funktionsübergreifende Aufgaben handelt. Manchmal mit der Kompetenz, eine bestimmte Aufgabe selbständig zu lösen. In anderen Fällen sollen sie die Entscheidung für eine Lösung erarbeiten und dann bestimmten Instanzen zur Genehmigung vorschlagen. Solche Teams können über die Ressortgrenzen hinweg den Leistungsvorteil der Gruppe nutzen, insbesondere, wenn Mitarbeiter unterschiedlichen Fachwissens und unterschiedlicher Erfahrung zur Problemlösung beitragen müssen. Sie werden hierarchieübergreifend gebildet, um die Grenzen der Abteilungsbildung zu überwinden. Die genehmigende Instanz ist häufig wieder ein Team, gebildet aus den „höheren" Instanzen aller beteiligten Unternehmensfunktionen: ein „Leitungsausschuß". Ein für die Lösung von Ad-hoc-Aufgaben gebildetes Team nennt man auch Task-Force.

Neben dem Ausnutzen des Leistungsvorteils von Gruppen durch die Teilnahme von Mitgliedern verschiedener Funktionen aus dem Unternehmen oder mit verschiedenem Fachwissen ist wesentlicher Grund für die Bildung von Kollegien die Notwendigkeit der Konsensbildung.

Die Erfahrung mit Teams zeigt, daß durch Teamentwicklung bisher ungenutzte Energien freigesetzt werden können. Mit dem internen Wissen der Mitarbeiter unter Nutzung ihrer Erfahrungen lassen sich Arbeitsabläufe fast immer besser organisieren, als die Vorschriften dies verlangen. Nur hört den Mitarbeitern in der normalen Hierarchie meist niemand genug zu, um deren Erfahrungen in die Abläufe einzugliedern. Allein der Effekt, daß Mitarbeiter befragt werden, stärkt ihr Selbstwertgefühl, motiviert, sie haben mehr Spaß an der Arbeit, weil andere ihre Ideen aufgreifen und sie realisiert werden. Teams, die Erfahrung haben, sind in der Lage zu entscheiden, welche Maschinenausstattung sie benötigen, wieviele Personen für die Arbeit eingeplant werden müssen und wie groß die tägliche Leistung sein wird. Allerdings dürfen Teams auch nicht allein gelassen, sondern müssen auch überwacht werden. Es ist sicher förderlich, wenn sie von außen von Zeit zu Zeit über den Sinn ihrer Regelungen und Abläufe gefragt werden. Vorgesetzte, die ihre Arbeitsgruppen zu Teams entwickeln möchten, müssen zunächst akzeptieren, daß ihre Mitarbeiter das Recht haben müssen, Fehler zu machen, um zu lernen. Sie müssen selbst auch lernen, durch nichtdirektives Verhalten die Entwicklung des Teams eventuell zu einer teilautonomem Gruppe, die ihre Arbeit selbst regelt und sich selbst organisiert, zu fördern.

6.6 Kontrollspanne

Ein Kriterium für die Gliederung von Leitungsaufgaben in Organisationen wurde in der klassischen Organisationslehre als zentrales Problem angesehen: die Kontrollspanne. Synonyme Begriffe dafür sind Leitungsspanne, span of control, span of authority, span of supervision. Kontrollspanne: wieviele Mitarbeiter sind einem Vorgesetzten direkt unterstellt?

• „Klassisches" Problem der Organisation

Die Kontrollspanne gibt an, wieviele Untergebene einem Vorgesetzten direkt unterstellt sind. Sie beeinflußt die Breite der Stellenhierarchie. Bei gegebener Größe und Mitarbeiterzahl einer Organisation hängt auch die Zahl der Hierarchiestufen von der Kontrollspanne ab. In der Organisationslehre wurde mit dem Wunsch nach generellen Organisationsprinzipien ursprünglich der Versuch einer allgemein gültigen Aussage über eine optimale Kontrollspanne gemacht. Die Empfehlungen in der Literatur schwanken zwischen 3 und 30 direkt unterstellten Mitarbeitern, wobei am häufigsten die Zahl von 5 – 7 Personen genannt wird. Dabei hängt die Kontrollspanne von zwei interdependenten Gruppen von Einflüssen ab:

• Wieviele Mitarbeiter sind direkt unterstellt?

– den personenbezogenen Einflußgrößen, wie die physischen und psychischen Energien des Vorgesetzten, sein begrenztes Wissen, die Qualifikation und Kooperationsbereitschaft der Mitarbeiter sowie die notwendige Häufigkeit und Menge an Informationsaustausch zwischen Vorgesetzten und Mitarbeitern,
– den organisationsabhängigen Einflußgrößen wie der Grundstruktur der Organisation, Art der Aufgaben und ihrer Schwierigkeit, Umfang von Standardisierung und Formalisierung der Aufgaben, eingeräumtem Ver-

• Einflüsse personen- und organisationsbezogen

antwortungs- und Entscheidungsspielraum bei den Mitarbeitern.

6.7 Klassische Grundstrukturen

- Idealtypen und Partialmodelle

Nach der Strukturierung der Aufgaben ist auch die Festlegung der Leitungsbeziehungen ein wichtiges Problem. Es muß das Zusammenspiel der leitenden und der untergeordneten Stellen festgelegt werden. Dafür haben sich grundlegende Strukturtypen oder Konfigurationen entwickelt. Man kann Grundstrukturen für die Gesamtunternehmung und für Unternehmensteile, sogenannte Partialmodelle unterscheiden. Idealtypen kommen in der Praxis kaum in reiner Form vor.

- Grundstrukturen kommen nie in reiner Form vor

Die Grundstrukturen sind Idealtypen von Organisationen, die in der Praxis kaum in ihrer reinen Form, sondern meist als Mischformen vorkommen. Zunächst soll auf die klassischen Grundformen eingegangen werden. Praktische Erscheinungsformen für Gesamt- und Partialmodelle werden in Kapitel 6.11 behandelt. Klassische Grundstrukturen sind das Einliniensystem oder die Linienorganisation, das Mehrliniensystem oder die funktionale Organisation, die Stab-Linien-Organisation und die Matrixorganisation.

6.7.1 Die Linienorganisation

- Prinzip Einheit von Auftragserteilung

Bei der Linienorganisation, präziser ausgedrückt dem Einliniensystem, erhält jeder Mitarbeiter nur von einem einzigen Vorgesetzten Anweisungen, Aufgaben und Kompetenzen zugewiesen, sowie Entscheidungen und Weisungen übermittelt. Er ist eindeutig einem Vorgesetzten „unterstellt". Im englischen Sprachgebrauch heißt es „er berichtet" (reports to) an eine Stelle. Es ist jede Stelle nur durch eine einzige „Linie" mit ihrer vorgesetzten Instanz verbunden. „Auf der Linie" verlaufen auch die Berichtswege an die Vorgesetzten. Dieses Prinzip der „Einheit der Auftragserteilung" wurde 1925 bereits von Fayol [6.15] formuliert.

6.7 Klassische Grundstrukturen

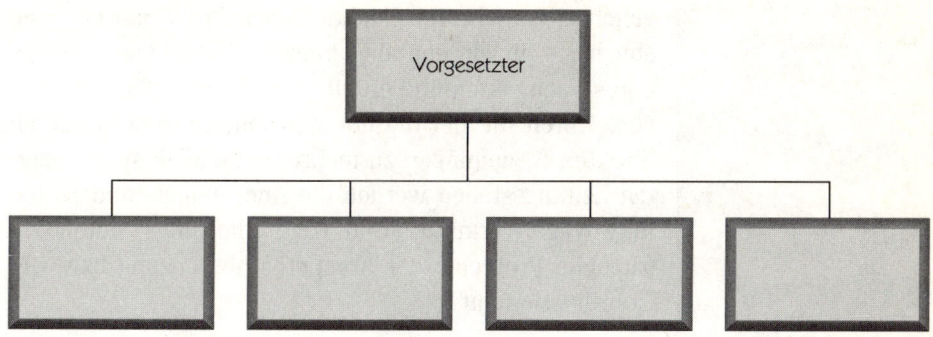

Bild 6.4: Schematische Grundstruktur des Einliniensystems

Die Linienorganisation ist somit durch eindeutige Unterstellungsverhältnisse und klare Kompetenzabgrenzung des Vorgesetzten gekennzeichnet. Die organisatorische Gesamtstruktur eines Einliniensystems kann handlungs- oder verrichtungsorientiert, also, nach Teilfunktionen, nach Produkten oder nach Regionen gegliedert sein. Wesentlich ist, daß sie nur nach einem einzigen Kriterium erfolgt. Man spricht daher von eindimensionalen Organisationsstrukturen.

- Klare Kompetenzabgrenzung in der Linienorganisation

6.7.2 Das Mehrliniensystem

An die Stelle des Prinzips der Einheit der Auftragserteilung treten beim Mehrliniensystem die Prinzipien der Spezialisierung, des direkten Weges und der Mehrfachunterstellung. Bereits Frederik W. Taylor unterstellte in seinem „Funktionsmeister-System" jeden Arbeiter

- Beziehungen zu mehreren, fachlich spezialisierten Vorgesetzten

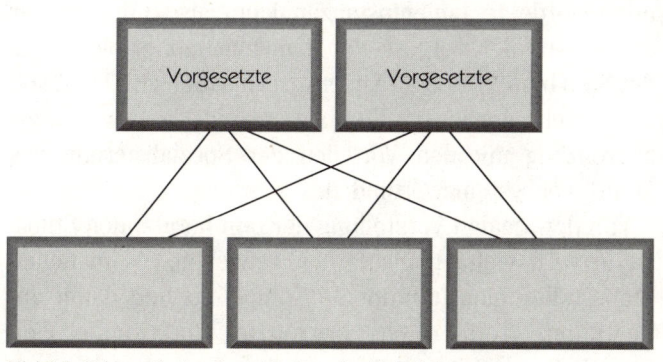

Bild 6.5: Schematische Grundstruktur des Mehrliniensystems

gleichzeitig mehreren Funktionsmeistern. Jeder der Meister hatte für ein eng abgegrenztes Spezialgebiet besonderes Fachwissen und erteilte nur diesbezüglich Weisungen. Durch die bei diesem Mehrliniensystem erlaubten direkten Beziehungen zu mehreren fachlich spezialisierten Leitungsstellen werden die Anordnungs- und Mitteilungswege verkürzt (Bild 6.5). Allerdings treten zusätzliche Probleme der Kompetenzabgrenzung bzw. der Koordination auf.

6.7.3 Die Stab-Linien-Organisation

- Unterstützung der vorgesetzten Instanz bei Teilaufgaben

Bei der Stab-Linien-Organisation geht man davon aus, daß in größeren Organisationen die Linieninstanzen bei der Vorbereitung von Entscheidungen und der Durchführung von Kontrollen überfordert sind. Das Liniensystem wird daher durch Stellen ergänzt, deren Aufgabe die Unterstützung und Entlastung der vorgesetzten Instanz bei Teilaufgaben ist. Das kann bei der Entscheidungsvorbereitung oder der Kontrolle gelten. Diese Einheiten werden Stabsstellen genannt.

- Begriff „Stab" kommt aus dem militärischen Bereich

Der Begriff „Stab" kommt aus dem militärischen Bereich, wo die oberste Leitung der einzelnen Waffengattungen über sogenannte Führungsstäbe verfügt. Ihre Aufgabe ist es, die leitenden Instanzen zu beraten und unterstützende Funktionen z.B. das Transportwesen, die Versorgung und das Nachrichtenwesen für die „kämpfende Truppe" zu übernehmen.

- Einflußnahme des Stabes nur mit Kompetenz der vorgesetzten Linieninstanz

Stabsstellen haben keine Weisungsrechte gegenüber den Stellen „der Linie". Die Einflußnahme eines Stabes auf untergeordnete Linieninstanzen kann also nur mit der Kompetenz der vorgesetzten Linieninstanz erfolgen, die der Stab berät. Die Stab-Linien-Organisation (Bild 6.6) soll die Vorteile der klaren Kompetenz- und Verantwortungsabgrenzung mit den Vorteilen der Spezialisierung des Mehrliniensystems verbinden.

- Funktionale Kompetenz

Von der idealen Vorstellung der rein beratenden Stabsstelle wird vielfach insofern abgewichen, als manchen Stabsstellen eine funktionale Kompetenz und damit auf bestimmte Teilbereiche begrenzte, funktionale Weisungsbefugnisse zugebilligt werden. In Industriebetrie-

6.7 Klassische Grundstrukturen

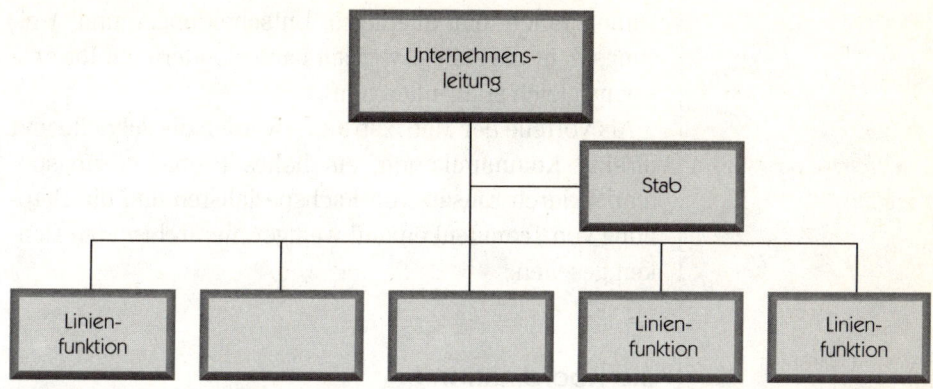

Bild 6.6: Grundstruktur Stab-Linien-System

ben findet man folgende Aufgaben in Stabsstellen angesiedelt: Unternehmensplanung, Controlling, Recht, Öffentlichkeitsarbeit, Steuern, Information, Statistik, Organisation, Personalwesen, Informationswesen und EDV, Forschung und Entwicklung, Marketing. Im Ressort Technik findet man insbesondere die Aufgaben Produktionsplanung, Werbung, Normung, Patente, Industrial Engineering, Dokumentation, Zeichnungskontrolle und Sicherheitswesen als Stabsabteilungen.

- Stäbe im Unternehmen

6.7.4 Die Matrixorganisation

Während bei eindimensionalen Organisationsformen die Differenzierung auf jeder Stufe der Hierarchie nach einem dominierenden Kriterium erfolgt, lassen mehrdimensionale Modelle die gleichzeitige Gliederung nach mehreren Kriterien zu. Bei der Matrixorganisation wird nach zwei Kriterien gleichzeitig und gleichrangig strukturiert. Man spricht daher von einer zweidimensionalen Organisationsstruktur. Die eine Dimension, kann nach Objekten, also z.B. nach Produktgruppen gegliedert sein. Die zweite Dimension kann sich in Funktionen gliedern, also etwa Forschung und Entwicklung, Beschaffung, Produktion, Vertrieb (Bild 6.7).

Die einzelne Instanz an den Schnittstellen dieser beiden Leitungssysteme erhält gleichrangig Anweisungen von beiden Dimensionen. Es ist also eine sehr sorgfältige Kompetenzabgrenzung nötig, da keiner der beiden

- Gliederung nach zwei Kriterien

- Sorgfältige Kompetenzabgrenzung nötig

- Vorteile der Matrixstruktur

- Koordination zur Überwindung der Schnittstellenprobleme

Dimensionen ein alleiniges Entscheidungs- und Weisungsrecht zugebilligt werden kann, sondern ein Interessenausgleich stattfinden muß.

Als Vorteile der Matrixstruktur werden die schnelle und direkte Kommunikation, ein hohes Problemlösungspotential durch Einsatz von Fachspezialisten und die Betonung von Teamdenken und weniger hierarchischem Denken gesehen.

6.8 Koordination

Differenzierung und Abteilungsbildung unterbrechen Zusammenhänge und schaffen künstliche Grenzen. Starke Differenzierung und eine hohe Abhängigkeit der dadurch entstandenen Stellen voneinander bei den Ar-

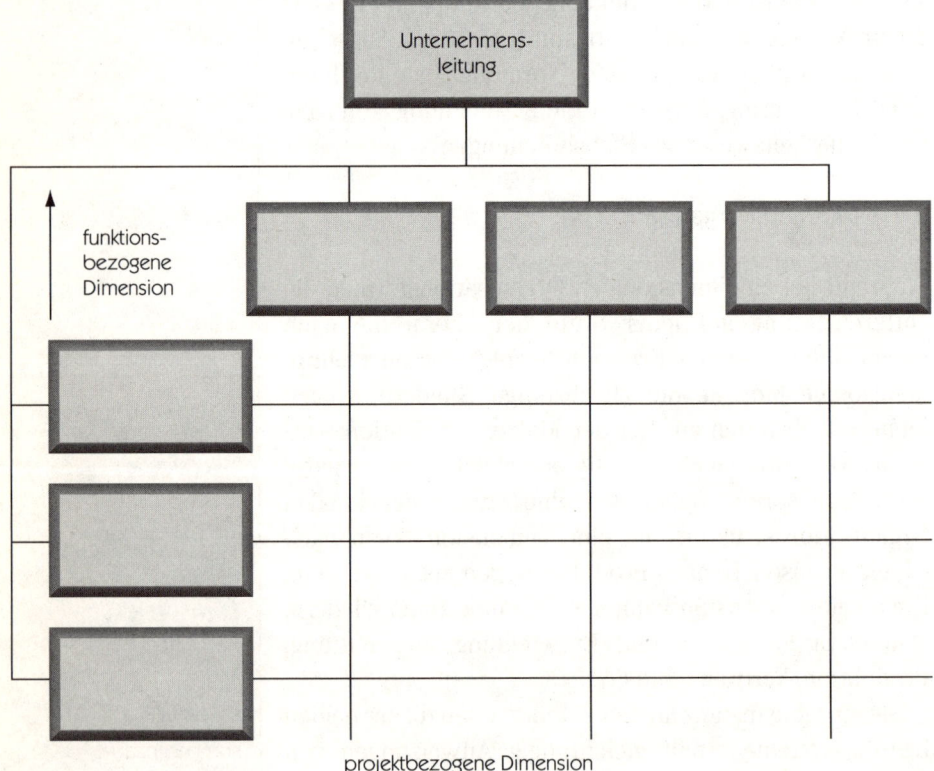

Bild 6.7: Schematische Grundstruktur des Matrixsystems

beits- und Entscheidungsprozessen erfordern eine Abstimmung ihrer Ziele und ihrer Tätigkeiten. Diese sachliche und personelle Abstimmung im Hinblick auf das Gesamtziel der Organisation nennt man Koordination.

Teilweise wird synonym mit dem Wort Koordination der Begriff Integration verwendet, obwohl im Sprachgebrauch unter Integration die Einbindung eines Elements in eine schon bestehende Gesamtheit und unter Koordination die Abstimmung mehrerer Elemente untereinander auf ein übergeordnetes Ziel hin verstanden wird. Koordination bzw. Abstimmung kann erfolgen [6.16] durch Regeln und Programme, Hierarchie, Planung, Selbstabstimmung.

• Integration synonym mit Koordination

Organisationen verlassen sich keinesfalls nur auf eines dieser Instrumente, sondern wählen eine angemessene Kombination, wobei sie meist Schwerpunkte setzen. Als Rückgrat der Koordination wird trotz aller Mängel nach wie vor der Hierarchie der Vorzug gegeben. Regeln und Programme finden Anwendung, wenn es gelingt Routinetätigkeiten zu identifizieren und generelle Richtlinien festzulegen. Planung in Form von strategischen und operativen Plänen hat ebenfalls Bedeutung. Ein Übermaß an Regeln und Planung führt allerdings zu Starrheit einer Organisation und wird als Bürokratisierung angesehen.

• Gefahr der Bürokratisierung durch Regeln und Programme

Die Koordination und die Überwindung der Schnittstellenproblematik wird in den taylorisierten und bürokratisierten Organisationen zunehmend als Hauptaufgabe des Management angesehen. Die Schnittstellenproblematik äußert sich wie folgt: Es müssen unterschiedliche Funktionsbereiche abgestimmt werden, die Unternehmensplanung ist stark in interdependente Teilplanungen aufgespalten und wichtige Informationsflüsse sind unterbrochen [6.17]. Es werden daher nicht nur verstärkt Instrumente zum Beherrschen der Schnittstellen, wie z.B. Prozeßkostenrechnung oder Benchmarking, eingesetzt. Vielmehr werden modernere, integrative Organisationsansätze wie team- oder geschäftsprozeßorientierte Strukturen zur Verringerung oder Vermeidung der Problematik gefordert.

• Vermeidung von Schnittstellen durch team- oder prozeßorientierte Ansätze

6.9 Kommunikationsstruktur

Wenn bei der Aufgabenverteilung verschiedenen Stellen Teilaufgaben zugewiesen werden, benötigen sie zur Aufgabenerfüllung Informationen in Form von Zielsetzungen, Entscheidungen und Anweisungen. Der Austausch von Informationen zwischen Entscheidungseinheiten wird Kommunikation genannt. Es entsteht also mit der Aufgabenverteilung eine bestimmte Kommunikationsstruktur. Mit der Leitungsaufgabe, die eine Anweisungsbefugnis einschließt, ergibt sich ein Kommunikationsweg zwischen dem Vorgesetzten und dem Untergebenen. Auf diesem Weg werden grundsätzlich Zielsetzungen, Entscheidungen und Anweisungen des Vorgesetzten, Berichte, Vorschläge sowie Rückmeldungen des Mitarbeiters übermittelt. Dieser Kommunikationsweg zwischen der leitenden und der untergebenen Stelle heißt der „Dienstweg" oder die „Linie".

- Kommunikationsweg zwischen leitender und untergebener Stelle: der „Dienstweg"

Es gilt als notwendig, daß alle wesentlichen Informationen, die im Rahmen der Aufgabenerfüllung an den Stelleninhaber gehen und den Verantwortungsbereich seines Vorgesetzten beeinflussen können, auf dem Dienstweg an ihn berichtet werden. Alle wichtigen Informationen an dritte Instanzen müssen ebenfalls über ihn geleitet werden. Grundgedanke ist dabei, daß der für alle Vorgänge in seinem Bereich verantwortliche Vorgesetzte zuerst und umfassend informiert sein will, damit Außenstehende keinen Wissensvorsprung haben. Diese in Hierarchien übliche Regelung macht bürokratische Organisationen von hoher Arbeitsteiligkeit schwerfällig und unflexibel.

- Informationspflicht gegenüber dem Vorgesetzten

Die Kommunikation in einer Organisation kann sich nicht nur auf die Übermittlung von Nachrichten auf dem Dienstweg und damit entsprechend der hierarchischen Struktur beschränken. Es gibt eine Menge von prozeßabhängigen Querinformationen, bei denen eine Stelle Informationen ohne Einschaltung des oder der gemeinsamen Vorgesetzten an eine andere Stelle auf der gleichen Ebene liefert. Dies sind häufig Routineinformationen bei den normalen Prozeßabläufen oder Informationen, die durch Entscheidungsinterdependenzen von mehreren Stellen auf gleicher Hierarchieebene ausgetauscht wer-

- Hierarchische Struktur und prozeßabhängige Querinformation

den müssen. Es gilt jedoch in bürokratischen Organisationen als erforderlich, daß alle wesentlichen Informationen an den Vorgesetzten berichtet werden müssen.

6.10 Die Macht- und Autoritätsstruktur

Die unterschiedliche Ausstattung von Stellen mit Informationen ist gleichbedeutend mit dem Besitz von Macht. Leitungsstellen mit ihrem Wissen um die Ziele und die Arbeitsergebnisse der ihnen unterstellten Einheiten haben hier einen natürlichen Vorsprung. Dazu kommt die Ausstattung der Leitung mit der Möglichkeit von Einflußnahme durch Zielsetzungen, Planungs-, Kontroll- und Entscheidungsfunktionen bezüglich der ihnen untergebenen Stellen. Diese formalen Machtverhältnisse führen zu einer Machtstruktur, die von der Aufgabendifferenzierung abhängt.

- Basis von Macht: Information

Unter Macht wird die Möglichkeit von Personen verstanden, auf die Handlungen anderer Personen einzuwirken [6.18]. Die Ausübung von Macht bedarf bestimmter Grundlagen, die der Machthaber zur Durchsetzung seines Willens heranziehen kann. Als Basen der Macht kann man unterscheiden: Macht durch Sanktionen, Macht durch Informationen, Macht durch Identifikation und Legitimität [6.19]. Die auf Sanktionen beruhende Macht umfaßt sowohl Bestrafungen wie auch Belohnungen. Zur Machtausübung genügt auch das Androhen, ja selbst das Vorhandensein entsprechender Erwartungen der Mitarbeiter. Durch Inaussichtstellen erwünschter Folgen, z.B. „Anreize" wie höhere Entlohnung, Lob, Entwicklungsmöglichkeiten oder die Androhung negativ bewerteter Folgen, nämlich Tadel, Entzug von Wohlwollen oder Entlassung, kann Einfluß genommen werden.

- Einflußnahme: Sanktionen, Informationen, Identifikation, Legitimität

Die Verfügung über Informationen ist eine weitere, bedeutende Machtbasis. Der Beeinflussende besitzt ein Potential von Wissen, das der Beeinflußte zur Erreichung seiner Ziele benötigt. Der „Machthaber" ist in der Lage, eine Selektion von Informationen zu treffen, sie – unter Umständen auch unbeabsichtigt – zu verfälschen oder

- Verfügung über Informationen als Machtbasis

ganz vorzuenthalten. Dadurch können Handlungsalternativen unausweichlich erscheinen oder es kann die Überzeugung beim Beeinflußten hervorgerufen werden, es gäbe nur die ihm bekanntgegebene Alternative.

- Informationsmacht des Vorgesetzten

Für die mit der Aufgabendurchführung betraute Stelle ist daher die Informationsmacht des Vorgesetzten ein zentraler Einfluß. Sie basiert auf der Information darüber, was überhaupt erreicht werden soll, also das Wissen um die Ziele der Organisation und auf welche Art und Weise und mit welchen Mitteln die vorgegebenen Ziele erreicht werden können: auf Sachkenntnis.

- Sachkenntnis als Machtbasis untergeordneter Instanzen

Die Machtbasis der Sachkenntnis kann aber auch von untergeordneten Instanzen, also Mitarbeitern, gegenüber ihren Vorgesetzten eingesetzt werden. Denn vielfach hat der Vorgesetzte nicht die Sachkenntnis seiner Mitarbeiter und ist dadurch auf sie angewiesen. Bei schwacher Führung durch den Vorgesetzten können das die Mitarbeiter durchaus ausnützen. Identifikation als weitere Machtbasis entsteht durch die Bereitschaft des Beeinflußten, einem Vorbild nachzueifern. Ist das Vorbild erst einmal akzeptiert, kann auf andere Machtbasen weitgehend verzichtet werden. Die Beeinflußten übernehmen Wertmaßstäbe und die Handlungstendenzen der Bezugsperson. Die Annäherung des eigenen Verhaltens an das Verhalten der Bezugsperson wirken oftmals in sich selbst schon befriedigend. Der Glaube an die Legitimität führt zu ähnlicher Bereitschaft: hier ist der Beeinflußte bereit, dem Beinflussenden freiwillig ein Recht auf Machtausübung zuzugestehen und dessen Anordnungen zu folgen. Autorität wird heute in der Organisatonslehre als Begriff für legitime Macht verwendet. Das Fehlen der Legitimitätsbasis wird häufig als Unterschied zwischen Macht und Autorität angesehen [6.20].

- Identifikation durch die Bereitschaft einem Vorbild nachzueifern

- Legitimität: freiwillig zugebilligte Macht

6.11 Organisationsformen in der Praxis

- Grundstrukturen in der Praxis selten reinrassig

Die organisatorischen Grundstrukturen werden in der Praxis selten reinrassig verwirklicht. Meistens sind Kompromisse aus historischen, personellen und praktischen Gründen nötig. Es gibt keine absoluten Vorteile der ein-

6.11 Organisationsformen in der Praxis

zelnen Grundstrukturen, sondern nur Vorteile im Hinblick auf bestimmte Anforderungen oder Situationen.

6.11.1 Handlungsorientierte Organisationen

In der Organisationspraxis wird der Begriff „funktionale", funktionsorientierte, handlungsorientierte oder verrichtungsorientierte Organisation verwendet. Nach dem Prinzip der Arbeitsteilung werden gleichartige Handlungen (Funktionen) unter einer gemeinsamen Leitung zusammengefaßt um dadurch ein Maximum an Leistung freizusetzen. Bei kleineren Firmen führte dieses Organisationsprinzip in Deutschland zu der klassischen Trennung in technische und kaufmännische Funktionen und der entsprechenden Teilung der Unternehmensleitung. Die handlungsorientierte Organisation ist die am häufigsten in kleineren Unternehmen vorkommende Organisationsform. Ein Maschinenbaubetrieb kann beispielsweise in die Funktionen Entwicklung und Konstruktion, Materialwirtschaft, Fertigung, Vertrieb und Verwaltung gegliedert sein (Bild 6.8). Auch Großunternehmen mit einem nicht sehr breit diversifizierten Programm können nach dem funktionalen Gliederungsprinzip organisiert sein.

- Prinzip der Arbeitsteilung: Gleichartige Handlungen zusammengefaßt

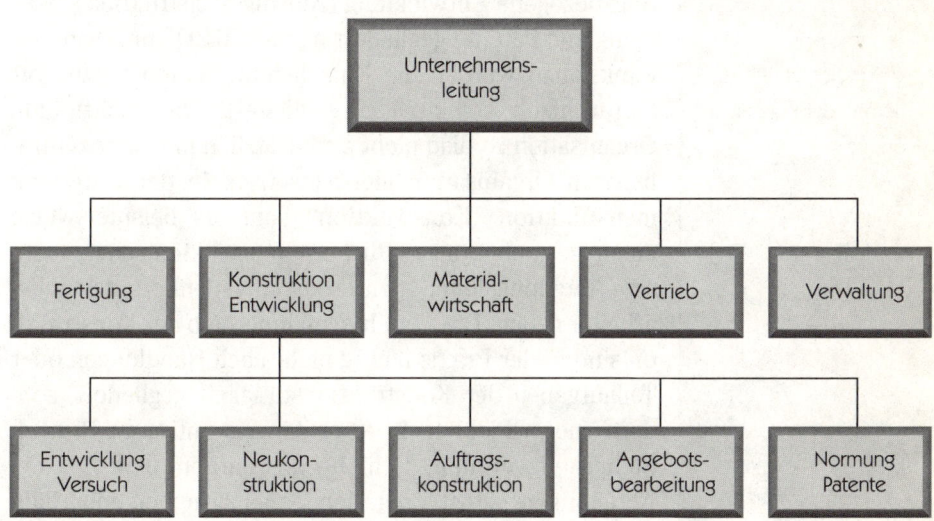

Bild 6.8: Verrichtungsorientierte Organisation eines Maschinenbauunternehmens.

- Vorteile

- Nachteile

- Funktionale Strukturierung der Konstruktion

Handlungsorientierte Organisationsformen sind anzuraten bei Gemeinsamkeiten in den Hauptfunktionen für alle Produkte, so daß das Wissen der Führungskräfte über die von ihnen verantworteten Funktionen für alle Aktivitäten genutzt werden kann, bei relativ geringer Dynamik der Entwicklung der Geschäftstätigkeit, so daß Zeit zur Koordinierung besteht, bei keinem zu breiten und diversifizierten Programm und bei einem nicht gleichzeitig zu großen Unternehmen.

Die Nachteile handlungsorientierter Organisationsformen bestehen in der Gefahr der Überlastung der Führungskräfte durch zu viele erforderliche Koordinationsaufgaben und der Orientierung der Führungskräfte, Ihre Qualifikation in ihrem Funktionsbereich zu beweisen. Damit besteht die Gefahr von Ressortegoismus, d.h. die Versuchung der Überbewertung der eigenen Aufgaben im Vergleich zu denen der anderen Fachbereiche.

6.11.2 Organisation der Konstruktion

Auch in Teilbereichen von Unternehmen wird häufig nach Funktionen gegliedert. Die Konstruktion kann z.B. wie in Bild 6.8 dargestellt in Entwicklung und Versuch, Neukonstruktion, technische Angebotsbearbeitung, kundenauftragsbezogene Entwicklung (Auftragskonstruktion), Normung und Patente gegliedert werden [6.21]. Innerhalb der Funktionen werden die Entscheidungskompetenzen oft hierarchisch strukturiert gegliedert. Die funktionale Organisation ist also nicht grundsätzlich mit einer zentralisierten Organisation gleichzusetzen. In der Unternehmensfunktion „Konstruktion" kann es beispielsweise einen gesamtverantwortlichen Konstruktionschef, mehrere Abteilungsleiter, mehrere Gruppenleiter und Sachbearbeiter geben. Die Abteilungen innerhalb der Konstruktion sind in der Praxis häufig nicht nach Handlungen oder Teilaufgaben der Konstruktionstätigkeit gegliedert, sondern nach Objekten. In einer Armaturenfirma z.B. nach Sicherheitsventilen, Schiebern, Ventilen usw. In den Abteilungen selbst oder den Arbeitsgruppen innerhalb der Abteilungen ist durchaus wieder ein handlungsorientiertes Gliederungsprinzip möglich, z.B. in die Teilfunktionen Entwurf, den sich der Gruppenleiter vorbehält, Berechnung, Zusammenstellungszeichnung, Schwindmaßzeichnung und Einzelteilzeichnungen.

6.11.3 Stab-Linien-Organisationen

In der Praxis haben alle größeren Unternehmen in mehr oder weniger klarer und ausgeprägter Form Stäbe. Die Stabsstellen höherer Instanzen sind dabei den Stabsstellen hierarchisch unterer Instanzen fachlich vorgesetzt oder verfügen zumindest über eine Richtlinienkompetenz, durch die sie indirekt auch die unteren Stabsstellen beeinflussen. Ein Beispiel ist in einem Großunternehmen der zentrale Stab der Qualitätskontrolle. Dieser Stab gibt Richtlinien an die Kontrollstäbe der Werke über Art und Weise der anzuwendenden Prüfverfahren und Prüfungen heraus.

- Stabsstellen in den meisten Großunternehmen zur Unterstützung

Nach diesem Vorbild wurde in der englischsprachigen Organisationslehre die Unterscheidung zwischen „line" und „staff" getroffen. Linienstellen in diesem Sinne sind diejenigen Stellen, die unmittelbar mit der Erfüllung der Hauptaufgabe einer Organisation befaßt sind. Alle übrigen Stellen, die diese Linienstellen unterstützen, und damit nur indirekt der Erfüllung der Hauptaufgabe dienen, werden unter dem Begriff „staff" zusammengefaßt [6.16]. In der deutschen Unternehmenspraxis wird der Begriff des „Stabes" enger gefaßt: zum Unterschied von Linieninstanzen hat ein Stab keine Entscheidungs- und keine Weisungsbefugnisse. Dies gilt insofern, als der Stab nur Entscheidungshilfen für die Linienstellen liefert, denen er zuarbeitet. Er entscheidet jedoch nicht endgültig über den Einsatz der von der Linieninstanz zu verantwortenden Ressourcen. Wenn ein Planungsstab die Realisierung einer Investition als wirtschaftlich empfiehlt, so hat die Linieninstanz ihre Durchführung unter Einsatz eigener oder fremder personeller und finanzieller Ressourcen zu entscheiden.

- Linienstellen Hauptaufgabe einer Organisation

Stabsstellen als Leitungshilfsstellen können Teilaufgaben einer bestimmten Instanz erfüllen, wie z.B. der Assistent, der zur arbeitsmäßigen Entlastung seines

- Zentrale Qualitätskontrolle als Beispiel

- Richtlinienkompetenz der zentralen Unternehmensplanung

- Typische Stäbe: Recht, Personal, Interne Revision, Organisation, Unternehmensplanung

Chefs beitragen soll. In Großunternehmen kann die Qualitätskontrolle eine typische zentrale Stabsfunktion sein. Dieser Stab entwickelt ein Qualitätssicherungskonzept, formuliert die zentrale Qualitätspolitik, gibt Richtlinien an die Kontrollstäbe der Werke über Art und Weise der anzuwendenden Prüfverfahren heraus und unterstützt die Linienfunktionen bei der Einführung und Verbesserung von Techniken der Qualitätsarbeit.

Planungsstäbe übernehmen für die Linieninstanzen in vielen Großunternehmen zumindest vorbereitend z.B. die Managementfunktion „Planen". Beispiel auf der Ebene des Gesamtunternehmens ist die zentrale Unternehmensplanung, die als Stab der Unternehmensleitung zugeordnet ist. Auf der Ebene der nachgeordneten Unternehmenseinheiten, z.B. der Werke oder Sparten, können entsprechende Planungsstäbe existieren. Deren Aufgabe ist es, für ihre Instanzen die Planung durchzuführen und die Pläne nach Genehmigung durch die vorgesetzte Linieninstanz an den zentralen Planungsstab des Gesamtunternehmens weiterzuleiten. Dort werden die Pläne aller Einheiten bearbeitet, miteinander abgestimmt und zur Genehmigung durch die Gesamtleitung vorbereitet. Daraus ergibt sich eine gewisse Richtlinienkompetenz des zentralen Stabes der Gesamtunternehmensleitung. Er legt fest, in welcher Form, mit welchen Hilfsmitteln und bis wann die Planungen durchzuführen sind. Man spricht hier auch von funktionalen Weisungsbefugnissen im Hinblick auf die Art und Weise, wie die „Unternehmensplanung" durchzuführen ist. Als weitere typische Stabsfunktionen werden häufig die Rechtsabteilung, die Personalabteilung, die Steuerabteilung, die interne Revision, Organisationsabteilung, Public-Relations-Abteilung, EDV-Abteilung, Marktforschungs- und Werbeabteilung bezeichnet. Ein Beispiel für eine Stab-Linien-Organisation eines Maschinenbaubetriebes zeigt Bild 6.9.

6.11.4 Fertigungsorganisation im Maschinenbau

In der Produktion von Maschinenbaubetrieben haben sich in Abhängigkeit vom Fertigungsprogramm besondere Organisationsformen herausgebildet. Dabei spie-

6.11 Organisationsformen in der Praxis

len sowohl technische Einflüsse von der Art der Produkte und der eingesetzten Technologie her, als auch Markteinflüsse im Hinblick auf Produktionsprogrammm, verkäufliche Stückzahlen, Sonder- und Anpassungswünsche der Kunden eine Rolle. Daraus ergeben sich für das Unternehmen bei der Gestaltung der Produkte bezüglich Anwendbarkeit von Baukastensystemen, Variantenvielfalt, Vorfertigungsgrad, Flexibilität und Anpassungsfähigkeit an Kundenwünsche eine Reihe von Konsequenzen. Für die Organisationsform sind besonders wirtschaftliche Einflußgrößen wichtig, die sich aus dem Wiederholcharakter oder Stückzahlcharakter einer Fertigung ergeben [6.21].

- Besondere Organisationsformen in der Produktion des Maschinenbaus

Bei Einzelfertigung wie etwa im Vorrichtungsbau, beim Bau von Chemieanlagen, im Schiffbau und beim Reaktor-

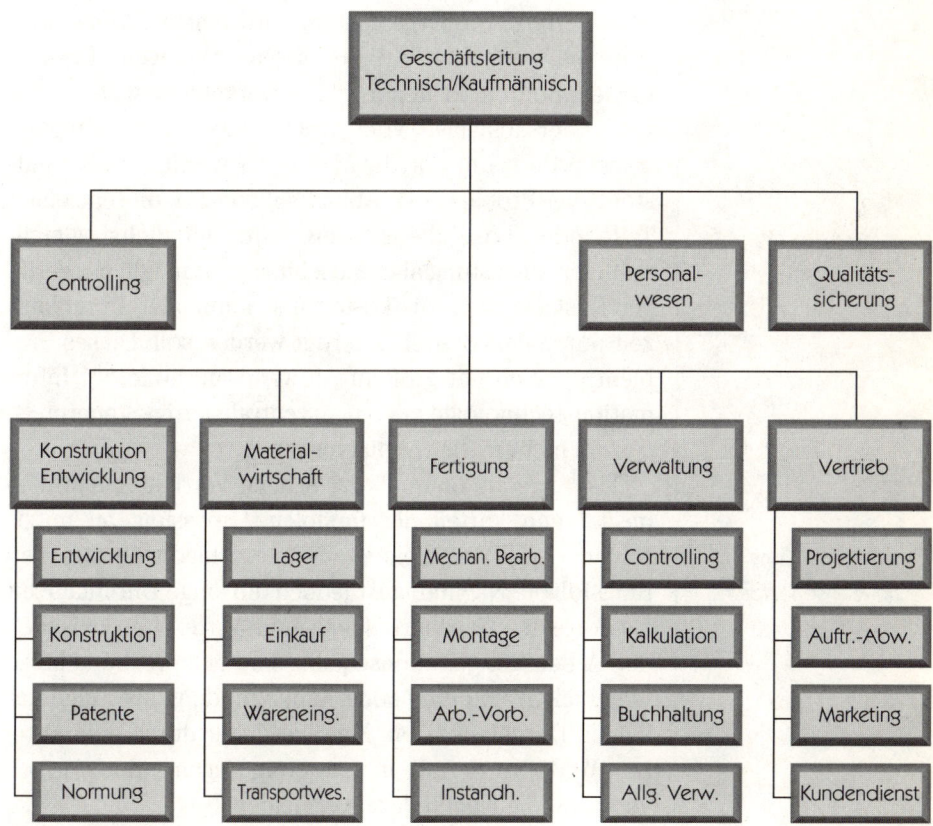

Bild 6.9: Stab-Linien-Organisation einer Maschinenbaufirma.

- Einzelfertigung

- Variantenfertigung

- Werkstättenfertigung nach dem Verrichtungsprinzip

- Probleme der Fertigungssteuerung

- Nachteile des Verrichtungsprinzips

bau wird nur ein Stück hergestellt. Durch den Zwang zur Rationalisierung strebt man auch hier möglichst Wiederholfertigung an, bei der zumindest Bausteine wiederverwendet werden, wenn schon nicht zeichnungsgleich geliefert werden kann.

Bei baukastenmäßiger Gestaltung von Varianten desselben Grundtyps spricht man von Variantenfertigung. Beispiele sind Antriebe, Elektromotoren, Kreiselpumpen, Kompressoren. Bei praktisch ununterbrochener Fertigung identischer Teile und Erzeugnisse handelt es sich um Massenfertigung.

Die Organisation nach dem Verrichtungsprinzip, auch Werkstättenfertigung genannt, ordnet die Arbeitsplätze nach den Bearbeitungsverfahren bzw. -schritten z.B. in bestimmte Werkstätten. Arbeitsteilung und Zusammenfassung einzelner Bearbeitungsschritte ist also das wesentliche Merkmal der angestrebten wirtschaftlichen Optimierung. Die Organisation wird beispielsweise ausgerichtet nach den Arbeitsgängen: Ablängen, Drehen, Fräsen, Bohren, Prüfen usw. Die Werkstücke werden einzeln oder losweise von Arbeitsplatz zu Arbeitsplatz transportiert, um dort bearbeitet zu werden. Dabei entsteht das Problem der Ablaufplanung für die einzelnen Teile oder Lose derart, daß unter möglichst gleichmäßiger Auslastung aller Maschinen, mit möglichst geringer Rüstzeit bzw. Rüstkosten und minimaler Durchlaufzeit durch den Betrieb gefertigt werden soll. Dieses Problem ist auch mit großem Aufwand an moderner Informationstechnologie mit einem zentralisierten Steuerungssystem nicht mehr optimal lösbar.

Das lange als optimal angesehene Verrichtungsprinzip besitzt den Vorteil der flexiblen Anpassung an unterschiedliche Werkstücke und unterschiedliche Bearbeitungsfolgen. Nachteilig ist jedoch die lange Durchlaufzeit als Folge der Transport-, Liege- und Wartezeiten zwischen den Arbeitsgängen. Konsequenz sind entsprechend lange Lieferzeiten und eine hohe Kapitalbindung als Folge der langen Durchlaufzeiten. Man hat daher durch den härteren Wettbewerb mit moderneren Organisationsformen versucht, die Nachteile zu vermeiden.

6.11 Organisationsformen in der Praxis

Bei der Fließfertigung ist die Fertigung selbst, d.h. die Anordnung der Maschinen sowie die Abgrenzung der Verantwortungsbereiche nach dem Herstellungprozeß, d.h. der Bearbeitungsfolge des Erzeugnisses, gegliedert. Dies kann im einfachsten Fall durch entsprechende Anordnung der Maschinen für die einzelnen Arbeitsgänge erfolgen. Als weitere Stufe wird eine Verkettung der Maschinen durch Fördervorrichtungen angestrebt, was eine Abstimmung der Bearbeitungszeiten der einzelnen Arbeitsgänge bedingt. Darüber hinaus darf das Teilespektrum nicht zu breit sein.

- Fließfertigung

Das reine Fließprinzip bei der Massenfertigung „am Band" ist durch sehr kurzen Durchlauf der Teile abhängig von der Geschwindigkeit des Bandes gekennzeichnet. Nachteil ist jedoch, daß die Bandanlage auf gleiche Teile ausgerichtet ist und bei Änderungen nur mit großem Aufwand umgerüstet werden kann.

- Reines Fließprinzip bei der Massenfertigung

Eine werkstattorientierte Struktur zeigt Bild 6.10. Die Fertigung ist in Haupt- und Hilfsbetriebe gegliedert. Die Arbeitsvorbereitung und die Qualitätssicherung sind als Stäbe ausgegliedert. In der Funktion „Arbeitsvorbereitung" sind alle Aufgaben zusammengefaßt, die mit Maß-

- Die werkstattorientierte Struktur

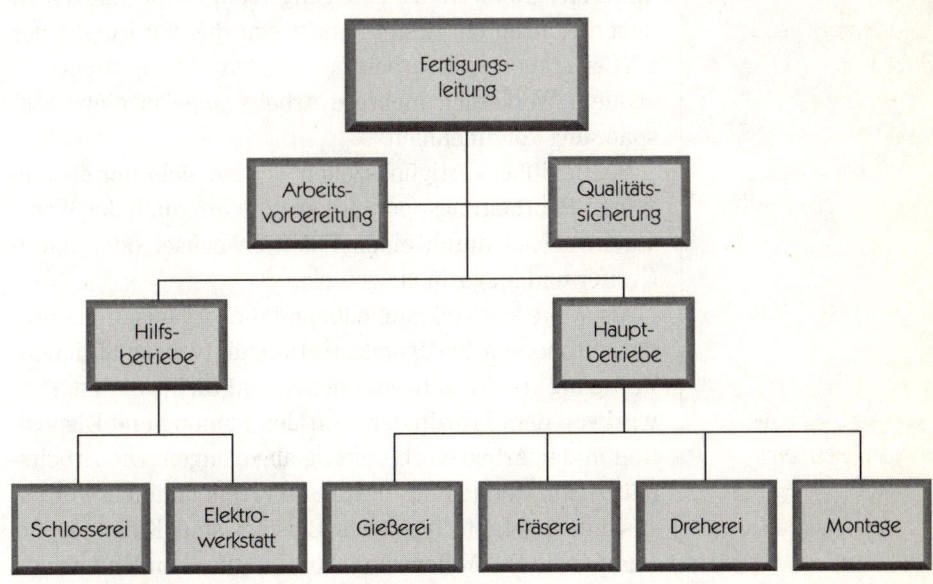

Bild 6.10: Werkstattorientierte Organisationstruktur

- Alle planenden Funktionen

- Qualitätssicherung

- Neue Konzepte

- Bearbeitungszentren

- Flexible Fertigungszellen

- Autonome Fertigungsinsel: Dezentralisierung von Planungsaufgaben

nahmen der methodischen Arbeitsplanung und Arbeitssteuerung ein optimales Ergebnis erreichen sollen. Es ist die Planungsfunktion weitgehend den Linienverantwortlichen, z.B. den Meistern in der Fertigung entzogen und zentralisiert. Die Arbeitsvorbereitung wird wiederum in Arbeitsplanung und Arbeitssteuerung eingeteilt (REFA) [6.22]. Im Rahmen der Arbeitsplanung werden alle einmaligen Planungsmaßnahmen zur wirtschaftlichen Fertigung eines Werkstückes, die Planung des Arbeitsablaufes, die Wahl der Fertigungsmittel, die Ermittlung der Vorgabezeiten usw. durchgeführt. Die Arbeitssteuerung hat das vom Vertrieb vorgegebene Fertigungsprogramm optimal abzuwickeln und Störungen durch entsprechende Maßnahmen wie Auswärtsvergabe, Zukauf oder Überstunden auszugleichen.

Die Qualitätssicherung – die Managementfunktion „Kontrolle der Fertigung"- wird häufig als Stab oder als parallele Linienfunktion dargestellt. Für sie wird meistens noch das Prinzip der Trennung von Ausführung und Kontrolle als wesentlich angesehen, d.h. sie darf nicht dem für die Fertigung Verantwortlichen unterstellt sein.

Der Zwang zu kürzeren Durchlaufzeiten und damit zu höherer Wirtschaftlichkeit und die Entwicklung der Mikroelektronik in der Fertigungstechnologie führten zu neuen Konzepten. Erster Schritt war das Vordringen der CNC-gesteuerten Bearbeitungszentren, die es erlaubten, an dem Werkstück mehrere Arbeitsgänge in einer Aufspannung vorzunehmen.

Bei flexiblen Fertigungszellen werden nicht nur die einzelnen Bearbeitungsoperationen sondern auch der Werkstückwechsel durch einen Palettenwechsel oder durch Greifer und Magazin ausgeführt.

Als Weiterentwicklung entstand die Organisationsform der autonomen Fertigungsinsel für die wirtschaftlichere Fertigung von Einzelwerkstücken und Kleinstserien. Hier wird von dem Prinzip der zentralen Planung und Disposition in der Arbeitsvorbereitung abgegangen. Die Arbeitsplätze zur Herstellung bestimmter Teilefamilien werden zusammengefaßt. Typisches Beispiel sind Kleinteile für Pumpen, z.B. Wellenschutzhülsen, die kundenwunschabhängig und auftragsbezogen als Kleinteile kurzfristig

6.11 Organisationsformen in der Praxis

gefertigt werden müssen. Alle sonst bisher zentral zusammengefaßten Aufgaben werden dezentral von den Mitarbeitern der Insel erledigt, z.B. Materialbeschaffung, Programmierung, Kapazitätsauslastung, Fortschrittsüberwachung, Werkzeug- und Vorrichtungsverwaltung, Arbeitsplanung, Terminsteuerung, Qualitätssicherung, Instandhaltung und Werkzeugverwaltung. Die Mitarbeiter sind für die wöchentlich vorgegebenen Auftragsbestände und insbesondere für die Termineinhaltung voll verantwortlich. Diese Fertigungsinsel arbeitet flexibler als jede zentral verwaltete Fertigungsorganisation und erlaubt Senkung der Durchlaufzeiten bis zu 40 %. Mit dieser Strukturierung, insbesondere der sonst arbeitsteilig getrennten und an anderer Stelle der Hierarchie zusammengefaßten planenden Funktionen, soll ein Maximum an Aufgaben, Verantwortung und Entscheidungsfreiheit vor Ort in überschaubare Einheiten dezentralisiert werden. Sie haben mit allen Aspekten eines Kundenproblemes zu tun, stehen in direktem Kontakt mit dem Kunden und sind daher auch viel kundenorientierter, als das in herkömmlichen Strukturen möglich ist. Dies und die in der teamorientierten Arbeitsatmosphäre einfachere und leichter mögliche Kommunikation machen die Einheiten wirtschaftlicher und für die Mitarbeiter fordernder und motivierender. Das Konzept der Fertigungsinseln verlangt ein Überdenken der Aufgaben der „indirekten", also der planenden und verwaltenden Funktionen, die traditionell dachten, daß Spezialisten in den einzelnen funktionalen Abteilungen dies effizienter können müßten.

Eine Weiterentwicklung des Konzeptes der Fertigungsinsel führte zu Umgestaltungen in Maschinenbauunternehmen, die Fertigungsinseln produktorientiert organisierten. Insel I fertigt alle rotationssymmetrischen Teile und montiert vor, Insel II fertigt alle Gehäuse, Insel III besorgt die Montage aller Produkte. Dadurch werden produktorientiert Prozeßketten gebildet mit kleinen, überschaubaren Regelkreisen, die zu schnelleren Durchlaufzeiten, geringeren Beständen und größerer Flexibilität führen.

Noch stärker teamorientierte Strukturen fassen als „Vertriebs- oder Logistikinseln" auch noch die Funktio-

- Ein Maximum an Aufgaben, Verantwortung und Entscheidungsfreiheit vor Ort

- Weiterentwicklung in Form produktorientierter Prozeßketten

Margin notes:
- Vertriebs- oder Logistikinseln
- Flexible Fertigungssysteme als weiterer Fortschritt
- Flexible Fertigungskonzepte haben Folgen für Aufgabenverteilung
- Gliederung nach Produktgruppen

---

nen Angebotserstellung, kundenbezogene Auftragskonstruktion, Auftragsabwicklung und Materialbeschaffung zusammen.

Ein weiterer Fortschritt in der Fertigungstechnologie des Maschinenbaus ist das flexible Fertigungssystem (FFS). Es besteht wie die Fertigungszelle aus mehreren Maschinen, verfügt aber über eine Computer- und Softwarekapazität, die weit über die einer flexiblen Fertigungszelle hinausgeht. Durch Algorithmen für die Werkstückerkennung und ein hochwertiges Transportsystem ist eine variable und optimierte Zuführung der Werkstücke möglich. Flexible Fertigungssysteme ermöglichen kurze Rüstzeiten und besitzen damit hohe Variantenflexibilität. Die Überlegenheit der FFS gegenüber einer herkömmlichen Fertigungstechnologie liegen in der Verkürzung der Durchlaufzeiten um bis zu 70 % [6.13]. Das führt zu einer drastischen Verringerung der Bestände in Produktion und Fertigwarenlager. Es müssen weniger Teile auf Vorrat gefertigt werden. Erst wenn der Markt weitere Teile benötigt werden sie produziert. Dies erhöht die Effizienz und veringert das Lagerhaltungsrisiko.

Die Einführung neuer flexibler Produktionstechnologien erfordert ein Überdenken bisher üblicher Organisationskonzepte und eine Entscheidung für anpassungsfähige Strukturen. Das Zusammenwachsen bisher getrennter Funktionsbereiche und die Autonomie von selbständig operierenden Fertigungszellen und -inseln haben Auswirkungen auf die Aufgaben- und Kompetenzverteilung der Leiter dieser Bereiche z.B. Meister, Anlagenführer, die immer mehr Generalisten sein und zusätzliche Personalführungsaufgaben beim flexiblen Einsatz von Mitarbeitern und unternehmerische Aufgaben hinsichtlich Termin-, Auftrags- und Qualitätsverantwortung übernehmen müssen.

6.11.5 Objektorientierte Organisation

Das Strukturierungsprinzip einer Organisation kann sich auch an Objekten, d.h. an Produkten, Produktgruppen oder Kundengruppen orientieren. Dann spricht man von objektorientierter Struktur. Als Beispiel einer Teilorgani-

6.11 Organisationsformen in der Praxis

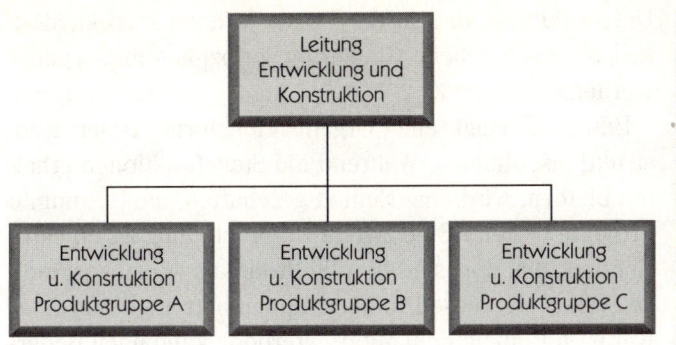

Bild 6.10: Die Organisation einer Konstruktionsabteilung nach Objekten.

sation zeigt Bild 6.10 eine objektorientierte Konstruktionsabteilung.

Eine solche Organisation kann sich durchaus auch in eine objektorientierte Stab-Linien-Form weiterentwickeln, wenn die Größe der Abteilung und die Art der Aufgaben die Ausgliederung von Teilfunktionen wie die Auftragsvorbereitung und Terminverfolgung, sowie Planung, Organisation und Dokumentation verlangen (Bild 6.11). Die interne Gliederung der einzelnen objektorientierten Unterabteilungen ist nach den Funktionen Entwicklung und Konstruktion erfolgt. Es zeigt sich hier an der Teilorganisation eines

• Gliederung der Konstruktion nach Produkten und intern dann nach Funktionen

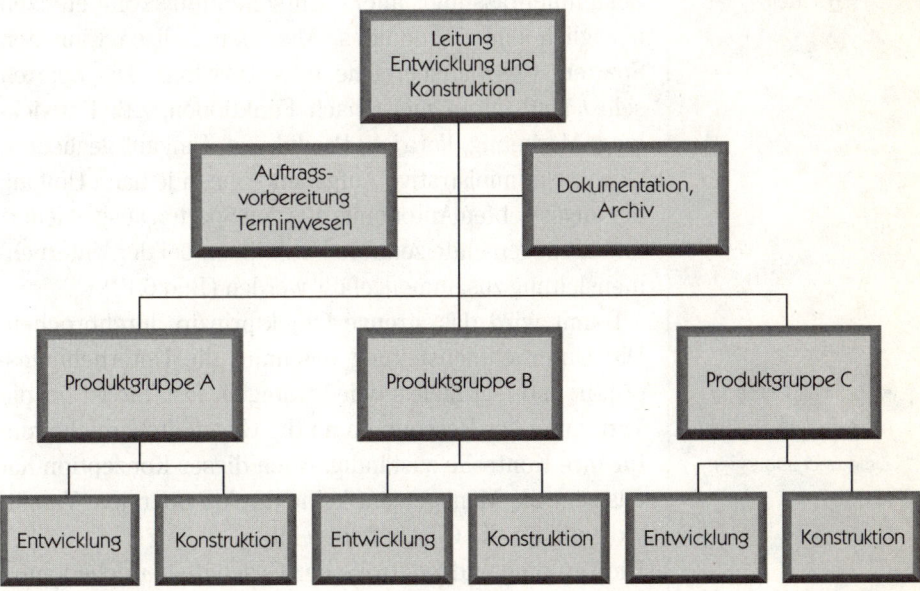

Bild 6.11: Organisation einer Konstruktionsabteilung mit Stabsfunktionen.

Unternehmens, daß in der Praxis je nach Zweckmäßigkeit unterschiedliche Gliederungsprinzipien angewendet werden.

Bild 6.12 zeigt eine Organisationsform dieser Konstruktionsabteilung. Während die Stabsfunktionen erhalten bleiben, wird eine Einheit geschaffen, die bestimmte Projekte betreut. Eine zweite Unterabteilung ist objektorientiert, d.h. dort sind für alle Produktgruppen zuständige Stellen, die diese Produktgruppen betreuen. Aus einer weiteren Einheit, dem Mitarbeiterpool, kann nach Bedarf Personal Projekten größeren Umfanges oder besonderen Aufgaben bei Betreuung von Produktgruppen zugeordnet werden. Dadurch wird im Hinblick auf sich ändernde Kapazitätsanforderungen Flexibilität geschaffen.

6.11.6 Die Geschäftsbereichsorganisation

Wenn sich die Organisationsstruktur des Gesamtunternehmens nach Produkten, Produktgruppen, Abnehmerbereichen oder Regionen orientiert und damit objektbezogen ist, spricht man von divisionaler Sparten- oder Geschäftsbereichsorganisation. In der zweiten Hierarchieebene erfolgt bei dieser Organisationsform eine Zusammenfassung aller Entscheidungskompetenzen bezüglich eines Produktes. Man nennt diese Einheiten Sparten, Geschäftsbereiche oder Divisions. Die Sparten selbst sind intern meist nach Funktionen, z.B. Entwicklung, Marketing, Vertrieb, Produktion, Einkauf gegliedert. Gewisse administrative Aufgaben können je nach Umfang der angestrebten Autonomie aus den Sparten ausgegliedert und als sogenannte zentrale Funktionen bei der Unternehmensleitung zusammengefaßt werden (Bild 6.13).

Damit wird das strenge Objektprinzip durchbrochen. Die Unternehmensleitung bestimmt die Unternehmenspolitik und legt Ziele sowie Strategien fest. Sie ist für die Verteilung der Ressourcen an die Geschäftsbereiche und für ihre Kontrolle zuständig. Nach dieser Konzeption hat das zentrale Management keine direkte operative Verantwortung für die Geschäftsbereiche.

Die Lenkung und Kontrolle der Geschäftsbereiche kann nach verschiedenen Konzepten erfolgen, dem Cost-Cen-

- Weitere Entwicklung zu größerer Flexibilität

- Gesamtunternehmen nach Produkten gegliedert

- Zentrale Unternehmensleitung legt Ziele und Strategien fest

6.11 Organisationsformen in der Praxis

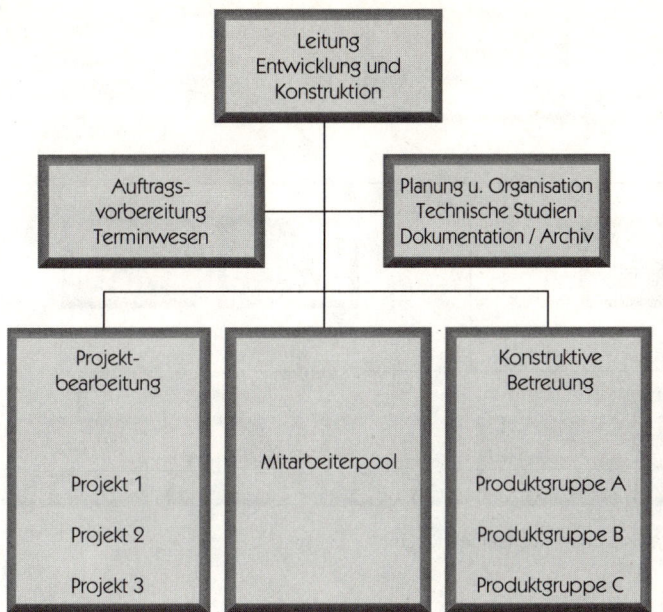

Bild 6.12: Flexible Organisationsstruktur für eine Konstruktionsabteilung.

ter-Konzept, dem Profit-Center-Konzept und dem Investment-Center-Konzept.

Das Cost-Center-Konzept sieht im Prinzip die Sparte als große Kostenstelle an. Die Sparte ist primär für die Kosten verantwortlich. Die Vorgabe von Zielen bezieht sich im Rahmen eines Budgetsystems bei vorgegebenem Umsatz auf eine Kostenminimierung innerhalb von festen Randbedingungen hinsichtlich Qualität und Servicegrad.

Das Profit-Center-Konzept erweitert die Verantwortung der Sparte auf den im Rahmen der mehr oder weniger unabhängigen Geschäftstätigkeit erzielten Gewinn. Grundidee ist, daß die Sparte eine unternehmerisch möglichst selbständige Einheit sein soll. Sie wird wie ein unabhängiges, auf die Erzielung von eigenem Gewinn ausgerichtetes Unternehmen betrachtet. In der Wahl der Mittel und Wege zur Erzielung des Gewinnes ist sie unabhängig, soweit sie im Rahmen des für den Geschäftsbereich definierten Produktspektrums bleibt, sich an die übergeordnete Unternehmenspolitik hält und mit den ihr von der Zentrale zugeteilten Finanzressourcen auskommt. Zur Ermittlung des Gewinnes erstellt die Sparte eine eigene Erfolgsrechnung.

- Lenkung und Kontrolle der Geschäftsbereiche

- Das Cost-Center-Konzept

- Das Profit-Center-Konzept

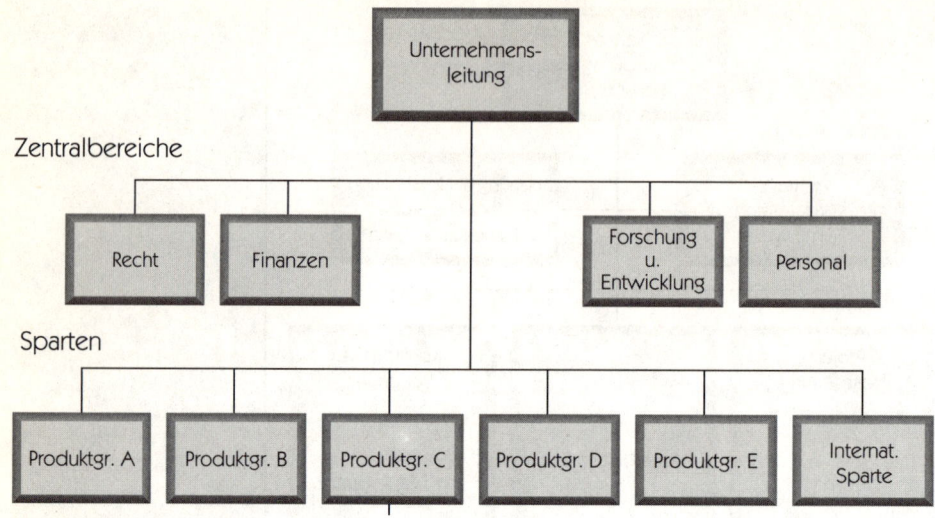

Bild 6.13: Geschäftsbereichsorganisation mit Zentralbereichen

- Gewinn als Basis für die Ressourcenzuteilung

Der Gewinn dient zur Erfolgsmessung und damit auch als Basis für Belohnungs- und Anreizsysteme für das Management sowie für die Zuteilung von Finanzressourcen für Investitionen. Dieses Steuerungskonzept macht infolge der Abhängigkeit der Größe des absoluten Gewinnes von den Investitionsmöglichkeiten einen dauernden Kampf um Investitionsmittel zwischen den einzelnen Sparten unvermeidlich. Damit werden aber der Wettbewerb um die in jeder industriellen Organisation knappen Finanzressourcen gefördert und die Mittel dorthin gelenkt, wo sie am wirtschaftlichsten eingesetzt werden. Das bekannteste, derartige Konzept der Firma Du Pont verwendete als Meßgröße den relativen Gewinn bezogen auf den Kapitaleinsatz: den Return-on-Investment (ROI). Diese Kennziffer setzt den Gewinn zum erforderlichen investierten Kapital ins Verhältnis und bildet die zentrale Meßgröße für den Erfolg und für die Zuteilung von finanziellen Ressourcen.

- Return-on-Investment von Dupont

- Das Investment-Center-Konzept

Das Investment-Center-Konzept stellt die stärkste Form der Divisionalisierung dar und räumt den Sparten auch die Entscheidungskompetenz für Investitionen ein.

Als Vorteile der Geschäftsbereichsorganisation werden eine eindeutige Abgrenzung der Gewinnverantwortlichkeit im Falle von Profitcentern, die leichte Meßbarkeit der Leistung und die damit generierbaren Leistungsanreize der Verantwortlichen genannt. Ferner ergibt sich durch die größere Entscheidungsautonomie und die Ergebnisverantwortung eine verstärkte Motivation der Führungskräfte sowie durch mehr Möglichkeiten einer unternehmerischen Bewährung eine breitere Basis von Managern entsprechender Erfahrung. Die Marktorientierung wird durch die Gewinnverantwortlichkeit erhöht, da nur bei marktgerechtem Verhalten Erfolg besteht. Durch die leichtere Selbstkoordination der kleineren organisatorischen Einheit „Sparte" ist die Flexibilität im Hinblick auf Veränderungen der Umwelt und des Marktes höher und damit die strategische Reaktionsfähigkeit größer.

• Vorteile: Marktorientierung, Meßbarkeit der Leistung, Flexibilität

Nachteile sieht man darin, daß eine bestimmte Mindestgröße des Gesamtunternehmens erforderlich ist, um die Divisionalisierung zu ermöglichen. Ferner bestehen Kompetenzüberschneidungen zwischen Zentralbereichen und Sparten. Es gibt Konkurrenzkämpfe der Sparten um die Zuteilung von Finanzressourcen. Der Bedarf an qualifiziertem, unternehmerisch denkendem Personal ist höher. Die Gefahr von Spartenegoismus kann nicht ausgeschlossen werden.

• Nachteile: erforderliche Mindestgröße, Spartenegoismus, Konkurrenz um Finanzen

6.11.7 Die Organisation von BAYER

In Deutschland wurde in allen Großunternehmen der Chemie in den 60er Jahren das Spartenkonzept eingeführt. Typisches Beispiel für die Entwicklung einer Struktur von der funktionalen zur Spartenorganisation und weiter zu einer den Anforderungen eines internationalen Konzerns genügenden Organisation ist die BAYER AG [6.24]. Aus den 50er Jahren stammte die funktionale Organisation des Unternehmens, in Produktion, Vertrieb, Forschung usw. parallel zueinander gegliedert waren (Bild 6.14).

• Funktionale Organisation in den 50er Jahren

Im Jahre 1965 ergänzten eine Reihe von Fachkommissionen diese Struktur (Bild 6.15). Sie fungierten als geschäftsgebietsorientierte Steuerungsgremien d.h. als Koordinationsinstrumente und vereinigten die Führungskräfte der verschiedenen Funktionen an einem Tisch.

• Ergänzung durch Kommissionen

Nächste Entwicklungsstufe war die Einführung der Spartenorganisation 1971 (Bild 6.16), mit der die Vor-

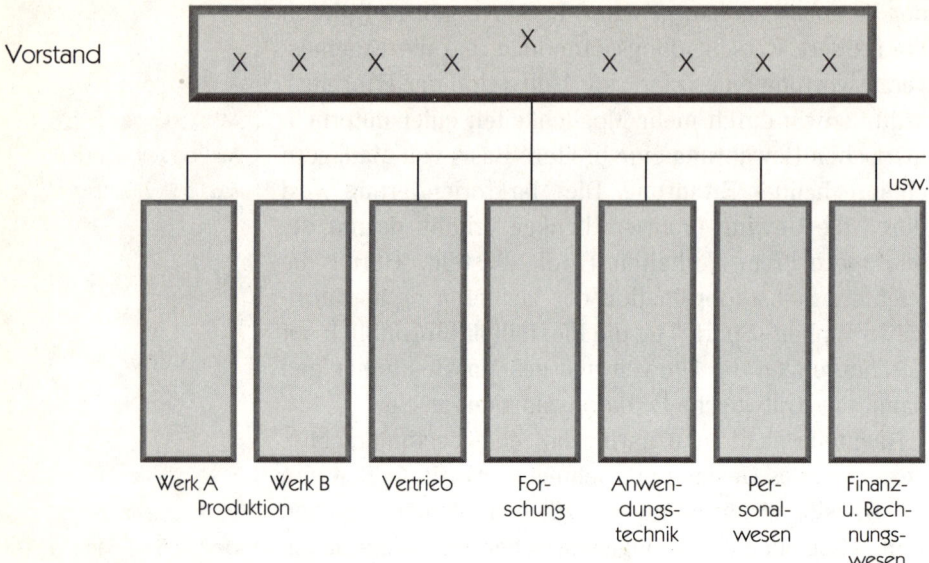

Bild 6.14: Organisationsstruktur der BAYER AG vor 1965

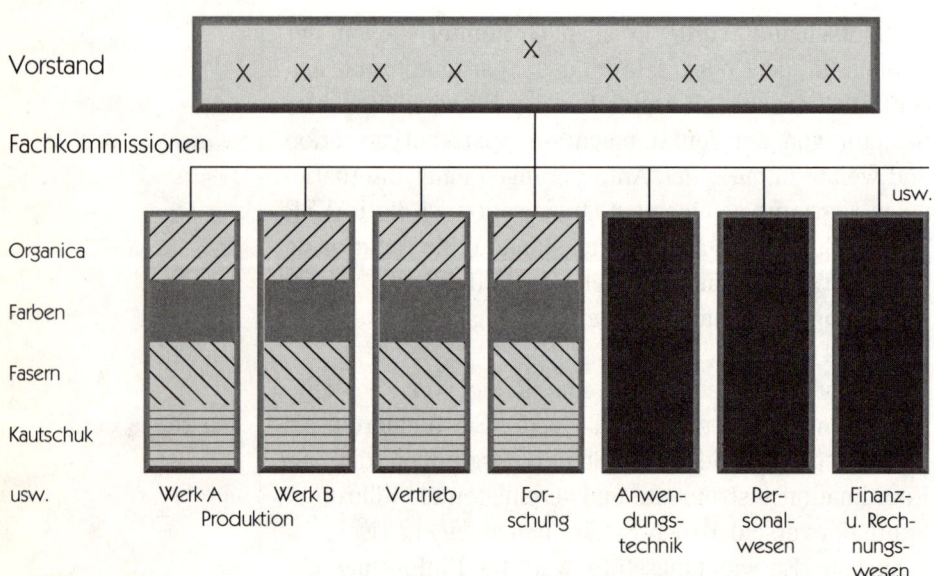

Bild 6.15: Organisationsstruktur der BAYER AG VON 1965 bis 1970

6.11 Organisationsformen in der Praxis

standsmitglieder die unmittelbare Führung der Unternehmensbereiche auf die zweite Führungsebene übertrugen und selbst die Funktion von Sprechern im Vorstand für diese Bereiche übernahmen. Die Bereiche der Muttergesellschaft selbst gliederten sich nach Markt- und technologischen Gesichtspunkten in neun werksübergreifende Sparten. An ihrer Spitze standen je zwei gleichberechtigte Spartenleiter, entsprechend der klassisch deutschen Gliederung in technische und kaufmännische Verantwortung. Die Sparten wurden zu weitgehend selbständigen Profitcentern mit weltweiter Geschäftsverantwortung. Sie umfaßten jeweils die Unternehmensfunktionen Produktion, Vertrieb, Anwendungstechnik, Forschung und Stab.

- Einführung der Spartenorganisation 1971

Aus den bisherigen zentralen Dienstbereichen bildete man neun Zentralbereiche. Aus den werksbezogenen Ser-

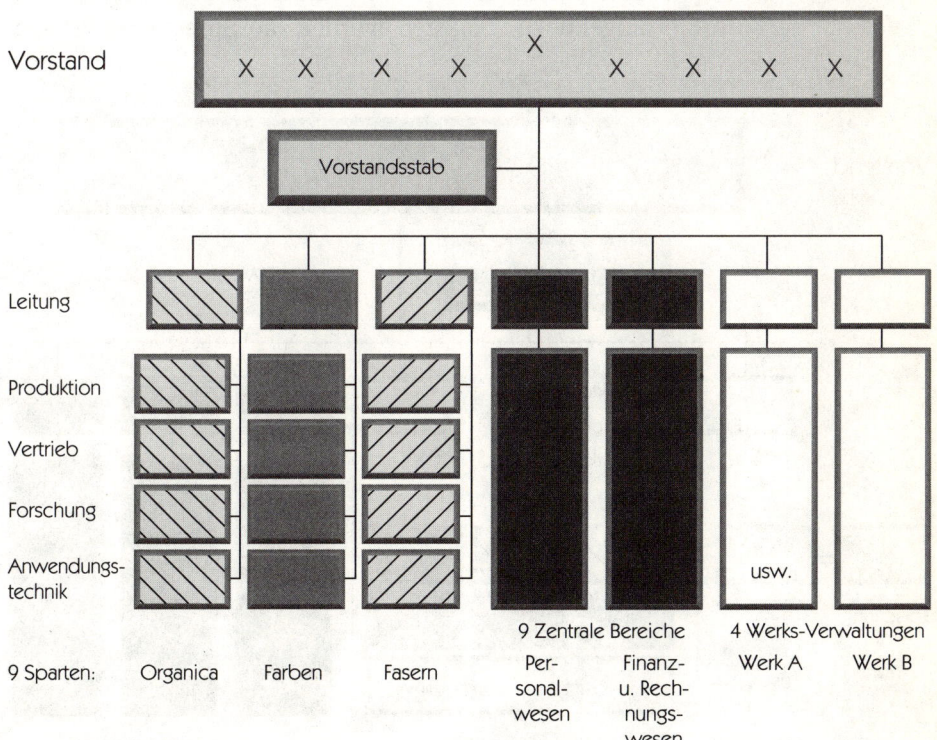

Bild 6.16: Organisationsstruktur der BAYER AG ab 1971

- Neue Zentralbereiche

- Ab 1984 verfeinerte Form der divisionalen Organisation: „Sektororganisation"

- Unternehmenssektoren: Gruppe von Geschäftsbereichen

vice- und Verwaltungsabteilungen wurden je Werk eine Werksverwaltung. Die verschiedenen Stäbe der Unternehmensleitung faßte man zu einem Vorstandsstab zusammen.

Die veränderte Organisation ab 1984 wurde zu einer weiter verfeinerten, divisionalen oder geschäftsbereichsorientierten Form weiterentwickelt. Diese neue Struktur wurde „Sektororganisation" genannt.

Die gesamten Geschäftsaktivitäten von BAYER-WELT gliederten sich nach dieser Umorganisation in sechs Unternehmenssektoren. Jeder Sektor besteht aus einer Gruppe von Geschäftsbereichen mit eigenständigem Geschäftsgebiet. Eine Reihe von Stabs- und Dienstleistungsbereichen bildete nunmehr eine Konzernverwaltung, die weltweit für das Unternehmen arbeitet. Die übrigen Dienstleistungsbereiche wurden zu 5 neuen Zentralbereichen zusammengefaßt. Die früheren Sprecherfunktionen der Vorstandsmitglieder für die operativen Geschäftsbereiche und für die Zentralbereiche wurden aufgehoben. Dagegen wurden die Sprecherfunktionen

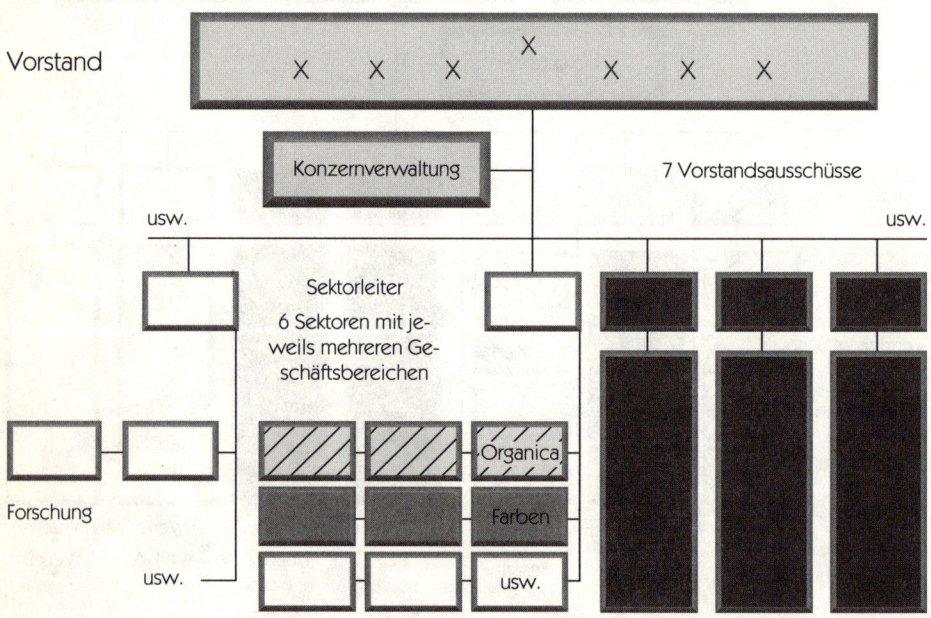

Bild 6.17: Sektororganisation der BAYER AG ab 1984

für die Regionen beibehalten, um einen engen Kontakt zwischen den Unternehmensleitungen der einzelnen Länder der Regionen sicherzustellen. Innerhalb des Vorstandes wurden Ausschüsse gebildet, die den Vorstand unterstützen und die Betreuung der Zentralbereiche übernehmen sollen: Konzernkoordination, Materialwirtschaft und Dienstleistungen, Finanzen, Forschung und Entwicklung, Investitionen und Technik, Ökologie, Personal und Recht. Neu war, daß die Leiter der Unternehmenssektoren an einer Vorstandssitzung im Monat zur Berichterstattung und Information teilnehmen. Diese Modifikationen der Vorstandsaufgaben ermöglichten eine Verringerung der Anzahl der Vorstandsmitglieder.

• Vorstandausschüsse

Die Führung der Unternehmenssektoren wurde auf die neu geschaffene Ebene der Sektorleiter übertragen. Ihre Hauptaufgabe ist es, die Geschäftsaktivitäten der zu ihrem Sektor gehörenden Geschäftsbereiche zu koordinieren und zu überwachen. Ferner sorgen sie für die Entwicklung von unternehmenspolitischen Konzeptionen in ihrem Sektor. Die Geschäftsbereiche, deren Zuordnung zu den Sektoren Bild 6.17 zeigt, sind – wie früher die Sparten – weitgehend selbständige Operationsbereiche des Konzerns und als Profitcenter für den Ausbau ihres Geschäftsgebietes verantwortlich.

• Neue Ebene der Sektorleiter

Im Bereich der neuen Konzernverwaltung wurden alle Stabs- und Dienstleistungsfunktionen zusammengefaßt, die für die Planung, Koordinierung und Kontrolle der weltweiten Aktivitäten notwendig sind. Sie trat an die Stelle des Vorstandsstabes und hat folgende Gliederung: Unternehmensplanung und Controlling, Konzernfinanzen, regionale Koordinierung, Recht, Steuern und Patente, Öffentlichkeitsarbeit, obere Führungskräfte. Die fünf neuen Zentralbereiche die aus den übrigen Dienstleistungsbereichen gebildet wurden, haben ihre Aufgabenschwerpunkte innerhalb der Muttergesellschaft. Es sind die Bereiche AG-Verwaltung, Personal- und Sozialwesen, Werksverwaltungen, Zentrale Forschung und Entwicklung, Zentrales Ingenieurwesen.

• Zentralbereiche für Dienstleistungen

Die regionale Außenorganisation in den einzelnen Ländern - in sechs Regionen gruppiert- wurde gestrafft bzw.

• Außenorganisation gestrafft bzw. vereinfacht	vereinfacht, wobei landesindividuell vorgegangen wurde. Zentrale Konferenzen und Kommissionen: Nur wenig verändert gegenüber der früheren Organisation gibt es eine Reihe von zentralen Konferenzen und Kommissionen, die dem Vorstand als Instrumente für die Koordinierung, Abstimmung und für die unternehmenspolitische Ausrichtung der Teilbereiche des Unternehmens dienen.
• Führungssysteme: Strategische Planung und Controller-Organisation	Der Schwerpunkt bei der Anpassung der Führungssysteme an die neue Organisation lag im Ausbau der strategischen Planung und der Controller-Organisation. Gleichzeitig wurden die Personalführungs- und die Abrechnungssysteme weiterentwickelt. Zielsetzung für die Anpassung der Organisation war, das Schwergewicht der Führung durch stärkere Einbeziehung aller Auslandsaktivitäten und der Beteiligungsgesellschaften in die Organisation von der Muttergesellschaft auf BAYER-WELT zu verschieben, die Leistungsfähigkeit und Beweglichkeit auf den Weltmärkten durch Umgruppierung und Aufgliederung von Geschäftsgebieten und durch eine klarere Abgrenzung der Verantwortlichkeiten zu erhöhen und den Vorstand durch stärkere Delegation von Aufgaben auf nachgeordnete Führungsebenen zu entlasten, damit er sich verstärkt der Unternehmenspolitik und Zielsetzung für das Gesamtunternehmen widmen kann.
• Reorganisation 1984 rückblickend gelungen	Die Reorganisation des Jahres 1984 wurde rückblickend [6.25] als gelungen bezeichnet. Der Rückzug des Vorstandes aus der direkten Verantwortung für das operative Geschäft, Verkleinerung von 14 auf 10 Mitglieder, Konzentration auf strategische Fragen wurde als Erfolg beurteilt. Mit Schaffung relativ selbständiger Geschäftsbereiche wurde Entscheidungsfreiheit nach unten delegiert.
• 1993 neue Umorganisation mit dem Ziel des Abbaus der Hierarchie	Mitte 1993 wurde eine neue Umorganisation mit dem Ziel der Verbesserung der Kommunikation und des Abbaus der Hierarchie angekündigt. Bis 1996 sollen zwei Hierarchieebenen gekappt und die Zahl der Geschäftsbereiche von 28 auf 21 reduziert werden, um größere Marktflexibilität und schnellere Entscheidungswege zu bekommen.

6.12 Komplexität in Organisationen

Die Praxis bei Großunternehmen, heute meist diversifizierten Konzernen mit vielen Sparten, zeigt, daß immer noch eine übertriebene Zentralisierung besteht [6.26]. Obwohl voll ausgebildete Divisions, d.h. mit allen Funktionen eines selbständigen Unternehmens ausgestattete Geschäftseinheiten bestehen, wird immer noch versucht, zu viele Funktionen in der Zentrale zu vereinigen. Die Gründe dafür werden in der Nutzung von Synergien, der Gewinnung „kritischer Masse" für die Funktionen, der damit erwarteten Kostenreduktion und der Durchsetzung einheitlicher Konzernrichtlinien gesehen. Tatsächlich zeigt die Erfahrung, daß eine solche Zentralisierung erhöhte direkte Kosten und ungeahnt hohe Opportunitätskosten durch Zeitverluste aufgrund der viel längeren Entscheidungswege zur Folge hat.

• Immer noch übertriebene Zentralisierung bei Großunternehmen

Die Matrixorganisation trägt besonders stark zur Erhöhung dieser Komplexität der Organisationsstruktur bei. Hier überschneiden sich die Verantwortungen für den Erfolg der Sparten mit denen der Zentralfunktionen. Die bei den Schnittstellen auf allen Ebenen programmierten Konflikte erhöhen die Komplexität mit jeder weiteren Sparte und jeder weiteren Zentralfunktion überproportional. Die Matrixorganisation macht die Konzerne nicht nur schlechter führbar, sondern beeinträchtigt die Geschäfts- und Arbeitsabläufe durch längere Entscheidungswege über die Zentralfunktionen. Die zentral erbrachten Leistungen richten sich erfahrungsgemäß an den Wünschen der anspruchsvollsten, dezentralen Einheit aus. Daher sind sie für einen Teil der Divisions zu kostspielig und zu „luxuriös" konzipiert. Nachkalkulationen von in den Zentralbereichen konzentrierten Funktionen ergeben meist erheblich höhere Kosten als bei dezentralen Lösungen. Durch Zentralisierung entsteht Doppelarbeit, einmal durch die ohnehin erforderliche Zuarbeit für die dezentralen Einheiten und durch den bei den Divisions doch meist nicht vollständigen Verzicht auf die in der Zentrale konzentrierten Funktionen.

• Die Matrixorganisation ist besonders komplex

Bei zentralisierten, als Stab definierten Informatikbereichen werden die Soft- und Hardware-Lösungen oft zum

Nachteil der einzelnen Geschäftsbereiche nach einem vereinheitlichten Konzept ausgerichtet, anstatt sie genau auf die spezifischen Haupterfolgsfaktoren zuzuschneiden. Bürokratisierung und Verlängerung der Entscheidungswege schwächen die Konkurrenzfähigkeit der Divisions gegenüber den konzernfreien Wettbewerbern.

- Bürokratisierung und Verlängerung der Entscheidungswege

Nur etwa ein Viertel solcher Konzerne, die sehr unterschiedliche Geschäftsbereiche derart organisiert haben, arbeitet mit Erfolg. Auch bei weniger unterschiedlichen, näher verwandten Geschäftsbereichen ist nur jeder zweite Konzern erfolgreich. Sehr schlecht aber schneiden solche Konzerne ab, die einer aufgepfropften Zentrale besonders großen Einfluß einräumen. Interessant ist die beobachtete Verteilung der Arbeitszeit des oberen Management in Konzern- und konzernfreien Unternehmen. Nach diesen Beobachtungen werden 60 % der Arbeitszeit der Geschäftsbereichsleiter eines Konzernbereiches durch Konflikte mit Zentralfunktionen in Anspruch genommen.

- Konzerne mit einflußreicher Zentrale haben weniger Erfolg

Eine erfolgversprechende Lösung für Großkonzerne wird in einer „entschlackten" Konzernzentrale mit weniger Kompetenzen und der Folge geringerer Komplexität der Gesamtstruktur gesehen. Als Konsequenz sind alle Geschäftsfunktionen, die den Divisions das Erreichen Ihrer Haupterfolgsfaktoren und die Differenzierung gegenüber dem Wettbewerb ermöglichen, aus der Zentrale zu entfernen und in den wie unabhängige Unternehmen agierenden Divisions anzusiedeln. Lediglich „hoheitliche Richtlinien setzende" Tätigkeiten, also die Unternehmenspolitik vorgebende und kontrollierende Tätigkeiten, sowie einige nicht auslagerbare Tätigkeiten, wie Öffentlichkeitsarbeit, Führungskräfteentwicklung bleiben in der Zentrale. Die nicht geschäftsspezifischen Funktionen, wie die Finanzierung, Recht, sollten zentralisiert bleiben, aber zu rechtlich selbständigen Kostenzentren umgewandelt werden, die den Divisions marktgerechte Preise verrechnen und möglichst ihre Leistungen am freien Markt anbieten. Erreicht wird also eine Art Holdingfunktion mit dem Ziel, so dezentral wie möglich und so zentral wie nötig zu organisieren.

- Lösung für Großkonzerne in „entschlackter" Konzernzentrale

- Holding, so dezentral wie möglich

6.13 Projektorientierte Organisationsformen

Projekte sind meist einmalige Aufgaben oder Vorhaben, deren festgesetzte Zielsetzung in vorgegebener Zeit und mit vorgegebenen Mitteln erreicht werden müssen. Beispiele sind der Bau eines Chemikalienlagers in einer Papierfabrik, die Entwicklung eines neuen Produktes, die Einführung der Datenverarbeitung in ein Unternehmen, die Einführung von Computer-Aided-Design (CAD) in einer Konstruktionsabteilung oder der Neubau eines Werkes.

- Projekte als einmalige Aufgaben mit festgesetzter Zielsetzung

Im Rahmen eines auf permanente Aufgaben ausgerichteten Systems, z.B. einer funktionalen Organisation, sind zur Erreichung der Unternehmensziele häufig solche befristete Sonderaufgaben auszuführen. Fast immer werden davon mehrere Bereiche im Unternehmen davon betroffen, müssen bei Entscheidungen mitwirken oder Arbeitskraft für die Realisierung bereitstellen. Alle zur Verwirklichung notwendigen Tätigkeiten können nur sehr ineffizient im Rahmen der hierarchischen Organisationsstruktur ablaufen. Sie ist vornehmlich auf die Erledigung der permanenten Aufgaben – Konstruieren, Produzieren, Verkaufen usw. – ausgerichtet. Deshalb ist es wirkungsvoller, der bestehenden Organisation für die Dauer des Projektes eine Projektorganisation zu überlagern.

- Geringe Effizienz im Rahmen der hierarchischen Struktur

Die Bearbeitung von Projekten erschöpft sich jedoch nicht nur in der organisatorischen Gestaltung eines Systems. Man spricht vielmehr von Projekt-Management. Projektmanagement umfaßt die Leitung eines Projektes, insbesondere die Zielsetzung, Planung, Steuerung und Überwachung in den gesamten Projektphasen auf Basis einer Projektorganisation und unter Anwendung von Planungsmethoden und Führungstechniken. Projektmanagement umfaßt grundsätzlich die gleichen Teilfunktionen wie Management allgemein. Sequentiell ablaufend wiederholen sich für das Projekt die Funktionen Planung, Organisation, Führen, Kontrolle und natürlich als kontinuierliche Funktionen Entscheiden und Kommunizieren.

- Projektleitung bedeutet Zielsetzung, Planung, Steuerung und Überwachung eines Projektes

Projektmanagement steht und fällt mit der Person des Projektmanagers. Er ist dafür verantwortlich, daß die sachlichen, terminlichen und wirtschaftlichen Ziele des

Projektes erreicht werden. Er hat alle Mittel und Möglichkeiten auszuschöpfen, um die planmäßige Realisierung des Projektes sicherzustellen. Sind die Projektziele aufgrund veränderter Voraussetzungen, wie entzogene personelle oder sachliche Mittel, Veränderungen der externen Randbedingungen gefährdet, so hat er dem Auftraggeber, z.B. der Geschäftsführung oder dem Vorstand umgehend Bericht zu erstatten und geeignete Gegenmaßnahmen vorzuschlagen. Die beteiligten Linienstellen sind verantwortlich dafür, die im Rahmen der Projektplanung vereinbarten Leistungen sach-, termin- und kostengerecht zu erbringen. Sie sind verpflichtet, den Projektleiter unaufgefordert über sich abzeichnende Probleme und Abweichungen zu informieren, notwendige Entscheidungen unverzüglich zu fällen und den Projektleiter bei der Durchführung erforderlicher Korrekturmaßnahmen zu unterstützen. Bei der organisatorischen Gestaltung des Projektmanagement unterschiedet man drei Formen:

6.13.1 Reines Projektmanagement

Beim reinen Projektmanagement werden sämtliche Aufgaben, die während des Projektes auszuüben sind, zusammengefaßt. Alle am Projekt beteiligten Mitarbeiter bilden eine organisatorische Einheit und werden dem Projektleiter unterstellt. Sie bleiben für die Dauer des Projektes konsequent als ad-hoc-Organisation aus der bestehenden Organisation ausgegliedert. Im Angelsächsischen verwendet man hierfür den Begriff „Task-Force". Das Projekt wird aufbauorganisatorisch wie eine normale Daueraufgabe angesehen. Voraussetzung für eine solche Lösung ist, daß der Umfang des Projektes die Zuordnung eines solchen permanenten Teams erlaubt. Bild 6.18 zeigt eine solche Projekt-Organisation.

Vorteile des reinen Projekt-Management sind die straffe Projektleitung, eine klare und eindeutige Projektverantwortung und die Einhaltung der Einheit der Auftragserteilung. Als Nachteile gelten die geringe Flexibilität, die schwierige Eingliederung zeitlich begrenzter Spezialistentätigkeit für das Projekt und die hohen Kosten der Bereitstellung der Task-Force ausschließlich für das Pro-

---

- Der Projektleiter ist verantwortlich für sachliche und terminliche Realisierung

- Alle Aufgaben des Projektes in einer Organisationseinheit

- Task-Force

6.13 Projektorientierte Organisationsformen

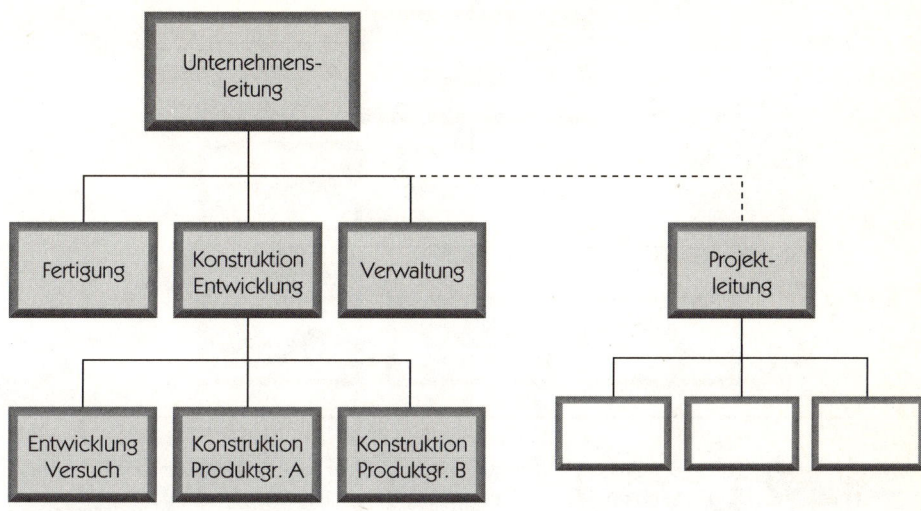

Bild 6.18: Reines Projekt-Management

jekt. Diese Art der Projektorganisation ist bei großen Projekten angebracht, wo die Beteiligten für längere Zeit vollamtlich an dem Projekt arbeiten.

6.13.2 Projektmanagement als Stabsfunktion

Der Projektmanager besitzt beim Projektmanagement als Stabsfunktion keine Anweisungsbefugnis gegenüber den Linienstellen, die das Projekt durchführen. Es wird daher von Einfluß-Projektmanagement gesprochen. Diese Projektform (Bild 6.19) hat sich aus der Stabsfunktion „Sonderaufgabe" entwickelt, da allgemeine Sonderaufgaben und Projekte vieles gemeinsam haben [6.27].

Der Projektleiter hat in erster Linie koordinierende Funktionen und kann für die Durchführung des Projektes nicht die volle Verantwortung übernehmen, da er nicht der disziplinarische Vorgesetzte der in ihrer hierarchischen Position verbleibenden Mitglieder des Projektteams ist.

Vorteile sind der flexible Personaleinsatz mit guter Nutzung vorhandener Personalkapazität und die Eingliederung des Projekt-Teams in die Gesamtorganisation ohne größere organisatorische Eingriffe. Es wird auf die vorhandenen Personalressourcen der betroffenen Linienab-

- Einfluß-Projektmanagement

- Projektleiter hat koordinierende Funktionen

- Vorteile

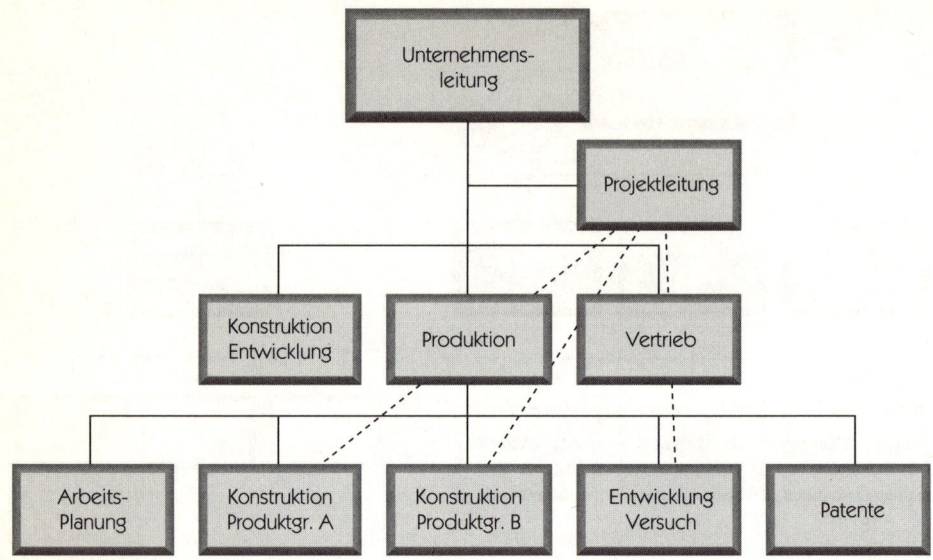

Bild 6.19: Projekt-Management als Stabsfunktion

- Nachteile

teilungen zurückgegriffen. Diese Mitarbeiter wirken in einem Teil ihrer Zeit beim Projekt mit. Nachteile sind die fehlende Weisungsbefugnis gegenüber den in der Linienorganisation angesiedelten Projektbeteiligten und die sich daraus ableitende Konsequenz, daß der Projektleiter nicht umfassend für das Projekt verantwortlich gemacht werden kann.

6.13.3 Matrix-Projekt-Management

- Projekt ohne Ausgliederung einer Parallelorganisation

- Zweidimensionale Struktur

Bei der Matrix-Projektorganisation ist die Projektabwicklung ohne Ausgliederung einer Parallelorganisation möglich. Sie hat den Vorteil, das Projektteam voll zu integrieren ohne die bestehende Organisationsstruktur anzutasten. Bei der Matrix-Projektorganisation wird ein Ein-Linien-System durch eine weitere Dimension überlagert (Bild 6.20). Dadurch wird allerdings gegen das von Fayol formulierte Organisationsprinzip der Einheit der Auftragserteilung verstoßen. Diese Organisationsstruktur ist im Unterschied zu eindimensional-hierarchischen Strukturen zweidimensional. Es bestehen projektbezogene und funktionsbezogene Funktionen. Der Projekt-Manager koordiniert die Abwicklung des Projektes. Der

6.13 Projektorientierte Organisationsformen

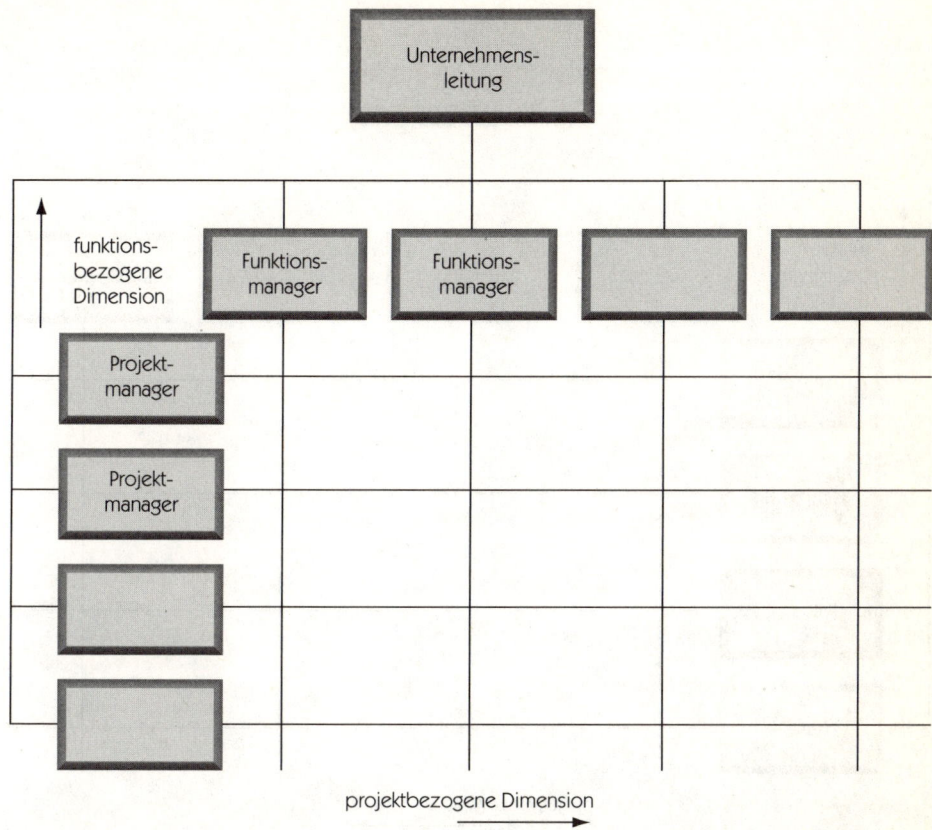

Bild 6.20: Matrix-Projekt-Management

Funktionalmanager koordiniert sein Fachgebiet. Beide Dimensionen sind gleichberechtigt.

Vorteile sind gleichwertige Berücksichtigung mehrerer Dimensionen, permanente Teamarbeit der Leitung, funktionale Autorität ohne hierarchisches Denken, keine Willkürgefahr. Nachteile sind der hohe Kommunikationsbedarf, der Zwang zur detaillierten Regelung der Kompetenzen der Dimensionen und komplizierte Entscheidungsprozesse.

In manchen Unternehmen besteht das Geschäft aus größeren Vorhaben, für die eine gewisse Einmaligkeit charakteristisch ist, wie z.B. Ingenieurfirmen, Architekturbüros, Beratungsfirmen, Anlagenbauer. Dort läuft das „normale Geschäft" immer als mehr oder weniger einmaliges Projekt ab (Bild 6.21). Hier wird das Matrix-Projektmanagement häufig als Organisationsform eingesetzt.

- Vorteile

- Nachteile

- Projekte als „normales Geschäft"

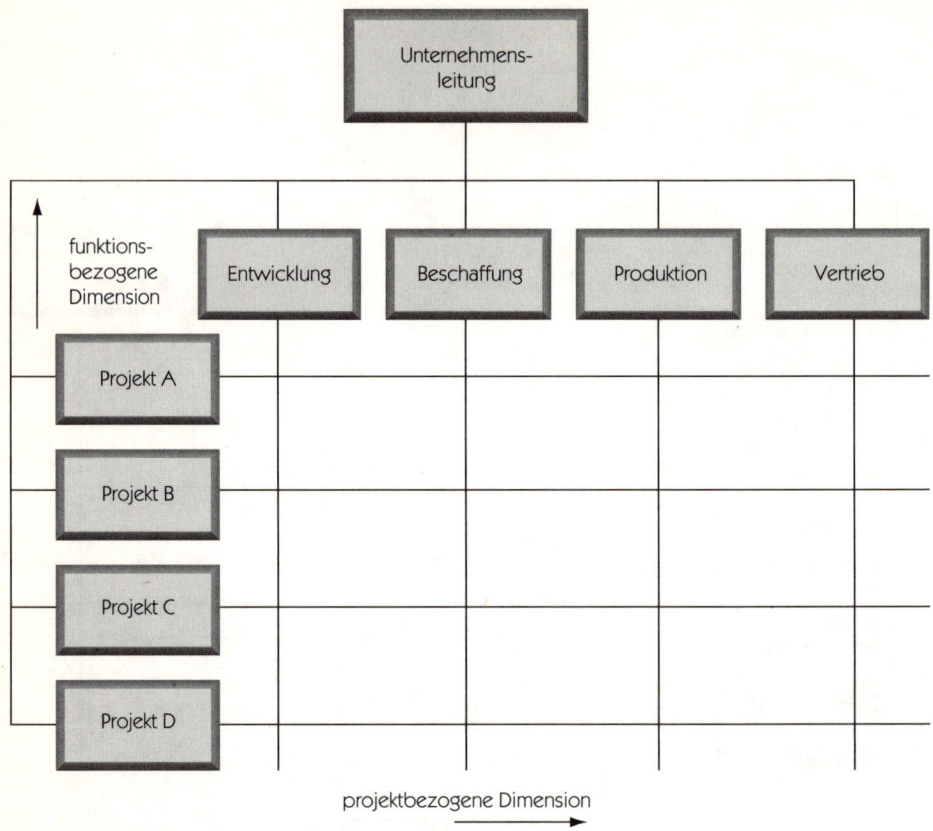

Bild 6.19: Matrixorganisation eines Anlagenbauers

6.13.4 Komponenten des Projekt-Management

- Bei komplexen Projekten ist Zerlegung in Teilaufgaben erforderlich

Projekte stellen eine größere Gesamtaufgabe dar, die sich meist stufenweise in eine detaillierte Hierarchie von Teilaufgaben zerlegen läßt. Dies sind oft Durchführungsarbeiten, die sich an Linienstellen delegieren lassen. Die Projektkomplexität kann man mit den Kriterien Projektgröße, Anzahl beteiligter Stellen und Fremdfirmen, Abhängigkeiten zwischen Arbeitspaketen und Neuheitsgrad des Vorhabens beurteilen. Je höher die Komplexität ist, desto mehr Aufwand muß in das Projektmanagement investiert werden.

Das Projektziel ist das nachzuweisende Ergebnis des Projektes. Die Aufgabenstellung wird in einem Pflichtenheft festgehalten. Zur Gliederung in Aufgabenpakete dient der Projektstrukturplan. In der Projektdefinition wird die Aufgabenstellung und der Durchführungsrahmen eines Projektes festgelegt. Die ausführliche Beschreibung der Leistungen erfolgt im Pflichten- oder Lastenheft.

• Pflichtenheft und Projektstrukturplan als Arbeits Instrumente

Die einzelnen Komponenten des Projekt-Management sind in Bild 6.22 dargestellt. Elementare Funktionen sind die Planung und Kontrolle des Projektes. Aus der Aufgabenstellung ergeben sich Ablauf-, Zeit-, Kosten- und Kapazitätsplanung für das einzusetzende Personal. Bei der Projektarbeit, d.h. der Ausführung, entstehen Rückwirkungen und Änderungen. Die wichtigste Aufgabe der Projektkontrolle führt zu Berichten, Entscheidungen, Anordnungen und Überarbeitungen der Pläne [6.2,3,4].

• Die Komponenten des Projekt-Management

6.14 Die Ablauf- und Prozeßorganisation

Die Ablauforganisation befaßt sich mit den Beziehungen, durch die der Vollzug der Prozesse im Unternehmen bestimmt wird [6.5,6]. Ihr Kernproblem wurde bisher immer in der Durchführung der Prozesse im Rahmen der vorgegebenen Struktur einer nach taylorschen Grundsätzen gegliederten Aufbauorganisation gesehen (Bild 6.23). Der

• Beziehungen, durch die der Vollzug der Prozesse bestimmt ist

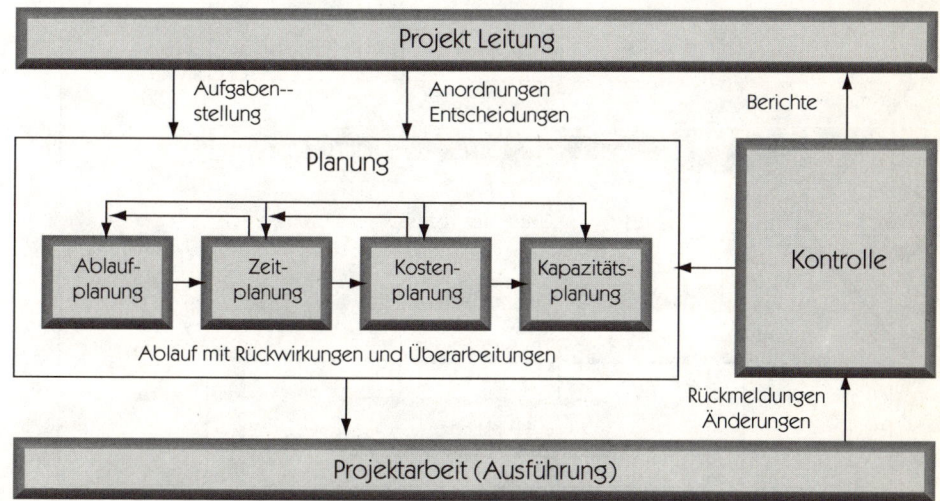

Bild 6.22: Planung und Kontrolle beim Projekt-Management.

- Prozeß läuft funktionsübergreifend

- Aufbau- und Ablauforganisation nicht trennbar

Geschäftsprozeß läuft im Rahmen der nach Ressorts wie Forschung, Produktion, Vertrieb usw. gegliederten Firmenstruktur, übergreifend auf Lieferanten und Kunden, im Rahmen einer Wertschöpfungskette ab. Dabei treten Rückkopplungseffekte auf, die zur Planung und Steuerung in der komplexen Aufbauorganisation erforderlich sind. Die Ablauforganisation soll die räumlichen und zeitlichen Beziehungen zwischen Subjekten (Personen und Personengruppen im Unternehmen), Objekten (Roh-, Zwischen-, Endprodukten, Aufträgen, Informationen) und den Verrichtungen (Beschaffung, Fertigung, Lagerung, Absatz) regeln. Dazu sind Arbeitsmittel nötig wie Maschinen, Anlagen, Vorrichtungen, Betriebsstoffe, aber auch Informationen wie Rechenprogramme usw. Die Ablauforganisation bezieht sich auf physische oder geistige bzw. die informationellen Arbeitsprozesse. Aufbau- und Ablauforganisation lassen sich nicht völlig voneinander trennen.

Die Organisationsstruktur beeinflußt auch den Ablauf der Prozesse, denn hier werden die Beziehungen festgelegt, die einen länger dauernden Einfluß auf das Unter-

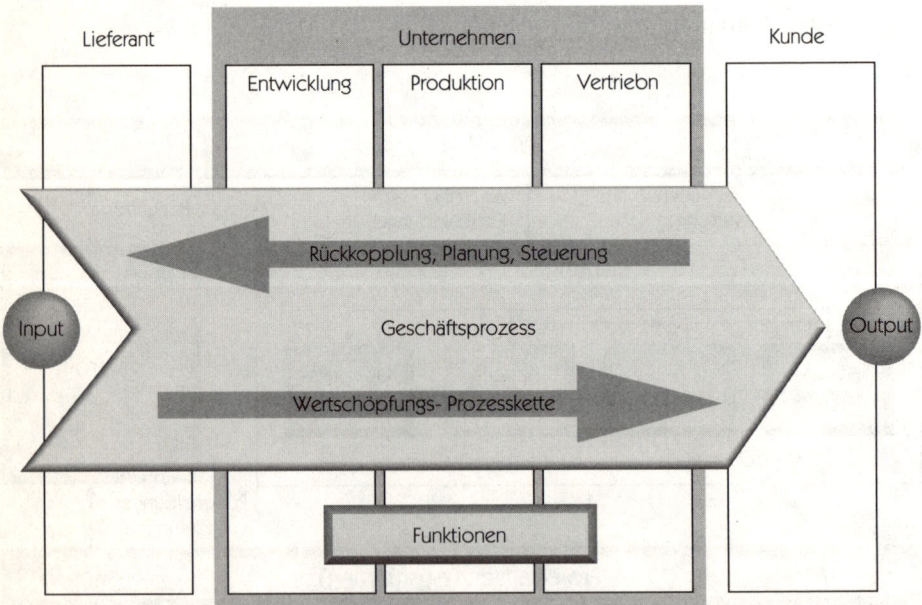

Bild 6.23 Prozeßablauf und funktionale Organisation

6.14 Die Ablauf- und Prozeßorganisation

nehmen haben. Im Rahmen der „Ablaufplanung" werden beispielsweise Produktionsprozesse in ihrem räumlichen und zeitlichen Ablauf „geplant". Es werden insbesondere Transport- und Reihenfolgebeziehungen von Arbeitsgängen oder Arbeitsplätzen bzw. Maschinen festgelegt und entschieden.

In der Ablauforganisation ist ein ausgewogenes Verhältnis von standardisierter und individueller Organisation erforderlich. Standardisierung ist das Ausmaß, in dem die Handlungen von Organisationsmitgliedern durch Richtlinien oder Regeln vorstrukturiert sind. Formalisierung bedeutet, wie weit Regeln, Richtlinien und Anweisungen schriftlich und damit zeitüberdauernd fixiert sind. Diese festen Regelungen, Abläufe und Standards lösen Improvisation und Disposition ab. Während bei der Disposition die Regelung des Einzelfalles im Vordergrund steht, die nach der Erfüllung der Einzelaufgabe ihre Gültigkeit verliert, stellt die Improvisation eine fallweise durchgeführte Maßnahme dar, die nicht den Charakter wiederholt anwendbarer Formalismen besitzt. Beiden gemeinsam ist, daß sie nicht nach generellen Regeln verfahren und von Personen abhängen [6.7].

Personenunabhängige Regeln lassen verstärkt die Austauschbarkeit von Personen zu. Ein hoher Organisationsgrad ist daher Voraussetzung für einen hohen Automatisierungsgrad. Wichtig ist, daß sich diese Regeln aus dem Unternehmensleitbild, den Unternehmenszielen und der Unternehmensstrategie ableiten (Bild 6.24).

Die Organisation der Abläufe stand lange im Schatten der an Synergieeffekten orientierten taylorschen Denkweise, wo als wichtigste Kriterien die optimale Strukturierung der Unternehmensfunktionen dominierte. Erst der Vergleich mit anderen Denkweisen abseits der klassischen europäischen und amerikanischen Managementkonzepte, wie denen der Japaner (siehe Kapitel 13) ließ offenbar werden, daß die starke horizontale und vor allem die vertikale Arbeitsteilung mit geringer Entscheidungskompetenz der wertschöpfenden Arbeitskräfte sowie die strikte Trennung zwischen planender und ausführender Tätigkeit zu zergliederten Prozeßketten mit großer Schnittstellenzahl führt.

- Die Struktur hat Einfluß auf den Prozeßablauf

- Standardisierung der Abläufe durch Regeln und Richtlinien

- Hoher Organisationsgrad ist Voraussetzung für Automatisierung

- Starke Arbeitsteilung führt zu zergliederten Prozeßketten

Unternehmensleitbild				
Unternehmensziele				
Führungsgrundsätze, Planungsrichtlinien, Führungsrichtlinien, Betriebsvereinbarungen, Arbeitszeitregelungen				
Organisation: Stellenbeschreibungen, Arbeitsanweisungen Projektrichtlinien, Dokumentationsvorschriften, Organisationshandbuch, Programmierrichtlinien, Standards für Telekommunikation				
Einkauf/ Materialwesen	Produktion	Absatz	Finanz- u. Rechnungswesen	Personal
Einkaufsrichtlinien	Qualitätshandbuch	Verkaufsrichtlinien	Bewertungsrichtlinien	Einstellungsrichtlinien
Lagerrichtlinien	Arbeitsschutzbestimmungen	Werberichtlinien	Revisionsrichtlinien	Ausbildungsrichtlinien
Transportrichtlinien	Bedienungsanleitungen	Exportrichtlinien	Kostenstellenplan	Gehaltsrichtlinien
Wareneingangsrichtlinien	Technische Richtlinien	Vertragsbedingungen	Kostenartenübersicht	Personalförderungsrichtlinien

Bild 6.24: Die Einordnung von Standards nach Nagel (1986)

- Steuerung der Abläufe: Prozeßmanagement

Man sieht daher in den letzten Jahren im Vordergrund der Organisationsaufgabe die Steuerung der Prozesse und spricht von Geschäftsprozeßmanagement. Zu den Prozessen zählt man nicht nur die Be- und Verarbeitungsprozesse mit den Teilprozessen Beschaffung, Fertigung, Lagerung und Verteilung, sondern alle Prozesse im Unternehmen von der Werbung über den Kauf, Vertragsabschluß und die Auslieferung zur Inbetriebnahme, Bezahlung, Wartung und Schulung. Jeder Prozeß kann in eine Folge von Aktivitäten mit meßbaren Inputs und meßbaren Outputs zerlegt werden. Durch die vorrangige Gliederung der Unternehmen nach Aufgaben und die Zusammenfassung gleicher Aufgaben in organisatorische Einheiten (Abteilungen, Bereiche) ist es für die Geschäftsprozesse typisch, daß sie über mehrere organisatorische Einheiten des

6.14 Die Ablauf- und Prozeßorganisation

Unternehmens verlaufen. An den Grenzen dieser Einheiten entstehen im Prozeß Schnittstellen. Ziel ist eine deutlich stärkere Prozeßorientierung der Organisation, da eine Steigerung der Produktivität in erster Linie durch Prozeßverbesserungen und durch Vermeidung unnötiger Schnittstellen erreichbar ist.

• Schnittstellenmanagement

Unter dem Einfluß des Erfolgs der japanischen Industrie und der dort viel ausgeprägteren Prozeßorientierung entstand in den USA ein neues Schlagwort: Reengineering.

• Reengineering

Reengineering heißt das radikale Überholen aller wichtigen Prozesse im Unternehmen unter der Fragestellung: Wie würden wir es machen, wenn wir ganz neu beginnen könnten? Reengineering ist das fundamentale Überdenken und radikale Umformen von Geschäftsprozessen mit dem Ziel, Kosten, Qualität, Service und Geschwindigkeit drastisch zu verbessern. Ziel sind hierbei dramatische Verbesserungen die sich in Quantensprüngen abspielen [8.34].

• Radikales Überholen aller Prozesse

• Verbesserungen in Quantensprüngen

Beim Reeingineering wird zunächst festgelegt, was ein Unternehmen tun muß und erst dann, wie es dabei vorgehen sollte. Es wird nichts für selbstverständlich angenommen, sondern zunächst alles in Frage gestellt. Dabei wir „radikal" vorgegangen, d.h. es werden völlig neue Wege gesucht. Reeingineering bedeutet daher völliges Neugestalten des Unternehmens, nicht Verbesserung oder Veränderung der Geschäftsabläufe. Business Reeingineering bedeutet nicht, vorhandene Abläufe zu verbessern und inkrementale Verbesserungen zu erzielen, bei denen die grundlegenden Strukturen erhalten bleiben.

• Reeingineering ist völliges Neugestalten des Unternehmens

Schlüsselwort dabei ist der Begriff Unternehmensprozeß. Die meisten Führungskräfte sind nicht prozeßorientiert, sie denken in Aufgaben, Positionen und Strukturen. Unter dem Einfluß der Idee der Arbeitsteilung werden die Prozesse von den Organisatoren künstlich aufgeteilt und in ihrem Ablauf unterbrochen, weil bestimmte, „übliche" Strukturen es so erfordern. Beispiel ist der Ablauf einer Reparatur in einem Unternehmen. Die Reparaturannahme erfolgt durch einen kaufmännisch geschulten Mitarbeiter, die Reparatur selbst durch einen Mechaniker, die Ersatzteilbeschaffung durch

• Taylorsche Arbeitsteilung unterbricht die Prozesse

einen Lagerverwalter und die Rechnungsschreibung durch einen gelernten Buchhalter. Dies geschieht durch Konvention oder wird durch den Glauben verursacht, diese Arbeitsteilung führe zu größerer Effizienz bei der Durchführung der Einzelaufgaben. Vergessen wird dabei, daß die Gesamtaufgabe durch die Schaffung der vielen Schnittstellen zwischen den Spezialisten, die dort entstehenden Wartezeiten und die zusätzlichen Fehlerquellen viel uneffizienter erledigt wird.

- 4 Schritte des Reeingineering

- Revitalisieren

- Restructuring

- Reframing

- Renewing

Reeingineering kann in 4 Schritte eingeteilt werden [6.35]. Vom Revitalisieren (Revitalizing) mit der Definition der Kernkompetenzen des Unternehmens, dem Ausbau bestehender und der Einführung neuer Geschäftsfelder über die Restrukturierung (Restructuring) mit der Neugestaltung der Geschäftsprozesse, der Überwindung organisatorischer Barrieren und der Einführung prozeßorientierter Erfolgsmessung und die Veränderung der Einstellung (Reframing) mit der Überwindung tradierter Denkmuster, der Verdeutlichung der Notwendigkeit des Wandels und der Mobilisierung der gesamten Organisation bis zur Erneuerung (Renewing), d.h. der Qualifizierung der Mitarbeiter und der Etablierung einer lernenden Organisation. Im Vollzug dieser vier Schritte werden alle Methoden angewendet, die zum Instrumentarium der Unternehmensführung gehören.

- Ausrichtung der Organisation an Prozeßorientierung

Reeingineering ist ein Vorgehenskonzept, das sich wie viele Managementkonzepte um eine Idee ranken, nämlich in diesem Fall die bedingungslose Ausrichtung der Organisation an der Idee der Prozeßorientierung.

6.15 Das Konzept der Fertigungssegmentierung

- Kleine Einheiten durch Entflechtung der Kapazitäten und Strukturierung in Segmente

Bei der Fertigungssegmentierung handelt es sich um ein Strukturierungskonzept zur Schaffung modular aufgebauter Fabriken. Die Fertigungssegmentierung will kleine Einheiten durch weitgehende Entflechtung der Kapazitäten und ihre Strukturierung nach bestimmten Kriterien in Segmente erreichen. Diese Teilkapazitäten erhalten eine gewisse Autonomie. Dazu wird die Produktion derart nach Produkt und Technologie gegliedert, daß Fabriken

6.15 Das Konzept der Fertigungssegmentierung

in der Fabrik entstehen. Die Fertigungssegmente erlauben es, produkt-, markt-, produktionsorientiert bestimmte Wettbewerbsstrategien zu verfolgen. Die entstehenden Fabriken in der Fabrik enthalten dadurch zusätzliche Wettbewerbspotentiale, daß sie ihre Ressourcen auf die jeweils spezifische Produktionsaufgabe ihres Segmentes konzentrieren können. Durch die Segmentierung wird auch die Komplexität eines Unternehmens insgesamt verringert [6.36,37]. Merkmale der Fertigungssegmentierung sind:

- Die Segmente beziehen sich auf bestimmte Kombinationen von Produkt, Markt und Produktion. Es sollen nicht mehr alle Produkte mit ihren unterschiedlichen strategischen Schwerpunkten durch die gleiche Fertigung laufen, sondern „Segmente" aufgebaut werden, die auf spezifische Wettbewerbsstrategien ausgerichtet sind. Während etwa bei der Strategie der Kostenführerschaft für ein Segment hochspezialisierte Transferstraßen geeignet sind, müssen bei einer Differenzierungsstrategie mit kundenspezifischen Lösungen hochflexible Bearbeitungszentren eingesetzt werden.
- Die Ausrichtung der Fertigungssegmente auf spezifische Produkte hat eine geringere Fertigungsbreite zur Folge. Durch die in den Segmenten angestrebte Komplettbearbeitung ergibt sich eine hohe Fertigungstiefe. Bei der Bildung produktorientierter Segmente ist darauf zu achten, daß möglichst viele Synergien und Spezialisierungsvorteile innerhalb der Segmente entstehen.
- In den Segmenten werden mehrere, im Idealfall alle Wertschöpfungsstufen der logistischen Kette eines Produktes zusammengefaßt. Damit heben sich Segmente von Fertigungszellen oder flexiblen Fertigungssystemen ab.
- Übernahme zentraler Funktionen: Durch Übernahme von sonst zentralisierten Aufgaben wie Instandhaltung, Transport, Materialbereitstellung, Steuerung sollen Schnittstellen und die negativen Konsequenzen der Trennung planender und ausführender Tätigkeiten vermieden werden.

- Segmentierung verringert Komplexität

- Markt- und Zielausrichtung

- Produktorientierung

- Integration von Wertschöpfungsstufen

- Übernahme zentraler Funktionen

- Höhere Kostenverantwortung
- Flußoptimierung und Verkettung
- Segmentierung erschließt Produktivitätspotentiale
- Aufteilung auch der indirekten Bereiche einer Fabrik

– Höhere Kostenverantwortung: Da die Absatzaktivitäten nicht einbezogen sind, ist eine Führung als Profit Center nicht möglich. Es ergibt sich durch die hohe Integration von Stufen der logistischen Kette ein hohes Maß an Kostenverantwortlichkeit, so daß es nahe liegt, das Segment als Cost-Center zu führen.

Die Gestaltungsprinzipien bei der Fertigungssegmentierung sind Flußoptimierung durch Organisation oder Verkettung. Die Flußoptimierung ist meist erst nach einer Teilung der Gesamtkapazität in kleinere Kapazitätsquerschnitte zu erreichen. Die Flußoptimierung kann sich am Verfahrensablauf orientieren. Durchlaufzeiten werden durch Verringerung der Übergangszeiten verkürzt und damit Kosten durch Bestandssenkungen gespart. Durch räumliche Konzentration von Betriebsmitteln wird eine Verkürzung der Wege für Material und Information mit dem Ziel eines schnellen Durchflusses erreicht.

Das Konzept der Fertigungssegmentierung kann erhebliche Produktivitätspotentiale erschließen. So wurden Verringerungen der Durchlaufzeit im Mittel von 62 %, der Lieferzeit von 54 %, der Bestände von 39 %, eine Senkung der Qualitätskosten von 22 % und eine Reduzierung des Flächenbedarfs um 7 % bei gleichzeitiger Erhöhung der Termintreue um 15 %, Steigerung der Arbeitsproduktivität um 28 %, Erhöhung der Kapazitätsauslastung der Betriebsmittel um 9 % und der Prüfmittel um 6 % [6.38].

Die konsequente Durchführung des Segmentierungsgedankens führt zu einer Aufteilung einer Fabrik in Produkt- oder kundenorientierte Module auch für die indirekten Bereiche.

6.16 Techniken und Instrumente der Organisation

Eine Übersicht über wesentliche Instrumente und Techniken des Organisierens zeigt Bild 6.25. Davon sind einige der in der Literatur ausführlich behandelten Instrumente [6.39,40,41,42] im folgenden kurz besprochen bzw. als Beispiel dargestellt.

Organisationsinstrumente

- Organisationsgrundsätze
- Organigramm
- Funktionendiagramm
- Stellenbeschreibung
- Geschäftsverteilungsplan
- Organisationsanweisung
- Arbeitsanweisung
- Projektstrukturplan
- Pflichtenheft
- Ablaufpläne
- Datenflußpläne
- Standardnetzpläne
- Nummernsysteme
- Schlüssel
- Formulare

Bild 6.25: Übersicht über Instrumente und Techniken des Organisierens

Organigramm
Das Organigramm, auch Organisationsplan genannt, zeigt die Organisationsstruktur eines Unternehmens. Im Organigramm werden die Verteilung der Aufgaben und Funktionen, deren hierarchische Verknüpfung dargestellt. Die einzelnen Organisationseinheiten, wie z.B. Stellen, Gruppen, Abteilungen, Hauptabteilungen werden durch graphische Symbole (Kästchen) charakterisiert. Verbindungslinien symbolisieren Beziehungen wie direkte Unterstellungen und Anordnungswege. In der Regel werden neben der Funktion, also z.B. Spartenleitung, Betriebsleitung, Gruppenleitung, Vorrichtungskonstruktion auch die personelle Stellenbesetzung und eventuell die Zahl der unterstellten Mitarbeiter aufgeführt.

- Verteilung der Aufgaben und Funktionen

Funktionendiagramm
Das Funktionendiagramm stellt in Form einer Matrix horizontal in den Zeilen die einzelnen Aufgabenträger und vertikal die Stellen dar. Im Schnittpunkt von Zeile und Spalte ist durch ein Symbol angegeben, welchen Anteil die Stelle an der Erfüllung der Aufgabe hat. Beispiele sind Beantragen, Entscheiden, Ausführen, Mitspracherecht ausüben, usw.

- Anteil der Stelle an der Erfüllung der Aufgabe

Stellenbeschreibung
Sie wird auch Aufgabenbeschreibung, Arbeitsplatzbeschreibung, Job-Description genannt. Die Aufga-

- Festlegung der Regelungen einer Stelle

benbeschreibung ist eine in einheitlicher Form abgefaßte verbindliche Festlegung aller wesentlichen Regelungen hinsichtlich einer Stelle und präzisiert unabhängig von der Person des Stelleninhabers

– die Benennung der Stelle,
– die hierarchische Einordnung,
– das Ziel der Stelle,
– die Aufgaben, Kompetenzen und Verantwortung,
– die Kommunikationsbeziehungen,
– die Anforderungen an den Inhaber,
– die Kriterien, nach denen er bewertet wird.

Als Beispiele für Stellenbeschreibungen typischer technischer Aufgabenbereiche werden die Position des Leiters der Entwicklung und Konstruktion eines Maschinenbauunternehmens und Position des Leiters der Technischen Planung eines Konzerns dargestellt. Diese Beipiele aus der Praxis sollen nicht nur den typischen Inhalt solcher Stellenbeschreibungen, sondern auch die unterschiedliche Gliederung und Detaillierung deutlich machen, derer sich verschiedene Unternehmen bedienen.

Es muß darauf hingewiesen werden, daß durch perfektionierte Stellenbeschreibungen Kompetenzen unantastbar und Organisationen unbeweglich werden.

Stellenbeschreibung: Leiter Entwicklung und Konstruktion [6.17]

1. Unmittelbar übergeordnete Stelle:
   Geschäftsleitungsmitglied für den Bereich Technik.
2. Unmittelbar untergeordnete Stellen:
   Leiter Entwicklung und Versuche,
   Leiter Konstruktion,
   Leiter Patentwesen,
   Leiter Normung, Dokumentation, Archiv.
3. Vollmachten:
   Prokura
4. Zielsetzung der Stelle
   Ziel der Stelle ist es,

6.16 Techniken und Instrumente der Organisation

- den neuesten Stand des technischen Wissens über Verfahren und Produkte des eigenen Unternehmens und der Mitbewerber zu gewährleisten,
- für die bedarfsgerechte Verfügbarkeit technischer Neuentwicklungen und deren patentrechlichen Schutz zu sorgen,
- die Verkaufsabteilungen durch Produktberatung, technische Information und Standardisierung des Produktprogrammes zu unterstützen, sowie
- durch Wertanalyse und Normung den Materialeinsatz zu rationalisieren.

Der Stelleninhaber
- stellt die Einhaltung des Entwicklungsplanes sicher und verantwortet das Budget seines Zuständigkeitsbereiches,
- trägt die Führungsverantwortung für seinen Bereich.

5. Aufgaben

Der Stelleninhaber veranlaßt und kontrolliert folgende Tätigkeiten:
- Erfassung und Aufbereitung des vorhandenen sowie zukünftigen technischen Wissens und dessen patentrechtlichen Schutz,
- Entwicklung neuer Produkte, Verfahren und Technologien nach den Zielvorgaben der Unternehmensplanung,
- konstruktive Bearbeitung der Entwicklungsprodukte und Rationalisierung der Verfahrensabläufe durch konstruktive Verbesserung der Verkaufsprodukte,
- Erarbeitung von Auslegungs-, Dimensionierungs- und Berechnungsunterlagen für die Planung und Abwicklung der technischen Verkaufsabteilungen,
- Standardisierung des Produktprogrammes und Erstellung allgemein verbindlicher Betriebsnormen,
- Beratung der technischen Verkaufsabteilung,
- Dokumentation von technischem „Know-How" und Schutzrechten
- Personalführung und Organisation in den ihm unterstellten Funktionsbereichen.

Er entscheidet über

- Konstruktionsänderungen, die vom Markt her oder durch die Beschaffenheit des Einsatzmaterials notwendig werden,
- Maßnahmen, die sich aus der Auswertung von Versuchen und Erprobungen sowie aus der Wertanalyse ergeben,
- Inanspruchnahme von technischen Verbesserungsvorschlägen,
- Einzelbudgets und deren Überschreitung durch die ihm unterstellten Bereichsleiter.

6. Kontakte zu und Mitarbeit bei inner- und außerbetrieblichen Stellen, Gremien und Institutionen:
   Der Stelleninhaber
   - berichtet quartalsweise oder auf Anforderung an die Geschäftsleitung, z.B. über den Stand von Entwicklungsarbeiten, Ergebnisse von Versuchen, Ergebnisse der Wertanalyse und Normung, bei drohender Überschreitung des Gesamtbudgets,
   - hält ständigen Kontakt zu den übrigen Bereichsleitern,
   - hält Verbindung zu Fachvereinigungen wie DIN, VDMA, VDI,
   - nimmt an Fachtagungen teil,
   - wirkt in fachspezifischen Gremien und Arbeitskreisen mit,
   - berät die Geschäftsleitung bei Entscheidungen über Produktgestaltung, Budgetgestaltung für seinen Funktionsbereich, Neu- und Weiterentwicklungen.

• Beispiel: Leiter Technische Planung

Aufgabenbeschreibung „Leiter Technische Planung eines Konzerns"

1. Ziel der Stelle:
   Die Planung und Ausführung neuer Industrieanlagen für den Konzern und nach Abstimmung mit dem Vorstand auch für externe Auftraggeber sowie die Umgestaltung bestehender Fabriken, Fertigungs- und Verwaltungsanlagen unter Einhaltung konkurrenzfähiger Qualität, Kosten, Termine im Vergleich zu externen Ingenieurbüros. Gewährleistung einer kostengünstigen Energiepolitik und Sicherung der erforderlichen

6.16 Techniken und Instrumente der Organisation

Maßnahmen des Umweltschutzes, Unfallschutzes und des Brandschutzes.
2. Unterstellte organisatorische Einheiten:
   Bautechnik
   Elektrotechnik
   Energietechnik
   Materialflußtechnik
3. Aufgaben, Befugnisse und Verantwortung:
   - Bestimmt die Richtlinien der kostenoptimalen Energieversorgung und sorgt für die konzernweite Einhaltung der Vorschriften des Energierechtes, des Umwelt- und Unfallschutzes sowie des Verbesserungsvorschlagswesens.
   - Übernimmt die wirtschaftliche Planung und Ausführung neuer oder die Umgestaltung bestehender Fabriken, Fertigungs- und Verwaltungsanlagen für interne und nach Abstimmung mit dem Vorstand auch für externe Auftraggeber. Legt verbindliche Kosten- und Terminplanungen vor.
   - Gewährleistet, daß die Gesamtkosten der Technischen Planung durch die in den Einzelaufträgen verrechneten und vom Ressort Finanzen kontrollierten Auftragskosten gedeckt werden. Sichert ein Leistungsniveau im Vergleich zu externen Ingenieurbüros, das den zur Erreichung der Kostendeckung erforderlichen Beschäftigungsgrad ermöglicht.
   - Stellt sicher, daß die Planungs- und Entwicklungsbüros aus eigener Initiative Rationalisierungsvorschläge erarbeiten und anderen Bereichen als Empfehlung vorlegen.
   - Trägt dem Vorstand im Rahmen der Fachverantwortung der Technischen Planung den fachlichen Standpunkt der Spezialisten der Technischen Planung vor, sofern Entscheidungen der Auftraggeber über die Durchführung technischer Maßnahmen nicht für richtig gehalten werden.
   - Entscheidet im Rahmen der ihm übertragenen Aufträge über die Vergabe von Teilaufgaben an externe Ingenieurbüros bzw. legt entsprechende Entscheidungskompetenz für die ihm unterstellten Einheiten fest.

- Entscheidet über die Zweckmäßigkeit des Einsatzes von Projektteams zur Lösung der ihm übertragenen Aufgaben; ernennt den Projektleiter und die Mitglieder des Projektteams.
- Stellt die fachgerechte Planung und Überwachung der Projektkosten und -termine sicher; setzt hierzu bei wichtigen Projekten entsprechende Planungstechniken zur Unterstützung der Projektteams ein.
- Läßt sich bei wichtigen Projekten über die Kosten und den Terminstand informieren und leitet Gegenmaßnahmen bei Abweichungen ein.
- Sorgt für die Weiterentwicklung des ingenieur- und planungstechnischen Know-hows seiner Mitarbeiter zur Sicherung der Konkurrenzfähigkeit der Technischen Planung gegenüber externen Ingenieurbüros.
- Legt dem Vorstand Empfehlungen über die erforderliche Ingenieurkapazität der Technischen Planung vor.
- Sorgt für die Zusammenarbeit der technischen Planung mit den übrigen Bereichen des Unternehmens und die Zusammenarbeit der einzelnen Planungs- und Entwicklungsbüros untereinander.
- Sorgt für die Entwicklung zweckmäßiger Unternehmensnormen durch die Technische Planung und stellt sicher, daß die Technische Planung im Rahmen ihrer Aufgaben die Einhaltung behördlicher und unternehmensinterner Vorschriften überwacht.
- Bestimmt die Verantwortlichkeit seiner Mitarbeiter für die Mitarbeit in Fachverbänden und Ausschüssen.
- Entscheidet im Rahmen seiner Kompetenzen über Verkauf von Ingenieurleistungen der Technischen Planung an fremde Unternehmen. Stimmt sich hierbei in Fragen des Anlagenbaus mit dem Leiter Anlagenbau ab.
- Sorgt für die Einhaltung externer und interner Unfallverhütungsvorschriften und stellt die rechtzeitige Mitarbeit der Unfallschutzabteilung bei Planungsvorhaben und Erweiterungen oder Umgestaltungen von Gebäuden sicher.
- Führt den Vorsitz in der „Kommission zur Prüfung von Verbesserungsvorschlägen" und leitet die Maß-

6.16 Techniken und Instrumente der Organisation

nahmen zur Intensivierung des Verbesserungsvorschlagswesens ein.
- Sorgt für eine klare und effiziente Organisation, angemessene Bezahlung, Aus- und Fortbildung seiner Mitarbeiter sowie rechtzeitig für Nachfolger bei den wichtigsten Positionen in Abstimmung mit dem Ressort Personal.
- Plant und überwacht die Kosten im Rahmen des ihm vorgegebenen Budgets.

4. Maßstäbe für die Leistungsbewertung:
- Einhaltung der mit den Auftraggebern vereinbarten Qualitäts-, Kosten und Terminvereinbarungen.
- Nachgewiesene Rationalisierungserfolge verglichen mit den vorgegebenen Rationalisierungzielen.
- Heranziehung und gezielte Entwicklung von Führungskräften.

Projektstrukturplan:
Im Projektstrukturplan wird das Projekt hinsichtlich aller erforderlichen Leistungen strukturiert. Der Ablauf des Projektes wird dabei in einzelne Phasen gegliedert, die wiederum in die zu erbringenden Arbeitspakete der verschiedenen, am Projekt beteiligten Stellen aufzuteilen sind. Für die Arbeitspakete ist der jeweilige Zeitbedarf zu ermitteln. Ferner sind Meilensteine für die Entscheidungen festzulegen, bei deren Erreichen grundsätzlich über ein „Stop" oder ein „Go" zu befinden ist.

• Gliederung des Projektes in Arbeitspakete

Pflichtenheft:
Mit dem Pflichtenheft werden die technischen Ziele, die Termine und die Ziele hinsichtlich der Kosten und der Wirtschaftlichkeit festgelegt. Das Pflichtenheft beschreibt die wichtigsten Arbeitspakete aller am Projekt Beteiligten und die Eckdaten jedes Arbeitspaketes. Im Pflichtenheft werden ferner die Ziele bzw. die Anforderungen beschrieben, die an das Projekt gestellt werden. Es beinhaltet eine Leistungsbeschreibung und die Festlegung von Verantwortungen. Das Pflichten- oder Lastenheft für Investitions- oder Lieferprojekte enthält die notwendigen Planungs-, Bau-, Inbetriebnahmeangaben, deren Zeitbedarf, die notwendigen Kapazitäten und das erforderliche Budget.

• Technische Ziele, Termine, Anforderungen und Kosten festgelegt

Literatur zu 6

1 Grochla, E.: Grundlagen der organisatorischen Gestaltung. Stuttgart 1982
2 Chandler, A. D. Jr: Strategy and Structure. Chapters in the History of the American Industrial Enterprise, Cambridge MIT Press 1962
3 Kieser, A.; Kubicek, H.: Organisation. Berlin 1977
4 Frese, E.: Grundlagen der Organisation. 2. Aufl., Wiesbaden 1984, S. 317
5 Hub, H.: Organisationslehre. Wiesbaden 1978
6 Spitzka, H.; Joschke, H. K.: Praktisches Lehrbuch der Organisation. München 1975
7 Bleicher, K.: Organisation. Formen und Modelle. Wiesbaden 1981
8 Wiendahl, H.-P.: Betriebsorganisation für Ingenieure. München 1983
9 Schmidtchen, G: Neue Technik, Neue Arbeitsmoral. Köln 1984
10 Newman, W. H.; Summer, Ch. E. ; Warren, E. K.: The Process of Management. New York 1967
11 Hill, W; Fehlbaum, R.; Ulrich, P.: Organisationslehre. Band 1, 2. Aufl. Bern, Stuttgart 1974
12 Kormann, H.: Planung effizienter Führungsorganisationen. Baden-Baden 1977
13 VDI-Nachrichten Nr.31: Autokrise bringt Gruppenarbeit bei VW in Fahrt, 6.8.1993
14 Schneidewind, D.: Das japanische Unternehmen. Berlin, Heidelberg, New York 1991
15 Fayol, H.: Administration industrielle et générale. Paris, 1925
16 Staehle, W.: Management. München 1980
17 Horváth, P.: Schnittstellenüberwindung durch das Controlling. In: Horváth: (Hrsg.): Synergien durch Schnittstellencontrolling, Stuttgart 1991
18 Krüger, W.: Macht in der Unternehmung. Stuttgart, 1976
19 Steinle, C.: Führung. Stuttgart 1978, S. 130
20 Wunderer, R.; Grunwald, W.: Führungslehre. Berlin 1980, Bd. I, S 72
21 Warnecke, H. J.: Der Produktionsbetrieb. Berlin 1984
22 REFA (Hrsg.): Das Refa-Buch, Bd.2: Methodische Grundlagen der analytischen Arbeitsbewertung. München 1975
23 Wildemann H. u. a.: Strategische Investitionsplanung für neue Technologien in der Produktion. Passau 1986
24 Vossberg, H.: Die Antwort auf das Wachstum. Bayer-Berichte, 51, 1984
25 Wirtschaftswoche Nr. 34, 1986 S. 52-56
26 Roever, M.: Weg mit dem Wasserkopf. Manager Magazin 1, 1992
27 Beckers, H.-J.: Projekt-Management. In: RKW-Handbuch Führungstechnik und Organisation, Berlin 1978, S. 1522
28 Rüsberg, K.-H.: Die Praxis des Projekt-Management.München 1971
29 Saynisch, M.: Projektmanagement, Konzepte, Verfahren, Anwendungen. München 1979
30 Madauss, B. J.:Projektmanagement. Stuttgart 1985
31 Küpper, H.-U.: Ablauforganisation. Stuttgart 1981
32 Hackstein, R.: Einführung in die technische Ablauforganisation.

München, Wien 1985
33 Nagel, K.: Die 6 Erfolgsfaktoren des Unternehmens. Landsberg 1986 S. 101
34 Hammer, M.; Champy, J.: Reeingineering the Corporation – A Manifesto for Business Revolution New York 1993 deutsch: Business Reengineering: Die Radikalkur für das Unternehmen. Frankfurt/New York 1994
35 Gatermann, M.; Krogh, H.: Kurzer Prozeß. Manager Magazin 12/1993 S. 177
36 Wildemann, H.: Fabrik in der Fabrik durch Fertigungssegmentierung. Blick durch die Wirtschaft Nr.112, 1988
37 Wildemann, H.: Die modulare Fabrik: Kundennahe Produktion durch Fertigungssegmentierung. 3. Aufl. München, Zürich 1992
38 Wildemann, H.: Neuentwicklungen in der Fabrik- und Unternehmensorganisation. in: Wildemann (Hrsg.) Das Konzept des Lean Management. Frankfurt 1993
39 Nordsieck, F.: Betriebsorganisation. Aufl., Stuttgart 1972
40 Hub, H.: Techniken der Aufbauorganisation. Stuttgart 1977
41 Suppanz, K.: So erstellen und verbessern Sie Ihr eigenes betriebliches Organisationshandbuch. Landsberg 1979
42 Wittlage, H.: Methoden und Techniken praktischer Organisationsarbeit. Herne 1980
43 VDMA, Abt. Betriebswirtschaft: Stellenbeschreibungen. B w V 178, Frankfurt 1976

7 Führen

7.1 Das Wesen der Führung

„Führen" wird vielfach mit „Management" gleichgesetzt. In diesem Sinne soll der Begriff hier bei der Behandlung der Managementfunktion Führen nicht verstanden werden. Führen bezeichnet eine Tätigkeit im Sinne von „jemanden beeinflussen" und zwar im Hinblick auf sein Verhalten. Führung als soziales Phänomen tritt erst bei zwei oder mehreren Personen auf.

- Führen: jemanden beeinflussen

Führungsprozesse spielen sich in Unternehmen, bei Behörden, ganz allgemein in Organisationen, zwischen dem Führer (Vorgesetzten) und dem Geführten (Mitarbeiter) ab. In Organisationen können auch andere, als die offiziell dafür vorgesehenen Personen, eine Führungsfunktion ausüben: man bezeichnet sie dann als informelle Führer.

- Formelle und informelle Führer

Führung ist notwendig, da man nicht davon ausgehen kann, daß alle Vorhaben und Pläne exakt bis ins letzte Detail vorhergeplant und diese Pläne automatisch eingehalten werden. In der Realität sind Pläne in einer Organisation in Aktionen zu übersetzen, die von Menschen mit Gefühlen, Einstellungen, Reaktionen und Fehlern vorzunehmen sind. Die Pläne müssen bekannt gemacht werden, Ausführende bestimmt und motiviert, Ergebnisse beobachtet, bewertet und Änderungen zur Anpassung an neue Situationen durchgeführt werden. Führen ist damit ein dynamischer Prozeß zwischen Vorgesetztem und seinem oder seinen Mitarbeitern. Der Vorgesetzte beeinflußt das Verhalten der Mitarbeiter. Führen und Folgen gehören zu den wichtigsten zwischenmenschlichen Beziehungen. Provokativ ausgedrückt ist Führen dem Herr-

- Führung ist ein dynamischer Prozeß zwischen Vorgesetzten und Mitarbeitern

- Der Vorgesetzte beeinflußt das Verhalten der Mitarbeiter

schen, Geführtwerden dem Gehorchen verwandt. Führen bedeutet also Ausüben von Macht und Autorität. In der Literatur über Führungsphänomene gibt es keine einheitliche Definition von „Führen". Um die Vielfalt der Auffassungen über den Begriff „Führung" zu verdeutlichen seien einige Definitionen aufgeführt:

- Definitionen von „Führung"

1. Führung ist jede zielbezogene, interpersonelle Verhaltensbeeinflussung mit Hilfe von Kommunikationsprozessen [7.1].
2. Führung gemeint im Sinne von Menschenführung bedeutet persönliche Beeinflussung des Verhaltens anderer Menschen in Richtung auf gemeinsame Ziele [7.2].
3. Führung kann man anhand von sechs Kriterien beschreiben [7.3]: Führung ist
   – gerichtet, direktiv, intentiv,
   – bezieht sich auf ein Ziel,
   – trägt normierenden Charakter,
   – weist Zukunftsbezug auf,
   – ist eine Einwirkung von Führer auf den Folger,
   – realisiert sich in wechselseitigen Einflußprozessen.

- Beschreibung anhand von 6 Kriterien

- Arbeitshypothese: Beeinflussen des Verhaltens auf eine Leistung hin

Führung wird damit verstanden als systematisch strukturierter Einflußprozeß zur Realisation beabsichtigter Leistungsergebnisse. Wir wollen vereinfacht als praktische Arbeitshypothese definieren: Führen ist das Beeinflussen des Verhaltens eines Mitarbeiters auf eine Leistung hin. Daraus ergeben sich eine Reihe von Fragen: Wie läßt sich das Verhalten von Mitarbeitern beschreiben? Wie erfolgt der Prozeß der Beeinflussung, also des Führens? Aus welchen Elementen besteht der Führungsprozeß? Welche Faktoren spielen dabei eine Rolle und wirken sich positiv auf Leistung und Zufriedenheit aus? Wie verhält sich der Führer selbst beim Prozeß des Führens?

7.2 Theorien über Führung

Führungstheorien versuchen Aussagen darüber zu machen, wie der Prozeß der Einflußnahme des Führers auf den Geführten im Hinblick auf zu erreichende Ziele vonstatten geht.

Neuberger [7.4] unterscheidet zwischen „Theorien des Führens" und „Theorien des Geführt werdens". Bei den „Theorien des Führens" steht der personelle Einfluß auf Geführte im Mittelpunkt. Führung ist hier eine hierarchisch strukturierte, soziale Beziehung. Es steht ein Vorgesetzter, der mit Status-, Macht-, Informations- und Fähigkeitsvorsprüngen ausgestattet ist, den Geführten gegenüber. Damit bestimmt er das Handeln dieser Geführten wesentlich. Theorien dieser Art sind eigentlich „Führer-Theorien", weil sie analysieren oder abbilden, wie und mit welchen Folgen eine Führungskraft vorgeht, um ihre Vorstellungen durchzusetzen. Führung wird dabei als eine zweiseitige Beziehung aufgefaßt. Die Geführten oder Unterstellten sind Objekte von Versuchen des Vorgesetzten, Einfluß zu nehmen. Vereinfachungen solcher Theorien bieten sich natürlicherweise als „Gebrauchsanleitungen" für „Führungskonzepte" an, etwa: „Wie man Mitarbeiter erfolgreich führt".

Bei den „Theorien des Geführtwerdens" werden die Inhaber von Führungspositionen nicht als etwas qualitativ anderes hervorgehoben, sondern mit den Geführten zusammen in umfassendere Kontexte eingeordnet. Beide führen einander oder werden geführt durch fremdbestimmte und selbstgeschaffene Bedingungen wie etwa Normen, Strukturen, Vereinbarungen, Gewohnheiten. Führer sind nicht mehr autonome, überlegene, alleinverantwortliche und allwissende Lenker, sondern werden ebenfalls gelenkt. Nicht mehr die zweiseitige Beziehung zwischen dem Vorgesetzten und dem Mitarbeiter steht im Vordergrund, sondern Beziehungsnetze, Kraftfelder und Strukturen, in denen Führer und Geführte integriert sind.

- Wie erfolgt Einflußnahme?

- „Theorien des Führens"

- Wie geht eine Führungskraft vor, um ihre Ideen durchzusetzen?

- „Theorien des Geführtwerdens"

- Im Vordergrund, Beziehungsnetze, in denen Führer und Geführte integriert sind

7.3 Elemente des Führungsprozesses

Für eine angemessene Beschreibung des komplexen Führungsphänomens sind elf Merkmale notwendig [7.5]. Sie überlappen sich teilweise und lassen sich nicht vollständig logisch voneinander abgrenzen. Jedes dieser

- Elf Merkmale zur Beschreibung des Führungsphänomens

Merkmale charakterisiert Führung in unterschiedlichem Ausmaß:

- Ziel-, Ergebnis- und Aufgabenorientierung

1. Der Aspekt der Ziel-, Ergebnis- und Aufgabenorientierung betont den Wert von Führung als Instrument, also den instrumentellen Aspekt. Die beabsichtigten Ziele und Ergebnisse dienen als Kriterien für die Effektivität der Führung. Führung „an sich" kann es nicht geben, sondern nur Führung auf etwas hin. Umstritten ist die Frage, ob Führung immer mit Erfolg verbunden sein muß. Mißerfolg kann ebenfalls als Ergebnis von Führung angesehen werden, so daß man zwischen versuchter, erfolgreicher und effizienter Führung unterscheiden kann.

- Interpersonelle Gruppenprozesse

2. Führung geschieht als interpersoneller Prozeß stets in Gruppen. Unter einer Gruppe versteht man zwei oder mehr Personen, die durch gemeinsame Ziele, Gruppenbewußtsein, gemeinsame Normen oder Rollendifferenzierung miteinander verbunden sind.

- Rollendifferenzierung durch Interaktionen

3. Unter „Rolle" wird die Summe der Erwartungen an den Inhaber einer bestimmten Position verstanden. Durch die Interaktionen zwischen den Gruppenmitgliedern entsteht einmal eine Rollendifferenzierung, d.h. eine Unterscheidung zwischen Führern und Nicht-Führern. Darüber hinaus wird auch bei den Führern von der Gruppe häufig differenziert in aufgabenorientierte und mehr mitarbeiterorientierte Führer. Der aufgabenorientierte Führer ist dadurch gekennzeichnet, daß er die Problemlösungsaktivitäten der Gruppenmitglieder unterstützt und forciert. Aufgrund der damit verbundenen zwischenmenschlichen Konflikte ist er selten das beliebteste Gruppenmitglied. Der mitarbeiterorientierte Führer ist darauf ausgerichtet, die Spannungen abzuschwächen und das Gruppenklima günstig zu gestalten. Er ist beliebter als der aufgabenorientierte Führer.

- Einflußnahme auch durch Sanktionen

4. Führung als Einflußnahme auf unterstellte Mitarbeiter reicht von der Anwendung unmittelbaren Zwangs durch Sanktionen vielerlei Art bis zur reinen Überzeugung durch Argumente. Ziel ist jeweils, Einstellungen und Erwartungen zu ändern.

5. Soziale Interaktion meint die wechselseitige Bedingtheit des Verhaltens von zwei oder mehr Personen aufgrund verbaler oder nichtverbaler Kommunikation. Dabei kann das gemeinsame Verhalten als Ergebnis der Interaktion angesehen werden.
6. Aufgrund wechselseitiger Einflußnahme der Gruppenmitglieder bilden sich gemeinsame Werte und Normen, die in der Regel maßgeblich von den Führern beeinflußt werden.
7. In gleichen Situationen zeigen verschiedene Personen oft unterschiedliche Verhaltensweisen. Ausgehend von der Annahme, daß Verhalten eine Funktion von Persönlichkeit und der Situation ist, führt man diese Beobachtungen auf zeitlich überdauernde Persönlichkeitscharakteristika zurück.
8. Die Zusammenarbeit in Organisationen führt häufig zu Konflikten zwischen und innerhalb von Gruppen. Grund sind Interessengegensätze, divergierende Wertsysteme, unzulängliche Organisationsstrukturen aber auch konkurrierende Entscheidungen der Vorgesetzten.
9. Kommunikation als Austausch von Informationen ist für die Führung in Gruppen von grundlegender Bedeutung.
10. Die Art der Entscheidungs- und Willensbildung charakterisiert den jeweils praktizierten Stil der Führung.
11. Es wird viel zu wenig beachtet, daß Führung als dynamische Phänomen von Lernprozessen, Erwartungen und Zukunftsvorstellungen der Organisationsmitglieder abhängt und damit die Normen, Rollen und Erwartungen einem ständigen Veränderungsprozeß unterliegen.

- Soziale Interaktion

- Bildung gemeinsamer Werte

- Eigenschaften und Fähigkeiten

- Konfliktprozesse

- Kommunikationsprozesse

- Entscheidungsprozesse

- Änderung der Werte durch Lernprozesse

7.4 Ansätze von Führungstheorien

7.4.1 Der pragmatische Ansatz

Der klassische, ökonomische Ansatz zur Erklärung der Einflußnahme beim Führen geht auf Taylor zurück. Er wird auch betriebswirtschaftlich-pragmatischer Ansatz genannt [7.3]. Der Geführte wird als rein rational han-

- Der Geführte als rational handelndes Wesen

- Leistung als Folge von Anweisung und der Entlohnung

delndes Wesen gesehen, das völlig abhängig von finanziellen Anreizen ist. Wenn man ihm nur ein gerechtes Leistungslohnsystem anbietet, wird er pflichtgemäß die verlangten Arbeitsleistungen ausführen, weil er seinen Lohn maximieren will. Der Geführte erbringt die gewünschte Arbeitsleistung als Folge der Anweisung und der Entlohnung (Bild 7.1). Im Mittelpunkt dieses Ansatzes zur Erklärung von Führung stehen rationales, ökonomisches Verhalten und Effizienz. Der Lohn wird in einem gerechten Lohnsystem durch die Organisation festgesetzt. Die Mitarbeiter trennen zwischen privaten Interessen und Interessen der Organisation und unterwerfen sich den Anweisungen der Vorgesetzten und den Interessen der Organisation, ohne daß Einstellungen oder Gefühle ihr Verhalten stören.

7.4.2 Der eigenschaftsorientierte Ansatz

- Great-Man-Theory

Die Eigenschafts- oder Persönlichkeitstheorie (Trait Approach, Great-Man-Theory) bestimmte bis zum Ende der 50-er Jahre einseitig die Diskussion zu Thema Führen [7.1]. Die Fragestellung lautet: In welchen Persönlichkeitseigenschaften unterscheiden sich erfolglose von erfolgreichen Führern bzw. von unterstellten Mitarbeitern?

- Führungserfolg durch angeborene oder erworbene Eigenschaften

Der eigenschaftsorientierte Ansatz versucht den Führungserfolg auf angeborene oder erworbene Eigenschaften als die entscheidenden Einflußgrößen zurückzuführen. Er geht davon aus, daß Führung durch besondere, hervorstechende Eigenschaften des Führers bewirkt wird. Sie werden als vorhanden und immer wirksam betrachtet, unabhängig von der Umwelt, der zu

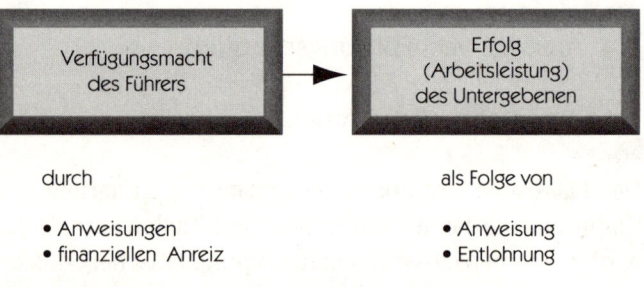

Bild 7.1: Der pragmatische Ansatz einer Führungstheorie

7.4 Ansätze von Führungstheorien

führenden Mitarbeiter und der Aufgabe (Bild 7.2). Man nimmt also eine einfache, lineare Kausalität zwischen Eigenschaften des Führers oder seiner Persönlichkeit und dem Führungserfolg an, wie auch immer der Begriff Führungserfolg definiert sein mag.

Eigenschaftsorientierte Ansätze sind die ältesten Ansätze für eine Führungstheorie. Sicher hat hier auch die Geschichtsschreibung durch die Verherrlichung großer Persönlichkeiten einen wesentlichen Beitrag geleistet. Aber auch die moderne Literatur hat mit Erfolgsstories über große Unternehmerpersönlichkeiten viel dazu beigetragen und den elitären Anspruch des „Befähigten" genährt. Das Problem der Forschung beim eigenschaftsorientierte Ansatz bestand darin, diejenigen Fähigkeiten oder Bündel von Fähigkeiten herauszufinden, die den Führer charakterisieren und den Beweis zu erbringen, daß sie der Grund für den Erfolg sind.

Die häufigsten Kriterien in den zahlreichen Aufstellungen sind [7.6]:

1. Körperliche Fitness
2. Fähigkeit zur Übersicht, Konzeptionsfähigkeit
3. Sach- und Fachkenntnis
4. Durchsetzungsvermögen
5. Dynamik, Energie
6. Selbstvertrauen, Stehvermögen
7. Wille zur Verantwortung
8. Wille zum Risiko
9. Intelligenz, Beweglichkeit
10. Urteilsvermögen
11. Einfühlungsvermögen, Kontaktfähigkeit

- Verherrlichung großer Persönlichkeiten

- Problem: Welche Fähigkeiten sind relevant?

- Katalog erwünschter Führungsfähigkeiten

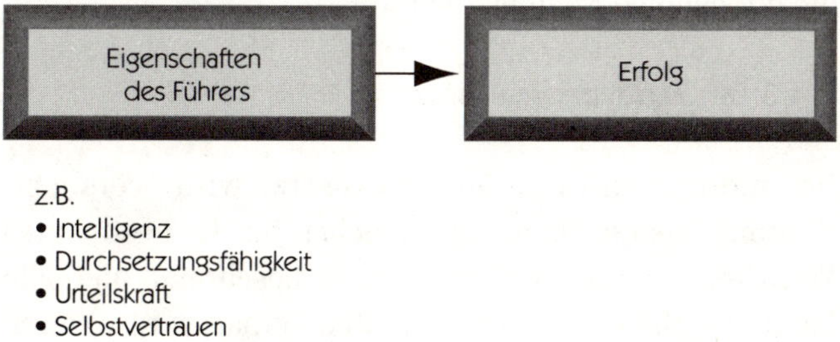

Eigenschaften des Führers → Erfolg

z.B.
- Intelligenz
- Durchsetzungsfähigkeit
- Urteilskraft
- Selbstvertrauen

Bild 7.2: Der eigenschaftsorientierte Ansatz

12. Entscheidungsfreudigkeit
13. Zuverlässigkeit, Einsatzbereitschaft
14. Charakterstärke

- Empirische Ergebnisse uneinheitlich

Die in vielen empirischen Untersuchungen ermittelten Ergebnisse sind uneinheitlich und teilweise widersprüchlich [7.4]. Unter den zahlreichen in den Studien genannten Führungseigenschaften sind von mehr als 5 Autoren in der Reihenfolge der Häufigkeit zitiert [7.7]: Mut, Intelligenz, Vorausschau, Initiative, Einsicht, Persönlichkeit, Aufgeschlossenheit, Wissen, Selbstvertrauen, Sympathie, Energie, Ehrlichkeit. Hohe Korrelationskoeffizienten zwischen verschiedenen Eigenschaften und Führung ergeben sich für [7.8]: Verantwortungsbewußtsein; Initiative, Ausdauer, Ehrgeiz; Selbstvertrauen, Selbstachtung; Urteilskraft und Entschlossenheit; Soziale Fertigkeit (Diplomatie, Taktgefühl, Freundlichkeit); Sozialer und ökonomischer Status; Popularität, Prestige; die Fähigkeit, Kooperation zu erlangen. In der deutschen Praxis werden als Führungseigenschaften häufig genannt: Persönlichkeit, Verantwortungsbewußtsein, Durchsetzungsvermögen, Überzeugungskraft, Tatkraft, Menschenkenntnis, Intelligenz, Belastungsfähigkeit.

- Gültigkeit der Eigenschaftstheorie nicht nachgewiesen

Obwohl die Gültigkeit einer Eigenschaftstheorie der Führung nicht begründet nachgewiesen werden konnte, wird sie in der Praxis der Unternehmensführung nach wie vor sehr geschätzt. Sie ist einfach und einleuchtend und entspricht dem traditionellen Denkmuster, herausragende Leistungen zu individualisieren. Die Erfahrung zeigt, daß bestimmte Fähigkeiten für den Führungserfolg unerläßlich sind. Sie zeigt auch, daß eine Reihe von Menschen für Führungsaufgaben nicht in Frage kommen, weil ihnen die notwendige Eignung fehlt.

7.4.3 Der Motivationsansatz

- Führung aus Sicht der Ursachen für ein bestimmtes Verhalten

Im motivationsorientierten Ansatz wird versucht, Führung aus der Sicht der Ursachen für ein bestimmtes Verhalten zu erklären. Motivation beschreibt hier alle Variablen, die in einem bestimmten Verhalten resultieren (Bild 7.3).

7.4 Ansätze von Führungstheorien

Das Führungsphänomen wird beim motivationsorientierten Ansatz transponiert in ein Verhaltensphänomen: die Motivationsforschung zielt auf die Ermittlung stochastisch gesicherter Ursachen-Wirkungsketten im Verhalten. Durch die entsprechende Umformung von Ursachen-Wirkungsketten in Mittel-Ziel-Ketten werden Verhaltenshypothesen als Führungsmittel anwendbar. Ein Beispiel erklärt dies [7.3]:

Wenn sich als Ursache in dieser Kette eine Aufgabe feststellen läßt, die eine hohe Verantwortlichkeit und den Einsatz von durch den Mitarbeiter hoch bewerteter Fähigkeiten erfordert und als Wirkung ein hoher Leistungseinsatz und gute Ergebnisse entstehen, so kann dieser Ursache-Wirkungszusammenhang in folgende Mittel-Ziel-Kette umgeformt werden: Ziel ist Erreichen eines hohen Leistungseinsatzes und guter Leistungsergebnisse; dies erfordert als Mittel die Gestaltung der Arbeitsaufgabe mit hoher Verantwortlichkeit und den Einsatz eigener Fähigkeiten. Solche Ziel-Mittel-Beziehungen lassen sich als Führungsempfehlung verwenden, die sowohl wissenschaftlichen Forderungen bezüglich Informationsgehalt und Fundierung genügen als auch die Anforderungen der Praxis hinsichtlich Gültigkeit und Anwendbarkeit erfüllen.

- Transponierung in Verhaltensphänomen

- Ziel-Mittel-Beziehungen als Führungsempfehlung

7.4.4 Der Situations-Ansatz

Die Beobachtung, daß unterschiedliche Aufgaben und Umweltkonstellationen auch unterschiedliche Führungseigenschaften und -fähigkeiten erfordern, führte zu einer anderen Betrachtungsweise des Führungsphänomens. In der Situationstheorie geht man davon aus, daß Führung nicht ausschließlich von wirklichen oder vermeintlichen hervorragenden Persönlichkeitseigenschaften abhängen,

- Führung soll von spezifischen Situationen abhängen

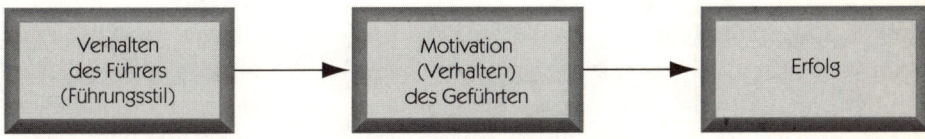

Bild 7.3: Der motivationsorientierte Ansatz

- Unterschiedliche Situationen verlangen anderes Führungsverhalten

sondern auch und gerade von spezifischen Situationen [7.5]. Man leitet daraus ab, daß unterschiedliche Gruppen- und Führungssituationen auch unterschiedliches Führungsverhalten erfordern. Führung wird somit relativiert und als Interaktion zwischen Eigenschaften und günstigen Situationskonstellationen verstanden [7.7], wie das in Bild 7.4 schematisch dargestellt ist.

- Kontingenzmodell der Führung von Fiedler

Das bekannteste Situationsmodell der Führung ist das Kontingenzmodell der Führung von Fiedler [7.9]. Es geht von der Hypothese aus, daß die Leistung einer Gruppe abhängig sei von den Beziehungen zwischen dem Führungsverhalten des Führers und dem Ausmaß, in dem die Gruppensituation es dem Führer erlaubt, Einfluß auszuüben. Das Führungsverhalten wird von Fiedler in mehr aufgabenorientiert oder mehr personenorientiert eingeteilt. Zur Beschreibung der Führungssituation dienen die drei Variablen: Positionsmacht, d.h. inwieweit seine Position es dem Führer ermöglicht, die Geführten in seinem Sinn zu beeinflussen, die Strukturierung der Aufgabe und die Führer-Mitarbeiterbeziehungen, d.h. inwieweit die Beziehungen zwischen Führer und Mitarbeiter zu Zufriedenheit oder Unzufriedenheit führen. Der Erfolg oder die Effektivität eines Führers wird an der Leistung der Gruppe im Hinblick auf die Aufgabenstellung und an der Zufriedenheit der einzelnen Gruppenmitglieder gemessen.

- Verhalten bei Führung mehr aufgaben- oder personenorientiert

Der Begriff der Situation ist allerdings außerordentlich vielschichtig und wurde meist unzulänglich beschrieben. Aschauer [7.7] versuchte die Situation durch fünf interdependente Variable zu charakterisieren:

- Kennzeichnung der Situation durch 5 Variable

1. Gruppenmitglieder mit Fähigkeiten, Erwartungen und Ansprüchen

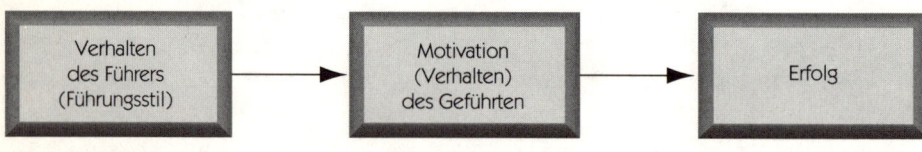

Bild 7.4: Der situative Ansatz

2. Aufgabenstellung der Gruppe
3. Externe Einflüsse auf die Gruppe
4. Art der Gruppenstruktur
5. Gruppennormen

Ulrich/Fluri [7.2] charakterisieren den Begriff „Situation" durch drei Gruppen von Einflüssen: personenspezifische, aufgabenspezifische und soziokulturelle Umwelteinflüsse.

Kritisch anzumerken ist bei dem Situationsansatz, daß durch die Schwierigkeit, die jeweilige Situation zu definieren, kaum verallgemeinerungsfähige Aussagen abgeleitet werden können. Von dem Fiedlerschen Kontingenzmodell abgesehen, werden keine gesetzmäßigen Wenn-Dann-Aussagen postuliert. Nicht selten liest man Gemeinplätze, daß Führung situationsbedingt sei [7.5]. Es bleibt daher nur, den Begriff der Situation als offenes Konzept zu begreifen, das je nach Fragestellung, Untersuchungszweck und bisherigem Wissensstand mit konkretem Inhalt aufgefüllt wird [7.10].

- Kaum verallgemeinerungsfähige Aussagen

7.5 Theorien über Mitarbeiterverhalten

7.5.1 Der Verhaltensansatz

Seit Ende der 40er Jahre kam die Führungsforschung immer mehr von der Frage nach optimalen Führereigenschaften ab und wandte sich der Untersuchung des Führungsverhaltens sowohl des Führers als auch der Geführten zu. Untersucht wurden die Zusammenhänge zwischen dem Führungsverhalten des Managers und dem Verhalten des oder der Mitarbeiter sowie die dabei auftretenden Wechselwirkungen. Es wurde erkannt, daß bei der Frage der Führungseffizienz oder des Erfolgs der Funktion „Führen" auch das Verhalten des Mitarbeiters ein entscheidender Faktor sein muß. Es wurde offenbar, daß ein Führungserfolg ohne Mitarbeiterbeteiligung einfach nicht vorstellbar ist [7.11]. Im Mittelpunkt der verhaltenstheoretischen Ansätze stehen daher die Zusammenhänge zwischen dem Verhalten des Führers und des

- Erfolg bedingt durch Verhalten des Führers und der Geführten

Geführten im Hinblick auf das zu erreichende Ziel bzw. den gewünschten Erfolg.

Die zahlreichen Arbeiten werden in Deutschland unter dem Begriff „Führungstilforschung" zusammengefaßt. Zu den Verhaltensansätzen (Behavioral approach) werden alle jene Ansätze gerechnet, die dem Einfluß der Situation nicht oder nur unwesentlich Rechnung tragen.

- Führungstilforschung in Deutschland

7.5.2 Das Verhaltensmodell von Leavitt

Modelle, die das menschliche Verhalten beschreiben, sollen Ansatzpunkte dafür geben, wie das Verhalten zu beeinflussen ist. Sie enthalten - mehr oder weniger stark vereinfachend - die für wesentlich gehaltenen Faktoren, die sich auf das Verhalten auswirken. Da nach dem einfachen Verhaltensmodel von Leavitt das Verhalten auf Motive zurückgeht, wird auch von Motivationstheorien gesprochen. Das menschliche Verhalten läßt sich nach Leavitt [7.12] durch ein einfaches Modell beschreiben (Bild 7.5).

- Motivationstheorien
- Verhalten geht auf Motive zurück

Motive basieren auf unbefriedigten Bedürfnissen oder einem Mangelempfinden. Wenn sich das Bedürfnis auf ein bestimmtes Ziel oder Objekt richtet, so spricht man von Motiv. Die Aktivierung von Motiven erfolgt durch gewisse Anreize und es resultiert daraus ein bestimmtes Verhalten oder Handeln. Bei Erreichen des Zieles ergibt sich eine Rückkopplung, die signalisiert, ob das Bedürfnis befriedigt wurde. In Wirklichkeit wird das Verhalten von Menschen durch ein ganzes Bündel von Motiven bestimmt, die mehr oder weniger stark sind. Darüber hinaus hängt das individuelle Verhalten von den Einstellungen und Erwartungen, also von dem durch Erziehung und Erfahrung erworbenen Wertsystem, sowie von den

- Anreize aktivieren Motive: daraus ergibt sich ein Verhalten

- Einstellungen und Erwartungen haben Einfluß

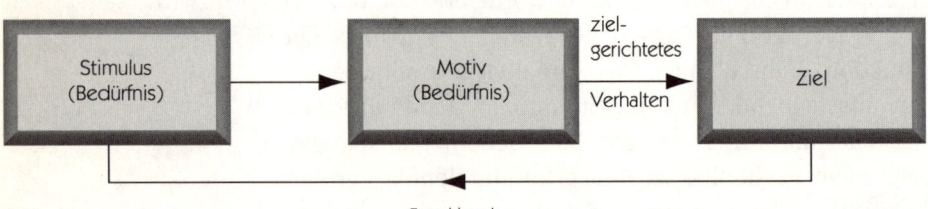

Bild 7.5: Das Verhaltensmodell nach Leavitt (1972)

Kenntnissen und Fähigkeiten des Individuums ab. Das kann dieses stark vereinfachte Modell jedoch nicht darstellen.

7.5.3 Die Bedürfnishierarchie von Maslow

In seinem Modell geht von Maslow [7.13] davon aus, daß sich die wesentlichen menschlichen Bedürfnisse eines Individuums in hierarchische Stufen einordnen lassen (Bild 7.6). Maslow unterscheidet niedrige oder fundamentale und höhere Bedürfnisse. Niedrige Bedürfnisse sind beispielsweise physiologische und Sicherheitsbedürfnisse. Höhere Bedürfnisse sind der Wunsch nach sozialem Kontakt, Ich-Bedürfnisse und Bedürfnisse nach Selbstverwirklichung. Er teilt ein in:

- Physiologische Bedürfnisse wie Hunger, Durst, Schlaf,
- Sicherheitsbedürfnisse wie der Wunsch nach Arbeitsplatzsicherheit, nach Stabilität, nach Freiheit von Angst und Geborgenheit,
- Soziale Bedürfnisse wie Freundschaft, Kontakte mit Kollegen und Vorgesetzten,
- Ich-Bedürfnisse, Bedürfnisse nach Wertschätzung der Person und Achtung durch andere, von denen in erster Linie das Selbstwertgefühl abhängt,
- Bedürfnisse nach Selbstverwirklichung oder Selbsterfüllung.

Nach Maslow wird ein Bedürfnis erst dann bestimmend, wenn die in dieser Rangordnung niedrigeren Bedürfnisse weitgehend befriedigt sind. Nach deren Befriedigung verschwindet ihre motivierende Wirkung. Dies gilt jedoch nicht für das Bedürfnis nach Selbstverwirklichung. Bei ihm geht es darum, „in der verwalteten Welt die personale Einmaligkeit und Einzigartigkeit zur Geltung zu bringen" [7.14]. Dabei handelt es sich um ein Bedürfnis, dessen zunehmende Befriedigung nicht zu einer Verringerung, sondern einer Erhöhung der Motivationsstärke führt.

Die Maslowsche Pyramide gilt für deutsche Verhältnisse als der entscheidende Zugang zum Verständnis für die Motivation der Mitarbeiter. Die meisten Autoren

- Hierarchische Stufen für die menschlichen Bedürfnisse

- Bedürfnisse nach Maslow

- Höhere Bedürfnisse erst nach Befriedigung niedrigerer bestimmend

Bild 7.6: Die Bedürfnishierarchie nach Maslow (1954)

- Die Maslowsche Pyramide dient zur Rechtfertigung kooperativer Führungsformen

berufen sich bei der Rechtfertigung kooperativer Führungsformen auf die Notwendigkeit, die „höheren" Bedürfnisse des Menschen zu berücksichtigen. Es gibt jedoch eine Reihe von Einwänden [7.15]. Dazu gehören die rein kulturspezifische Ausrichtung an den Idealen der amerikanischen Mittelschicht, die vage Formulierung des Begriffes der Selbstverwirklichung und die fehlende Allgemeingültigkeit der Rangfolge der Bedürfnisse.

7.5.4 Zwei-Faktoren-Theorie der Motivation

- Herzbergs Einfluß auf die Humanisierung der Arbeitswelt

Die Studien des amerikanischen Psychologen Frederick Herzberg [7.16] haben eine Reihe von weiteren Einsichten in das Wesen der betrieblichen Motivation vermittelt. Seine Zwei-Faktoren-Theorie hat zu vielen empirischen Untersuchungen geführt und die Bestrebungen zur Humanisierung der Arbeitswelt maßgeblich beeinflußt. Herzberg nannte jene Faktoren, die eine Befriedigung in der Tätigkeit ermöglichen und einen Mitarbeiter positiv motivieren Motivatoren. Faktoren, welche Ursachen für Unzufriedenheit oder gar Frustrationen sind, die also einen Mitarbeiter negativ motivieren, nannte er Hygiene-Faktoren.

7.5 Theorien über Mitarbeiterverhalten

Motivatoren resultieren aus dem Vollzug der Arbeit. Dazu gehören das Erfolgserlebnis aus der erbrachten Leistung, Anerkennung, Arbeitsinhalt, Verantwortung, Aufstiegs- und Entfaltungsmöglichkeiten. Hygiene-Faktoren hängen nicht unmittelbar mit der Arbeit selbst, sondern mit dem Rahmen und den Bedingungen des Arbeitsvollzugs zusammen. Nach Herzberg gehören dazu Gehalt, Beziehungen zu Mitarbeitern, Vorgesetzten, Kollegen, Status, Arbeitsbedingungen, Führungsstil, mangelnde Information, Bürokratie. Was den Mitarbeiter positiv oder negativ motiviert, hat verschiedene Ursachen. Wenn man den Hygiene-Faktoren Aufmerksamkeit schenkt, kann man negative Einstellungen verhindern, aber noch keine positiven Einstellungen erzeugen. Zufriedenheit und Engagement kann man nur erreichen, wenn man den Motivatoren Aufmerksamkeit schenkt. Die Motivatoren werden jedoch im wesentlichen von den unmittelbaren Vorgesetzten beeinflußt. Bild 7.7 gibt die Theorie Herzbergs in gekürzter Form wieder (nach Birkenbihl 1981).

Es wurde in sehr stark positiv motivierend (++), positiv motivierend (+), stark negativ motivierend (–), sehr stark negativ motivierend (– –) unterschieden. Aus dieser Darstellung läßt sich folgendes erkennen:

- Motivatoren resultieren aus dem Vollzug der Arbeit

- Hygiene-Faktoren hängen mit den Bedingungen der Arbeitsumwelt zusammen

- Leistung und Zufriedenheit nur über die Motivatoren erreichbar

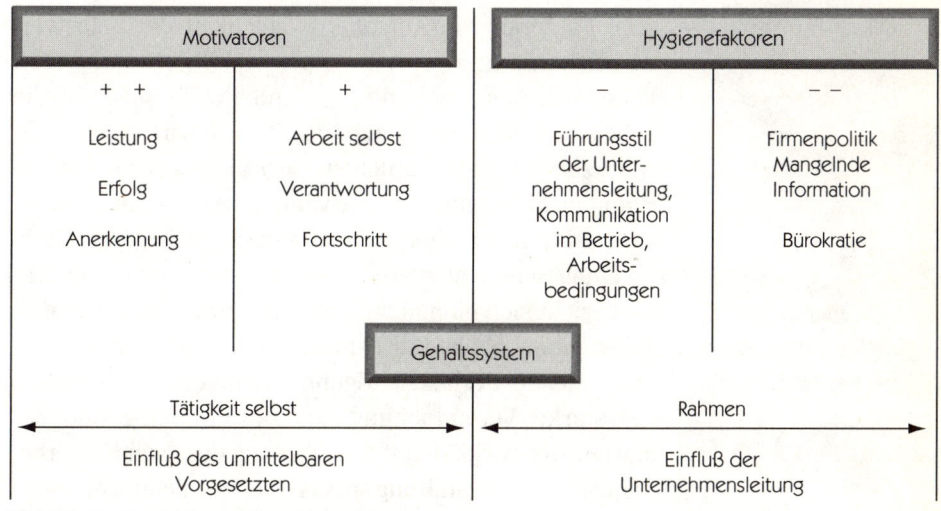

Bild 7.7: Die Zwei-Faktoren-Theorie von Herzberg

- Gute Leistung und ihre Anerkennung durch den Vorgesetzten ist der am stärksten motivierende Faktor überhaupt.
- Stark motivierend kann interessante und abwechslungsreiche Arbeit sein. Das gleiche gilt, wenn man einen Mitarbeiter für die Ausführung der ihm übertragenen Arbeit verantwortlich macht.
- Die Beteiligung an Arbeiten, die dem Fortschritt dienen, wirkt allein als Tatsache oft ebenfalls motivierend.
- Am stärksten demotivierend wirkt es auf einen Mitarbeiter, wenn eine Firma keine klar umrissene Firmenpolitik hat oder wenn er nicht oder nur unzureichend über die Firmenpolitik informiert wird.
- Sehr negativ wirkt sich eine schlechte und bürokratische Behandlung „von oben herab" durch die Verwaltung aus.
- Negativ wirken sich der Führungsstil der Unternehmensleitung und schlechte Arbeitsbedingungen aus.

- Gute Leistung am stärksten motivierend

- Demotivierend wirkt keine klare Firmenpolitik, schlechte Behandlung

Mit Maslows Bedürfnishierarchie hat Herzbergs Theorie die Popularität und Einfachheit der Grundannahmen gemeinsam, die dem „gesunden Menschenverstand" sehr nahe kommen. Nach Herzberg sind jedoch angenehme Arbeitsbedingungen und kooperative Formen der Führung beschränkt von Bedeutung und können nur Unzufriedenheit vermindern. Vielmehr sind individualistische Faktoren wie Aufgabe, Möglichkeit der Selbstverwirklichung in der Arbeit selbst, Übertragung von Verantwortung von entscheidendem Einfluß für die Arbeitszufriedenheit. Herzbergs Theorie wird daher weltweit zur wissenschaftlichen Begründung von Job-Enrichment-Programmen verwendet. Allerdings konnte trotz zahlreicher Überprüfungen die Herzbergsche Theorie empirisch nicht ausreichend fundiert werden. Die Kritik bezieht sich einmal auf die vage Formulierung großer Teile, auf die als Meßinstrument verwendeten Methoden, die fehlende Berücksichtigung situativer Variablen und die starke Vereinfachung zur Beschreibung und Erklärung der Wirklichkeit. Die Eignung der Zwei-Faktoren-Theorie zur Gestaltung der Arbeitsbeziehungen wird daher von der Wissenschaft als nur begrenzt eingeschätzt,

- Herzbergs Theorie kommt dem gesunden Menschenverstand sehr nahe

- Herzbergs Theorie dient zur Begründung von Job-Enrichment-Programmen wenngleich sie sich in der Führungspraxis noch großer Beliebtheit erfreut und in viele Führungsempfehlungen Eingang gefunden hat [7.14].

Ein Beispiel für solche praktischen Empfehlungen zur erfolgreichen Motivation sind folgende Leitsätze [7.17]:

- Fordern Sie Ihre Mitarbeiter bis zur Grenze ihrer Leistungsfähigkeit. Das Bewußtsein, eine schwierige Aufgabe auszuführen ist ein Statussymbol ersten Ranges.
- Entwickeln Sie die Fähigkeit, Leistungen wahrzunehmen und anzuerkennen.
- Informieren Sie ihre Mitarbeiter möglichst umfassend. Erläutern sie die Aufgaben und diskutieren Sie die Probleme mit Ihrer Gruppe. Vermeiden Sie militärisch knappe Anweisungen.
- Seien Sie ein ehrlicher Anwalt der Interessen Ihrer Mitarbeiter. Schaffen Sie ein persönliches Verhältnis zu ihnen und ergründen Sie ihre Bedürfnisse. Dulden Sie Widerspruch.

• Praktische Empfehlungen für Vorgesetzte

7.6 Führungsstil

7.6.1 Typologien von Führungsstilen

Der Begriff „Führungsstil" wird in der Literatur in verschiedenem Sinn verwendet. Wir wollen uns der allgemeinen Auffassung anschließen. Unter Führungsstil versteht man ein zeitlich überdauerndes und in bestimmten Situationen konsistentes Führungsverhalten eines Vorgesetzten gegenüber seinen Mitarbeitern. Anhand von Merkmalen wird versucht, das Verhalten des Vorgesetzten bei der Beeinflussung seiner Mitarbeiter zu typisieren. Darüber hinaus werden aber in der gängigen Praxis einzelnen Führungsstilen auch Auswirkungen auf die Leistung und Zufriedenheit der Mitarbeiter zugeordnet und normativ Empfehlungen über anzuwendende Führungsstile gemacht. Ebenso uneinheitlich wie die Definition des Begriffes Führungsstil sind auch die Bezeichnungen verschiedener Typen von Führungsstilen. Die im folgenden geschilderten Führungsstile sind also Verhaltensmu-

• Definition von „Führungsstil"

• Auswirkungen auf Leistung und Unzufriedenheit

ster, die nicht von realen Führern, sondern vom idealtypischen Verhalten von Führern ausgehen.

7.6.2 Die „klassischen" Führungsstile

- Autokratischer Führungsstil

- Demokratischer Führungsstil

- Laissez-faire-Führungsstil

Die „klassischen" Führungsstile „autokratisch", „demokratisch" und „laissez-faire" gehen auf Lewin [7.18] zurück. Der autokratische Führer bestimmt und lenkt die Aktivitäten und Ziele der Mitarbeiter. Er teilt jedem Mitglied seine Tätigkeiten zu. Bei der Bewertung der Tätigkeiten läßt er nicht erkennen, nach welchen Maßstäben er bewertet. Der demokratische Führer ermutigt die Gruppenmitglieder, ihre Aktivitäten zum Gegenstand von Gruppendiskussionen und -entscheidungen zu machen. Bei Bewertung ihrer Tätigkeiten versucht er stets, die objektiven Beurteilungsgründe den Mitarbeitern darzulegen. Der Laissez-faire-Führer spielt eine freundliche, aber passive Rolle und gibt den Gruppenmitgliedern volle Freiheit. Er vermeidet, die Tätigkeiten einzelner Mitglieder oder der gesamten Gruppe positiv oder negativ zu bewerten.

- Einfluß von Führungsstil auf Leistungsverhalten von Gruppen

Lewin untersuchte in einer Reihe von Laboratoriumsexperimenten, inwieweit die Führungsstile sich auf das soziale Verhalten einer Gruppe und der einzelnen Gruppenmitglieder auswirken. Die Ergebnisse dieser Experimente, wonach ein demokratischer Führungsstil dem autokratischen oder dem Laissez-faire-Stil in Bezug auf Gruppenleistung und Zufriedenheit überlegen sei, ist unzulässig verallgemeinert worden. Diese Ergebnisse wurden auch unkritisch in die Bereiche von Verwaltung und Industrie übertragen. Dies geschah mit der normativen Empfehlung, zur Erreichung höherer Leistung und größerer Zufriedenheit der Mitarbeiter sei stets ein kooperativer Führungsstil zu bevorzugen.

7.6.3 Die eindimensionale Darstellung

- Typisierung des Stils nach dem Umfang an Entscheidungsdelegation

Außerordentlich bekannt zur Typisierung von Führungsstilen ist das Schema der Führungsstile von Tannenbaum/Schmidt [7.19] geworden, das den Begriff des Führungsstils nur nach einem Merkmal, also eindimen-

7.6 Führungsstil

sional definiert. Dieses Merkmal ist die Art und der Umfang an Entscheidungsdelegation (Bild 7.8).

7.6.4 Die zweidimensionale Darstellung

Das Verhaltensgitter (Managerial Grid) von Blake/Mouton [7.10] zur Beschreibung des Führungsverhaltens in Organisationen ist auf der Basis des Führungsverhaltens von etwa 5000 Führungskräften in den USA empirisch überprüft worden. Es beschreibt als Matrix zwei Dimensionen, von denen der Vorgesetzte bei seinem Führungsverhalten ausgeht (Bild 7.9): die „Betonung der Produktion" (concern for production) - wohl als Aufgaben- oder Leistungsorientiertheit zu verstehen - und die „Betonung des Menschen" (concern for people), die Mitarbeiterorientiertheit. Der Grad der Betonung wird durch eine neunstufige Skala beschrieben, wobei 1 die geringste Betonung und 9 die höchste Betonung angibt. Damit könnten je nach Ausprägung der beiden Dimensionen 81 Führungsstile beschrieben werden. Die Autoren beschreiben 5 extreme Typologien von Führungsstilen hinsichtlich ihrer Leistungs- und Zufriedenheitswirkungen: 1.1, 1.9, 5.5, 9.1, 9.9.

Es wird also hier nicht mehr von der früheren Annahme ausgegangen, daß der Vorgesetzte vor der Wahl stehe, sich mehr leistungorientiert oder mehr mitarbeiterorientiert zu verhalten, weil beides zugleich nicht möglich sei.

- Das Verhaltensgitter von Blake/Mouton

- 2 Dimensionen: Aufgaben- und Mitarbeiter- orientiertheit

- Unabhängigkeit der beiden Dimensionen angenommen

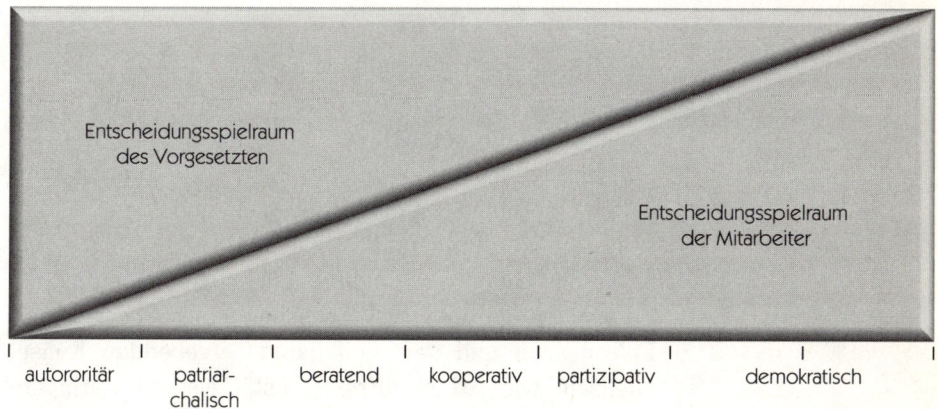

Bild 7.8: Die eindimensionale Klassifizierung von Führungsstilen nach Zepf 1972 bzw. Tannenbaum/Schmidt 1958

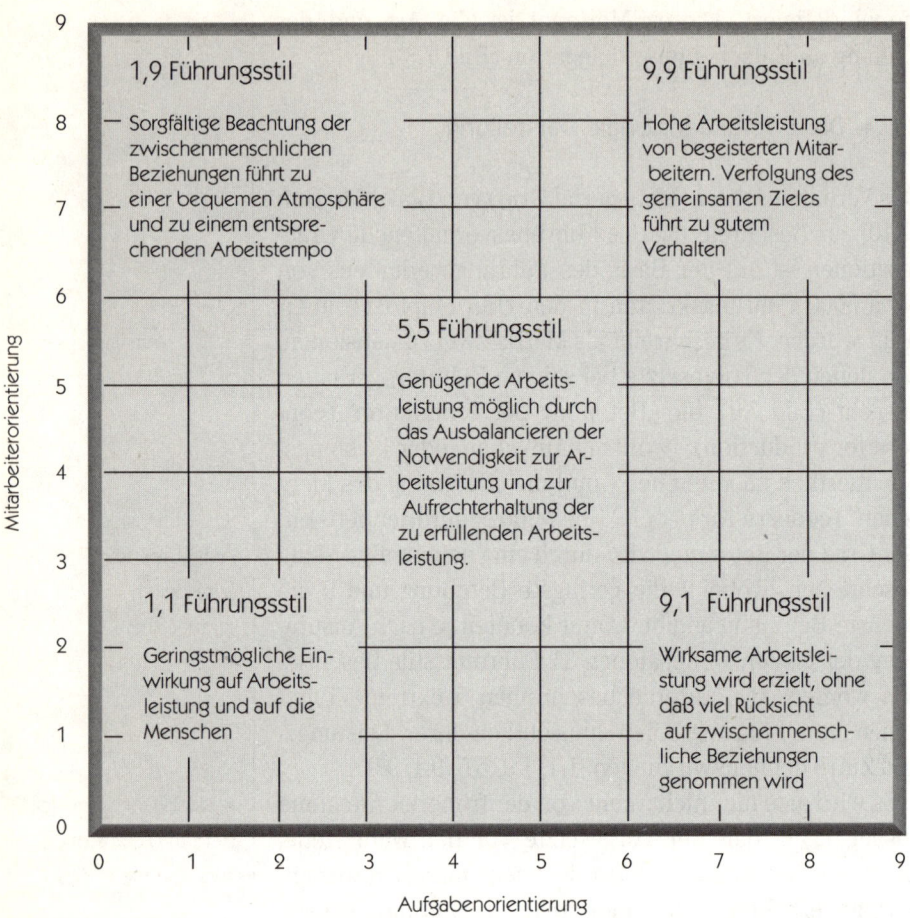

Bild 7.9: Das Verhaltensgitter nach Blake/Mouton

- 9.9 Führungsstil erstrebenswert

Es wird vielmehr die Unabhängigkeit der beiden Dimensionen und ein Gegensatz humaner und wirtschaftlicher Ziele angenommen. Davon ausgehend wird der 9.9 Führungsstil als das allein erstrebenswerte Führungsverhalten empfohlen. Damit wird also ein und derselbe Führungsstil als universell einsetzbar angesehen. Verschiedene Labor- und Felduntersuchungen haben jedoch inzwischen gezeigt, daß zwischen einem bestimmten Führungsstil und den sich daraus ergebenden Konsequenzen, wie Arbeitszufriedenheit, Leistung, geringere Fehlzeiten keine eindeutige Beziehung besteht und stets die spezifischen Umstände, also die Situation, zu berücksichtigen sind, unter denen das Führungsverhalten auftritt. Demnach kann ein bestimmter Führungsstil in unterschiedlichen Situationen zu ganz verschiedenen Ergebnissen führen.

7.6.5 Das 3-D-Konzept von Reddin

Anders als Blake/Mouton bestreitet Reddin [7.21], daß es einen generell „gültigen" und besten Führungsstil gibt. Auch er geht von einer Vier-Felder-Matrix aus, fügt jedoch eine dritte „Dimension" hinzu: zur Orientierung nach Aufgaben und zur Beziehungsorientierung kommt die Effektivität. Unter Effektivität versteht er das Ausmaß, in dem eine Führungskraft die Leistungsvorgaben erreicht, die sie aufgrund ihrer Position erbringen muß. Die Quadranten der Vier-Felder-Matrix charakterisieren vier grundsätzliche Formen von Führungsstilen:

- den Verfahrensstil
- den Beziehungsstil
- den Aufgabenstil
- den Integrationsstil.

Die 4 Grundformen sind in der Mitte von Bild 7.10 dargestellt. Nach Reddin ist jeder dieser 4 Grundstile in bestimmten Situationen effektiv. Die Effektivität hängt von der Situation ab, in der der Grundstil eingesetzt wird. In Bild 7.6 wird der dreidimensionale Charakter veranschaulicht. Jedem Grundstil wird ein Stil mit hoher Effektivität und ein Stil mit niedriger Effektivität zugeordnet. Schon die Wortwahl für die Bezeichnungen zeigt den normativen Charakter des Konzeptes an. Beispielsweise wendet der „Integrierer" den Integrationsstil effektiv an. Es ist eine Führungskraft mit hoher Aufgabenorientierung und hoher Beziehungsorientierung in einer Situation, in der dieses Verhalten angebracht und daher effektiv ist. Andere nehmen dies wie folgt wahr: er kann gut motivieren, setzt hohe Maßstäbe, behandelt jeden individuell und bevorzugt kooperativen Führungsstil. Der Kompromißler ist hingegen eine Führungskraft in einer Situation, in der nur eine der beiden oder keine hohe Ori-

• Zusätzlich 3. Dimension Effektivität

• Führungsstile nach Reddin

• Effektivität hängt von Situation ab

• Normativer Charakter des Konzeptes

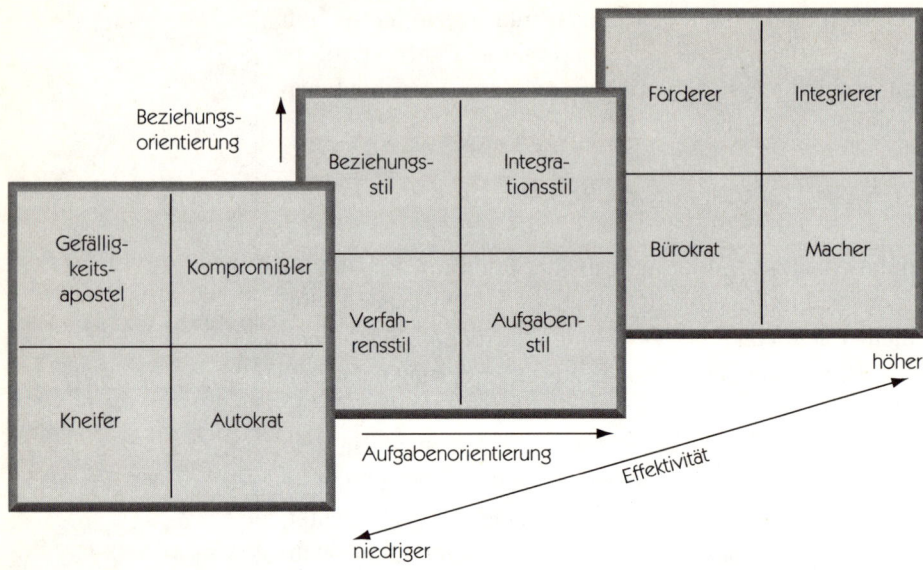

Bild 7.10: Das 3-D-Führungsstilmodell nach Reddin (1977)

entierung erforderlich ist und die daher weniger effektiv ist. Die Wahrnehmung durch andere: trifft schwache Entscheidungen, läßt sich in einer Situation stark vom Druck der Verhältnisse beeinflussen, geht naheliegenden Problemen aus dem Wege.

Ziel des 3-D-Konzeptes ist es, ein Situationsmanagement zu praktizieren. Die Führungskraft soll die Situation erkennen und einschätzen lernen und soweit sie in der Lage dazu ist, den Führungsstil entsprechend anpassen. Reddin geht dabei von einer Stilbandbreite aus, die eine einzelne Führungskraft beherrscht. Die beherrschte Stilbandbreite ist durchaus von Mensch zu Mensch unterschiedlich. Sie kann aber entwickelt

- Ziel des 3-D-Konzeptes ist Situationsmanagement

Führungstechniken und -instrumente

- Anweisung, Auftrag
- Mitarbeitergespräch
- Arbeitsunterweisung
- Kritikgespräch
- Führungsanweisung

Bild 7.11: Führungstechniken und -instrumente

und ausgebildet werden. Das Konzept von Reddin wird ebenso wie das GRID-Konzept in Führungsseminaren als vermarktetes Führungskonzept angeboten. Beide Konzepte sind bei allen Einwänden mangelnder theoretischer Fundierung einigermaßen plausibel, verstehbar und nachvollziehbar [7.22]. Das 3-D-Modell dürfte zur Veranschaulichung der situativen Einflüsse besser geeignet sein.

• Voraussetzung: Stilbandbreite der Führungskraft

7.7 Führungstechniken und -instrumente

Anweisung, Anordnung, Auftrag
Durch einen Auftrag löst der Vorgesetzte eine gezielte Handlung bei seinem Mitarbeiter aus. Oberster Grundsatz für eine Anweisung des Vorgesetzten an seine Mitarbeiter ist, daß er klar zum Ausdruck bringt, was er will. Darüber hinaus muß er feststellen, ob er richtig verstanden wurde. Dabei geht er folgendermaßen vor [7.23]:

• Der Vorgesetzte löst eine gezielte Handlung seines Mitarbeiters aus

– Zunächst legt der Vorgesetzte dar, um was es geht.
– Er begründet die Notwendigkeit dieser Anweisung.
– Er stellt durch Fragen fest, ob er verstanden wurde.
– Sodann fordert er die Mitarbeiter zu Fragen auf.
– Falls notwendig, geht er auf diese Fragen ein, präzisiert das Gesagte und erläutert Einzelheiten der Anweisung.
– Er vergewissert sich, ob seine Mitarbeiter tatsächlich in der Lage sind, die Anweisung zeitlich und arbeitsmäßig auszuführen.
– Er legt Termine für die Durchführung der Anweisung fest und faßt gegebenenfalls abschließend die Anweisung nochmals zusammen.

Mitarbeitergespräch
Das Mitarbeitergespräch unter vier Augen und Besprechungen in Gruppen dienen der gegenseitigen Information. Der Vorgesetzte benötigt zur erfolgreichen Führung seines Bereiches Informationen. Er muß aber auch seine Mitarbeiter über alles systematisch, umfassend und gezielt informieren, was sie wissen müssen, um ihre Aufgaben sachgerecht erfüllen zu können. Besprechungen werden vom Vorgesetzten durchgeführt, wobei er Anweisungen gibt, sie erläutert und Probleme zur Diskussion stellt. Be-

• Besprechungen sind das am häufigsten verwendete Führungsmittel

sprechungen sind das am häufigsten verwendete Führungsmittel. Die Art und Weise der Durchführung der Besprechungen durch den Vorgesetzten hat einen starken Einfluß auf die Effizienz der ganzen Gruppe von Mitarbeitern.

Arbeitsunterweisung

Die Aufgabe, neue Mitarbeiter anzulernen oder Mitarbeiter in neue Aufgaben einzuführen wird oft unterschätzt. Als Technik zum Erreichen systematischen Vorgehens kann die Vier-Stufen-Methode der Arbeitsunterweisung dienen, die ursprünglich für den Produktionsbetrieb entwickelt wurde. Es werden grundsätzlich die folgenden Schritte durchgeführt:

- Vier-Stufen-Methode der Arbeitsunterweisung

Stufe 1: Vorbereiten und Aufgabe zergliedern.
Stufe 2: Erklären, zeigen, vormachen.
Stufe 3: Selbst arbeiten lassen.
Stufe 4. Abschließen und selbständig arbeiten lassen.

Kritikgespräch

Der Vorgesetzte muß seine Mitarbeiter regelmäßig über ihren Leistungsstand informieren. Dazu dienen Kritikgespräche und schriftliche Beurteilungen. Ziel des Kritikgespräches ist es nicht nur, den Mitarbeiter zu informieren, sondern ihm Wege zur Verbesserung seiner Leistung aufzuzeigen, ihn zur Erreichen besserer Ergebnisse zu motivieren, also sein Verhalten zu beeinflussen [7.23].

- Kritikgespräche dienen der Information über den Leistungsstand

Führungsanweisung

Die Führungsanweisung, Führungsrichtlinie, manchmal Führungsgrundsätze oder auch nur Verhaltensleitsätze genannt, legen schriftlich fest, welches Führungsverhalten Unternehmen verbindlich vorschreiben oder empfehlen.

- Empfehlungen zum Führungsverhalten

Literatur zu 7

1 Baumgarten, R.: Führungsstile und Führungstechniken. Berlin 1977, S. 9
2 Ulrich,P.; Fluri, E.: Management. Bern, Stuttgart 1975
3 Steinle, C.: Führung. Stuttgart 1978, S. 24
4 Neuberger, O.: Führen und geführt werden. 3. Aufl., Stuttgart 1990

5 Wunderer, R.; Grunwald, W.: Führungslehre. Bd. 1. Berlin, New York, 1980, S.57
6 Worpitz, H.: Wissenschaftliche Unternehmensführung. Frankfurt, 1991
7 Aschauer, E.: Führung. Stuttgart 1970, S.54
8 Stogdil, R. M.: Handbook of Leadership, New York 1974, zitiert nach Wunderer Bd.I, S. 115
9 Fiedler, F.: A Theory of Leadership Effectiveness. New York 1967
10 Kieser, A.; Kubicek, H.: Organisation. Berlin, New York 1983, S. 217
11 Neuberger, O.: Führungsverhalten und Führungserfolg, Berlin 1976
12 Leavit, H.J.: Managerial Psychology. 3. Auflage, Chicago 1972
13 Maslow, A.: Motivation and Personality, New York 1954
14 Neuberger, O.: Führen und geführt werden. 3. Aufl., Stuttgart 1990
15 Wunderer, R.; Grunwald, W.: Führungslehre. Bd. 1. Berlin, New York, 1980, S. 178
16 Hertzberg, F.H. u.a.: The Motivation to Work. New York 1959
17 Birkenbihl, M.: Führungsbrevier 2000. Karlsruhe 1981 S. 124
18 Lewin,K; Lippit, R.; White, R.K.: Patterns of aggressive behavior in experimentally created social climates. In: Journal of Social Psychology, 1939, (10), S. 271 - 299
19 Tannenbaum, R.;Schmidt W. H.: How to choose a leadership pattern. In :HBR March/Apr. 1958, S. 95 - 101
20 Blake, R.; Mouton J.S.: Verhaltenspsychologie im Betrieb. Düsseldorf/Wien 1968
21 Reddin, W.J.: Das 3-D-Programm zur Leistungssteigerung des Management. München 1977, S.24
22 Raidt, F.: Die Konstruktion der Wirklichkeit. Management-Wissen 2, 1985, S.72-82, 3 S.78 - 84 ,4 S. 86 - 95
23 Höhn, R.: Führungsbrevier der Wirtschaft. Bad Harzburg 1967

8 Kontrollieren

8.1 Zweck der Kontrolle

Es wäre eine Illusion anzunehmen, das Verhalten der Mitglieder einer Organisation und der Ablauf der Prozesse erfolge ohne weiteres Zutun und ohne Störungen im gewollten Sinne und so, wie die Pläne verabschiedet wurden. Dafür Sorge zu tragen liegt bei der Managementfunktion „Kontrolle". Kontrolle steht somit ausschließlich im Dienste der Verwirklichung der Ziele [8.1]. Dies bedeutet jedoch nicht, daß aufgrund von Kontrollen allein die gesteckten Ziele erreicht werden.

Vielfach wird Kontrolle gleichbedeutend mit Prüfung und Überwachung angesehen. Überwachung kann man jedoch als Oberbegriff betrachten. Prüfung bedeutet dann die Überwachung durch Personen, die von dem überwachten Gebiet unabhängig sind. Beispiele sind die Prüfung von Bauplanungen durch unabhängige, öffentlich zugelassene Baustatiker, die Prüfung von überwachungspflichtigen Anlagen, wie prüfpflichtigen Druckbehältern nach Paragraph 24 der Gewerbeordnung durch den Technischen Überwachungsverein (TÜV) oder die Prüfung der Bilanzen durch einen unabhängigen Wirtschaftsprüfer.

Die Managementfunktion „Kontrolle" läßt sich ebenso wie die anderen Funktionen nicht für sich allein wahrnehmen. Ein besonders enger Zusammenhang besteht mit der Funktion „Planen". Durch Planen werden die Größen festgelegt, die als Maßstab bei der Kontrolle dienen. Nur eine Formulierung von operationalen Zielgrößen erlaubt eine wirksame Kontrolle. Sie beruht auf präziser Zielsetzung und Planung, einem wirksamen

- Der Zweck von Kontrolle

- Die Begriffe Kontrolle, Prüfung und Überwachung

- Zusammenhang Kontrolle mit Planung

- Mehrere Stufen von Kontrollsystemen

- Rein gedankliche Planung und Kontrolle

- Ungebundene schriftliche Planung und Kontrolle

- Systematisch-schriftliche Planung und Kontrolle

- Kontrollsysteme zur Durchsetzung gefaßter Entscheidungen erforderlich

Informationssystem, das die Informationen für die Kontrolle liefert und einer klaren Regelung der Kompetenzen und Verantwortung, damit Abweichungen nicht nur zur Kenntnis genommen werden, sondern Konsequenzen gezogen werden. Bei Betrachtung der Unternehmung als kybernetisches System wird Planung und Kontrolle oft als ein gemeinsames Subsystem des Managementsystems behandelt.

Man kann verschiedene Stufen der Entwicklung von Planungs- und Kontrollsystemen unterscheiden [8.2]. Die rein gedankliche Planung und Kontrolle: Hier laufen Planungs- und Kontrollprozesse „rein im Kopf" derer ab, die Planungs- und Kontrollaufgaben übernommen haben. Es gibt keine schriftlich festgelegten Pläne und Kontrollberichte. Planung, Realisation und Kontrolle liegen häufig bei demselben Aufgabenträger.

Die ungebundene schriftliche Planung und Kontrolle: Sie liegt dann vor, wenn teilweise Zwischenergebnisse im Planungs- und Kontrollprozeß sowie Pläne und oder Kontrollberichte schriftlich fixiert werden. Die schriftliche Planung erfolgt nur in besonderen Fällen wie z.B. bei der Durchführung von Investitionen. Zwischen den Plänen und Kontrollberichten besteht nur ein loser Zusammenhang. Die schriftliche Fixierung erleichtert die Kommunizierbarkeit und damit die Arbeitsteilung bei der Planung, Realisierung und Kontrolle.

Systematisch-schriftliche Planung und Kontrolle: Es ist ein systematisch betriebenes und mehr oder weniger lückenloses System schriftlicher Pläne und Kontrollberichte vorhanden. Die Abhängigkeiten zwischen ihnen werden soweit möglich berücksichtigt. Der Planung und Kontrolle wird eine große Bedeutung für die Steuerung und Regelung der Prozesse im gesamten Unternehmen zugemessen.

Ohne formelle, institutionalisierte Kontrollen läuft eine Organisation Gefahr, daß die Zielsetzungen, die vereinbarten Maßnahmen und Entscheidungen nicht ernst genommen, nur zögernd realisiert oder überhaupt vergessen werden. Eine Reihe von systematisch installierten Kontrollen führen zu einem Kontrollsystem. Ein Kontrollsystem dient der Durchsetzung gefaßter Entscheidungen.

8.1 Zweck der Kontrolle

Wichtig ist es, solche systematisierten Kontrollen in den Planungs- und Entscheidungsprozeß des Unternehmens einzubetten. Die Planung muß so zugeschnitten sein, daß die Kontrollen einfach und effektiv durchgeführt werden können. Ferner muß ein entsprechendes Informationssystem geschaffen werden, das rechtzeitig, effizient und wirklichkeitsnah die notwendigen Daten als Basis für die Kontrolle und die einzuleitenden Korrekturmaßnahmen liefert.

• Kontrollsysteme müssen effektiv und effizient sein

Die Art, wie die Managementfunktion „Kontrolle" in einem Unternehmen durchgeführt wird ist auch Frage der Organisationsform und Führungsphilosophie des Unternehmens bzw. des sich daraus ergebenden Führungsstils. Autoritärer Führungsstil mit Einzelaufträgen erfordert eine lückenlose Kontrolle. Taylorsche Organisationen mit hoher Arbeitsteilung, vielen hierarchischen Stufen erfordern verstärkte Kontrollen. Wenn beispielsweise durch wachsende Produktevielfalt in einem Unternehmen die Komplexität stark zunimmt, nimmt das Management als Folge wachsender Komplexität der Organisation häufig schon aus Mißtrauen Zuflucht zu einem verstärkten Ausbau von Kontrollsystemen [8.3]. Im Falle der durch Berichts- und Kontrollsysteme hinsichtlich ihrer Zielerreichung straff gesteuerten US-Unternehmen wurde auch schon von „Mißtrauensorganisation" gesprochen [8.4].

• Kontrolle und Führungsphilosophie

• Mißtrauensorganisation

Bei Vereinbarungen von Zielen genügt eine Ergebniskontrolle über das Ausmaß der Erreichung der Ziele. Zweck einer Kontrollmaßnahme sollte es sein, möglichst frühzeitig Abweichungen zu erkennen, um rechtzeitig gegensteuern zu können. Beispielsweise läßt sich bei rechtzeitigem Erkennen von Zeitüberschreitungen bei Durchführung eines Großprojektes unter Mehreinsatz von Personal oder Kosten der Termin noch retten.

• Ergebniskontrolle bei Zielvereinbarung

Die Art der Durchführung der Managementfunktion „Kontrolle" ist auch Frage der Wirtschaftlichkeit. Aus wirtschaftlichen Gründen ist es notwendig, Schwerpunkte bei Kontrollen zu setzen für:

• Kontrolle und Wirtschaftlichkeit

– Neue Aufgaben, denen sich das Unternehmen gegenüber sieht, neue Produkte, neue Fertigungsverfahren, neue Märkte.

- Besonders ergebnis- und kostenwirksame Vorgänge, die sich für das Unternehmen als bedeutsam auswirken können wie Großaufträge, größere Investitionsvorhaben, wichtige Personalentscheidungen.

• Schwerpunktkontrollen
- Die Einhaltung der gesetzlichen Bestimmungen, Fragen der betrieblichen Sicherheit, der Produktehaftpflicht oder des Umweltschutzes, wo eventuell Gefahren für Leib und Leben zu vermeiden sind. Hier muß die Führungskraft notfalls nachweisen, ihrer Aufsichtspflicht ordnungsgemäß nachgekommen zu sein. Im Konfliktfall kann ein Kontrollplan Beweismittel sein.
- Neue Mitarbeiter sollten während ihrer Einarbeitungszeit besondere Aufmerksamkeit verdienen, nicht nur um die getroffene Auswahl abzusichern, sondern auch hier rechtzeitig ihre Integration zu stützen.

8.2 Arten von Kontrolle

Man kann verschiedene Arten von Kontrolle unterscheiden [8.5]:

• Verhaltenskontrolle

Die Verhaltenskontrolle beeinhaltet das Beobachten der Mitarbeiter hinsichtlich ihres Vorgehens und Arbeitsweise bei der Erfüllung ihrer Sach- und Führungsaufgaben. Sie bedeutet auch eine Bewertung des Verhaltens im Licht des Wertesystems. Von den Anhängern der kooperativen Führung wird Verhaltenskontrolle als nicht erstrebenswert angesehen.

• Ergebniskontrolle als Vergleich zwischen den Zielen und dem Resultat

Die Ergebniskontrolle vollzieht sich als Beobachten im Hinblick auf den Vergleich zwischen den Zielen und dem Resultat, ohne das „Wie" des Erreichens besonders zu berücksichtigen. Sie wird als Soll-Ist-Vergleich am Ende einer Planungsperiode oder nach Erledigen der Aufgabe ausgeführt.

• Prozeßkontrolle der Art und Weise des Entstehens des Ergebnisses

Bei der Prozeßkontrolle werden die Art und Weise des Entstehens dieses Ergebnisses, der Ablauf der Planungs- und der Realisierungsschritte und die Grundsätze bei der Anwendung von Techniken usw. kontrolliert. Um Prozesse kontrollieren zu können, müssen Prozesse beschrieben und dokumentiert sein sowie Kontrollpunkte festgelegt werden. Bei Kontrollpunkten handelt es sich um Stellen im Prozeßablauf, an denen Messungen der für den Prozeß wichtigen Kennzahlen wie z.B. Fehlerraten vorgenommen werden können. Ziel von Prozeßkontrollen ist letztlich die bessere Beherrschung und Stabilisierung der Geschäftsprozesse und eine Verringerung der auftretenden Fehler. Weiterentwickelt führt dies zu einem Denken eines Prozeßmanagement [8.6] oder zu dem von den Japanern so perfektionierten System des Kaizen (siehe Kapitel 13).

• Kontrollpunkte

Bei automatisierten Prozeßkontrollen erfolgt die Überwachung durch Meßautomaten oder durch in einem Fertigungsprozeß installierte Sensoren. Voraussetzung dafür ist, daß diesen Meßeinrichtungen klare Soll-Vorgaben gemacht werden können.

• Automatisierte Prozeßkontrolle

Die Fortschrittskontrolle dient zur Überwachung ablaufender Prozesse und verfolgt das Ziel, rechtzeitig noch während des Verlaufes Eingriffe vornehmen zu können. Sie ist eine Erscheinungsform der Ergebniskontrolle während der Planausführung. Man nennt man sie auch Planfortschrittskontrolle.

• Fortschrittskontrolle

8.3 Kontrolle durch den Vorgesetzten

Kontrolle ist eine der heikelsten Funktionen des Managementprozesses. Sie zählt zu den wesentlichen Aufgaben eines Vorgesetzten, unabhängig davon, auf welcher Ebene er sich befindet. Im Rahmen von Kontrollen wirkt der Vorgesetzte aktiv gestaltend auf das Verhalten seiner Mitarbeiter und auf das sich vollziehende Prozeßgeschehen ein. Jeder Vorgesetzte muß wissen, was er regelmäßig kontrollieren muß, um im Bilde zu sein, ohne dadurch seine Mitarbeiter zu frustrieren.

• Wesentliche Aufgabe eines Vorgesetzten

Vorgesetzte haben häufig eine ausgesprochene Abneigung gegen die Durchführung von Kontrolle. Ursache kann sein, daß sie nicht in der Lage sind, die fachlichen Leistungen ihrer Mitarbeiter zu beurteilen. Besonders unsicher fühlen sich manche Vorgesetzte, die das Führungsverhalten ihrer Mitarbeiter beurteilen sollen, wenn sie selbst Managementtechniken nicht ausreichend beherrschen und nicht beurteilen können, ob sich die Mit-

• Vorgesetzte haben häufig eine Abneigung gegen Kontrollieren

arbeiter richtig verhalten haben. Es gibt auch Vorgesetzte, die den zu kontrollierenden Mitarbeitern in ihrer Persönlichkeit nicht gewachsen sind und ihnen die Wortgewandtheit, ausreichendes Selbstbewußtsein sowie die notwendige Schlagfertigkeit fehlt. Dies ist das allgemein für die Führung schwierige Problem, daß einem schwachen Vorgesetzten ein starker Mitarbeiter gegenübersteht. Der bequeme Vorgesetzte kapituliert dann und weicht der konsequenten Kontrolle aus. Grund dafür kann aber auch die nicht ausreichende Technik der persönlichen Kontrolle sein, die fehlende Fragetechnik oder die Technik einer effizienten Stichproben- oder Ergebniskontrolle.

- Kein Selbstzweck

Kontrolle ist kein Selbstzweck. Der Vorgesetzte muß sich vergewissern, ob sein Mitarbeiter die gesteckten Ziele erreicht bzw. die erteilten Aufträge erledigt hat. Merkwürdigerweise empfinden Mitarbeiter Kontrolle manchmal als verletzend oder als Zeichen des Mißtrauens. Es ist Aufgabe des Vorgesetzten zu zeigen, daß Kontrolle eine notwendige Funktion des Managementkreises ist. Als Grundsätze der persönlichen Kontrolle gelten [8.7]:

- Grundsätze persönlicher Kontrolle

– Kontrolle muß sachlich, offen, ehrlich und direkt sein und darf keinesfalls „hinten herum" erfolgen.
– Jeder Mitarbeiter muß wissen, daß er kontrolliert wird und über die verwendeten Mittel informiert sein.
– Kontrolle muß „aufbauend" sein. Die Mitarbeiter müssen verstehen, daß sie nicht kontrolliert werden, um sie bei Fehlern zu ertappen sondern ihnen bei der Ausführung ihrer Aufgabe zu helfen.
– Kontrolle soll als Gelegenheit zu persönlichem Kontakt und zur Anerkennung der Leistungen der Mitarbeiter benutzt werden.
– Notwendige Kritik muß objektiv und fair sein. Sie darf keinesfalls verletzen.

- Delegation der Kontrolle

Es ist Hauptaufgabe des Vorgesetzten zu kontrollieren, ob die delegierte Aufgabe durch seinen Mitarbeiter richtig ausgeführt wurde. Er kann Kontrollaufgaben auch delegieren. Dann wird ein anderer Mitarbeiter oder eine Abteilung damit betraut. Beispiele von Kontrollen im

8.3 Kontrolle durch den Vorgesetzten

Unternehmen, die spezialisierten Stellen übertragen werden, sind die Qualitätskontrolle, die Zeichnungskontrolle, die Wareneingangskontrolle oder die Rechnungsprüfung.

Daß Kontrolle in der Praxis von Vorgesetzten nicht übertrieben wird oder sich Mitarbeiter durch Kontrollen eingeengt fühlen, hat eine Untersuchung in der deutschen Metallindustrie ergeben. Mehr als 90 % aller Befragten, sowohl Gehalts- als auch Lohnempfänger, erklärten, die Kontrolle durch den Vorgesetzten sei angemessen bzw. es gebe keine Kontrolle oder die Kontrolle sei zu gering [8.8].

• Befragung in der Metallindustrie: die Kontrolle durch den Vorgesetzten sei angemessen

Folgende Formen persönlicher Kontrolle durch Vorgesetzte kann man in Unternehmen beobachten:

– Persönliche Überprüfung durch Einsichtnahme an Ort und Stelle.
– Ein Informationsgespräch mit dem jeweiligen Mitarbeiter.
– Gezieltes Fragen nach bestimmten, zu kontrollierenden Sachverhalten.
– Das Anfordern eines schriftlichen Berichtes über den Vorgang.
– Die Prüfung vorhandener Unterlagen.
– Ein Informationsgespräch mit Untergebenen oder Kollegen des Mitarbeiters.
– Das Vorlegenlassen der Ausgangs- bzw. Eingangspost über einen bestimmten Zeitraum.

• Formen persönlicher Kontrolle durch Vorgesetzte in Unternehmen

Die Führungsleitsätze eines Großunternehmens [8.9] beschreiben die persönliche Kontrolle des Vorgesetzten wie folgt:

• Persönliche Kontrolle durch Vorgesetzte in einem Großunternehmen

„Der Vorgesetzte überprüft, ob die Arbeit zielgerichtet mit der erforderlichen Intensität termin- und kostengerecht durchgeführt wird und die entsprechenden Vorschriften und Richtlinien eingehalten werden. Umfang und Häufigkeit dieser Aufsicht richten sich nach der Art der Aufgabe, ihren Anforderungen an den Mitarbeiter sowie nach dessen Leistungen. Der Vorgesetzte stellt fest, ob und wie die Arbeitsziele erreicht worden sind. Gemeinsam mit den Mitarbeitern werden die Ergebnisse mit den Zielen verglichen, Abweichungen festgestellt und Ursachen ermittelt. Die gewonnenen Erkenntnisse werden bei der weiteren Aufgabenerledigung berücksichtigt. Von den Mitarbeitern wird erwartet, daß sie auch selbst den Ablauf und die Ergebnisse ihrer Arbeit kritisch überprüfen, neue Erkenntnisse annehmen und diese bei der weiteren Arbeit berücksichtigen."

8.4 Trennung Ausführung und Kontrolle

- Trennung von Ausführung und Kontrolle

Zu den immer noch tief verwurzelten Managementgrundsätzen gehört das Prinzip der Trennung von Ausführung und Kontrolle. Dieses Prinzip kommt in Deutschland etwa in der gesetzlichen Regelung der Vertretung von Firmen nach außen zum Ausdruck, wonach zwei Unterschriften unter Schriftstücken üblich sind. Durch die Gegenzeichnung z.B. eines Vorgesetzten oder Kollegen soll die Prüfung des durch das Schreiben eingegangenen, verbindlichen Rechtsgeschäftes bewirkt werden. Durch diese institutionalisierte Kontrolle soll die Versuchung und die Möglichkeit des Betrugs ausgeschlossen werden [8.10].

- Beispiel: Zeichnungsprüfung und Kontrolle

Auch die Zeichnungsprüfung und -kontrolle in Konstruktionsbüros im Hinblick auf Normengerechtheit, Vollständigkeit, Richtigkeit ist meist einem Dritten, nicht dem Ausführenden übertragen. Das drückt sich in der Zeichnung durch ein besonderes Unterschriftenfeld „geprüft durch.." aus. Hintergrund ist der Gedanke, daß ein Unabhängiger nicht den gleichen Fehler nochmals macht. Er kann sich auf die Prüfung konzentrieren, ohne durch lange Beschäftigung mit dem gleichen Konstruktionsvorgang mit einem Überdrußgefühl an die Kontrolle zu gehen.

- Trennung von Ausführung und Kontrolle in Qualitätssicherungssystemen

Dieses Prinzip der Trennung von Ausführung und Kontrolle spielt eine besondere Rolle im englischsprachigen Raum bei der Qualitätssicherung. Amerikanische Regelwerke d.h. gesetzliche Vorschriften, wie z.B. der ASME-Code, nach dessen Vorschriften Druckbehälter und Komponenten für kerntechnische Anlagen gebaut und geprüft werden müssen [8.11] bzw. die Device Good Manufacturing Practices (GMP) der Food and Drug Administration

[8.12], nach der alle medizinischen Geräte, Maschinen und Artikel in den USA gefertigt werden müssen, beruhen auf zwei Grundsätzen, der Trennung von Ausführung und Kontrolle und der schriftlichen Festlegung und Dokumentation aller Fertigungs- und Prüfabläufe sowie aller Herstell- und Prüfverfahren. Allerdings wird nicht wie im deutschsprachigen Raum für wesentliche Kontrollen grundsätzlich ein von der Herstellerfirma unabhängiger Prüfer, z.B. ein Ingenieur des TÜV zugezogen. Ein potentieller Lieferant solcher Komponenten muß nachweisen, daß in seiner eigenen Organisation diese Prinzipien eingehalten werden. Dazu müssen seine Organisation, sowie alle mit der Qualität der Produkte verbundenen Abläufe und Tätigkeiten in einem Qualitätssicherungshandbuch, quasi einem Organisationshandbuch, schriftlich dokumentiert sein. Die Behörde prüft dies und die tatsächliche Einhaltung der beschriebenen Organisation sowie das Funktionieren der Kontrollsysteme nach. Davon ausgehend wird angenommen, daß dadurch eine entsprechende Fehlerfreiheit bei Fertigung und Prüfung gegeben ist.

Aus haftungsrechtlichen Gründen ist bei allen Produkten, die in den englischsprachigen Raum geliefert werden, die Einhaltung dieser Organisations- bzw. Kontrollprinzipien dringend anzuraten. Bei Fällen von Produkthaftung, also der Haftung für Schäden, die als Folge von Produktfehlern eintreten können, ist das Unternehmen gezwungen nachzuweisen, daß es keine Schuld trägt. Dies aber gelingt nur, wenn alles Übliche und Notwendige hinsichtlich Organisation und Kontrollsystemen getan wurde.

- Unabhängige Prüfer

- Qualitätssicherungshandbuch

- Produkthaftung

8.5 Selbstkontrolle

Zwar herrscht in der klassischen, von Taylor geprägten Denkweise vieler Unternehmen und Organisationen noch immer das „Prinzip der Trennung von Ausführung und Kontrolle" vor. Aber der Begriff „Selbstkontrolle" gewinnt zunehmend an Bedeutung. Zur Erhöhung der Wirtschaftlichkeit der Kontrolle und als Folge eines Führungsstils, der durch Vertrauen geprägt ist, wird die Trennung von

- Mehr Flexibilität durch Selbstkontrolle

Ausführung und Kontrolle durchbrochen. Das Vordringen der Mikroelektronik bei der Steuerung von Maschinen und zugehörigen Handhabungs- und Verkettungseinrichtungen führt zu einer starken Integration von einzelnen Arbeitsgängen im Fertigungsablauf und ebenfalls zur wachsenden Selbstkontrolle an verschiedenen Arbeitsplätzen. Die Selbstprüfung in Fertigung und Montage mit der Möglichkeit, unverzüglich den Prozeß zu korrigieren, hat stark zugenommen. Dies wird jedoch eine höhere Qualifizierung der Mitarbeiter und vermehrte Motivation zu qualitätsbewußtem Handeln erfordern [8.13].

- Sofortige Korrektur bei Selbstkontrolle

Selbstkontrolle spielt in der japanischen Managementpraxis eine große Rolle. Interessant ist, daß viele japanische Unternehmen ihren hohen Stand an Qualität dadurch erreicht haben, daß sie Aktivitäten zur Qualitätssicherung in die verschiedenen betrieblichen Funktionen integriert haben und die Selbstprüfung einen hohen Stellenwert erreicht hat [8.14]. Die Mitarbeiter kontrollieren die Arbeitsausführung der von ihnen gefertigten Produkte selbst und geben nur 100%ig fehlerfreie Produkte weiter (siehe auch Kapitel 13).

- Selbstkontrolle in der japanischen Managementpraxis

8.6 Kontrollmethoden

Kontrolle führt zu der Feststellung und zu Aussagen darüber, ob Abweichungen zwischen Plänen, Zielen und der Realität aufgetreten sind, d.h. zu einem Soll-Ist-Vergleich. Der Prozeß der Kontrolle läßt sich demnach in eine Reihe von Schritten gliedern:

- Soll-Ist-Vergleich

1. Bestimmen des Soll
2. Ermittlung des Ist
3. Soll/Ist-Vergleich, Ermittlung der Abweichung
4. Analyse der Abweichung
5. Berichterstattung

- Schritte des Kontrollprozesses

Jeder Vergleich setzt das Vorhandensein von Vergleichsmaßstäben voraus. Diese Maßstäbe sind durch die Ziele und die in Budgets umgewandelten Pläne gegeben. Wichtig ist, daß die geplanten Größen eindeutig meßbar sind. Bei der Ermittlung des Ist muß ferner darauf geach-

8.6 Kontrollmethoden

tet werden, daß Soll und Ist eindeutig vergleichbare Größen darstellen. Bei dem Soll/Ist-Vergleich werden Gründe und Zusammenhänge nicht aufgedeckt. Dies ist Aufgabe einer sich an jede Kontrolltätigkeit anschließenden Abweichungsanalyse.

Im Rahmen der Abweichungsanalyse soll festgestellt werden, welche Ursachen zu den Abweichungen geführt haben. Sie können auf Planungsfehler, wie etwa nicht ausreichende Berücksichtigung von Einflußgrößen oder ihre falsche Gewichtung, unvorhersehbare, die Planung verändernde Ereignisse, oder Mehr- bzw. Minderleistungen der Mitarbeiter, eventuell auch Fehlentscheidungen beruhen.

Im Interesse der Verbesserung künftiger Planungen muß der Kontrolle positiver Abweichungen, wenn nämlich das Soll übererfüllt ist, und negativer Abweichungen die gleiche Aufmerksamkeit gewidmet werden. Da die Analyse von Abweichungen Kosten verursacht, ist es aus wirtschaftlichen Gründen sinnvoll, nur solche Abweichungen genauer zu analysieren, die eine vorher zu definierende, kritische Schwelle überschreiten. Nach dem Zweck von Kontrollen teilt man wie folgt ein:

Die Kontrolle mit der schnellsten Rückkopplung ist die Selbstkontrolle, bei der der Mitarbeiter die von ihm bearbeiteten Produkte selbst kontrolliert [8.15]. Die Methode hat 2 Nachteile, der Arbeiter könnte bei der Beurteilung Kompromisse eingehen und Mängel zulassen, die eigentlich nicht zulässig wären und er könnte unbeabsichtigt Fehler bei der Kontrolle machen. Diese Problematik wird durch ein Folgekontrollsystem vermieden.

Beim Folgekontrollsystem überprüft jeder Mitarbeiter im Fertigungsfluß zunächst, ob das Produkt auch im vorherigen Arbeitsgang richtig bearbeitet wurde. Hier wird einmal durch die Selbstkontrolle versucht zu vermeiden, fehlerhafte Produkte weiterzugeben und durch die dann notwendige Schleife im Ablauf bei der Rückgabe der fehlerhaften Produkte Zeit verloren. Andererseits wird hier doch wiederum eine Trennung von Ausführung und Kontrolle bewirkt, den die Folgekontrolle ist eigentlich eine Doppelkontrolle durch den nächsten Bearbeiter im Prozeß. Der Sinn der vorher durchgeführten Selbstkon-

---

- Abweichungsanalyse

- Feststellung der Ursachen für die Abweichungen

- Auch positive Abweichungen müssen zu Korrekturen führen

- Einteilung nach Kontrollzweck
- Selbstkontrolle

- Flexibelste Form der Kontrolle: Selbstkontrolle

- Folgekontrolle

- Prüfung durch den Mitarbeiter im nächsten Prozeßschritt

trolle besteht dann auch darin, neben der fehlerfreien Weitergabe aller Produkte eine Ursachenkontrolle zu ermöglichen.

- Ursachenkontrolle

Die Ursachenkontrolle will nicht nur Fehler entdecken sondern dadurch verhindern, daß sie die Bedingungen, die die Qualität beeinflussen, bis zu ihrem Ursprung zurückverfolgt. Die Ursachenkontrolle kann sich auf den eigenen Prozeßschritt konzentrieren, um vorhandene Probleme abzustellen. Sie kann auch die Probleme im Gegenstromverfahren zum Produktionsprozeß zurückverfolgen, um die Gründe für die Mängel zu identifizieren und abzustellen.

8.7 Leistungsbeurteilung

- Leistungsbewertung

Mitarbeiterbeurteilung ist ein Instrument, mit dem Leistungen und Verhalten von Mitarbeitern nach bestimmten Kriterien beurteilt werden [8.16]. Synonym wird der Begriff „Leistungsbewertung" verwendet. Aufgrund des Beurteilungssystems weiß der Mitarbeiter, wie er in seiner Position gesehen wird [8.17]. Das Beurteilungssystem liefert seinen Input in 2 Richtungen: Die eine führt in den Bereich der Personalförderung und Ausbildung, die andere zur Gehaltsfindung. Der Mitarbeiter soll eine Förderung und Gehaltsentwicklung erfahren, die, ausgehend von seinen Neigungen und Fähigkeiten sowie dem Marktwert vergleichbarer Positionen, auf der Stellenwertigkeit dieser Position für das Unternehmen basiert und die individuelle Leistung des Mitarbeiters gewichtet, wie sie sich aus der Beurteilung ergibt. Als Soll-Ist-Vergleich zwischen dem Stellenprofil und der Leistung ist die Mitarbeiterbeurteilung Grundlage für eine Reihe von Entscheidungen:

- Personalförderung und Gehaltsfindung

- Entscheidungen aus Mitarbeiterbeurteilung

– Die Leistungsbeurteilung ist ein Element des Gehaltsfindungssystems.
– Sie führt vom Stellenprofil zur Analyse des vorhandenen Potentials des Mitarbeiters und kann als Basis für ein Ausbildungs- und Förderungsprogramm dienen.

- Sie wird neben dem Anforderungsprofil als Kriterium für eine personen- und aufgabengerechte Stellenbesetzung herangezogen.
- Sie leistet einen Beitrag zur innerbetrieblichen Kommunikation und kann dazu dienen, daß „Vorgesetzte und Mitarbeiter offen miteinander sprechen".

Viele Unternehmen haben die Leistungsbeurteilung in einem Beurteilungssystem formalisiert, um der Forderung nach Objektivität Genüge zu leisten. Zum Thema „Mitarbeiter beurteilen" steht in den Führungsleitsätzen eines Großunternehmens [8.18]:

• Formalisierte Beurteilungssysteme

„Der Vorgesetzte informiert die Mitarbeiter darüber, wie er ihre Leistungen und ihr Arbeitsverhalten beurteilt. Er festigt und fördert ihr Selbstvertrauen, indem er ihre Leistungen anerkennt und bestätigt. Er teilt ihnen aber auch offen und in der gebotenen Form mit, inwieweit ihre Arbeitsergebnisse und ihr Leistungsverhalten den Anforderungen nicht entsprechen, um ihnen so rechtzeitig die Möglichkeit zur Verbesserung zu geben. Von den Mitarbeitern wird erwartet, daß sie sich mit der Beurteilung auseinandersetzen, dazu offen ihre Meinung äußern und berechtigte Kritik akzeptieren.

8.8 Kontrollen im Unternehmen

8.8.1 Operative und strategische Kontrolle

Die operative Kontrolle im Unternehmen prüft auf der Basis eines vorgegebenen Geschäftsplanes, ob die in der Planung festgesetzten Maßnahmen verwirklicht wurden und geeignet waren, die angestrebten Unternehmensziele zu erreichen. Die operative Kontrolle beantwortet also die Frage, ob die Ziele erreicht wurden und die Maßnahmen richtig waren („doing the things right"). Sie ist die „übliche" Kontrolle im Unternehmen. Der Schwerpunkt der operativen Kontrolle liegt bei der Durchführungskontrolle in Form von Planfortschrittskontrolle und Ergebniskontrolle.

• Operative Kontrolle

Die strategische Kontrolle hat die Aufgabe, die strategischen Pläne und deren Umsetzung auf die weitere Tragfähigkeit zu überprüfen, um Bedrohungen und dadurch notwendig werdende Änderungen des strategischen Kurses rechtzeitig zu signalisieren. Sie hinterfragt die Richtigkeit der formulierten Strategie („are we doing the right things?")[8.19]. Bei der strategischen Kontrolle kann man unterscheiden in strategische Prämissenkontrolle und strategische Durchführungskontrolle.

- Strategische Kontrolle

Die Prämissenkontrolle konzentriert sich auf die Annahmen im strategischen Planungsprozeß, die durch Ausschließen einer meist großen Anzahl anderer möglicher, später eintretender Zustände ein hohes Risiko darstellen. Ergeben sich relevante Änderungen dieser Annahmen, so ist die Unternehmensstrategie zu überprüfen. Sie muß den bei der Prämissenfestlegung ausgeblendeten Bereich mit abdecken.

- Kontrolle der strategischen Prämissen

Die strategische Durchführungskontrolle soll alle Informationen sammeln, die sich bei der Realisierung der Strategie ergeben und Hinweise liefern, wenn Abweichungen bei der Realisierung der Strategie entstehen könnten.

- Strategische Durchführungskontrolle

8.8.2 Kostenkontrolle

Ein besonderes und wichtiges der Kontrolle dienendes System in einem Unternehmen ist die Kostenrechnung. Die Kontrollfunktion der Kostenrechnung besteht in der Ermittlung und Analyse von Kostenabweichungen zwischen vorgegebenen Plandaten und den nach Vollzug der Produktion ermittelten Ist-Daten. Dabei liegt der Schwerpunkt der Kontrolle in der Analyse der Kostenabweichungen. Diese werden nach Verantwortungsbereichen und Entstehungsursachen aufgespalten und näher untersucht oder interpretiert [8.20].

- Ermittlung und Analyse von Kostenabweichungen

8.8.3 Kontrolle des Investitionsbudgets

Neben der optimalen Planung und möglichst frühzeitigen Festlegung des Investitionsbudgets, d.h. der Mittel für die zahlreichen, der Kapazitätserweiterung, Rationalisierung und anderen Zwecken dienenden Projekte, ist die Verfolgung der Ausgaben bei der Projektabwicklung eine wichtige Kontrollaufgabe für den Planungsingenieur. Es ist

- Verfolgung der Ausgaben bei Abwicklung von Projekten

8.8 Kontrollen im Unternehmen

charakteristisch für die Fabrik- und Investitionsplanung, daß die für das Projekt auszugebende Summe in einer relativ frühen Phase der Planung ermittelt werden muß. Sie beruht in der Regel meist auf überschlägigen Schätzungen, Erfahrungswerten und Richtpreisangeboten [8.21]. Meist wird durch Ermittlung der geschätzten Ausgaben für kleine Teilbereiche des Projektes, Bauten, Einzelmaschinen usw. die Schätzgenauigkeit erhöht. Nach dem Gesetz der Wahrscheinlichkeit gleichen sich die zu niedrig und die zu hoch geschätzten Positionen aus. Die Höhe dieser Ausgaben hängt jedoch immer von der technischen Konzeption, also dem Anforderungskatalog bezüglich Einsatzmöglichkeiten, Komfort, Wirkungsgrad, Sicherheit usw ab. Es besteht daher die Gefahr, daß während der Realisierung durch immer höher geschraubte Anforderungen und gewünschte Änderungen die Ausgaben „weglaufen". Die Kontrolle und Steuerung der Investitionsprojekte hat daher zum Ziel, die zuständigen Sachbearbeiter, Projektleiter und das Management über den jeweiligen Stand der verbrauchten Finanzmittel zu informieren und rechtzeitig Maßnahmen zur Verhütung von drohenden Überschreitungen der genehmigten Projektsummen zu ermöglichen.

Die laufende Kontrolle während der Planungs- und Ausführungsarbeiten meist vieler, gleichzeitig abgewickelter Projekte beruht auf einem ständig verfolgten Budgetsystem. Dazu müssen die Projekte bereits bei der Planung entsprechend strukturiert werden. Jeder getrennt zu bestellenden „Anschaffungseinheit" wird eine Position in der Budgetliste zugeordnet. Die Positionen werden nach Zusammengehörigkeit in Gruppen zusammengefaßt. Dieser Gliederung entsprechend werden die geschätzten Preise und Ausgaben in das Budget aufgenommen und laufend die wirklichen oder auch nur die inzwischen verbesserten Daten gegenübergestellt.

Ein gutes Kontrollinstrument dieser Art erlaubt es, erste Schätzungen durch Richtpreise, dann durch Angebotspreise und schließlich durch die verrechneten Rechnungsbeträge zu ersetzen und so während des Projektablaufes die Genauigkeit der Vorhersage zu erhöhen. Damit können Abweichungen bei den Ausgaben genau

- Gefahr, daß Kosten während der Realisierung „weglaufen"

- Kontrolle über die verbrauchten Finanzmittel

- Kontrolle durch ständig verfolgtes Budgetsystem

- Die Genauigkeit der Schätzung wird laufend erhöht

lokalisiert, „Reserven" verwaltet und Korrekturmaßnahmen frühzeitig eingeleitet werden. Solche Korrekturmaßnahmen, d.h. Einsparungen sind bei derartigen Projekten immer dadurch möglich, daß an anderen Stellen Reserven erkannt und dafür genutzt werden oder auf weniger komfortable Lösungen umgeschwenkt wird. Wesentliches Ziel ist es nämlich in den meisten Unternehmen, die genehmigte Gesamtprojektsumme unbedingt einzuhalten. Ein solches Kontrollsystem muß folgende Fragen beantworten:

- Ist eine Budgetüberschreitung zu befürchten?
- Wo zeichnen sich Überschreitungen ab?
- Bei welchen Positionen ist die Bestellung mit Angeboten nicht ausreichend untermauert?
- Sind die Reserven für in der Planung nicht berücksichtigte Details richtig bemessen?

8.8.4 Controlling

Die Controlling-Funktion wird oft als das an Fakten orientierte „Rendite-Gewissen" in einem Unternehmen genannt und ist eine Stelle für Steuerungs-Informationen. Sie hat unterstützenden Charakter, schließt aber gleichwohl die Kontrollfunktion gegenüber den Vorschlägen und Arbeitsergebnissen anderer Instanzen ein. Controlling hat nur bedingt mit Kontrolle zu tun. Es hat sich aus dem traditionellen Rechnungswesen entwickelt. Der Controller ist zunächst einmal der Chef des internen Rechnungswesens. Darüber hinaus gibt es zwei extreme Auffassungen:

- Der Controller sei der reine „Rechenknecht", der zu rechnen und darüber Protokoll zu führen habe,
- er sei jemand, der ein umfassendes Vetorecht habe, „ohne den nichts über die Bühne gehe" [8.4].

To control bedeutet im Englischen eigentlich „steuern, regeln, lenken". Controlling heißt dementsprechend Planen, Steuern und Überwachen der unternehmerischen Tätigkeit aufgrund oder mit Hilfe wirtschaftlicher Daten

---

• Korrekturmaßnahmen durch Einsparungen

• Informationen eines Kontrollsystems für Investitionsprojekte

• „Rendite-Gewissen" im Unternehmen

• Controlling ist nicht Kontrolle

• Auffassungen vom Controller

8.8 Kontrollen im Unternehmen

und Analysen. Der Controller sorgt dafür, daß jeder sich selber kontrollieren kann im Hinblick auf die vom Management gesetzten oder mit ihm vereinbarten Ziele - besonders im Hinblick auf die Einhaltung des Gewinnzieles. Der Controller soll dafür sorgen, daß das Unternehmen entsprechend seiner Zielsetzung geführt wird. Seine Aufgabe ist es, ein Planungs- und Informationssystem aufzubauen, die Unternehmensführung rechtzeitig mit relevanten Informationen für alle Entscheidungen zu versorgen und die Manager zu zielorientierten Maßnahmen zu veranlassen.

- To control: steuern, regeln

- Der Controller sorgt für Führung nach Zielen

Das operative Controlling dient der ergebnisorientierten Steuerung des Unternehmens. Seine Zukunftsorientierung äußert sich in meist quartalsweise durchgeführten Hochrechnungen des Unternehmensergebnisses auf das Ende des laufenden Jahres und einer entsprechenden Steuerung des Unternehmensgeschehens, um die Ziele zu erreichen [8.5].

- Operatives Controlling zur ergebnisorientierten Steuerung

Die Controllingfunktion ist im Sinne taylorscher Arbeitsteilung die aus der „Linie" abgespaltene Planungs- und Steuerungsfunktion, die als unabhängiges und waches Gewissen das Linienmanagement ständig anhand von aufbereiteten Daten an die Einhaltung der Ziele erinnert. Ein wirksames Controllingsystem und der daraus entstehende Gegensatz zwischen dem „steuernden und mahnenden Controlling" und dem die „Verantwortung tragenden" Linienmanagement wird in westlichen Unternehmen als unabdingbare Voraussetzung für ein erfolgreiches Management angesehen.

- Controlling: aus der „Linie" abgespaltene Steuerungsfunktion

Controlling im Volkswagen- Konzern
Ein Beispiel für die von der Controlling-Funktion wahrgenommenen Aufgaben gibt der Volkswagen-Konzern. Man definiert die Ansprüche von Controlling wie folgt [8.24]:

- Controlling bei Volkswagen

„Anspruch von Controlling bei Volkswagen ist nicht die Führung des Unternehmens durch Controlling. Vielmehr sollen auf allen Ebenen die Führungskräfte das Unternehmen auf Basis von Controlling und seinen Instrumenten führen. Controlling übernimmt die Rolle des Beraters der Fachbereiche. Obwohl Kontrolle auch Bestandteil des Controllings ist, soll es aber nicht die Rolle des Kon-

- Berater der Fachbereiche

trolleurs im negativen Sinne spielen. Im Volkswagenkonzern muß Controlling sicherstellen, daß alle Entscheidungen konzernorientiert, zielorientiert, zügig und aufeinander abgestimmt getroffen und umgesetzt werden. Durch ein geeignetes Berichtswesen wird die Zielerreichung verfolgt. Abweichungsanalysen decken die Schwachstellen auf. Controlling hilft bei der Entscheidungsvorbereitung von Maßnahmen, um die Zielerreichung durch das Top-Management zu unterstützen."

- Entscheidungen konzernorientiert

Bei Volkswagen wurde der Controlling-Begriff 1977 eingeführt. 1987 wurde eine Organisationsstruktur funktional gegliederter, zentraler Controllingstellen und bereichsorientierter, dezentraler Controllingeinheiten ersetzt. Entsprechend der funktionalen Gliederung der Konzernleitung wurden die Controlling-Zentralstellen funktional gestaltet mit den Bereichen Leistungserstellung, Leistungsverwertung und Gewinnanalyse.

- Zielerreichung durch Berichtswesen

Der zentrale Bereich Leistungserstellung verfolgt die Erreichung der auf Gesellschafts- und Bereichsebenen operationalisierten Ziele für die Produkteinzelkosten und die Standortkosten, d.h. die standortspezifischen Werksgemeinkosten. Darüber hinaus verfolgt er die Investitionsplanung und -steuerung.

- Controlling „Leistungserstellung"

Der zentrale Bereich Leistungsverwertung plant, analysiert und steuert den Prozeß der Leistungsverwertung bezüglich Volumen, Einbauraten, Preisen und zugehöriger Marketingaufwendungen.

- Controlling Leistungsverwertung

Der zentrale Bereich Gewinnanalyse ist zuständig für Planung, Steuerung und Analyse der Zielvorgaben der Konzernbereiche nach Gesellschaften, nach Produktlinien und Märkten. Bei den dezentralen, geschäftsbereichsorientierten Controlling-Stellen handelt es sich um die Controller der Werke, Controller der Entwicklung und Controller der Beschaffung. Diesen Stellen obliegen alle Aufgaben von der projektbezogenen Zielvereinbarung bis hin zur Berichterstattung für und mit ihrem Verantwortungsbereich.

- Bereich Gewinnanalyse

- Neuordnung nach dem Wachstum von VW im Jahre 1990

Im Rahmen einer Umorganisation, die nach einem außerordentlichen Wachstum in den Jahren 1985 bis 1990 mit der Gründung der Sächsischen Automobilbau GmbH, dem Einstieg bei Skoda, einem Joint Venture mit

Ford in Portugal, einem Engagement bei den First Automobile Works in China, der Gründung einer Vertriebsgesellschaft in Japan und der Errichtung eines neuen SEAT-Werkes in Mastorell erforderlich war, galt es die strategischen und operativen Aufgaben des Controlling neu zu ordnen.

Die Reorganisation führte zu einer Trennung zwischen Konzernfunktionen und den im Konzern integrierten Produktgruppen, den „Marken". Dem Konzernvorstand werden die strategische Ausrichtung und die Koordination übergeordneter Aktivitäten übertragen. Die operative Führung der Marken Volkswagen, Audi, SEAT und Skoda übernehmen Markenvorstände. Sie sind verantwortlich für die Leitung aller Funktionen innerhalb ihrer Bereiche und berichten dem Konzernvorstand. Damit mußte auch die Funktion Controlling weiterentwickelt werden. Es wurde nunmehr unterschieden in Marken-Controlling und Konzern-Controlling.

Das Marken-Controlling behielt die beschriebene Struktur in zentrale Leistungserstellung, Leistungsverwertung, Gewinnanalyse und dezentrale Stellen Controller Werke, Controller Entwicklung und Controller Beschaffung bei.

Das Konzern-Controlling wurde jedoch auf die Notwendigkeiten einer strategisch ausgerichteten Führung angepaßt und in Strategisches Controlling, Finanzielle Konzernplanung und Operatives Controlling gegliedert.

Ziele des Strategischen Controllings sind die Unterstützung des Konzernvorstandes im Hinblick auf ertrags- und wettbewerbsorientierte Ressourcensteuerung mit den Aufgaben

– Kapazitäts- und Standortanalysen: Sie werden für größere Projekte zur Errichtung neuer oder der Erweiterung bestehender, der Verlagerung, Verringerung und Schließung vorhandener Kapazitäten sowie der Standortwahl durchgeführt.
– Die finanzielle Beurteilung von Strategien und Projekten: Dies betrifft die Vorbereitung von Entscheidungen hinsichtlich Kooperationen, Akquisitionen, Neugründungen, Umstrukturierungen oder Veräußerungen von Konzernunternehmen sowie die Erarbeitung von Alter-

• Trennung zwischen Konzernfunktionen und „Marken"

• Marken-Controlling zur operativen Steuerung der Produktgruppen

• Steuerung übergeordneter Aktivitäten

• Ziel des Strategischen Controllings

• Kapazitäts- und Standortanalysen

• Finanzielle Beurteilung von Strategien

- Untersuchung von Produktstrategien

- Businesspläne als Führungsinstrumente zur Zielerreichung

- Steuerung des operativen Geschäftes

- Beurteilung der Investitionspläne

- Markenübergreifende Optimierungsanalysen

nativen für die Gesamtplanung sowie von Funktions- oder Organisationsstrategien.
– Entwicklung von Produktstrategien: Im Rahmen dieser Aufgabe werden Produkt-/Marktkombinationen, Sourcing und Veränderungen der Portfolios strategischer Geschäftsfelder untersucht.

Ziele der finanziellen Konzernplanung sind die Konsolidierung (Zusammenfassung) der Ergebnis- und Finanzplanung des Konzerns. Ziel des Operativen Konzerncontrollings ist das Überwachen der Zielerreichung der Marken in ihrer Gesamtheit und bezüglich ihrer funktionalen Einheiten. Der Zielsetzungs- und Steuerungsprozeß der Marken erfolgt über Businesspläne, die Wettbewerbsvergleiche, operative Ziele und Maßnahmen enthalten. Businesspläne sind also das Führungsinstrument, das im Dialog zwischen Konzern- und Markenleitung Marken- und Konzernziele harmonisiert und somit die Kompatibilität aller Einzelziele sicherstellt.

Die Steuerung des operativen Geschäftes obliegt den jeweiligen Marken. Die Harmonisierung der Aktivitäten der einzelnen Marken wird vom Konzern-Controlling wahrgenommen. Gleiches gilt für das Controlling der Leistungserstellung. Der gesamte Prozeß wird von der Entwicklung über die Beschaffung bis zur Produktion markenübergreifend aus Konzernsicht finanziell koordiniert. Dazu gehört die Beurteilung der Investitionspläne der Marken aus Konzernsicht. Ferner werden bei Bedarf markenübergreifende Optimierungsanalysen zu Produktprogrammen, Arten der Beschaffung und Standorten bzw. Kapazitäten durchgeführt. Weiter werden durch das zentrale operative Controlling auch die konzernweite Beurteilung von Kundenpreisen und Vertriebskosten der Marken insbesondere im Vergleich zum Wettbewerb vorgenommen sowie Markt- und Produktanalysen durchgeführt. Von besonderer Bedeutung für den Ergebnisausweis der Marken und Divisions ist die Festlegung der Transferpreise sowie der Grundsätze und Richtlinien auf denen diese basieren. Deren Vorgabe fällt ebenfalls in die Zuständigkeit des operativen Controllings auf Konzernebene.

8.8.5 Interne Revision

Die interne Revision ist eine Funktion im Unternehmen, die sämtliche Aktivitäten des Unternehmens im Auftrage der Leitung überwachen soll. Sie ist häufig eigener Stab der Unternehmensleitung. Kontrollen durch die Revision werden mit folgender Zielsetzung bzw. Fragestellung durchgeführt:

- Sind die internen Kontrollsysteme wirksam?
- Werden die Pläne, Anweisungen wirklich durchgeführt?
- Erfolgt die Rechnungslegung, Bilanzierung und Berichterstattung ordnungsgemäß?
- Ist die Organisation funktionsfähig und effizient?

Unabhängige interne Überwachung des Unternehmens

Ziele der Kontrolle durch die interne Revision

8.8.6 Kontrolle der Qualität

Was ist eigentlich Qualität? Es gibt verschiedene Auffassungen von Qualität. Aus der Sicht vieler Konsumenten bedeutet Qualität ein „gutes", für den Zweck geeignetes Produkt, mit modernster Technologie, mit Bedienungskomfort, ohne Mängel, mit gutem Service, d.h. Beratung oder Hilfe - falls erforderlich-, langer Garantie und mit Umweltfreundlichkeit. Häufig versteht der Kunde und Verbraucher etwas anderes darunter als der Hersteller. Der Mitarbeiter im Vertrieb und im Marketing sieht diesen Begriff anders als der Mitarbeiter in der Fertigung. Qualität spielt bei Kaufentscheidungen von Kunden eine bedeutende Rolle und ist damit einer der strategischen Erfolgsfaktoren für Produkte und Dienstleistungen.

Die Kontrolle der Qualität wurde lange Zeit als typische Ausführung der Managementfunktion „Kontrolle" und damit als Teil der Produktionsaufgabe in einem Unternehmen angesehen. Der Begriff lautete Qualitätskontrolle, im Englischen „Inspection", und bedeutete eine Endkontrolle nach Abschluß des Fertigungsprozesses. Es wurden der üblichen, taylorschen Denkweise über industrielle Organisation entsprechende, unabhängige Abteilungen für Qualitätskontrolle eingerichtet, Kontrollmethoden entwickelt und verfeinert. Fachleute und Spezialisten wurden ausge-

Die Definitionen von Qualität

Strategische Rolle

Die klassische Auffassung: reine Endkontrolle

bildet, die die Aufgaben in diesen Abteilungen der „Qualitätskontrolle" übernehmen konnten.

In den letzten Jahren hat sich eine neue Sichtweise eingebürgert. Dafür sind die Arbeiten einer Reihe von Männern, die in die Literatur als „Qualitätspäpste" eingegangen sind, wie Crosby, Juran, Feigenbaum, Deming und andere und die Entwicklung der weltweiten Wettbewerbssituation in der sogenannten Triade, dem Dreiklang Europa, Amerika und Japan verantwortlich. Aus der Ausübung der Managementfunktion „Kontrolle" am Ende des Produktionsprozesses wurde eine am Modell des Regelkreises ausgerichtete Denkweise. Schließlich hat sich in Japan aus der Weiterentwicklung des Qualitätsgedankens ein ganzes Führungssystem, ja geradezu eine Managementphilosophie entwickelt, das Total Quality Management, das in Kapitel 13 behandelt wird.

In Deutschland, das unter dem Begriff „Made in Germany" für Qualität weltweit ein Begriff wurde, verstand man darunter nach dem Krieg die Einhaltung von bestimmten Kriterien oder Merkmalen des Produktes. Das Qualitätswesen der deutschen Industrie war vor allem auf die Sicherung von Produktmerkmalen ausgelegt, die durch technische Abteilungen wie Qualitätssicherung und Fertigung einmal festgelegt wurden. Dies ist eine rein fertigungsbezogene, technikorientierte Definition. Eine arbeitsteilig getrennte Funktion „Kontrolle der Qualität" wurde im „Qualitätswesen" perfektioniert. Ziel war es das, dafür zu sorgen, daß die festgelegten Merkmale durch möglichst geeignete und ausgefeilte Prüfungen abgesichert werden. Es galt zu verhindern, daß fehlerbehaftete Teile oder Komponenten in Produkte eingebaut oder fehlerhafte, also die festgelegten Kriterien und Standards nicht erfüllende Produkte, zu Kunden gelangen konnten. Qualität wurde „erprüft". Höhere Qualität bedeutete mit dieser Denkweise konsequenterweise umfangreichere Prüfungen. Damit sollten mehr Fehler entdeckt, die Teile ausgesondert und eine höhere Sicherheit der Fehlerfreiheit gewonnen werden.

Nach der Norm DIN 55 316 wird unter Qualität in Deutschland verstanden: ist die Gesamtheit von Eigenschaften und Merkmalen eines Produktes oder einer

- Neue Sichtweise: Qualitätssicherung als Führungssystem

- Fertigungsbezogene „Qualitätssicherung"

- Höhere Qualität – mehr Prüfungen

- Qualität nach DIN 55 316: Eignung zur Erfüllung gegebener Erfordernisse

8.8 Kontrollen im Unternehmen

Tätigkeit, die sich auf deren Eignung zur Erfüllung gegebener Erfordernisse beziehen. Damit wird Qualität als meßbar betrachtet und es gilt, dafür zu sorgen, daß keine Abweichungen von den definierten Vorgaben - also Fehler - im Produkt verbleiben, wenn es beim Kunden ankommt.

So die klassische, deutsche Auffassung der Qualitätskontrolle oder wie dann später stattdessen gesagt wurde, der Qualitätssicherung. Das Messen und Prüfen zum Erreichen der gewünschten Qualität war vorherrschend. Diese „klassische" Auffassung wurde kritisiert [8.25]: Sie ist statisch und verbesserungsfeindlich, denn sie zielt auf die Sicherung einmal festgelegter Merkmale. Sie ist prüfungsorientiert und damit kostenaufwendig, vorwiegend technisch orientiert und bezieht das Know-How der ausführenden Bereiche nicht mit ein. Schließlich berücksichtigt sie kaum veränderte Kundenwünsche.

• Kritik an der klassischen Auffassung von „Qualitätssicherung"

Das Wesentliche an der Kritik [8.26] ist die Anwendung der Qualitätssicherung - oder eigentlich der Qualitätsprüfung - nur auf die Produktion und die einseitig vorherrschende Technikorientierung. Bei genauerer Betrachtung stellt man fest, daß die Managementaufgaben zur Vorbeugung von Fehlern vernachlässigt werden. Die Überlegung, Qualitätsdenken auch auf Dienstleistungen auszudehnen, wird bei diesem Qualitätsverständnis nicht gemacht. Überlegungen hinsichtlich des Marktes, also die Ermittlung, Präzisierung, Umsetzung und Weiterverarbeitung von Kundenwünschen oder ihren Veränderungen und ihren Trends spielen keine Rolle.

• Kritik: Anwendung nur auf die Produktion

„Quality means conformance to requirements" [8.27]. Crosby faßt in seinen Buch „Qualität bringt Gewinn" seine Auffassung von Qualität in 4 Gebote:

• Qualitätsauffassung von Crosby

- Qualität ist die Erfüllung von Anforderungen (conformance to requirements)
- Qualität wird durch Vorbeugung, nicht durch Prüfung erreicht
- Der Leistungsstandard muß Null-Fehler werden
- Qualitätsmaßstab sind die Kosten der Nichterfüllung der Anforderungen

• Die 4 Gebote von Crosby

- Crosbys Konzept will Einstellungen verändern

- Schwerpunkt bei der Vorbeugung und Verhütung von Fehlern

Crosbys Verständnis von Qualität hebt sich in zwei Bereichen positiv vom traditionellen deutschen Modell ab. Er fordert zum einen die starke Beteiligung und Verantwortung des Managements. Zum anderen stellt er die Notwendigkeit einer Änderung der Einstellung des Verhaltens bei den Beteiligten heraus, die durch verstärkte Kommunikation von Seiten des Managements erreicht werden soll. Sein Konzept will in erster Linie Einstellungen verändern, während im technischen Bereich viele Fragen offen bleiben. Crosby bringt jedoch Entwicklungs- und Konstruktionsthemen ein und fordert, daß Produkte nach festgelegten Anforderungen hergestellt werden oder - falls diese überholt sind - die Anforderungen geändert werden. Ein systematisches Konzept für die Motivation der Mitarbeiter fehlt bei Crosby. Der Schwerpunkt seines Konzepts liegt immer noch bei der Vorbeugung beziehungsweise Verhütung von Fehlern. Eine strategische Komponente enthält es nicht. Es ist ein traditionelles, top-down gerichtetes Modell, das keine Rücksicht auf das Know-How auf den ausführenden Ebenen nimmt. Crosby genügen die amerikanischen Managementmethoden, wie sie aus dem Controlling bekannt sind. Im Vergleich zu dem deutschen, herkömmlichen Modell bedeutet das einen Fortschritt, denn dort wird die Notwendigkeit des Managementprozesses noch nicht erkannt. Im Vergleich zu der Denkweise der Japaner ist es noch zurück.

- Die Auffassung von Feigenbaum: Total Quality Control

Feigenbaum [8.28,29] legt den Schwerpunkt auf Beeinflussung der Aktivitäten in horizontaler Richtung in der Unternehmensstruktur. Für ihn beginnt Qualität bei der Produktentwicklung und muß durch Aktivitäten in den nachfolgenden Prozeßschritten, wie Konstruktion, Fertigung, Vertrieb und schließlich beim Konsumenten enden. Er stellte 1956 erstmals seine Auffassung, die er Total Quality Control nennt, vor. Sein Qualitätsbegriff lautet: „Quality means best for certain customer conditions. These conditions are

a) the actual use
b) the selling price of the product."

Juran [8.30,31], einer der führenden Qualitätsexperten aus der USA, übte nach einer Vortragsreise in Japan 1954

8.8 Kontrollen im Unternehmen

wesentliche Einflüsse auf die Qualitätspolitik der Japaner aus und brachte das ursprüngliche Konzept der Qualitätskontrolle einschließlich seiner Konsequenzen für das Management in den Nachkriegsjahren nach Japan. Seiner Auffassung nach ist Qualität „fitness for use". Diese Definition ist jedoch sofort zu erweitern, denn es gibt sowohl vielfältige Gebrauchsarten (uses) als auch Nutzer (user). Normalerweise wird als Kunde der Käufer oder der Verbraucher aufgefaßt.

Juran faßt den Begriff „Kunde" jedoch viel weiter und versteht darunter auch alle Personen, die in „irgendeiner Weise von den Produkten und Prozessen in den verschiedenen Verarbeitungsschritten bzw. Abteilungen betroffen sind". Er nennt sie „interne" Kunden, im Gegensatz zu den „externen" Kunden. Auch für die internen Kunden sind die Produktmerkmale wichtig, die der vorgeschaltete „Lieferant" im internen Prozeßablauf zu verantworten hat und die die eigene Arbeit an diesem Produkt beeinflussen können. Die Mitarbeiter im Prozeß der Herstellung eines Produktes haben jedoch nicht den direkten Zugang zu den Informationen über die „fitness for use", die nur in sorgfältigen Analysen der Marktforscher des Unternehmens festgestellt werden können. Sie müssen dann in klare und nachvollziehbare Spezifikationen für die Ausführung der Arbeiten umformuliert werden. Damit kann überprüft werden, ob die Arbeitsergebnisse mit den Anforderungen der Kunden übereinstimmen (conformance to specification).

Juran betont jedoch, daß „conformance to specification" nicht wirkliche Zufriedenheit externer Kunden bedeuten muß. Die Einhaltung der Standards bei der Fertigung sagt nichts darüber aus, ob der Endverbraucher nicht lieber ein anderes Produkt kauft, weil es seinen Wünschen mehr entspricht. Juran weist darauf hin, daß eine rein fertigungsbezogene Definition des Begriffes „Qualität" zu einem zu späten Feststellen von Änderungen des Kundenverhaltens führen kann.

Die Mitwirkung aller Funktionen und Abteilungen im Unternehmen macht Juran in seiner Qualitätsspirale deutlich. Eigentlich ist es eine Spirale der Qualitätsverbesserungen. Sie stellt eine typische Folge von

- Auffassung von Juran: Qualität „fitness for use"

- Kunden im weiteren Sinn: „interne" Kunden

- Voraussetzung: klare und nachvollziehbare Spezifikationen für die Arbeit

- „Conformance to specification" ist nicht automatisch Zufriedenheit des Kunden

- Jurans Qualitätsspirale als Modell zur Verbesserung der Schnittstellenproblematik

Aktivitäten bei der Markteinführung eines Produktes dar. In größeren Unternehmen werden diese Aktivitäten von verschiedenen Unternehmensfunktionen ausgeführt. Jede einzelne Abteilung führt eine Aufgabe aus, stellt somit „ein Produkt" her und „liefert" es an eine andere Abteilung. Sie wird als Kunde betrachtet. Die Qualitätsspirale als stark vereinfachte Darstellung der Abläufe in einem Unternehmen ist ein Modell zur Verdeutlichung der Vorstellung, daß die Schnittstellenproblematik zwischen „Funktionen" durch Betrachtung als Lieferanten-Kunden-Beziehung verbessert werden kann. Es entstehen sozusagen kleine Regelkreise, in denen dem „Lieferanten" bewußt werden soll, daß die Qualität seiner Arbeit sich auf den „Kunden" in der Prozeßkette, dessen Qualität und Produktivität auswirkt und er somit bemüht ist, qualitätsbewußt und fehlerfrei zu arbeiten.

- Jurans Vorstellung: ein umfassendes Konzept zur Verbesserung der Qualität

Juran vermittelt mit seinem Ansatz ein umfassendes Konzept zur Verbesserung der Qualität [8.32]. Er gibt präzise Hinweise hinsichtlich Planung, Organisation, Aufgaben, Steuerung und Ziele solcher Programme. Er beschreibt auch die Vorgehensweise zur systematischen Analyse der Kundenbedürfnisse, zu ihrer Übersetzung in Qualitätsanforderungen und -merkmale und in Standards für die Arbeitsergebnisse der einzelnen Abteilungen. Die statistischen Instrumente, wie Stichprobenverfahren oder Prozeßregelung sind für Juran unabdingbare Voraussetzungen eines Qualitätssicherungssystems.

- Die Bedeutung des Mitarbeiters drückt sich nur in Schulung aus

Erheblichen Wert mißt Juran der Schulung der Mitarbeiter aller Ebenen im Unternehmen zu. Das Top-Management hat bei ihm ebenso wesentliche Bedeutung für die Initiierung und Umsetzung des Prozesses zur Verbesserung der Qualität. Aber den Mitarbeitern läßt er in seinem Ansatz wenig Raum für eigene Initiativen und zur Beeinflussung der eigenen Situation. Die Beteiligung von Mitarbeitern ist kein Systembaustein, dem eine besondere Funktion zukommt.

Die Japaner bezeichnen Deming [8.33] als Vater der Qualitätsbewegung in ihrem Lande. Deming ist einer der „Qualitätspäpste", der das größte Problem in der Definition der Qualität darin sieht, die zukünftigen Bedürfnisse der Kunden in meßbare Größen zu übersetzen, damit ein

Produkt entwickelt und hergestellt werden kann, das beim Kunden, der einen bestimmten Preis dafür zahlt auch Zufriedenheit auslöst. Ein Beispiel für die Ansicht, daß ein Produkt viele Wertungen enthält, die subjektiv und schwer zu messen sind (zitiert nach [8.32]):

Auffassung von Deming

Dieses Papier, auf dem ich schreibe, enthält zahlreiche Qualitäten:

– Es enthält eine bestimmte Zellstoff-Holzschliff-Altpapier-Mischung und ist 70 Gramm/Quadratmeter schwer.
– Es hat eine glatte Oberfläche und ist ungestrichen; man kann mit dem Füller ebenso gut wie mit Bleistift oder Kugelschreiber darauf schreiben.
– Wenn man auf der Rückseite schreibt, scheint es nicht durch.
– Es hat eine genormte Größe, daher kann ich es in ein Ringbuch mit zwei Klammern einheften.
– Man kann überall solches Papier nachkaufen.
– Der Preis ist akzeptabel.

Beispiel für die Problematik und Subjektivität der Wertungen

Jedes diese Produktmerkmale kann entscheidend für den Erfolg auf dem Markt sein. Ausschlaggebend ist der Verwendungszweck.

Deming setzt in seinem Qualitätsansatz auf zwei Schwerpunkte. Er stellt die umfangreiche Verwendung statistischer Methoden in den Vordergrund. Er legt aber auch starkes Gewicht auf das Verhalten der Mitarbeiter.

Die Auffassung der Japaner von Qualität und ihre Qualitätskonzeption wird in Kapitel 13 unter der Überschrift Total Quality Management behandelt.

Auffassung der Japaner

Qualität ist ein schillernder Begriff. Garvin [8.34] hat die Vielzahl der Auffassungen vom Begriff Qualität systematisiert und fünf grundsätzliche Ansätze definiert:

Die verschiedenen Auffassungen vom Begriff „Qualität"

1. Der „transzendente" Ansatz: Nach diesem abstrakten, geradezu „philosophischen" Verständnis ist Qualität etwas, was im Produkt beinhaltet ist. Es ist etwas Besonderes, von Änderungen im Geschmack und Stil Unabhängiges, etwas Zeitloses. Qualität ist nach diesem Ansatz etwas Einzigartiges und Absolutes. Sie ist ein Zeichen von kompromißlosen Standards und

„Transzendenter" Ansatz: Qualität ist etwas, was im Produkt beinhaltet ist

extrem hohen Anforderungen. Der Ansatz setzt Qualität mit besonderer Handwerkskunst gleich und hebt sich vom Denken der Massenproduktion ab. Allerdings beinhaltet er die Vorstellung, daß Qualität nicht genau definiert werden kann und sie ein Begriff ist, der nur durch Erfahrung wahrgenommen wird. Der so definierte Begriff von Qualität stellt kaum eine praktische Hilfe für die Beeinflussung von Qualität in der Praxis dar.

- Produktbezogener Ansatz: Qualität klar definierbar und meßbar

2. Der produktbezogene Ansatz: Vertreter dieses Ansatzes sehen Qualität als klar definierbar und als meßbar an. Unterschiede in der Qualität wirken sich nach ihrer Auffassung in meßbaren Abweichungen bestimmter Eigenschaften aus, die für ein Produkt charakteristisch sind. Höhere Qualität bedeutet also ein Mehr von bestimmten Eigenschaften, z.B. höhere Reinheit, höhere Festigkeit eines Materials oder höherer Gehalt an wertvolleren Rohstoffen. Qualitätsunterschiede können damit durch Quantifizierung meßbar gemacht werden. Qualität wird zu einem objektiv meßbaren Merkmal. Aber bei dieser Vorstellung von Qualität bedeutet höhere Qualität auch höhere Kosten, denn sie erfordert mehr Eigenschaften, also Attribute. Diese können nur mit Mehrkosten für die Herstellung verbunden sein. Ferner hat der Ansatz die Schwäche, daß eine lineare Abhängigkeit zwischen der Anzahl der Attribute und dem Empfinden von Qualität vorausgesetzt wird. Dies ist nicht immer der Fall. Oft ist Qualität einfach eine Sache eines anderen Produktkonzeptes, das vom Empfinden her als mit höherer Qualität verbunden beurteilt wird. Oder es dominieren in den Augen des Kunden bestimmte Merkmale.

- Der anwenderbezogene Ansatz: Qualität liegt im Auge des Beschauers

3. Der anwenderbezogene Ansatz: Dieser Ansatz geht davon aus, daß Qualität im Auge des Beschauers und weniger im Produkt selbst liegt. Qualität wird also mit der optimalen Bedürfnisbefriedigung des Verbrauchers gleich gesetzt. Dabei muß festgestellt werden, daß nicht jedes Produkt, das häufiger als andere gekauft wird, besser ist. Jurans Begriff des „fitness for use" entspricht diesem Ansatz sehr stark.

4. Der prozeßbezogene Ansatz: Bei dem prozeßbezogenen Ansatz ist Qualität gleichzusetzen mit dem

Einhalten von Spezifikationen bei der Fertigung und mit dem Wunsch, alle Prozeßschritte gleich das erste Mal richtig auszuführen. „Qualität" wird also unter dem Blickwinkel des Herstellungsprozesses gesehen. Dieser Ansatz hat damit eindeutig einen betriebsinternen Bezug: er soll die Kontrolle von Prozessen erleichtern und die Kosten reduzieren helfen.

5. Der wertbezogene Ansatz: Bei diesem Ansatz wird Qualität mit Hilfe von Kosten und Preisen definiert. Ein Erzeugnis ist ein Qualitätsprodukt, wenn es einen bestimmten Nutzen zu einem akzeptablen Preis bietet. Ein Beispiel ist der Ansatz von Feigenbaum [8.29].

- Der prozeßbezogene Ansatz: Qualität ist Einhalten von Spezifikationen bei der Fertigung

- Wertbezogener Ansatz: Qualität als Nutzen zu einem akzeptablen Preis

8.9 Kontrolltechniken und -instrumente

Es gibt unter dem Gesichtspunkt Managementfunktion „Kontrolle" viele Instrumente, die bei der Ausführung von Kontrolle helfen. Einige davon könnten wegen des engen Zusammenhangs zwischen Planung und Kontrolle ebenso der Funktion Planen zugeordnet werden. Die Zahl der Managementinstrumente ist noch größer, wenn der Aspekt der Qualitätskontrolle mit einbezogen wird. Eine Übersicht über verschiedene Techniken und Instrumente, die die Durchführung von Kontrollen ermöglichen, erleichtern oder systematisieren sollen, zeigt Bild 8.1.

- Instrumente zur Unterstützung der Managementfunktion Kontrolle

Soll-Ist Vergleiche
Beim Soll-Ist-Vergleich wird eine geplante oder vorgegebene Größe (der Plan-Umsatz) mit der realisierten Größe (Ist-Umsatz) verglichen. Durch eine solche Realisationskontrolle wird festgestellt, inwieweit die in der Planung gesetzten Sollgrößen tatsächlich erreicht werden. Der Soll-Ist-Vergleich zeigt, ob Maßnahmen planmäßig realisiert und ob Pläne oder Budgets eingehalten werden. Soll-Ist-Vergleiche der Maßnahmenkataloge haben die Aufgabe, die Verantwortlichen an ihre Vorsätze und Ziele zu erinnern und im Falle von Abweichungen Maßnahmen anzuregen. Der Soll-Ist-Vergleich ist ein wesentlicher Bestandteil des Prinzips der Rückkopplung.

- Soll-Ist Vergleich: Prinzip der Rückkopplung

Kontrolltechniken und -instrumente

- Soll-Ist-Vergleich
- Soll-Wird-Vergleich
- Abweichungsanalyse
- Schwerpunktkontrolle
- Prüf- und Checklisten
- Berichtssysteme
- Benchmarking
- Targetcosting
- Quality Circles
- Ursache-Wirkungsdiagramm

Bild 8.1: Kontrolltechniken und -instrumente

- Kontrolle der schrittweisen, zu erwartenden Erfüllung eines Planes

Soll-Wird-Vergleich
Der Soll-Wird-Vergleich passiert nach dem Prinzip der Vorkopplung [8.35]. Es wird hierbei nicht auf die sich aus der tatsächlichen Realisation ergebende Ist-Größe gewartet. Vielmehr wird beispielsweise noch während des laufenden Geschäftsjahres eine Hochschätzung der nach dem bisherigen Verlauf eintretenden oder zu erwartenden Ist-Größe - als „Wird-Größe" bezeichnet - gemacht und diese mit der Sollgröße verglichen. Soll-Wird-Vergleiche spielen eine besondere Rolle bei der Planfortschrittskontrolle. Darunter versteht man die Kontrolle der Realisierung einzelner Planbestandteile im Zeitablauf. Es wird also die schrittweise Erfüllung eines Planes kontrolliert, wenn dieser sich in einzelne, zeitlich aufeinanderfolgende Schritte auflösen läßt.

- Abweichungsanalyse zu Ergänzung Soll-Ist Vergleich

Abweichungsanalyse
Bei festgestellten Abweichungen müssen die Fragen geklärt werden [8.36]: Liegen systematische oder zufällige Abweichungen vor? Welche Störfaktoren oder Fehler haben zu den Abweichungen geführt? Wie und durch welche Maßnahmen und unter Einsatz welcher Mittel kann der Arbeitsprozeß beeinflußt werden? Waren die gesetzten Ziele realistisch? Wie groß ist die Wahrscheinlichkeit einer Wiederholung der Abweichung?

8.9 Kontrolltechniken und -instrumente

Schwerpunktkontrolle
Sie hat die Reduzierung des Kontrollvolumens durch klassifizierende Auswertungen zum Ziel. Es werden daher nur Stichproben kontrolliert, besondere Schwerpunkte, Zwischenergebnisse oder sogenannte Meilensteine in den Zeit- und Netzplänen überwacht.

• Reduzierung des Kontrollvolumens

Prüf- oder Checklisten
Prüflisten können auch als Instrument der Kontrolle angesehen werden. Sie werden eingesetzt, wo es bei einmal durchdachten Abläufen und Vorgängen auf Sicherheit und Vollständigkeit ankommt. Als Beispiel für die Erfolgskontrolle eines Entwicklungsprojektes, dessen Entwicklungskosten und Entwicklungszeit geschätzt worden waren, kann folgende Prüfliste [8.37] dienen:

• Kontrolle auf Vollständigkeit und Sicherheit

– Bei welchen Detailuntersuchungen entstehen Probleme? Welche Ursachen sind verantwortlich?
– Welche Ergebnisse können noch erreicht werden?
– Welche Hindernisse sind noch zu überwinden?
– Stehen der eigenen Entwicklung Schutzrechte anderer entgegen?
– Welche Lösungsmöglichkeiten gibt es?
– Welche Lösung erscheint besonders zweckmäßig?
– Was muß getan werden, um sie zu realisieren?
– Gibt es Dritte (Hochschulen, Berater, befreundete Unternehmen), deren Kenntnisse eventuell genutzt werden können?
– Erscheint es technisch noch möglich, dem Produkt die gewünschten Eigenschaften zu geben?
– Welche Verbesserungen sind noch realisierbar und reichen diese aus, um einen Vorsprung vor der Konkurrenz zu erzielen?
– Soll die Entwicklungsarbeit trotzdem fortgesetzt werden?
– Werden die Mehrkosten für das verbesserte Produkt höher sein, als die erwartete und durchsetzbare Preissteigerung?
– Soll die Entwicklungsarbeit trotzdem fortgesetzt werden?
– Werden die Mehrkosten für das verbesserte Produkt höher sein, als die erwartete und durchsetzbare Preissteigerung?

- Prüfliste zur Erfolgskontrolle eines Entwicklungsprojektes

– Soll die Entwicklungsarbeit trotzdem fortgesetzt werden?
– Werden die Mehrkosten für das verbesserte Produkt höher sein, als die erwartete und durchsetzbare Preissteigerung?
– Um wieviel sinken Gewinn, Deckungsbeitrag?
– Werden sinkende Deckungsbeiträge durch erhöhte Absatzmengen kompensiert?
– Wird vom Vertrieb trotzdem die Weiterentwicklung gewünscht?
– Können die für die Gesamtentwicklung gesetzten Termine gehalten werden?
– Bei welchen Teiluntersuchungen entstehen Probleme?
– Könnten diese Probleme mit mehr Personalaufwand schneller gelöst werden?
– Um wieviel wird sich der Abschluß der Entwicklungsarbeiten verzögern?
– Wie ist hierzu die Stellungnahme des Vertriebes?
– Wie sind die Prioritäten für weitere Detailuntersuchungen zu setzen?
– Können für das verbesserte Produkt die vorhandenen Fertigungseinrichtungen noch benutzt werden?
– Sind neue Maschinen rechtzeitig bis zum vorgesehenen Produktionsbeginn zu beschaffen und zu erproben?
– Würden durch die notwendigen Zusatzinvestitionen die Herstellkosten für das verbesserte Produkt wesentlich beeinflußt?
– Sind die finanziellen Mittel für die Investition vorhanden und genehmigt bzw. können sie rechtzeitig beschafft werden?

Berichtssysteme

- Berichtssysteme müssen alle Informationen zur Kontrolle liefern

In allen größeren Organisationen sind Berichtssysteme notwendig, um den Vorgesetzten die nötigen Informationen zur Kontrolle zu liefern, da sie sich diese durch persönliche Kontakte und Inaugenscheinnahme nicht mehr beschaffen können. Beim Aufbau von Berichtssystemen müssen die Informationsbedürfnisse bestimmt werden, damit Umfang, Verdichtungsgrad, Häufigkeit und Zeitpunkt der Vorlage der Berichte festliegen. Berichtssysteme müssen es erlauben mit geringem Aufwand, etwa mit

Hilfe von Formularen, die Informationen zu gewinnen, sie dann auf Datenverarbeitungsanlagen auszuwerten und verdichtet an die entsprechenden Ebenen der Unternehmenshierarchie wieder abzugeben.

Das Ursache-Wirkungs-Diagramm
In den 50er Jahren hat der Japaner K. Ishikawa ein einfaches, von den Mitarbeitern leicht zu erlernendes Instrument zur Analyse von Qualitätsproblemen entwickelt. Es wird auch als Fischgrät- oder Ishikawakadiagramm bezeichnet. Die bewußte Kenntnis der kritischen Erfolgsfaktoren hilft bei der Analyse von Prozessen und der optimalen Gestaltung, da von diesen Faktoren das Gelingen oder der Mißerfolg von Prozessen abhängen.

• Das Ishikawa-Diagramm

Das Ishikawa-Diagramm (Bild 8.2) soll die Beziehungen zwischen einem Qualitätsmerkmal und seinen Ursachen aufzeigen. Ursachen sind in der Regel Menschen, Material, Methode oder Maschinen. Es wird zunächst das zu analysierende Problem definiert. Danach werden die Hauptursachen aufgezählt, die das Problem beeinflussen können. Mit der Methode des Brainstorming werden dann die die wahrscheinlichen Einzelursachen identifiziert und genauer untersucht. Diese werden am Arbeitsplatz auf ihr Zutreffen überprüft und gegebenenfalls langfristig abgestellt.

• Beziehungen zwischen Qualitätsmerkmal und seinen Ursachen

Der Wert des Ishikawaka-Diagramms liegt in der systematischen Vorgehensweise. Die meisten Problemursachen werden vollständig erfaßt und in Haupt-, Neben- und Unterursachen aufgeteilt.

• Der Wert liegt in der Systematik der Vorgehens

Benchmarking
Benchmarking ist eine Methode, die dem fernöstlichen Kulturkreis entstammt (japanisch dantotsu, d.h. das Streben der Beste zu sein) und inzwischen in der übrigen Welt Verbreitung gefunden hat. Benchmarking ist ein Vergleich mit den besten Wettbewerbern. Es wird definiert als „continuous process of measuring product, services and practices against the toughest or those companies, recognized as industry leaders"[8.38]. Ausgehend von einer Wettbewerbsanalyse und unter Beachtung der jeweiligen Wertschöpfung können beim Benchmarking Strategien, Funk-

• Vergleich mit den besten Wettbewerbern

- Maßnahmen zur Verbesserung der eigenen Situation

tionen oder unterstützende Bereiche nach verschiedenen Kriterien mit dem Pendant des jeweiligen „Best-Practice-Unternehmens" verglichen werden. Beim Benchmarking sollen die Ursachen für die Unterschiede gefunden und marktorientierte Zielvorgaben und Produktivitätsmaßstäbe entwickelt werden. Kernpunkt ist das Verstehen der gegenseitigen Abhängigkeiten zwischen einzelnen Prozessen, insbesondere auch derjenigen der Konkurrenten, der Abhängigkeiten zwischen Produkt- und Prozeßgestaltung, des Ablaufs unterstützender Prozesse und des jeweiligen Führungssystems. Daraus sind Ziele und Maßnahmenpläne zur Verbesserung der eigenen Position abzuleiten. Dabei kann es von besonderem Nutzen sein, über die grundlegende Definition des Sich-Messens am besten Wettbewerber hinaus Vergleiche mit branchenfremden Unternehmen zu ziehen.

Target Costing

Target Costing ist eine Konzeption, die in Japan zur Perfektion entwickelt wurde. Ziel ist, das gesamte Unternehmen über die Konzentration auf die Gestaltung und Herstellung des Produktes in aller Konsequenz auf den Markt auszurichten. Beim Target Costing verhält es sich ähnlich wie bei den anderen aus dem japanischen Kulturkreis übernommenen Managementtechniken. Dieser Ansatz durchdringt das gesamte Unternehmen und dessen Bezie-

- Unternehmen durch Konzentration auf die Produktgestaltung auf den Markt fokussieren

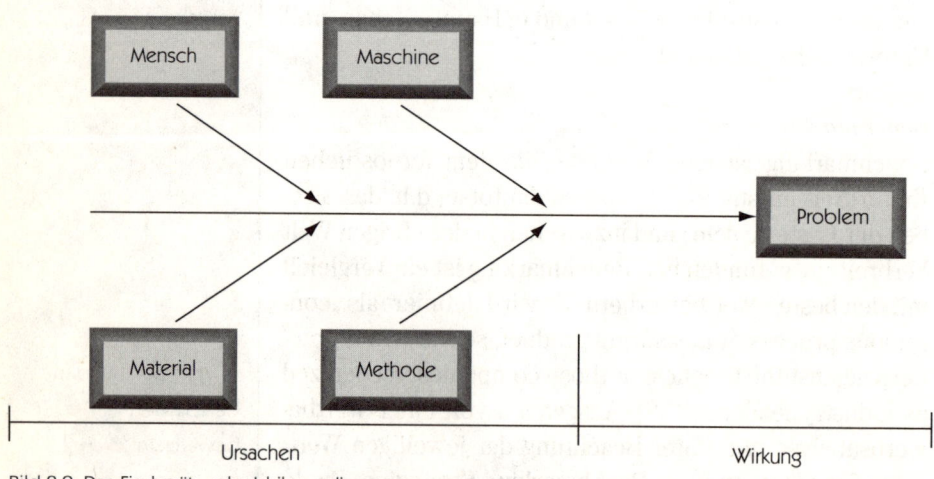

Bild 8.2: Das Fischgrät- oder Ishikawadiagramm

hungen zur Umwelt (Kunden, Lieferanten) und beschränkt sich nicht etwa auf das alleinige Setzen von Kostenzielen [8.39].

Qualitätszirkel
Grundgedanke ist die Einbeziehung möglichst aller Mitarbeiter in die Qualitätskonzeption [8.40,41]. Qualitätszirkel sind Gruppen von 6 - 12 Mitarbeitern, die meist aus einer Abteilung kommen und sich freiwillig aber regelmäßig treffen, um Qualitätsprobleme in ihrer Arbeitsumgebung zu lösen. Qualitätszirkel arbeiten vornehmlich in einer Umgebung, die mit der täglichen Arbeit zusammenhängt. Die Leitidee ist, daß Probleme am besten dort identifiziert und gelöst werden, wo sie entstehen. Die Gruppe legt selbst fest, welches Problem bearbeitet werden soll. Sie bestimmt aus ihrer Mitte einen „Moderator" der die Sitzungen plant, die Teamleitung übernimmt und die Ergebnisse protokolliert. Ergebnis und der Erfolg hängen wesentlich vom Geschick des Moderators ab, eine aufgeschlossene und kreative Atmosphäre zu schaffen.

• Einbeziehung Mitarbeiter in Qualitätskonzeption

Die Gruppe legt selbst fest, welches Qualitätproblem sie lösen will. In den Mitarbeitern eines Unternehmens steckt ein großes Potential an Wissen, Erfahrung und Kreativität, das häufig nicht geweckt wird, weil der Wirkungsbereich des einzelnen eingeschränkt ist und die Motivation fehlt, sich dagegen zu wehren. Ein wichtiges Instrument, dieses Potential zu wecken, ist die Nutzung von Arbeitsgruppen. Die Arbeitsgruppe besitzt umfangreichere gemeinsame Erfahrungen. Denkblockaden finden nicht statt. Durch den Austausch von Informationen bei der Gruppenarbeit werden Erfahrung und Wissen vermittelt. Dabei bietet die Gruppe dem einzelnen die Möglichkeit mitzuwirken, sich zu bestätigen und sichtbar die Belange des Unternehmens zu beeinflussen.

• Qualitätsprobleme werden gelöst, wo sie entstehen

Qualitätsaudit
Zur Qualitätskontrolle zählt auch die Kontrolle des Qualitätssicherungssystems selbst. Für das hierbei angewendete Instrument hat sich auch im deutschsprachigen Raum das englische Qualitätsaudit (quality audit) durchgesetzt. Ein Qualitätsaudit ist die unabhängige

• Kontrolle des Qualitätssicherungssystems selbst

- Unabhängigkeit des Auditors ist Voraussetzung

- Normen für Qualitätssicherungssysteme für Industrien mit hohem Sicherheitsstandard

- Die ISO 9000 ff als Grundlage für Qualitätssicherungssysteme

- Die Zertifizierung bestätigt die Konformität mit der Norm

Überprüfung der Wirksamkeit des Qualitätssicherungssystems oder seiner Teile. Es zielt in seinen Fragestellungen auf das Erkennen eventueller Mängel im Qualitätssicherungssystem hin und soll zu Hinweisen und Korrekturen führen, die eine Verbesserung des Systems bewirken. Grundgedanke dabei ist, daß durch Aufdecken und Abstellen von Systemmängeln alle Qualitätsmängel im Produkt vermieden werden müßten.

Wesentliches Wort in der Definition des Audits ist das Wort „unabhängig". Um unabhängig sein zu können, sollte der Auditor in keiner Weise für die Leistungen des zu überprüfenden Bereiches verantwortlich sein [8.42]. Die regelmäßige Durchführung von Audits in allen Funktionsbereichen von der Planung über die Produktion bis zur Instandhaltung gilt als Voraussetzung dafür, die Wirksamkeit der Qualitätssicherung aufrecht erhalten zu können. Bei Audits wird meist mit Checklisten als Mittel zur Systematisierung des Vorgehens beurteilt, ob Qualitätsvorschriften, die vorgeschriebenen Verfahren der Qualitätssicherung, die Qualitätsvorschriften und -abläufe eingehalten werden und nach gültigen Regeln und Normen gearbeitet wird. Dies ist ein System- oder Verfahrensaudit. Ferner kann geprüft werden, ob ein Produkt die Spezifikationen erfüllt; dies ist dann ein Produktaudit.

Vielfach verlangen Industrien mit hohem Sicherheitsstandard die Durchführung eines Audit des Qualitätssicherungssystems bei Zulieferanten. Dies ist mit hohen Kosten verbunden, da zahlreiche Zulieferanten bei jeder sich anbahnenden, neuen Lieferbeziehung „geaudited" werden müssen. Um dies in anderen Branchen zu erleichtern und auch internationalen Tendenzen Rechnung zu tragen, wurden die Anforderungen an Qualitätssicherungssysteme genormt. Die ISO schuf einen Qualitätsstandard mit der Entwicklung der ISO 9000 ff [8.43], die sowohl von der Europäischen Normenorganisation als auch vom DIN übernommen wurde. Die Normenreihe ISO 9000 ff hat sich seit ihrer Einführung als eine einheitliche Grundlage etabliert, nach der ein Qualitätssicherungssystem aufgebaut werden kann. Es ist möglich, zur Vermeidung kostspieliger Audits ein der Norm entsprechendes Qualitätssicherungssystem nach entsprechender

Überprüfung zertifizieren zu lassen. Ein Zertifikat stellt eine Urkunde dar, die die Konformität eines Qualitätssicherungssystems mit einem angegebenen Standard bescheinigt. Die Zertifizierung wird durch eine unabhängige Organisation durchgeführt, z.B. die Deutsche Gesellschaft zur Zertifizierung von Qualitätssicherungssystemen mbH (DQS) oder den Technischen Überwachungsverein (TÜV). Ein deutscher Zulieferer kann damit einem englischen oder französischen Kunden dokumentieren, daß er ein QS-System besitzt, das einen gewissen internationalen Standard hat und international vergleichbar ist.

Literatur zu 8

1. Siegwart, H.; Menzl, I.: Kontrolle als Führungsaufgabe. Bern 1978, S. 11
2. Pfohl, H.-Ch.: Planung und Kontrolle. Kohlhammer, Stuttgart 1981, S. 253
3. Berggren, C.: Von Ford zu Volvo. Berlin, Heidelberg, New York 1991
4. Bleicher, K.: Chancen für Europas Zukunft: Führung als internationaler Wettbewerbsfaktor. Frankfurt, Wiesbaden 1989
5. Pfohl, H.-Ch.: Planung und Kontrolle. Kohlhammer Stuttgart, 1981 S. 116
6. Haist, F.; Fromm H.: Qualität im Unternehmen, München 1989
7. Rosner, L.: Moderne Führungspsychologie. 2. Aufl., München 1970
8. Schmidtchen, G.: Neue Technik, neue Arbeitsmoral. Köln 1984, S. 35
9. Leitsätze zur Führung und Zusammenarbeit in der Daimler Benz AG.
10. Euler, K. A.: Interne Kontrollen im Unternehmen. Berlin 1984, S. 133
11. A.S.M.E. Boiler and Pressure Vessel Code. Society of Mechanical Engineers, New York 1962
12. Device Good Manufacturing Practices Manual. 3rd edition, US Department of Health and Human Services, Food and Drug Administration, Rockville 1984
13. Bläsing, J.:Qualitätskontrolle durch Selbstkontrolle und Rechnereinsatz. In: Just-in-Time-Produktion. Hrsg.: Wildemann, H. München, Düsseldorf 1985
14. Oess, A.: Total Quality Management. Wiesbaden 1993
15. Shigeo Shingo, S.: Das Erfolgsgeheimnis der Toyota-Produktion. Landsberg 1992 S. 208
16. Kappel,H.: Organisieren, Führen, Entlöhnen mit modernen Instrumenten. Zürich 1983
17. Greiner, A. J.: Unternehmensführung: Management in der Praxis. München 1978
18. Leitsätze zur Führung und Zusammenarbeit in der Daimler Benz AG.
19. Steinmann. H.; Schreyögg, G.: Management. 2 Aufl., Wiesbaden 1991
20. Scherrer, G.: Kostenrechnung. Stuttgart, New York 1983

21 Aggteleky,B.: Fabrikplanung. Bd. 2. München, Wien 1982 S. 686.
22 Deyhle, A.: Controller Praxis. 8. Aufl., Augsburg 1991
23 Scheffler, H.E.: Strategisches Controlling. Der Betrieb 37, 1984, S. 2149
24 Ullsperger, D.: Weiterentwicklung von einer funktionalen Controllingstruktur zu einem divisionalen Konzern-Controlling am Beispiel Volkswagen in: Horvath, P.: Schnittstellen-Controlling. Stuttgart 1991
25 Staudt, E.; Hinterwäller, E.: Quality Circles in Deutschland. Probleme und Perspektiven. Berichte aus der angewandten Innovationsforschung. Nr. 18, Erster deutscher Quality Circles Kongress 1982, Hrsg. RKW
26 Cichowski, R.: Anwenderorientierte Qualitätssicherung. Berlin, Offenbach 1992
27 Crosby, Ph. B.: Quality Is Free. New York 1979
28 Feigenbaum, A.V.: Total Quality Control, Harvard Business Reviev, Nov.-Dez. 1956 S.94
29 Feigenbaum, A.V.: Total Quality Control. New York 1961
30 Juran, J. M.: Quality Control Handbook. New York 1951
31 Juran, J. M.: Handbuch der Qualitätsplanung. 3. Aufl. Landsberg 1991
32 Oess, A.: Total Quality Management. 3. Aufl. Wiesbaden 1993
33 Deming, W.E.: Out of the Crisis. MIT Center for Advanced Engineering Study. Cambridge Mass. 1986
34 Garvin, D. A.: Managing Quality. New York 1988
35 Pfohl, H.-Ch.: Planung und Kontrolle. Stuttgart 1981
36 Koreimann, D.: Management. München 1982
37 Zentralverband der Elektrotechnischen Industrie (ZVEI): Unternehmensplanung. Frankfurt 1974 S. 147
38 Camp, R.C.: Benchmarking - The Search for Industry Best Practices that Lead to Superior Performance, Milwaukee, Wisconsin 1989; zit. nach Horvath (1991)
39 Seidenschwarz, W.: Target Costing, Schnittstellenbewältigung mit Zielkosten. In: Horvath, P.: Schnittstellen-Controlling. Suttgart 1991
40 Strombach, M.: Qualitätszirkel im Unternehmen. Köln 1983
41 Zink, K. J.: Schick, G.: Quality Circles. Problemlösungsgruppen. Qualitätsförderung durch Mitarbeitermotivation. München 1984
42 Juran, J. M.: Handbuch der Qualitätsplanung. 3. Aufl. Landsberg 1991
43 DIN ISO 9000: Leitfaden zur Auswahl und Anwendung der Normen über Qualitätssicherung-Nachweisführung, Berlin Juni 1986
DIN ISO 9001: Qualitätssicherungssysteme. Nachweis über die Eignung der Qualitätssicherung für Entwicklung, Konstruktion, Fertigung, Montage und Kundendienst, Berlin Juli 1985 DIN ISO 9002: Qualitätssicherungssysteme. Nachweis über die Eignung der Qualitätssicherung für Fertigung und Montage, Berlin Juli 1985
DIN ISO 9003: Qualitätssicherungssysteme. Nachweis über die Eignung der Qualitätssicherung für Endprüfungen, Berlin Juli 1985
DIN ISO 9004: Qualitätsmanagement und Elemente eines Qualitätssicherungssystems, Berlin Mai 1987

9 Kommunikation

9.1 Information und Kommunikation

Unter Information versteht man die Teilmenge des vorhandenen Wissens, die zur Erreichung bestimmter Zwecke geeignet ist. Zweck im Sinne des Management ist die Erfüllung der mit der Managementfunktion verbundenen Aufgaben. Informationen gehören zur Vorbereitung, Durchführung und Überprüfung aller Aktivitäten des Management. Eines der zentralen Probleme der Unternehmensführung ist es geworden, die notwendigen Informationen auf wirtschaftliche Weise zu gewinnen, zu speichern, zu verarbeiten und zu übermitteln. Die Informationsabgabe, -übermittlung und -aufnahme durch menschliche oder maschinelle Aktionsträger wird als Kommunikation bezeichnet. Informationsprozesse im engeren Sinn sind Prozesse der Gewinnung, Speicherung und Verarbeitung von Information [9.1]. Der Ausdruck Kommunikation ist einer anspruchsvolleren und komplexeren Führungstätigkeit vorbehalten und beinhaltet die Fähigkeit, auf den verschiedenen Organisationsebenen sowie nach außen die Botschaften zu übermitteln, von denen die Führungskräfte meinen, daß sie übermittelt werden sollten.

- Information zur Erfüllung der Managementaufgabe

- Informationen auf wirtschaftliche Weise gewinnen

9.2 Informationsgewinnung

Einfache Techniken, Informationen zu gewinnen sind das Messen, das Zählen, das Wiegen, das Fragen, das Beobachten und das Sammeln. Mehrere dieser Methoden sind miteinander koppelbar. Kompliziertere Techniken wur-

- Techniken der Informationsgewinnung

den bei der Funktion „Planen" unter dem Stichwort Analysetechniken bereits behandelt. Befragungen und Beobachtungen enthalten stark subjektive Komponenten, z.B. dadurch, wie der Fragende seine Frage formuliert oder wie er die Antwort interpretiert. Darüber hinaus kann bei Beobachtungen allein durch die Tatsache des Beobachtens die Handlungsweise des Beobachteten beeinflußt werden. Damit besteht die Gefahr, daß der Vorgang, über den Informationen zusammengetragen werden sollen, sich durch die Beobachtung verändert.

- Mängel im Informationsangebot

In der Regel stimmen Angebot und Nachfrage von Informationen in einer Organisation nicht überein. Das Informationsangebot unterliegt meist gewissen Mängeln, zu denen fehlende Kenntnis der Informationsquellen, Fehlen von Informationswegen, zu geringe Initiative zur Beschaffung, zu wenig Methoden- und Verfahrenskenntnisse oder mangelnde technische Erfassungsmöglichkeiten und schließlich wirtschaftliche Gründe gehören können. Oftmals wäre es zwar technisch möglich, bestimmte Informationen zu beschaffen. Aus Kosten-Nutzen-Überlegungen heraus ist man jedoch gezwungen, auf Zusatzinformationen zu verzichten, deren Beschaffung zu hohe Kosten verursacht. Beispiele sind Stichprobenverfahren der statistischen Qualitätskontrolle bei der Produktion von Massenartikeln, wo sich eine 100 %ige Messung nicht verwirklichen läßt, weil das Produkt diese Kosten nicht tragen kann. Hier muß eine Abwägung zwischen dem zusätzlichen Informationsnutzen und dem Risiko einer unvollständigen Information vorgenommen werden.

- Verzicht auf Informationen aus wirtschaftlichen Gründen

9.3 Informationsverarbeitung

- Soft Facts erfordern andere Verarbeitungsmethoden als Hard Facts

Die Art der Verarbeitung von Informationen kann ganz unterschiedlich sein (Bild 9.1). Quantifizierte Informationen oder objektiv eindeutige Feststellungen, auch als Hard Facts bezeichnet, können auf mehrfache Art verarbeitet werden. Soft Facts - ausschließlich subjektiv begründbare Feststellungen - lassen sich meist nur durch eine Methode verarbeiten [9.2]. Hard Facts können mit rationalen Methoden, wie z.B. mathematisch-statisti-

9.3 Informationsverarbeitung

schen Verfahren verarbeitet werden. Sowohl Hard Facts als auch Soft Facts lassen sich intuitiv behandeln. Hierbei werden Erfahrungsinhalte des Nutzers mit den Informationen verknüpft oder ihnen zugeordnet. So wird eine Wertung oder Interpretation vorgenommen. Man spricht daher von einer assoziativen Methode. Im Gegensatz zur rationalen Verarbeitung ist es bei der intuitiven Verarbeitung oftmals für Dritte nicht möglich, die vorgenommenen Assoziationsvorgänge nachzuvollziehen. Anders als bei den Natur- und Ingenieurwissenschaften muß man sich bei vielen Untersuchungen von Management- und Führungsphänomenen auf eine Verarbeitung der gewinnbaren Informationen mit intuitiv-assoziativen Methoden beschränken.

- Intuitive Verarbeitung von Informationen

Wichtiger Aspekt bei der Verarbeitung von Informationen ist die Möglichkeit der Verdichtung der Informationen. Darunter versteht man, aus einer großen Menge von Detailinformationen durch Zusammenfassung leicht verständliche Gesamtaussagen zu machen. Auf den einzelnen Unternehmensebenen sind die Informationsbedürfnisse verschieden. Während auf der Werkstattebene Bestandszahlen oder Bestandsveränderungen von Einzelteilen als Information verfügbar sein müssen, ist auf der Ebene des Top-Management die verdichtete Information wichtig, wie sich ergriffene Maßnahmen auf die gesamten Bestände des Unternehmens ausgewirkt haben. Das Top-

- Verdichtung der Informationen

- Informationsbedarf je nach Hierarchieebene verschieden

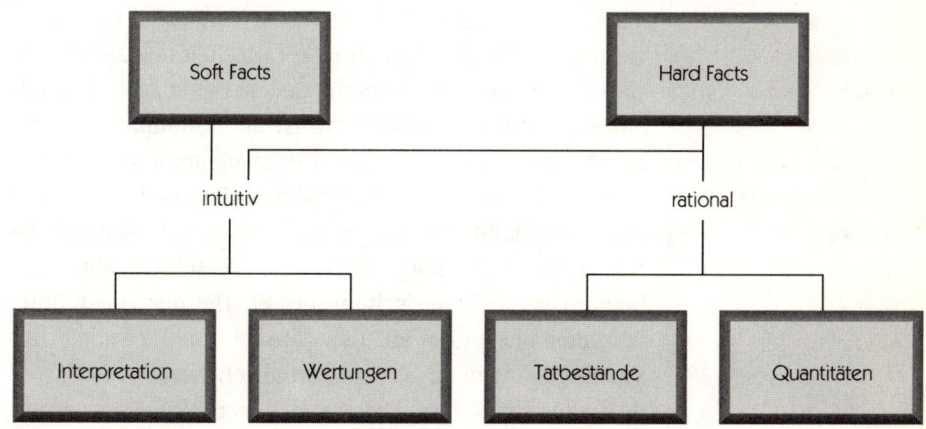

Bild 9.1: Systematik der Methoden der Informationsverarbeitung

Management muß daher ein leistungsfähiges und aktuelles Informationssystem haben, das mit Hilfe von Kennzahlen verdichtete Informationen aus den betrieblichen Funktionsbereichen Absatz, Beschaffung, Produktion, Logistik und Personal als Basis für Planungs- und Kontrollaufgaben liefert.

- Verdichtete Kennzahlen für das Management

Ähnliches gilt für die Zahlen aus dem Finanzbereich eines Unternehmens. Hier lassen sich aus den vielen Einzelzahlen der Buchhaltung mit Hilfe eines geeigneten Verarbeitungssystems Kennzahlen gewinnen, die in verdichteter Form ausreichende und leicht überschaubare Aussagen über den wirtschaftlichen Erfolg machen. Es genügt dann Kontrolle dieser Kennzahlen, um auf einen Blick über die Lage informiert zu sein.

9.4 Informationsdarstellung

Die Darstellung der gewonnenen und verarbeiteten Informationen wird von der Art der Informationen selbst, aber auch stark von Verwendungszweck und Empfängerkreis bestimmt. Informationen können für abteilungsinterne Zwecke, für andere Unternehmensebenen, das Gesamtunternehmen oder externe Interessenten, wie Kunden und Aktionäre erforderlich werden. Für die interne Information genügt meist eine möglichst knappe Darstellung.

- Darstellung von der Art und Zweck geprägt

- Bedeutung von Darstellungsmethoden bei der Vorbereitung von Entscheidungen

Anders verhält es sich, wenn mit einer Information ein bestimmtes Ziel zu erreichen ist, z.B. eine Beeinflussung insofern, als Dritte von bestimmten Vorgängen überzeugt werden sollen, um danach eine Entscheidung zu treffen. Dabei gewinnen die verschiedenen denkbaren Darstellungsmethoden - möglicherweise in Kombination angewandt - als Instrumente zur Überzeugung und Vorbereitung von Entscheidungen eine besondere Bedeutung. Die einzelnen Darstellungstechniken haben unterschiedliche Aussagefähigkeit und werden von verschiedenen Empfängern verschieden schnell erfaßt. Bei der Darstellung ist daher besonders auf den Einsatz von Techniken der Visualisierungen zu achten. Verbal schwierig zu erklärende Sachverhalte lassen sich visualisiert einfacher vermitteln [9.3]. Außerdem bleibt das gleichzeitig Gehörte und

- Techniken der Visualisierung

9.5 Informationsübermittlung

Gesehene besser im Gedächtnis haften. Die Visualisierungen erleichtert ferner eine gleiche Interpretation bei allen Betrachtern in einer Konferenz oder einer Arbeitsgruppe.

9.5 Informationsübermittlung

Bei der Informationsübermittlung ist die richtige Darstellung wesentlich. Information ist das Ergebnis eines Denkvorganges. Wenn Information z.B. vom Vorgesetzten an einen Mitarbeiter mit dem Ziel der Erledigung einer Aufgabe weitergegeben wird, können Verständnisfehler auftreten. Die übermittelten Informationen dienen in diesem Falle zur Beantwortung der Fragen: Was soll getan werden? Wie soll es getan werden? Warum soll es getan werden? Bei Beantwortung dieser Fragen wird von dem Mitarbeiter etwas wahrgenommen und als Folge der Wahrnehmung soll etwas geschehen. Es können bei der Übermittlung von Information Fehlinformationen entstehen, Auslassungsfehler, Formulierungsfehler und Verständnisfehler auftreten. Verständnisfehler sind umso eher zu erwarten, je komplexer der Inhalt der Information ist. Ein

• Fehlerfreie Informationsübermittlung durch klare und einfache Darstellung

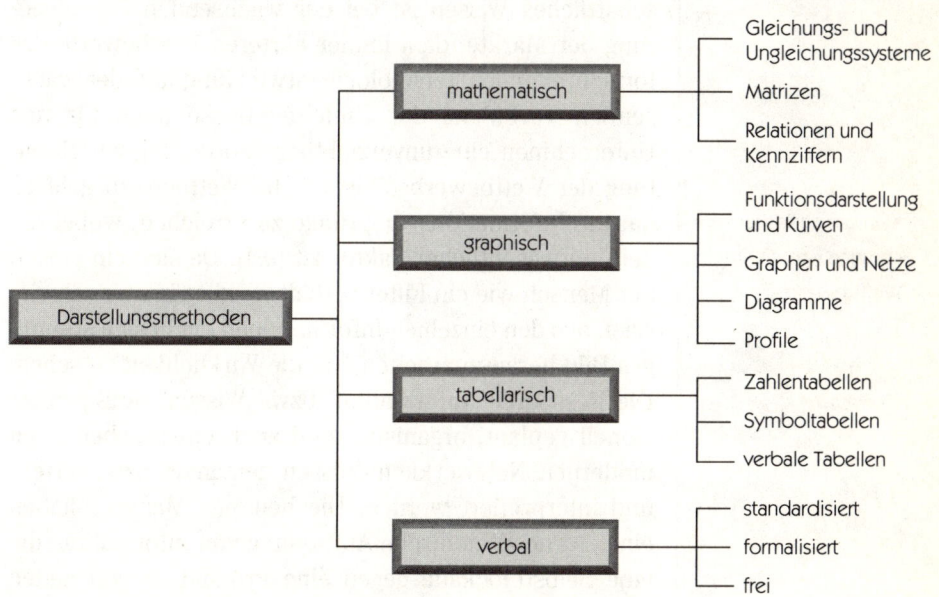

Bild 9.2: Methoden der Informationsdarstellung nach Hentze/Brose (1985)

- Anpassung der Information an den Kommunikationspartner

großer Fehleranteil bei der Übermittlung von Information kommt durch Denkfehler zustande. Verständnisfehler sind um so eher zu minimieren, je mehr sich die Kommunikationspartner im Denkvermögen auf dem gleichen Niveau bewegen, zwischen denen komplexe Informationen ausgetauscht werden. In einem hierarchisch gegliederten Betrieb müssen die Informationen von „oben" nach „unten" daher mehrfach simplifiziert und verständlich gemacht werden.

9.6 Informationsflut und Management

- Die Bedeutung des Rohstoffes „Information"

Schlagworte wie „Informationsgesellschaft" zeigen die wachsende Bedeutung des Rohstoffes „Information". Die Unternehmen benötigen ständig mehr Informationen. Andererseits steht auch eine immer größere Fülle an Informationen zur Verfügung. Aber sie müssen verarbeitet werden können. Es wird immer schwieriger, aus der Masse der Informationen die relevanten Daten herauszufiltern. Es kommt nicht auf eine gute Informationssammlung an, ebensowenig wie auf mehr Informationen. Wissenschaftlich-technisches, wirtschaftliches und gesellschaftliches Wissen ist bei der wachsenden Globalisierung der Märkte, dem immer härteren Wettbewerb, der fortschreitenden Technologieentwicklung und der wachsenden Turbulenz der Umfeldeinflüsse auch für das Unternehmen eine unverzichtbare Forderung zur Erhaltung der Wettbewerbsfähigkeit. Im Wettbewerb geht es

- Informationsvorsprünge wichtig im Wettbewerb

darum, Informationsvorsprünge zu erreichen, wobei die Zeit ein wesentlicher Faktor ist [9.4]. Da sich ein einzelner Mensch wie ein Filter verhält, wird es immer schwieriger, aus den einzelnen Informationen ein in sich stimmiges Bild herauszuarbeiten und die Wirklichkeit zu sehen. Die Ressource „Information" bzw. „Wissen" muß professionell geplant, organisiert und auch entsprechend den modernen Netzwerkkenntnissen gemanagt bzw. verteilt und interpretiert werden. Die heutigen Manager haben eine eigene altmodische Auffassung von Information, die eine Selbstblockade gegen eine Produktion von neuen Weltbildern verursacht. Dasjenige Unternehmen wird in

Zukunft Vorteile haben, das die Kontexte immer schneller erkennen, transformieren und wandeln kann [9.5]. Die heute zur Verfügung stehenden Informationssysteme wirken sich auf organisatorische wie auch soziale Fragen aus. Das mittlere Management muß nicht mehr die Funktion der Verteilung und Verarbeitung der Informationen erfüllen. Die Informationen werden zentral gespeichert und von dort auch dezentral z.B. mit Personalcomputern abgerufen und verarbeitet. Es kann also von vielen Ebenen auf die Informationen zugegriffen werden. Dadurch müssen Konflikte um Kompetenzverteilungen und Einflußbasen entstehen, die möglicherweise bisher speziell auf den Informationsvorsprung des mittleren Managements beruhten. Es bestehen damit noch Hierarchiestufen, die durch diese Entwicklung eigentlich überflüssig werden.

• Aufgabenänderung für mittleres Management

Manager die unter der Überlastung mit Informationen leiden, wenden häufig eine unbewußte oder bewußte Reduzierungstaktik an. Sie nehmen nur diejenigen Informationen zur Kenntnis, die ihr aktuelles Weltbild zu bestätigen scheinen. Damit wird die vorhandene Überzeugung verfestigt und nicht mehr von neuen Informationen gelernt. Weitere Möglichkeit, um mit der Informationsflut fertig zu werden, ist die bewußte Vereinfachung. Man setzt auf das bequeme Bild „ich bin und bleibe ein Praktiker" und bildet stark vereinfachte Modelle, die mit der Wirklichkeit einer komplexen und vernetzten Welt nicht übereinstimmen.

• Reduzierungstaktik bei Überlastung mit Informationen

9.7 Informationssysteme in Unternehmen

Um die zur Erledigung der Aufgaben notwendigen Informationen jeweils zur rechten Zeit zur Verfügung zu haben, braucht eine Organisation ein Informationssystem. In diesem Informationssystem werden nicht nur Informationen in Form von Anweisungen, Zielsetzungen und Arbeitsergebnisse auf dem Dienstweg ausgetauscht. Es ist vielmehr ganz allgemein die Gliederung des Gewinnungs- und Verarbeitungsprozesses der Informationen, die auf allen Ebenen der Organisation benötigt werden. Während

• Management-Informations-Systeme sind heute Basis für Planungs- und Kontrollsysteme

- Informationssystem als Verbindung der Planungssysteme

man sich bis vor wenigen Jahren mit manuellen Berichtssystemen begnügen mußte, werden heute in vielen Unternehmen die Informationsprobleme des Management durch Management-Informations-Systeme mit Hilfe der Datenverarbeitung - abgekürzt MIS - gelöst.

Ein Management-Informations-System ist die formale Verbindung zwischen dem System der strategischen Planung in einer Firma und den anderen Planungssubsystemen, der operativen Planung, der Investitionsplanung usw. Der elektronischen Datenverarbeitung (EDV) kommt hierbei eine besondere Rolle zu, die Informationssysteme zu unterstützen. Denn nur rechnergestützte und integrierte Informationssysteme sind in der Lage, den notwendigen Informationsbedarf zu befriedigen. Das strategische Planungssystem (Bild 9.3) übt durch die Strategien und die Maßnahmen auf das operative Planungssystem und durch die notwendigen Investitionsanforderungen auf die Investitionsplanung einen Einfluß aus. Mit Hilfe des Budgetierungssystems und des Berichtswesens wird die Leistung des gesamten Unternehmens hinsichtlich des Einhaltens der Unternehmensstrategien überprüft.

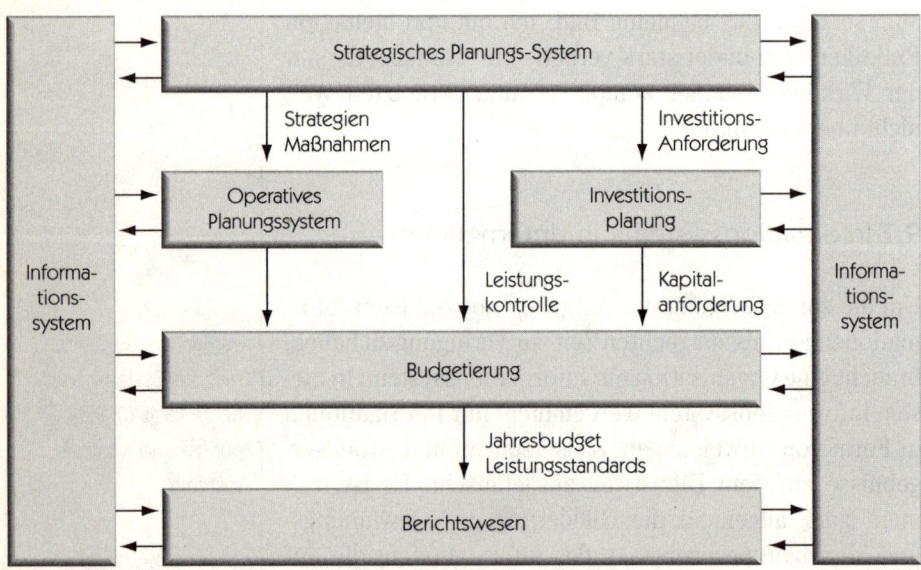

Bild 9.3: Zusammenhang zwischen Planungs- und Informationssystem nach Laukamm/Steinthal (1985)

9.6 Informationssysteme in Unternehmen

Alle diese Aufgaben müssen in dem Informationssystem eingebettet sein [9.6].

In der Fertigungsindustrie ist die wichtigste Systemanwendung das Produktionsplanungs- und -steuerungssystem (PPS) [9.7]. Eine große Bedeutung hat man der Informationstechnologie unter dem Stichwort „Fabrik der Zukunft" und „Computer Integrated Manufacturing" (CIM) Anfang der 80er Jahre zugeschrieben. Unter CIM wird die umfassende Vernetzung der im Betrieb vorhandenen technischen und kaufmännischen EDV-Anwendungen verstanden, die bisher für sich allein - als Insellösungen - existierten. CIM ist die umfassende Unterstützung von Entwicklung, Konstruktion und Fertigung mit modernen Computersystemen. Es umfaßt das informationstechnologische Zusammenwirken zwischen CAD, CAQ, CAP, CAM und PPS. Eine Übersicht zeigt Bild 9.4:

- Produktionsplanungssysteme als wichtigste Instrumente der Fertigungsindustrie

CAD (Computer Aided Design) ist ein Sammelbegriff für alle Aktivitäten, bei denen die EDV im Rahmen von Konstruktions- und Entwicklungstätigkeiten eingesetzt wird. Dies kann sich auf technische Berechnungen mit oder ohne graphische Ausgabe, auf den Einsatz technischer Informationssysteme und das zwei- oder dreidimensionale Konstruieren bzw. die Zeichnungsdarstellung beziehen [9.8].

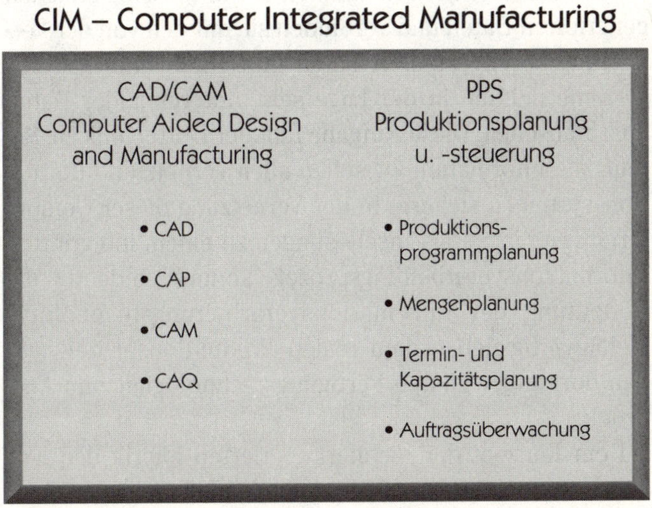

- Computer Aided Design

CIM – Computer Integrated Manufacturing

CAD/CAM Computer Aided Design and Manufacturing	PPS Produktionsplanung u. -steuerung
• CAD • CAP • CAM • CAQ	• Produktionsprogrammplanung • Mengenplanung • Termin- und Kapazitätsplanung • Auftragsüberwachung

Bild 9.4: Die Zusammenhänge bei CIM (Quelle: AWF)

- Computer Aided Planning

- Computer Aided Manufacturing

- Computer Aided Quality Control

- PPS: Produktions-Planungs- und Steuerungssystem

- Vernetzung zu einem integrierten Informationssystem

- Das CIM-Konzept der rechnerintegrierten Fabrik

CAP (Computer Aided Planning) ist der Rechnereinsatz in der Fertigungsplanung, z.B. die rechnerunterstützte Planung der Arbeitsvorgänge, die Auswahl von Betriebsmitteln, Fertigungs- und Montageverfahren sowie die rechnergestützte Erstellung von Daten für die Steuerung der Betriebsmittel.

CAM (Computer Aided Manufacturing) bezeichnet den Rechnereinsatz zur direkten Steuerung der Fertigung. Dies kann sich sowohl auf die Steuerung von Werkzeugmaschinen, Bearbeitungszentren oder Fertigungsstraßen als auch auf logistische Bereiche wie z.B. die Materialflußsteuerung oder die Betriebsdatenerfassung beziehen.

CAQ (Computer Aided Quality Control) ist die rechnerunterstützte Qualitätskontrolle z.B. durch die Generierung von Prüfplänen, die Durchführung rechnerunterstützter Meß- und Prüfverfahren und die statistische Auswertung von Kontrollwerten.

Das PPS (Produktions-Planungs- und Steuerungssystem) ist das Bindeglied, in dem die Produktions- und Auftragsdaten, die Materialdisposition, die Termin- und Kapazitätsplanung zusammenfließen. Die Verbindung von CAD und CAM bedeutet die Integration der computergestützten Konstruktion mit der Arbeitsvorbereitung, Fertigungssteuerung und automatisierten Produktion. MIS, Betriebsdatenerfassungssysteme (BDE) und Personalinformationssysteme übernehmen die in diesen Bereichen generierten Daten und verbinden sie mit den von der Verwaltung bereitgestellten Daten. Alle diese Informationssysteme müssen in der Lage sein, untereinander Daten auszutauschen. Diese Aufgabe fällt der Leittechnik zu. Sie muß die Information zwischen allen vernetzten Informationssystemen sichern. In der Vernetzung dieser Computeranwendungen als Insellösungen zu einem integrierten Informationsverarbeitungsprozeß kommt eindeutig die Bedeutung der Informationsverarbeitungstechnologie gleichwertig neben dem realen Produktionsprozeß und den dort angewandten Fertigungstechnologien zum Ausdruck.

Dem Konzept der rechnerintegrierten Fabrik der 80er Jahre, als „Computer Integrated Manufacturing" (CIM) bezeichnet, lag eine Modellvorstellung zugrunde, die einer komplexen, rationalen Regeln folgenden Maschine ähnelt, die man mit den wachsenden Möglichkeiten der Informationstechnik „in den Griff zu bekommen" glaubte. Man mußte lernen, daß die zuvor erforderlichen Änderungen und Verbesserungen der Prozeßabläufe zu ungeheuren Kosten führten und damit eine Zementierung der Strukturen verbunden ist. Somit wird eine Anpassung an eine sich schnell wandelnde Umwelt erschwert. Der herkömmliche Begriff von CIM als rein technisches, zentralisiertes Mittel zur Integration computerisierter Fabrikinseln gerät damit ins Wanken [9.9]. In der Fabrik der Zukunft, beispielsweise nach dem Konzept der Fraktalen Fabrik, wird durch Entwicklung von dezentralen, auf die einzelnen Einheiten (Fraktale) zugeschnittene Navigationssysteme als Basiswerkzeuge und durch die Standardisierung der Schnittstellen zwischen den Fraktalen die Anpassung der Informationstechnologie an die wachsende Dynamik der Industriewelt erforderlich werden.

Literatur zu 9

1 Jaggi, B. L.; Görlitz, R (Hrsg.): Handbuch der betrieblichen Informationssysteme. München 1975
2 Hentze, J.; Brose, P.: Organisation. Landsberg 1985
3 Schrader, E; Straub, W. G.: Darstellungstechniken und Techniken zur Auswahl und Verdichtung von Informationen. In: RKW- Handbuch Führungstechnik und Organisation. Berlin 1978
4 Steger, U.: Future Management. Frankfurt 1992
5 Gerken, G.: Geist, das Geheimnis der neuen Führung. 1991 Düsseldorf, Wien, New York
6 Laukamm, T.; Steinthal, N.; Methoden der Strategieentwicklung und des Strategischen Managements. In: A.D. Little: Management im Zeitalter der Strategischen Führung. Wiesbaden 1985
7 Geitner, U. W.: Betriebsinformatik für Produktionsbetriebe. Bd. 1,2,3. München 1983
8 Eigner, M.; Maier, H.: Einstieg in CAD. München, Wien 1985
9 Warnecke, H.-J.: Die Fraktale Fabrik. Berlin/Heidelberg/New York 1992

10 Managementmodelle, -konzepte und systeme

10.1 Grundlagen und Ziele

In kleineren Unternehmen besteht auch heute noch häufig die Tendenz, die Art der Führung an der Spitze als Vorbild für die anderen Organisationsebenen zu betrachten. Das Verhalten eines erfolgreichen Unternehmers formt das Führungsverhalten einer ganzen Firma. Wenn ein individuelles, von der Persönlichkeit eines Unternehmers abhängiges Vorbild nicht existiert, kann sich im Verlauf der Unternehmensgeschichte ein von verschiedenen Persönlichkeiten geprägtes Führungs- oder Managementverhalten herausgebildet haben. Es besteht kein Grund anzunehmen, daß solche „gewachsenen" Verhaltensweisen als optimal betrachtet werden können. Es gibt eine Reihe von Anlässen, wie Inhaberwechsel, Führungskräftewechsel oder Unternehmenskrisen, die zu dem Wunsch nach Veränderung dieser Gegebenheiten führen. Dann wird meist ein „moderneres", effizienteres Managementverhalten angestrebt, das allen Beteiligten, wie Inhabern, Führungskräften, Mitarbeitern geeigneter erscheint.

Um das zu erreichen, muß an die Stelle des „gewachsenen" Verhaltens eine neue Idee, ein neues Soll-Verhaltensmuster treten. Nach diesem Muster soll die Art des Führens all derer ausgerichtet werden, die am Führungsprozeß beteiligt sind: ein Führungs- oder Managementkonzept. Dabei tritt nicht nur das Problem auf, ein solches Ideal zu definieren und es schriftlich festzulegen. Vielmehr muß man es vor allem einführen und das Verhalten aller Beteiligten auch entsprechend ändern. Dies setzt meist nicht nur einen Überzeugungs- sondern einen lange andauernden Lernprozeß voraus.

- Anlässe zur Veränderung des Führungsverhaltens

- Überzeugungs- und Lernprozeß zur Implementierung

Unter einem Management-Konzept oder Führungskonzept wird eine Sollvorstellung verstanden, wie die Führung oder das Management in Unternehmen zu gestalten ist.

- Definition „Management-Konzept"

Für den Begriff „Konzept" wird auch häufig der Terminus „Management-Modell" verwendet, seit das in den 50er Jahren von der in Bad Harzburg entstandenen Harzburger Akademie vorgestellte Konzept „Harzburger Modell" genannt wurde. Mit wissenschaftlichen Modellbegriffen haben diese Führungsmodelle wenig zu tun; es handelt sich eher um eine konzentrierte und mehr oder weniger umfassende Führungslehre, die in geringem Maße auf fundierten Theorien, meist mehr auf Anwendung eines „Management-Prinzips" oder der besonderen Betonung einer Management-Funktion beruht.

- Terminus „Management-Modell"

In den meisten Fällen weisen Führungsmodelle einen stark normativen und oft rezepthaften Einschlag auf [10.1]. Durch Normierung und Systematisierung des Managementverhaltens durch Handlungsanweisungen und Regeln soll eine einheitliche Handhabung des Führungsprozesses über die gesamte Organisation erreicht werden. Damit erhofft man sich auch höhere Leistung und eine bessere Effizienz.

- Rezeptcharakter der Führungsmodelle

Die meisten der heute angebotenen Modelle und Management-by-Formen erfüllen diese Ansprüche nicht im entferntesten. Sie sind meist nichts anderes als weiterentwickelte und ausformulierte Managementprinzipien. Vielfach wird eine Managementfunktion oder ein Teilaspekt der Führung besonders herausgestellt und zum allgemeinen Prinzip erhoben. Unter diesem Aspekt wird dann die Aufgabenerfüllung der Mitarbeiter vorrangig gesteuert [10.2]. Dies gilt für Delegation beim Harzburger Modell und für das Ziele setzen beim MBO.

- Management-by-Modelle erfüllen Ansprüche nicht

Eine Bestandsaufnahme von Führungsmodellen zählt 35 verschiedene Ansätze auf [10.3]. Von den angebotenen Management-by-Formen sind ein großer Teil Schlagworte, Parodien oder ironische Spötteleien. Beispiele sind Management-by-Terror („Ziele setzen, Mittel verweigern"), Management-by-Champignon („die Mitarbeiter im Dunkeln lassen, mit Mist eindecken; wenn sich Köpfe zeigen, sofort abschneiden"). Hinter anderen Management-

- Viele Management-by-Formen

by-Schlagworten wie zum Beispiel „Management-by-walking-around", das bei Hewlett Packard als Slogan eigentlich die Unternehmenskultur charakterisiert, verbirgt sich zwar kein Managementsystem, aber eine bestimmte, durchaus ernst zu nehmende Haltung oder Einstellung des Management. Dieses „Führen durch Umhergehen" will durch persönlichen und direkten Kontakt Botschaften und Ziele über den Tisch bringen und den Mitarbeitern nicht nur das Gefühl geben, man hörte ihnen zu, sondern dies auch wirklich tun [10.4].

• „Management-by-walking-around"

Einige Management-by-Formen sind jedoch tatsächlich als erste Ansätze für ein Führungssystem brauchbar und können bei konsequenter Handhabung von Bedeutung für die Erhöhung der Effizienz bei der Führung eines Unternehmens sein. Bei einer näheren Betrachtung des Inhalts von Management-by-Formen zeigt sich, daß sie unterschiedliche Sachverhalte umschreiben [10.5,6,7]:

• Erste Ansätze für Führungssysteme

– Management-by-Formen, die bestimmte Handlungsregeln, Verhaltensnormen oder Führungsinstrumente empfehlen, wie Management by Exception, Management by Motivation, Management by Decision Rules.
– Management-by-Formen, die einen bestimmten Führungsstil umschreiben, wie Management by Participation, Management by Direction and Control.
– Management-by-Formen, die als Kurzbezeichnung stellvertretend für ein umfassenderes Führungskonzept stehen, wie Management by Delegation, Management by Objectives.

• Inhalte von Management-by-Formen

Die Geschichte der Managementmodelle und -systeme wird immer wieder als eine Geschichte der Irrungen und Wirrungen bezeichnet. Neue Einsichten und Veränderungen in den Auffassungen haben ihren Einfluß ausgeübt. Es ist richtig, wenn sich auch der Praktiker damit auseinandersetzt, um sicherer in seinem Urteil zu werden, was für sein Unternehmen in seiner Situation nützlich ist. Trotzdem muß man sich die Fragen stellen: Mit welchem Erfolg haben Führungsmodelle das Geschehen in der Praxis tatsächlich beeinflußt? Welche Hilfestellung kann sie tatsächlich zur Absicherung des Managerverhaltens bieten?

• Wie ist der Nutzen solcher Management-Modelle?

Kann das Management in der Praxis wirklich auf wissenschaftlich abgesicherte Handlungshilfen bauen? In den folgenden Abschnitten sind einige dieser Formen stichwortartig mit ihren Zielen, Voraussetzungen und Hauptbestandteilen beschrieben und kritisch betrachtet.

10.2 Management by Exception

Management by Exception (MbE) bedeutet Führung durch Abweichungskontrolle und Entscheidung in Ausnahmefällen. Es geht davon aus, daß der einzelne Vorgesetzte nicht alles selbst wissen und entscheiden kann. Er behält sich daher nur die Ausnahmefälle zur Entscheidung vor, die seine Mitarbeiter nicht entscheiden können.

- Abweichungskontrolle, Ausnahmefälle

Hauptziele sollen die Entlastung der Vorgesetzten von Routineaufgaben, eine Systematisierung der Informationsflüsse und die Regelung der Zuständigkeiten sein, so daß Störeinflüsse rasch behoben werden können. Als wichtigste Bestandteile sind die Festlegung von Sollergebnissen, eine systematische Informationsrückkopplung und eine Abweichungskontrolle und -analyse zu nennen. Darüber hinaus sind Richtlinien für Normal- und Ausnahmefälle mit Kompetenzabgrenzung erforderlich um den Eingriff des Vorgesetzten nur bei Abweichungen und in Ausnahmefällen zuzulassen.

- Ziel ist die Entlastung der Vorgesetzten

Als Voraussetzung sind die Zuständigkeiten klar zu regeln. Alle Organisationsmitglieder müssen Ziele, Abweichungstoleranzen und Definition der Ausnahmefälle kennen. Ein Berichtssystem ist notwendig, das den Ausnahmefall signalisiert.

- Klare Regelung der Zuständigkeiten erforderlich

Als Kritik am MbE wird angeführt, daß über die Ziele und Pläne als Grundlage für die Sollvorstellungen und die Kontrolle nichts ausgesagt wird. Kreativität und Initiative bleiben tendenziell dem Vorgesetzten vorbehalten, da er alle interessanten Probleme als Ausnahmefälle selbst entscheidet. Eigeninitiative und der Wunsch nach Übernahme von Verantwortung verkümmern. Durch die Konzentration auf den Soll-Ist-Vergleich ist alles auf die Vergangenheit ausgerichtet und zwar speziell auf negative Abweichungen. Positive Abweichungen und damit Erfolgserlebnisse werden

- Keine positive Auswirkung auf Initiative und Motivation

nicht besonders herausgearbeitet. Dadurch fehlt eine positive Auswirkung auf die Motivation. Es handelt sich um kein eigenständiges, in sich geschlossenes Konzept, sondern lediglich um ein verallgemeinertes Prinzip, das nur einen Teil der Managementprobleme löst und nicht den Namen „Management-Konzept" oder gar „Management-System" verdient. Es spielt heute auch keine Rolle mehr.

• Kein geschlossenes Konzept

10.3 Management by Delegation

In Deutschland ist das Konzept des Management by Delegation oder Führung durch Delegation von Aufgaben unter dem Namen „Harzburger Modell" durch R. Höhn und seine Mitarbeiter in den 70er Jahren sehr stark verbreitet worden [10.8,9]. Im Harzburger Modell wird von „Führung im Mitarbeiterverhältnis" gesprochen. Als wesentliche Ziele wurden in diesem als „Modell" bezeichneten Führungssystem angestrebt

• Management by Delegation: Das „Harzburger Modell"

– der Abbau der Hierarchie und des autoritären Führungsstils, ein Ansatz zur partizipativen Führung,
– die Entlastung der Vorgesetzten wie bei Management by Exception,
– die Förderung von Eigeninitiative, Motivation zur Leistung und Verantwortungsbereitschaft
– und der Vorsatz, Entscheidungen auf derjenigen Führungsebene zu fällen, wo sie vom Sachverstand her hingehören.

• Wesentliche Ziele des „Harzburger Modells"

Die wichtigsten Bausteine des Konzeptes waren

– Delegation von Aufgaben mit Kompetenzen und Verantwortung,
– Aufgabenabgrenzung durch Stellenbeschreibung,
– Verbot der Rückgabe und Rücknahme von Delegation,
– besondere Regelungen für Ausnahmefälle,
– Regelungen für die Dienstaufsicht und die Erfolgskontrolle und für den Informationsverkehr.

• Die wichtigsten Bausteine des „Harzburger Modells"

Das Harzburger Modell kann als Antwort auf die zunehmende Kritik am autoritär-patriarchalischen Führungsstil gesehen werden, wie er in der Aufbauphase der Nachkriegswirtschaft üblich war. Es wurde in den letzten Jahren seiner Blüte wegen zu starker Bürokratisierung und mangelnder Berücksichtigung sozialwissenschaftlicher Erkenntnisse zunehmend kritisiert.

- Kritik aus heutiger Sicht

Das Harzburger Modell beruht auf einem sehr stark aufgabenorientierten, statischen Denkansatz. Dynamische Prozeßaspekte und eine Zielorientierung werden vernachlässigt. Eine partizipative Führung etwa in Form gemeinsamer Entscheidungen von Vorgesetzten und Mitarbeitern wird kaum erreicht. Das Modell berücksichtigt hauptsächlich die vertikalen Hierarchiebeziehungen. Es vernachlässigt die notwendige Koordination von organisatorischen Einheiten auf gleicher Ebene und diese Einheiten übergreifende Zielabstimmungen. Motivationsaspekte werden wenig berücksichtigt. Die Hierarchie wird nicht abgebaut, sondern eigentlich gefestigt. Dieses Führungsmodell besteht – pointiert formuliert – in der Anwendung der Auftragstaktik der preußischen Armee auf industrielle Verhältnisse [10.10]. Das Harzburger Modell war ein Musterbeipiel dafür, wie ein bürokratisches Führungsmodell den Ansprüchen eines dynamischen Systems nicht gerecht werden kann. Es spielt heute überhaupt keine Rolle mehr. Die Regelungen bis ins Detail, der Versuch alles zu ordnen, hat nur zur Starrheit der Organisation, zu mangelnder Initiative und Anpassungsfähigkeit geführt [10.11].

- Aufgabenorientierter, statischer Denkansatz

- Bürokratisches Führungsmodell

10.4 Management by Objectives

Management by Objectives (MbO), auch Führung durch Zielvorgabe oder Führung durch Zielvereinbarung genannt, ist ein Führungssystem, das im wesentlichen auf der Vorgabe von Zielen und einer anschließenden Erfolgskontrolle beruht. Den Betroffenen werden Freiräume eingeräumt, auf welchen Wegen sie diese Ziele erreichen.

- Zielvorgabe und Erfolgskontrolle

MbO verlangt als erstes die Festsetzung der Unternehmensziele, aus denen die Ziele des einzelnen Bereiches, der Abteilung und der Stelle abzuleiten sind. Die Ziele der einzelnen Stelle, d.h. ihre Hauptaufgaben, sind

- Grundgedanke: Ziele festlegen

10.4 Management by Objectives

generell gültig, denn sie ist wegen dieser Ziele geschaffen worden. Zusätzlich werden im MbO besondere, für einen bestimmten Zeitraum geltende Ziele formuliert und entweder vorgegeben oder vereinbart.

Die Entwicklung dieses umfassendsten und meistdiskutierten Führungssystems wurde in einer Reihe von Publikationen beschrieben [10.12,13,14]. Das MbO-Konzept durchlief im wesentlichen zwei Richtungen: eine mehr personalorientierte und eine planungsorientierte Richtung. Die personalorientierte Richtung nahm ihren Anfang bei McGregor [10.15], der in seinen Bemühungen, für die Personalbeurteilung möglichst objektive Grundlagen zu finden, das Formulieren klarer Leistungsziele postulierte. Dieser Ansatz wurde weiterentwickelt und mit zahlreichen Erkenntnissen anderer Autoren verfeinert [10.16,17,18]. Man sah im Vorgang des Zielesetzens die Chance, den Mitarbeitern ein gewisses Maß an Autonomie zu verschaffen, um so die Motivation und das Interesse an der Arbeit in unserer arbeitsteiligen Gesellschaft zu fördern. Ausgehend von dem grundsätzlichen Schritten Zielvereinbarung, Fortschrittskontrollen und Leistungsbeurteilung wurden die Techniken der Zielformulierung und Kontrolle verfeinert und zahlreiche Beurteilungssysteme dazu entwickelt.

Bei der planungsorientierten Entwicklung des MbO-Konzepts spielte mehr die Notwendigkeit der Koordination und Lenkung von immer größeren und komplizierteren Organisationen eine Rolle. Es wurde der Gedanke der Zielhierarchie und der Ableitung von Unter- aus Oberzielen und der planerische Aspekt für die Teileinheiten des Unternehmens in den Vordergrund geschoben. Die wesentlichen Ziele des Management by Objectives (MbO) sind

- Ausrichten des Handelns an klaren Zielen,
- die Entlastung der Führungsspitze,
- partizipative Führung, Identifikation der Mitarbeiter mit den Unternehmenszielen,
- damit Förderung der Leistungsmotivation und Eigeninitiative sowie der Bereitschaft zur Übernahme von Verantwortung,

• Meist diskutiertes Führungssystem

• Zwei Richtungen: personalorientiert und planungsorientiert

• Chance, den Mitarbeitern ein gewisses Maß an Autonomie zu gewähren

• Notwendigkeit der Lenkung von immer größeren und komplexeren Organisationen

• Ziele des Management by Objectives

– Ermöglichen einer objektiven Beurteilung mit leistungsgerechter Bezahlung und einer Förderung nach den Fähigkeiten der Mitarbeiter.

Die wichtigsten Bestandteile des Management by Objectives sind

- ein institutionalisierter Zielbildungs- und Planungsprozeß,
- die periodische Wiederholung eines kybernetischen Management-Zyklus,
- das „Herunterbrechen" der Einzelziele aus Unternehmenszielen,
- die Präzisierung der Ziele durch Leistungsstandards und Kontrolldaten,
- regelmäßige Ziel-Ergebnisanalysen,
- eine objektivierte, zielorientierte Leistungs- bzw. Personalbeurteilung.

• Bestandteile des Management by Objectives

Auch „Management by Objectives" blieb nicht ohne Kritik. Ein partizipativer Zielbildungsprozeß ist zeitaufwendig. Die Identifikation der Mitarbeiter mit den Zielen ist nicht ohne weiteres zu erreichen. Es besteht die Tendenz der Konzentration auf meßbare Ziele, obwohl nur qualitativ ausdrückbare Ziele unter Umständen wichtiger sind. Empirische Beweise der Gesamtwirksamkeit in einer größeren Anzahl von Fällen sind nicht erbracht worden [10.19]. MbO kann als einzige von allen Management-by-Formen als geschlossenes Management- oder Führungskonzept angesehen werden [10.20].

• Kritik am „Management by Objectives"

10.5 Elemente eines umfassenden Managementsystemes

Die geschilderten, „marktgängigen" Führungsmodelle können eigentlich nicht für sich in Anspruch nehmen, als Führungssysteme zu gelten. Sie sind fast alle durch geringe bis völlig fehlende Berücksichtigung der verhaltenstheoretischen Komponenten gekennzeichnet [10.21].

• Anspruch der bisherigen Modelle als Führungssysteme zu hoch

10.5 Elemente eines umfassenden Managementsystemes

Als begriffliche Basis soll ein Management- oder Führungssystem definiert werden als System von Handlungsempfehlungen, bestehend aus Bausteinen wie Unternehmensleitbild, Grundsätze, Strategien, Techniken und Instrumente der Führung, die auf bestimmten Wertvorstellungen beruhen. Dieses System soll das Führen eines Unternehmens systematisieren und vereinheitlichen. Es liefert Vorstellungen darüber, wie auf das Leistungsverhalten des Mitarbeiters eingewirkt werden soll, welche Bedürfnisse, Wünsche und Erwartungen hervorgerufen und erfüllt werden und zwar mit Hilfe welcher Anreize, Maßnahmen und Instrumente; darüber hinaus finden sich Empfehlungen über die Gestaltung der Teilprozesse der Führung [10.22]. Dazu muß es nicht nur verabschiedet, d.h. beschlossen, sondern auch sämtlichen Mitarbeitern in allen seinen Elementen bekannt sein. Die Bausteine bilden in ihrer Gesamtheit dann ein Managementsystem, wenn sie sich widerspruchsfrei zu einer in der Praxis auch nachvollziehbaren Gesamtaussage über die Gestaltung des Managementprozesses ergänzen. System und Bausteine dürfen nicht nur auf persönliche, verallgemeinerte Erfahrungen einzelner Praktiker oder Autoren zurückzuführen sein. Ein Führungssystem sollte vielmehr auf gesicherter Grundlage wissenschaftlicher Erkenntnisse beruhen. Es sollte auf der Basis empirischer Untersuchungen überprüft sein, die auch für die jeweilige Situation als gültig anzusehen sind oder entsprechend angepaßt werden. Die jeweilige Situation, die Wertvorstellungen und die Unternehmenskultur müssen sorgfältig mit den Zielen analysiert werden, die durch das zu entwerfende Managementsystem zu erreicht werden sollen.

Die in der Organisation notwendigen Verhaltensänderungen bei der Entwicklung und Einführung eines solchen Managementsystems und die dazu notwendige Anwendung und Beherrschung neuer Instrumente sind meist so gravierend, daß ein lang dauernder Überzeugungs- und Lernprozeß nötig ist. Dies bedeutet, daß man solche Modelle weder „von der Stange kaufen" noch „einfach entwickeln und rasch einführen" kann. Ein solches Management- oder Führungssystem sollte Aussagen enthalten über [10.23]:

- Definition eines wirklichen Managementssystems

- Ein Managementsystem sollte auf wissenschaftlichen Erkenntnissen beruhen

- Verhaltensänderungen bei Einführung eines Managementsystems

- Aussagen in einem Management- oder Führungssystem

- Weitere Inhalte: Prämissen, Zielsetzungen, Leitbilder und Wertrahmen

- Welche situativen Bedingungen?

- Forderung: maßgeschneidertes Managementsystem

– Zielsetzungen, Prämissen und Geltungsbereich,
– Teilsysteme der Führung,
– Einsatz von Führungsinstrumenten,
– Anreiz- und Belohnungssysteme,
– das Personalentwicklungssystem,
– die Gestaltung persönlicher Beziehungen und sozialer Strukturen.

Ergänzend zu dieser pragmatischen Gliederung ist die Aussage über die Grundentscheidung besonders wichtig, ob mit Hilfe des Führungssystems lediglich eine Effizienzverbesserung des Unternehmens erstrebt wird, – somit eine einseitige Leistungsorientierung dominiert – oder ob die Leistung und Zufriedenheit der von der Führung Betroffenen prinzipiell als gleichrangig betrachtet werden [10.17]. Ferner soll es die Prämissen, Zielsetzungen, Leitbilder und den Wertrahmen d.h. die Einstellungen des Unternehmens gegenüber seiner Umwelt und seinen Mitarbeitern, enthalten. Der Geltungsbereich hat festzulegen, ob das System für alle Stufen des Unternehmens gültig sein soll und welche situativen Bedingungen (Aufgabentyp, Umweltsituation, Organisationsstruktur usw.) eine Anpassung erfordern.

Führungssysteme haben die positive Beeinflussung der Unternehmenseffizienz zum Ziel. Sie stellen jedoch keine Patentrezepte dar. Jedes Unternehmen sollte, wenn es als notwendig gesehen wird, ein maßgeschneidertes Managementsystem etablieren [10.24]. Dabei ist zu beachten, daß Führungssysteme durch ihre Institutionalisierung auch bürokratische Tendenzen fördern und hierdurch mögliche Wirkungen eines nahezu immer zum Dogma erhobenen liberalen Führungstiles neutralisieren können [10.25]. Maßgebend für Effizienz und Erfolg ist jedoch nicht nur das reine Vorhandensein und die Anwendung eines Führungssystems auf allen Unternehmensebenen. Vielmehr sind in der komplexen Welt der Unternehmen auch viele andere Einflüsse vorhanden, auf die aus der Sicht der Praxis in den folgenden Abschnitten eingegangen werden soll.

10.6 Neue Einflußfaktoren

10.6.1 Verstärkte Komplexität

Die Unternehmen wurden in den letzten Jahren durch zunehmende Größe und kompliziertere Technologie immer komplexer und schwieriger zu beherrschen. Viele Unternehmen haben sich zu unbeweglichen Dinosauriern mit einer starren Ordnung entwickelt, denen die schnelle Anpassung an die immer rascher werdenden Veränderungen nicht mehr gelingt. Das Ausufern der Zentralfunktionen und Stäbe und der Einsatz von zu vielen Spezialisten entfremdet die Unternehmen von der Alltagserfahrung. Daher ist ein Unternehmen meist selbst ein komplexes System mit einer sozialen Ordnung und einer Kultur. Ein solches System weist hohe Eigendynamik auf und ist nur begrenzt steuerbar. Damit werden das Überleben und die Entwicklungsfähigkeit zu dominanten Zielen dieses Systems.

• Komplexität in Unternehmen

• Überleben und Entwicklungsfähigkeit als dominante Ziele

Im Rahmen des Management bedeutet Komplexität, daß die formalen Führungsorgane niemals auch nur über annähernd ausreichende Informationen oder über genügend Wissen verfügen, um ein Unternehmen bis ins Detail lenken zu können. Komplexitätsbewältigung wird damit zur entscheidenden Daueraufgabe für das Management. Auch die Umwelt der Unternehmen ist zunehmend komplexer geworden. Gründe hierfür sind Veränderungen wie

• Führungsorgane verfügen nie über ausreichende Informationen

- eine zunehmend vielfältigere Umwelt „Wirtschaft", die von rasanten Technologieentwicklungen beeinflußt wird
- immer differenziertere Kundenwünsche, die Globalisierung der Märkte mit der Forderung der Kunden nach individueller Behandlung,
- weltweite Geflechte von Geschäftsverbindungen,
- aggressive Konkurrenten und eine Flut von Informationen durch neue Kommunikatonstechniken,
- neu auftretende internationale Wettbewerber, politische und wirtschaftliche Instabilitäten,
- und die zunehmenden gesetzlichen Auflagen durch das wachsende Umweltbewußtsein.

• Gründe für wachsende Komplexität

- Verstärkend wirken Trendbrüche

- Sind Unternehmen bei der wachsenden Komplexität noch zu managen?

- Konzept: tatsächliche Komplexität reduzieren

- Turbulenz als Modellgedanke

- Kritik hierarchisch aufgebauter Planung in turbulenter Umwelt

Dazu kamen ausgesprochene Trendbrüche, wie die deutsche Wiedervereinigung, der Zerfall der Sowjetunion, die freie Marktwirtschaft in den Ostblockländern, die plötzliche Renaissance der konservativen Kräfte nach dem Niedergang des kommunistischen Systems durch das Scheitern der ersten Bemühungen des Reformprozesses und der Bürgerkrieg in Jugoslawien.

Es stellt sich die Frage: Sind Unternehmen in der heutigen, turbulenten Umwelt und bei der wachsenden Komplexität überhaupt noch zu managen? Auch kleinere Unternehmen lassen sich durch das Management nicht mehr voll beherrschen, aber sie sind zumindest lenkbar.

Die meisten Manager arbeiten mit einem Rollenkonzept, das darauf ausgerichtet ist, durch intelligente Strategien die tatsächliche Komplexität zu reduzieren. Diese Strategien dienen dann der Selbsttäuschung. Die komplexen Situationen werden vereinfacht, um rational handlungsfähig zu werden. Dieses rationale Denkmuster ist in turbulenten Zeiten nicht erfolgreich.

Durch die großen Entwicklungssprünge von Technologie und Wirtschaft kommt es zu immer mehr Sprunghaftigkeit, so daß man von Turbulenz sprechen muß. Turbulenzen sind schnell und überraschend eintretende, unvorhersehbare Entwicklungen. Sie sind nicht voraussehbar, zeitlich nicht einplanbar und werden gegenüber normalen Schwankungen schockartig erlebt.

Eine hierarchisch aufgebaute Planung, Steuerung und Kontrolle mag gut funktionieren, solange ein Unternehmen klein ist und solange turbulenzfreies Wachstum und undifferenzierte Märkte vorherrschen. Bei den viel schnelleren Änderungsprozessen stellen wir jedoch fest, daß die bisherigen Steuerungs- und Führungsmethoden nicht mehr greifen. Im Gegensatz dazu gibt es Ordnungen, die evolutionär entstanden sind. Wird ein Unternehmen als konstruierte Ordnung verstanden, so wird technisch rationales Denken angewandt [10.26]. Das Unternehmen wird wie eine leblose Maschine behandelt, von der wir annehmen, sie sei beliebig gestaltbar. Die Folge ist, daß ein potentiell sehr komplexes dynamisches System auf ein planbares einfaches System reduziert wird. Die Maschine verhält sich dann oft völlig anders als erwartet.

10.6.2 Komplexitätsbewältigung durch Formalisieren

Alle bisherigen Management-Lehren versuchen die informellen Vorgänge zu formalisieren und damit steuerbar bzw. beherrschbar zu machen. Formalisierungen allein aber halten eine Organisation nicht am Leben. [10.27] Das Führen von sozialen Systemen mit wissenschaftlichen Methoden hat Grenzen. Ein Vorgehen nach einer „Management-Theorie", die auf dem Glauben an die Strukturierbarkeit und Steuerbarkeit von Systemen beruht, führt offenbar nicht immer zum Erfolg. Die Grenzen der konventionellen Managementtechnik sind in den letzten Jahren erreicht worden.

- Formalisieren zur Komplexitätsbeherrschung hat Grenzen

10.6.3 Komplexitätsbewältigung durch Planung

Das gegenwärtige System der Unternehmensplanung wird immer häufiger in Frage gestellt, da es eine zu geringe Flexibilität hat. Die dort geplanten Daten sind oft zu dem Zeitpunkt veraltet, wo sie erstellt werden. Die Schnelligkeit der Veränderung unseres Wirtschaftslebens verlangt, daß wir unsere Ziele schneller erreichen oder sie wesentlich schneller verändern müssen. Strategische Planung und strategisches Management sind aus heutiger Sicht nicht mehr der richtige Ausdruck für das, was wir in der modernen Unternehmensorganisation benötigen.

- Zu geringe Flexibilität von Planungssystemen

Die in turbulenten Umgebungen erforderliche flexible Denkweise des Sowohl-als-auch macht es möglich, im gleichen Unternehmen unter Beachtung des Marktes, der individuellen Kundenwünsche und der Produkt- und Technologieunterschiede die verschiedensten für den jeweiligen Fall optimalen Strategien anzuwenden.

- Flexible Denkweise des Sowohl-als-auch

In den letzten Jahren wurde aus der Naturwissenschaften ein neues Weltbild übernommen, das auch für die Beherrschung sozialer Systeme zu gelten scheint. Man experimentiert damit. Schon von Einstein wurde mit der Relativitätstheorie zuerst das Chaos als neuer Faktor in das wissenschaftliche Verständnis eingeführt und damit eine neue Betrachtung der Vorgänge in der Natur begonnen.

- Anwendung der Chaostheorie auf Management

10.6.4 Anwendung der Chaostheorie

Die Erkenntnis von der wachsenden Turbulenz hat zu der Einführung des Begriffes Chaos [10.28] geführt. Aus den Naturwissenschaften wurde ein neues Weltbild übernommen, das auch für soziale Systeme zu gelten scheint. Schon Einstein führte mit der Relativitätstheorie zuerst das Chaos als neuen Faktor in das wissenschaftliches Verständnis ein und begann damit eine andere Betrachtung der Vorgänge in der Natur. So schreibt Turnheim [10.29]: „Die Erkenntnisse der Chaostheorie in ihren vielfältigen Interpretationen sind heute deshalb so aktuell für Managementforscher, weil daraus eine Reihe von Hilfestellungen zur Bewältigung des dynamischen Umfeldes abgeleitet werden können, in dem die Unternehmen arbeiten".

- Hilfestellungen zur Bewältigung der Dynamik aus der Chaostheorie

Chaos ist ein Zustand, der sich nach strengen Regeln entwickelt, die jedoch schwer erkennbar sind, da sich alle beteiligten Faktoren gegenseitig beeinflussen. Zuerst haben die Naturwissenschaftler entdeckt, daß sich hinter dem Chaos als Dachbegriff für alles Zufällige, Verwirrte und Regellose eine subtile Form von Ordnung verbirgt. Was auf den ersten Blick Zufall zu sein scheint, folgt in Wahrheit strikten Gesetzmäßigkeiten. Für solche Erscheinungen wurde der Begriff des deterministischen Chaos geprägt. Das Verhalten solcher Systeme ist nicht prognostizierbar, weil selbst kleinste Veränderungen der Ausgangs- oder Randbedingungen zu nicht berechenbaren Neben- und Rückwirkungen führen. Solche Systeme nennt man auch nichtlinear.

- Das deterministische Chaos

- Nichtlineare Systeme

In der Chaosforschung werden nichtlineare Systeme untersucht, um dort, wo scheinbar das Chaos herrscht, eine Gesetzmäßigkeit zu entdecken und ein beschreibendes, mathematisches Modell zu finden. Es soll helfen, Prognosen zu erstellen und optimale Steuerkräfte zu entwickeln. Was unvorhersehbar und unsteuerbar erscheint, läßt sich mit der Chaostheorie recht elegant steuern.

- Chaostheorie hilft steuern

- Merkmal Selbstähnlichkeit

Weiteres wichtiges Merkmal chaotischer Systeme ist ihre Selbstähnlichkeit. Das Ganze wiederholt sich in immer stärkeren Verkleinerungen unzählig häufig.

10.6.5 Selbstorganisation

Das rationale Management beruht auf der Vorstellung, das Unternehmen sei eine konstruierte Ordnung, in der die Teile nach einem Plan in Beziehung gebracht werden können [10.30]. Das Unternehmen wird wie eine Maschine behandelt, von der wir annehmen, sie sei beliebig gestaltbar. Ein sehr komplexes, dynamisches System soll damit auf ein planbares einfaches System reduziert werden.

Es gibt allerdings auch Ordnungen, die evolutionär entstanden sind. Selbstorganisation bedeutet, daß ein System die Funktion der Elemente und Subelemente, ihre Struktur und Ordnung sowie die Beziehungen der Elemente untereinander selbst festlegen kann und nicht von außen vorgegeben bekommt. Lebende Systeme haben die Fähigkeit, durch Lernen und durch gewolltes oder ungewolltes Entwickeln, also durch Evolution, ihre Leistungsfähigkeit zu verbessern. In Systemen, die sich selbst organisieren, herrscht keine vorgegebene Hierarchie. Eine solche würde den Selbstorganisationsprozeß unmöglich machen, da die verschiedenen Elemente nicht gleichwertig wären. Somit bestünde nicht mehr die Möglichkeit, daß jedes Element jede Position einnehmen kann. Die Hierarchie als Strukturierungsmittel in einem Unternehmen wird ersetzt durch die Struktur der persönlichen Eigenschaften der Mitarbeiter und durch die Unternehmenskultur, d.h. ein ausgeprägtes Wertesystem, an dem sich die Mitarbeiter orientieren können. Anstelle der Hierarchie bildet die Unternehmenskultur die Basis für Selbstorganisationsprozesse. Die von der Unternehmensführung legitimierte Hierarchie wird durch eine Hierarchie ersetzt, die sich von unten legitimiert. Dadurch wird die Anerkennung des Führenden durch die Geführten gesichert. So entsteht eine andere Art von Hierarchie. Mitarbeiter bekommen durch ihre Kompetenzen auf bestimmten Gebieten eine Position zugeordnet.

Die Selbstorganisation ist ein wesentlicher Bestandteil der heute notwendigen Flexibilität einer Unternehmensorganisation. Selbstorganisation ist ein Infragestellen der Hierarchie und führt daher zu inneren Widerständen bei den heutigen Strukturen.

- Rationales Management auf Basis konstruierter Ordnung

- Selbstorganisation als evolutionäre Ordnung

- Lernende Systeme ohne Hierarchie

- Hierarchie durch Unternehmenskultur ersetzt

- Selbstorganisation ist Bestandteil der notwendigen Flexibilität

- Selbstorganisation: Schnell selbst ändern, was sich nicht bewährt hat

Selbstorganisation bedeutet nichts anderes, als Störungen im Umfeld und bei sich selbst so schnell wie möglich zu erkennen und entsprechend schnell darauf zu reagieren. Es ist also alles so schnell wie möglich aus eigenem Antrieb zu ändern, was sich nicht bewährt hat. Auch in der Natur wird alles was funktioniert, konsequent wiederholt und alles, was sich nicht bewährt, abgestoßen. Die Dezentralisierung großer Unternehmenseinheiten und damit das bewußte Akzeptieren von Netzwerken führt zu beginnender Selbstorganisation. Das heißt, eine permanente Reorganisation zu akzeptieren und zu fördern. Selbstorganisation und Ordnung sind einander ergänzende Teile.

- Unternehmen als gewachsenes System

Soll die Leistung des Unternehmens jedoch in seiner Anpassungs- und Lebensfähigkeit erhöht werden, so muß das Unternehmen als gewachsenes System begriffen werden. Konsequenz ist, daß Eingriffe in Arbeitsabläufe auf abstrakte Regeln des Verhaltens reduziert werden müssen und man auf Anordnungen im Detail verzichten muß. Es gilt Mitarbeitern organisatorische Freiräume zu schaffen, um eine Selbstorganisation zu ermöglichen. Abläufe im Unternehmen müssen der kommunikativ- rationalen Selbstorganisation überlassen werden. Der einzelne orientiert sich anhand konsensorientierter Vorgehensweisen. Es handelt sich um Verständigung der Mitglieder des Unternehmens untereinander.

- Unternehmen als vernetzte Systeme

Die Systemdenker sehen das Unternehmen selbst und die Umwelt „Wirtschaft", in der es sich orientieren muß, als vernetzte Systeme. Jede Aktion führt darin zu einer Vielzahl von Reaktionen und Rückkopplungen. Erste Ansätze für die Gesetzmäßigkeiten, die solche Ordnungen zusammenhalten, lieferte Hayek [10.31] mit dem Begriff der „spontanen Ordnungen". Solche Ordnungen entstehen aus den an Regeln orientierten Handlungen von Einzelpersonen, wobei jede Handlung sowohl auf das Verhalten des einzelnen als auch auf die Regeln der Gesamtordnung zurückwirkt. Spontane Ordnungen bedeuten also das Ersetzen von bürokratischen Ordnungen durch „ad-hoc-Ordnungen".

- Der Begriff der „spontanen Ordnungen"

- Ersetzen von bürokratischen durch „ad-hoc-Ordnungen".

Damit ist das Bild vom Unternehmen als Maschine hinfällig, die störungsfrei arbeitet, solange Input und Output sowie alle Abläufe nur störungsfrei definiert sind. Organigramme und Ablaufpläne veranschaulichen diese Vorstellung, die auf Logik, Widerspruchsfreiheit und Beherrschbarkeit aufbauen. Hayek schlug vor, daß sich der Manager als Kultivator einer spontanen Ordnung begreifen solle. Eine sehr positive Eigenschaft sich selbst organisierender Systeme ist es nämlich, daß sie viel intelligenter sind, weil sie mehr individuelles Wissen und Informationen nutzen können, als Ordnungen, die nur von einer Person oder einer Gruppe zentral gestaltet werden und nur deren Kenntnisse einsetzen können.

• Manager als Kultivator einer spontanen Ordnung

Daraus ergibt sich daß die Führungskraft sich zukünftig auf die Gestaltung der Rahmenbedingungen beschränkt, in denen sich Evolution vollzieht. Qualifizierte Mitarbeiter werden sich in Situationen, deren Entwicklung nicht absehbar ist, selbst geeignete Strukturen suchen und schließlich Systeme bauen, die sie für situationsadäquat halten und in denen sie arbeiten wollen. Der Manager muß lernen, daß er den Betrieb nicht von oben nach unten steuern kann. Statt sich im Tagesgeschäft aufzureiben, schafft er die organisatorischen und klimatischen Voraussetzungen, damit das System „Betrieb" sein Potential auch tatsächlich kreativ entfalten kann.

• Das Management kann nur noch den Rahmen festlegen

10.6.6 Vision zur Bewältigung von Komplexität

Die Flexibilität, die das Management heute braucht und die eine Planung nicht gewährleisten, kann jedoch eine Vision vermitteln. Anstelle eines konkreten Zieles tritt die Vision, ein unfertiges und unklares Bild einer fernen Zukunft. Dies läßt sich in einem Übergang vom Management by Objectives zum Management by Vision ausdrücken. Aufmerksamkeit durch eine Vision zu erzielen bedeutet einen Fokus, einen Brennpunkt zu schaffen. Visionen wirken packend. Vision animiert, inspiriert und setzt Absichten in Handlungen um.

• Übergang vom Management by Objectives zum Management by Vision

Die Vorstellung, die wir als Vision bezeichnen, kann so vage wie ein Traum oder so präzise wie ein Ziel oder eine Einsatzbeschreibung sein. Der entscheidende Punkt ist, daß eine Vision ein Bild einer realistischen, glaubhaften und attraktiven Zukunft für die Organisation entwirft, das

• Was ist eine Vision?

Bild eines Zustandes, der in wichtiger Hinsicht besser ist, als der gegenwärtige Status.

Die Vision ist nicht das Ergebnis von Logik und sorgfältiger Planung. Sie entsteht als Eingebung und kommt aus dem Unbewußten. Eine Vision als inneres Leitbild kann nicht nur einem Einzelmenschen im kreativen Chaos Sicherheit ermitteln, sondern auch in Gruppen und Organisationen Mut zur Ablösung von eingefahrener Ordnung beflügeln [10.32].

Die Vision muß als übergreifendes Thema und als lebendige Herausforderung an alle Organisationseinheiten zum Ausdruck kommen, erreichbare Ideale vermitteln, als Inspirationsquelle bei der Erledigung der Alltagsarbeit dienen und zu einer ansteckenden, motivierenden und richtungsweisenden Kraft werden, die mit den ethischen und Moralvorstellungen des Unternehmens übereinstimmt [10.33]. Visionen können einer ständigen Korrektur unterliegen, ohne daß dabei das Unbehagen entsteht, daß man eine Zielvorgabe oder einen Plan mißachtet hätte.

- Vision entsteht aus Eingebung

- Die Vision muß erreichbare Ideale vermitteln

10.7 Die Fraktale Fabrik

Der Begriff „Fraktal" wurde von dem Mathematiker Mandelbrot [10.34] geprägt. Er zeigte in seinem Buch „Die fraktale Geometrie der Natur", daß sich in der Natur vorkommende Objekte wie Blätter, Äste, Bäume oder Korallen mit einfachen mathematischen Beziehungen abbilden und imitieren lassen. Das Charakteristische an fraktalen Strukturen ist, daß sich bestimmte Formen in allen Größenordnungen selbstähnlich wiederholen. Nur im Idealfall bringt jede Vergrößerung immer wieder die gleiche Struktur hervor, wobei es Grenzen für Vergrößerungen und Verkleinerungen gibt. Selbstähnlichkeit über mehr als drei Größenordnungen ist daher selten. Ein Beispiel ist der Blumenkohl, wo das Gesamtsystem und jedes seiner Teilsysteme eine hohe Ähnlichkeit aufweisen. Die fraktale Geometrie kann anders als die euklidische Geometrie, deren Formen wie Kreis und Rechteck in der Natur praktisch nicht vorkommen, komplexe Systeme

- Formen wiederholen sich selbstähnlich

- Die fraktale Geometrie kann komplexe Systeme darstellen

10.7 Die Fraktale Fabrik

darstellen, wie sie in der Wirklichkeit tatsächlich zu finden sind. Die fraktale Geometrie ist aufgrund der engen Beziehung zwischen Fraktalen und der Struktur vieler natürlicher Erscheinungen in verschiedenen Wissenschaftsbereichen zur Beschreibung der dort auftretenden Phänomene benutzt worden.

Die Übertragung des Denkens auf die Organisation eines Unternehmens und die entsprechende Strukturierung führt zu dem Schluß, daß fraktale Strukturen in einem dynamischen Umfeld schnell und mit einem hohen Lerneffekt Anpassungen vornehmen können. Daraus ist das Prinzip abzuleiten, daß die Strukturierung eines Unternehmens eher einer Zellteilung als einer Funktionsteilung entsprechen müßte [10.35]. Eine Zellteilung bedeutet, daß mit jeder Teilung alle wesentlichen Funktionen mit übernommen werden und so das Subsystem befähigt ist, sowohl mit dem Umfeld als auch mit dem System zu kommunizieren, zu lernen und sich weiterzuentwickeln. Wenn man eine Unternehmensorganisation schaffen kann, bei der das Ganze sich stets in den Unternehmensteilen wiederspiegelt, so erhält man eine Struktur, die eine hohe Anpassungsfähigkeit an dynamische Veränderungen aufweist, weil sie sich jederzeit durch Zellverschmelzung oder Zellteilung ohne eine Veränderung der Gesamtstruktur selbst verändern kann.

Die fraktale Fabrik stellt einen neuen integrierenden Ansatz dar. Das Fraktal ist eine selbständig agierende Unternehmenseinheit, eine Fabrik in der Fabrik, deren Ziele und komplett zu erbringende Leistung eindeutig beschreibbar sind. Fraktale sind selbstähnlich, nicht jedoch gleich. Selbstähnlichkeit läßt Abweichungen zu. In der fraktalen Geometrie gibt es immer nur ähnliche, nicht gleiche Strukturen. Fraktale mit identischen Zielen und Ein- und Ausgangsgrößen können sich durchaus unterschiedlich strukturieren. Sie bilden sich um, entstehen neu und lösen sich auf. Sie können sich auch ganz verselbständigen. In einem dynamischen Prozeß erkennen und formulieren die Fraktale ihre Ziele sowie ihre internen und externen Beziehungen. Die allgemein formulierten Globalziele des Unternehmens müssen allerdings zu synchronem Handeln in allen Fraktalen führen. Jedes Fraktal hat eine bestimmte

- Fraktale Strukturen passen sich schnell an

- Strukturierung eines Unternehmens müßte einer Zellteilung entsprechen

- Die Fraktale Fabrik ist ein neuer, integrierender Ansatz

- Fraktale können sich unterschiedlich strukturieren

> - Jedes Fraktal löst eine bestimmte Aufgabe eigenständig
>
> - Fraktale benötigen auch zentrale Dienste
>
> - Fraktale betreiben Selbstorganisation
>
> - Kriterium Dynamik und Vitalität

Aufgabe eigenständig zu lösen und die Leistung komplett zu erbringen. Dazu gehören Qualität, Menge, sparsamer Einsatz der Ressourcen, Zuverlässigkeit und Geschwindigkeit [10.36]. Das Zielsystem, das sich aus den Zielen der Fraktale ergibt muß widerspruchsfrei sein und der Erreichung der Unternehmensziele dienen.

Fraktale benötigen auch zentrale Dienste des Gesamtunternehmens, wie die Bereitstellung von Spezialwissen oder Unterstützung bei der Planung. Sämtliche der Organisation zur Verfügung stehenden Hilfsmittel sind für alle Fraktale verfügbar.

Die operative Selbstorganisation in den Fraktalen bedeutet die Anwendung entsprechend angepaßter, für verschiedene Fraktale durchaus unterschiedlicher Methoden. Wesentlich ist, daß ein Strukturierungsprozeß nicht von außen angestoßen werden muß, sondern aus dem Fraktal selbst erfolgen kann. Somit führt dieser Ansatz wesentlich weiter als das Konzept der Geschäftsbereichsbildung oder Divisionalisierung, wo intern von einer starren Organisation ausgegangen wird. Systemtechnisch muß bei der Fraktalbildung der interne Fluß der Beziehungen hinsichtlich Material, Personal und Informationen stärker sein als nach außen hin. Wenn dies nicht der Fall ist, sind die Strukturen zu ändern. Die innere Organisation des Fraktals muß dabei so erfolgen, daß die Steuerung des internen Produktionsprozesses mit nur darauf zugeschnittenen Methoden autonom erfolgt. Indirektes Personal aus zentralen Funktionen darf nur dann erforderlich sein, wenn es um Aufgaben geht, die nicht innerhalb der Wertschöpfungskette erledigt werden können.

Weiteres wesentliches Kriterium der fraktalen Fabrik ist die Dynamik und die Vitalität. Vitalität ist die Fähigkeit, unter rasch veränderlichen Umgebungseinflüssen erfolgreich zu agieren. Das führt zu viel mehr Dynamik der fraktalen Fabrik. Vitalität als Eigenschaft eines Fraktals bedeutet: es hat seine Elemente nach dem Muster der lebenden Systeme der Biologie selbst ohne äußeren Zwang so optimal zu gruppieren, daß es dem Ganzen dient. Herkömmliche Konzepte, wie das der Fertigungssegmentierung oder der Fertigungsinsel sind statisch: die Struktur ist von außen vorgegeben.

Die Organisation unserer konventionellen Fabriken besteht noch aus vertikal hierarchischen Strukturen. Die Produktions- und Geschäftsprozesse sind hingegen horizontal orientiert. Die Fraktale Fabrik kann man auch als Ansatz bezeichnen, nicht vertikale, sondern horizontale Strukturen und Abläufe als Muster zur Bildung von Geschäfts- und Prozeßabläufen zu verwenden [10.37].

• Verwendung horizontaler Strukturen für Prozeßabläufe

10.8 Das Dynamik–Prinzip

Das von Pümpin [10.38] entwickelte „Dynamik-Prinzip" wird als Managementkonzept verstanden, das versucht Problemstellungen zu lösen, wie sie bereits in den 80er Jahren auftraten, verstärkt in den 90er Jahren zu erwarten sind und mit den bisherigen Ansätzen nicht erklärt werden konnten.

• Das „Dynamik-Prinzip" als ein neues Managementkonzept

Die Darstellung seines Konzeptes baut Pümpin um die zentralen Begriffe Nutzenpotentiale und Multiplikation auf. Er wählt eine auf Fälle basierende Darstellungsmethode und erläutert seine Hypothesen anhand einer Reihe von europäischen Unternehmen, wie ASEA, Bertelsmann, Cartier, Club Mediterrannee, Forbo, Sarna AG, Schweizerische Kreditanstalt, IKEA, METRO, Suchard und ELECTROLUX.

• Zentrale Begriffe: Nutzenpotentiale und Multiplikation

Pümpin geht davon aus, daß das Umfeld unserer Unternehmen von zunehmenden Turbulenzen geprägt ist. Aus diesen schnellen und starken Veränderungen ergeben sich Chancen und Gefahren. Dynamischen Firmen gelingt es nicht nur, die Gefahren sicher zu beherrschen, sondern auch die entstehenden Chancen rechtzeitig zu erkennen und zielstrebig zu nutzen. Sie verhalten sich dynamischer und flexibler als andere Firmen und passen sich rasch an, anstatt sich vor den Umweltturbulenzen abzuschirmen und Abwehrmechanismen zu entwickeln.

• Dynamische Firmen nutzen Turbulenzen

Ein Unternehmen kann sich umso erfolgreicher anpassen, je schneller es reagiert. Der Faktor Zeit ist also von zentraler Bedeutung. Wenn es das Ziel ist zu überleben, so wird eine flexible Firma am besten damit fertig oder sie schafft es aus kleinen Anfängen trotz dieses Chaos schnell zu einer bedeutenden Stellung zu gelangen und sie auch zu halten.

• Der Faktor Zeit ist von zentraler Bedeutung

- Dynamische Unternehmen erhöhen den Nutzen für Bezugsgruppen in kurzer Zeit mehrfach

- Attraktive Nutzenpotentiale von einem Promotor multiplikativ erschlossen

- Definition des Nutzenpotentials

Dynamische Firmen verstehen es, den Nutzen für die sie interessierenden Bezugsgruppen in relativ kurzer Zeit um ein Mehrfaches zu erhöhen. Sie benutzen eine Hebelwirkung oder einen Multiplikatoreffekt. Ein dynamisches Unternehmen konzentriert sich auf solche Aktivitäten, die hohen Nutzen generieren. Unter Bezugsgruppen versteht Pümpin die Personengruppen- oder Organisationen, die mit dem Unternehmen in einer Beziehung stehen. Dies sind natürlich die Kunden, die Mitarbeiter, die Anteilseigner, also Inhaber oder Aktionäre, die Lieferanten und die Öffentlichkeit, d.h. die Kommune.

Um dies zu erreichen, werden ein oder mehrere attraktive Nutzenpotentiale von einem Unternehmen, getragen von der Idee oder der Leitung eines oder mehrerer Promotoren, bewußt multiplikativ erschlossen. Diese drei Begriffe sind die Eckpfeiler des Dynamik-Prinzips.

Nutzenpotentiale sind in der Umwelt, im Markt oder im Unternehmen latent vorhandene Konstellationen, die durch Aktivitäten des Unternehmens zum Vorteil aller Bezugsgruppen erschlossen werden können.

Wie entstehen Nutzenpotentiale? Es sind immer wieder neue Umweltentwicklungen, die in einer sich schnell verändernden Welt auch rasch entstehen und umso rascher genutzt werden müssen. Beweis dafür ist, daß Spitzenfir-

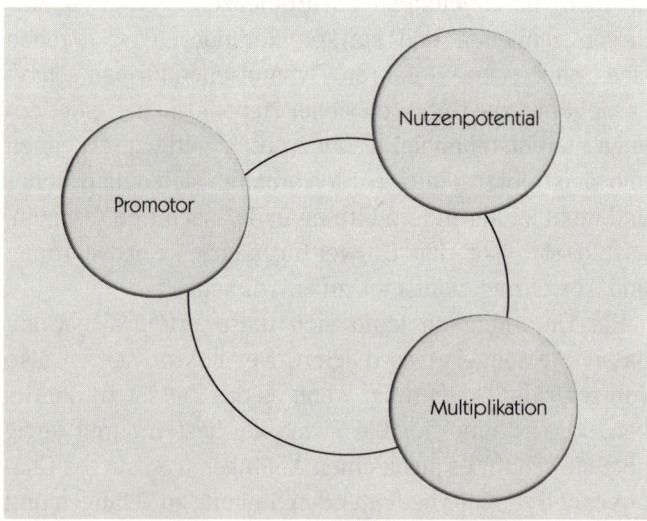

Bild 10.1: Die drei Eckpfeiler des Dynamik-Prinzips nach Pümpin

10.8 Das Dynamik Prinzip

men rasch ihre Position verlieren und plötzlich wieder von der Bildfläche verschwinden können. Daher ist Dynamik und gleichzeitig Flexibilität erforderlich. Beispielsweise haben sich durch den Siegeszug der Personalcomputer aus dem geschäftlichen Bereich auch für die private Nutzung Nutzenpotentiale durch veränderte Vertriebssysteme ergeben, die nicht von den etablierten PC-Herstellern, sondern von Neulingen auf dem Markt wie Vobis und Escom genutzt wurden.

• Neue Nutzenpotentiale entstehen durch rasche Veränderungen

Nutzenpotentiale müssen vorhanden sein, die – vorausgesetzt, man erkennt und erschließt sie – zu einem Nutzen insbesondere für die Bezugsgruppen führen. Dabei entstehen die Nutzenpotentiale nach den geschilderten Fällen nicht primär aus den kundenbezogenen Leistungen am Absatzmarkt. Vielmehr erschließen dynamische Unternehmen unvoreingenommen und häufig in sehr unkonventioneller Weise Nutzenpotentiale in allen möglichen unternehmensinternen und externen Bereichen [10.39]. Einziges Kriterium ist die Attraktivität dieser Nutzenpotentiale, die manchmal sehr unkonventionell für die Branche sein können. Besonders attraktiv sind natürlich solche Potentiale, die nicht leicht oder schnell von Wettbewerbern erkannt oder erschlossen werden können.

• Nutzenpotentiale nicht nur im Markt, sondern in allen Bereichen

Der schwedische Staubsaugerhersteller Elektrolux nutzte das besondere Übernahme- und Restrukturierungspotential, das aus seinen Erfahrungen entstand, um von 1967 bis 1988 zu einem Weißwarenriesen zu wachsen. Ein Nutzenpotential kann ein unerschlossener Markt, die Fähigkeit der Kooperation mit anderen Firmen sein. In großen Märkten können neue Nutzenpotentiale z.B. in Form von Marktnischen entstehen. Bild 10.2 stellt eine Reihe von internen und externen Nutzenpotentialen dar.

• Sanierungs- und Restrukturierungsfähigkeiten als Nutzenpotential

Dynamische Unternehmen zeichnen sich auch dadurch aus, daß ein oder mehrere Promotoren die multiplikative Erschließung der Nutzenpotentiale mit Tatkraft in Gang setzen und realisieren. Promotoren sind unternehmerisch denkende Führungskräfte, die gewillt sind, Besonderes zu leisten und sich und dem Unternehmen anspruchsvolle Ziele zu setzen und diese auch mit großem Einsatz anzugehen. Voraussetzung ist allerdings auch, daß sie neu

• Promotoren als treibende Kraft

Nutzenpotentiale

Externe Nutzenpotentiale	Interne Nutzenpotentiale
• Beschaffungspotential • Finanzpotential • Humanpotential • Imagepotential • Informatikpotential • Kooperationspotential • Lizenzpotential • Marktpotential • Technologiepotential • Übernahme- und Restrukturierungspotential • usw.	• Bilanzpotential • Humanpotential • Immobilienpotential • Know-How-Potential • Kostensenkungspotential • Organisationspotential • Standortpotential • Synergiepotential • usw.

Bild 10.2: Externe und interne Nutzenpotentiale

• Hohes Anspruchsniveau bei Promotoren erforderlich

entstehende Nutzenpoteniale überhaupt wahrnehmen und eine darauf ausgerichtete Unternehmensvision entwickeln können. Der Promotor muß ein hohes Anspruchsniveau haben, überdurchschnittliche Ziele anstreben und möglichst über eine ausreichende Machtfülle verfügen, um als treibende Kraft den Dynamisierungsprozeß einleiten und durchhalten zu können.

• Multiplikation verstärkt deutlich die Wirkung der Erfolgspotentiale

Dynamische Unternehmen begnügen sich nicht damit, nur ein einziges Mal die als attraktiv erkannten Nutzenpotentiale zu erschließen. Sie multiplizieren systematisch in hohem Tempo die entwickelten und erprobten Konzepte. Als Objekte der Multiplikation kommen dabei sowohl besonders gut beherrschte Geschäftsabläufe, wie Übernahme-, Restrukturierungs- Kooperations-, Finanzierungs-, Produkteinführungsprozesse als auch ganze Systeme in Betracht. Durch Multiplizieren können Unternehmen frühzeitig die im Wettbewerb erforderlichen Fähigkeiten und Erfolgspositionen herausbilden und Standardisierungsvorteile erschließen.

Das Dynamische Unternehmensprinzip unterscheidet sich in zweifacher Hinsicht von den konventionellen wettbewerbsstrategischen Ansätzen:

1. Nicht mehr der Markt ist alleiniger Ansatzpunkt für die Entwicklung von Strategien. Im Mittelpunkt steht die

10.8 Das Dynamik Prinzip

Frage, welche Nutzenpotentiale erschlossen werden können. Die Nutzenpotentiale können auch fern von den Kundenbeziehungen oder fern vom Markt liegen.

• Markt nicht mehr alleiniger Ansatzpunkt

2. In der Zeit hoher Turbulenzen ist schnelle Reaktion und damit Flexibilität die entscheidende Eigenschaft. Das kürzerfristige Element kommt gegenüber den Überlegungen des langfristigen Aufbaus von Wettbewerbsvorteilen in den Vordergrund. Dynamische Unternehmen verstehen es, diese Fokussierung durch geeignete organisatorische und durch besonders motivierende Maßnahmen zu verstärken.

• Schnelle Reaktion und damit Flexibilität

Pümpin beschreibt die Grundsätze seines Dynamik-Prinzips wie folgt:

1. Dynamische Unternehmen konzentrieren sich auf attraktive Nutzenpotentiale. Ein solches attraktives Nutzenpotential fand beispielsweise Elektrolux mit seinen Restrukturierungserfahrungen in mittelständischen Weißwarenfirmen, die übernommen und restrukturiert wurden. Dynamische Unternehmen konzentrieren sich konsequent auf solche attraktiven Nutzenpotentiale. Dies sind Nutzenpotentiale, mit deren Erschließung für die Bezugsgruppen des Unternehmens ein bedeutender Nutzen erreicht wird.

• Grundsätze des Dynamik-Prinzips

• Dynamische Unternehmen müssen sich auf attraktive Nutzenpotentiale konzentrieren

2. Der zweite Grundsatz fordert, daß die mit der Erschließung von Nutzenpotentialen verbundenen Geschäftsaktivitäten muliplikativ eingesetzt werden. Um beim obigen Beispiel zu bleiben, Elektrolux durfte sich nicht mit der einmaligen Übernahme begnügen. Erst durch das multiplikative Durchspielen des Übernahmeprozesses konnte die Professionalität erreicht werden, die zu beachtlichen Nutzensteigerungen führte.

• Aktivitäten zur Erschließung von Nutzenpotentialen müssen muliplikativ eingesetzt werden

Pümpin hat seine Arbeit in den 12 folgenden Thesen zusammengefaßt. Er schränkt allerdings ein, daß nicht das Zusammentreffen aller dieser Kriterien Voraussetzung für Dynamik in einem Unternehmen ist, sondern vielmehr das mehrheitliche Zutreffen ausreicht.

• 12 Thesen zum „Dynamischen Unternehmen"

These 1: Dynamische Unternehmen erschließen attraktive Nutzenpotentiale, mit deren Erschließung für die Bezugsgruppen des Unternehmens ein bedeutender Nutzen erreicht wird. Dynamische Unternehmen konzentrie-

- Sie erschließen attraktive Nutzenpotentiale

- Sie suchen unkonventionell und kreativ nach Nutzenpotentialen

- Sie multiplizieren Geschäftsaktivitäten

- Sie multiplizieren anspruchsvolle Prozesse und Systeme

- Sie erreichen mit ihren Aktivitäten eine Hebelwirkung

ren sich konsequent auf solche attraktiven Nutzenpotentiale. Statische Unternehmen befassen sich mit Nutzenpotentialen, die ihre Attraktivität verlieren. Sie versuchen krampfhaft, aus unattraktiven Nutzenpotentialen noch das letzte herauszuholen. Deshalb sind sie nur bedingt in der Lage, Nutzen für die Bezugsgruppen zu stiften.

These 2: Dynamische Unternehmen suchen unvoreingenommen und kreativ nach attraktiven Nutzenpotentialen. Sie haben erkannt, daß in postindustriellen Gesellschaften immer mehr Märkte zur Sättigung neigen und deshalb Marktpotentiale oft unattraktiv werden. In dieser Situation suchen unkonventionell und kreativ in allen denkbaren externen und internen Bereichen nach neuen und attraktiven Nutzenpotentialen. Statische Unternehmen halten am Bisherigen und damit oft am Erschließen unattraktiver Marktpotentiale fest. Neue Nutzenpotentiale werden aus dogmatischen Gründen nicht in Erwägung gezogen.

These 3: Dynamische Unternehmen multiplizieren konsequent die Geschäftsaktivitäten zur Erschließung von Nutzenpotentialen, sobald die Unternehmensleistungen im Vergleich zu anderen Lösungen einen Nutzenvorteil aufweisen. Statische Unternehmen verzichten auf Multiplikationen. Sie bevorzugen es, ihre Ressourcen für eine übertriebene Perfektion der Leistungen einzusetzen. Damit fehlen diese Ressourcen für die Multiplikation.

These 4: Dynamische Unternehmen multiplizieren anspruchsvolle Prozesse und Systeme und erbringen Leistungen mit hoher Informationsdichte, die nicht leicht zu kopieren sind. Darunter fällt die Multiplikation komplexer Prozesse. Sie schöpfen bewußt alle Möglichkeiten der Prozeßmultiplikation aus. Statische Unternehmen begnügen sich damit, in herkömmlicher Weise Produkte herzustellen und zu vertreiben.

These 5: Dynamische Unternehmen lösen mit ihren Aktivitäten eine Hebelwirkung aus. Diese resultiert daraus, daß attraktive Nutzenpotentiale eine Sogwirkung erzeugen: Infolge des hohen Nutzens der Unternehmensleistungen werden diese in wachsendem Ausmaß in Anspruch genommen. Zweitens ergibt sich die Hebelwirkung daraus, daß die mit der Multiplikation verbundenen Effekte, Kostendegres-

10.8 Das Dynamik Prinzip

sion usw. einen zusätzlichen Aufforderungscharakter beinhalten. Beim Dynamik-Prinzip werden beide Elemente kombiniert. Daraus resultiert eine Potenzierung mit entsprechender Hebelwirkung. Statische Unternehmen sind sich dieser Möglichkeiten der Hebelwirkung nicht bewußt. Sie unternehmen dementsprechend keine Anstrengungen, um derartige Wirkungen zu erzeugen und zu nutzen.

These 6: Dynamische Unternehmen vervielfachen den Nutzen für ihre Bezugsgruppen in kurzer Zeit. Sie fördern somit die Wohlfahrt aller mit dem Unternehmen in Berührung stehenden Personenkreise und erfüllen eine ethisch sinnvolle und wertvolle Aufgabe. Statische Unternehmen sind dadurch gekennzeichnet, daß der Nutzen vereinzelter Bezugsgruppen – üblicherweise der Machtträger- im Vordergrund steht.

- Sie vervielfachen den Nutzen in kurzer Zeit

These 7: Dynamische Unternehmen zeichnen sich dadurch aus, daß ein oder mehrere Promotoren die multiplikative Erschließung der Nutzenpotentiale mit Tatkraft in Gang setzen und realisieren. Die Promotoren haben ein hohes Anspruchsniveau und streben überdurchschnittliche Ziele an. Statische Unternehmen werden von Funktionären und Technokraten geleitet, die ihre Hauptaufgabe darin sehen, das Bestehende fortzuschreiben. Machterhaltung und Besitzwahrung sind vorrangige Ziele des Topmanagements.

- Sie verfügen über Promotoren, die Dynamik auslösen und tragen

These 8: Dynamische Unternehmen verfügen als Leitplanken für ihre Aktivitäten über ein harmonisches und konsistentes Unternehmenskonzept. Im Rahmen dieses Konzeptes werden Nutzenpotentiale optimal ausgeschöpft. Statische Unternehmen werden mechanistisch geführt. Die schematische Optimierung bisheriger Aktivitäten steht im Vordergrund.

- Sie haben ein konsistentes Unternehmenskonzept

These 9: Dynamische Unternehmen verfügen über eine Verfassung, die eine flexible Unternehmensentwicklung erlaubt und menschengerechte Strukturen ermöglicht, welche ebenfalls den Erfordernissen einer turbulenten Umweltentwicklung gerecht werden. Autonome Einheiten und flache Strukturen sind die Hauptmerkmale. Statische Unternehmen reglementieren Aufgaben, Verantwortungen und Kompetenzen in Form von Organigrammen und Stellenbeschreibungen in unnötigem Ausmaß. Ord-

- Sie schaffen flexible Strukturen mit Freiraum

nung kommt vor Effizienz. Umweltturbulenzen werden nicht als Chancen, sondern als Gefahren verstanden, gegen die man sich durch Vorschriften verteidigen muß.

- Sie sind menschenorientiert

These 10: Dynamische Unternehmen schöpfen alle Möglichkeiten zur Motivation der Mitarbeiter aus. Die Menschenführung spielt im Rahmen der Dynamisierung eine entscheidende Rolle. Ihre Unternehmenskultur ist expansionsorientiert, zeitorientiert, produktivitätsorientiert und risikoorientiert. Statische Unternehmen sind in Bezug auf Motivation und Unternehmenskultur halbherzig. Das Management begnügt sich mit Lippenbekenntnissen. Es dominieren Bürokratie- und Kostenorientierung. Dem Faktor Zeit wird keine besondere Bedeutung eingeräumt.

- Sie nützen die zeitlichen Ressourcen optimal aus

These 11: Dynamische Unternehmen verstehen es, die Zeit als kritische Ressource optimal zu nutzen. Das Zeitverhalten ist gekennzeichnet durch ein sorgfältiges Timing der wichtigen Geschäftsaktivitäten und zügiges Realisieren der Aufgaben. Das Management setzt seine Zeit in erster Linie für expansive Aufgaben ein. Statische Unternehmen charakterisiert, daß Geschäftigkeit anstelle einer tatsächlichen Realisierung vorherrscht. Die Spitzenkräfte setzen einen großen Anteil ihrer Zeit für die Erhaltung des Status quo ein.

- Risikopolitik mit klar definierten Grundsätzen

These 12: Dynamische Unternehmen bewältigen die Risiken, indem sie eine Reihe von Grundsätzen sorgfältig einhalten. Sie sind sich bewußt, daß jede unternehmerische Tätigkeit mit Risiken verbunden ist und daß ein Handlungsverzicht oft größere Risiken beinhaltet. Risiken werden deshalb kalkuliert eingegangen. Statische Unternehmen sind geprägt durch eine Aversion gegen Risiko. Im Zweifelsfall werden risikobehaftete Handlungen bewußt unterlassen.

Literatur zu 10

1 Ulrich H.; Krieg, W.: Das St. Gallener Management-Modell. In: Hentsch, B; Malik F.: Systemorientiertes Management. Bern, Stuttgart 1973 S. 63
2 Baumgarten, R.: Führungsstile und Führungstechniken. Berlin 1977, S. 206
3 Raidt, F.: Die Konstruktion der Wirklichkeit. Management-Wissen 2, 1985, S.72 - 82, 3 S. 78 – 84 ,4 S. 86 – 95
4 Rüttinger, R.: Unternehmenskultur. Düsseldorf, Wien 1986, S. 82
5 Wild, J.: Unterentwickeltes Management by... Manager Magazin 10, 1972, S. 60 – 64.
6 Häusler, J.: Führungssysteme und -modelle. Köln1977
7 Frese, E.: Führungsmodelle. In: RKW-Handbuch Führungstechnik und Organisation, Berlin 1978
8 Höhn, R; Böhme, G.: Stellenbeschreibung und Führungsanweisung. 4. Aufl., Bad Harzburg 1970
9 Guserl, R.: Das Harzburger Modell, Ideen und Wirklichkeit. Wiesbaden 1973
10 Steger, U.: Future Management. Frankfurt 1992
11 Worpitz, H.: Wissenschaftliche Unternehmensführung? Frankfurt am Main 1991 S. 166
12 Odiorne, G.S.: Management by Objectives. München 1967
13 Ferguson, I.R.G.: Management by Objectives in Deutschland, Fallstudien. Frankfurt, New York 1973
14 Humble, J.: Die Praxis des Management by Objectives. München 1972
15 Mc Gregor, D.: Der Mensch im Unternehmen. Düsseldorf, Wien 1970, (englisch: The Human Side of Enterprise. New York 1960)
16 Maslow, A.H.: Toward a Psychology of Being. New Jersey 1962
17 Likert, R.: Neue Ansätze der Unternehmensführung. Bern 1972, (engl. New Patterns of Mangement, 1961)
18 Herzberg, F.H. et al.: The Motivation to Work. New York 1959
19 Schmid, E.W.: Probleme des Management by Objectives in der Praxis. In: Hentsch, B; Malik F.: Systemorientiertes Manaement. Bern, Stuttgart 1973 S. 76
20 Staehle, W.: Management. München 1980, S. 371
21 Kemmetmüller, W.: Führungsmodelle und Betriebsgröße. Berlin 1974
22 Steinle , C.: Führung, Grundlagen, Prozesse und Modelle der Führung in der Unternehmung. Stuttgart 1978, S.177
23 Wild, J.: Betriebswirtschaftliche Führungslehre und Führungsmodelle. In: Wild(Hrsg): Unternehmungsführung. Festschrift für Erich Kosiol zu seinem 75. Geburtstag. Berlin 1974, S. 69
24 Greiner, A.J.: Unternehmensführung. München 1978, S. 92
25 Voßbein, R.: Führungssystem und Unternehmensorganisation. Essen 1979
26 Thom, N.: Management im Wandel. Hamburg 1989
27 Müri, P.: Chaos-Management. München 1985
28 Müri, P.: Chaos-Management. München 1985

29 Turnheim, G.: Chaos und Management. Wien 1991, S. 8
30 Thom, N.: Management im Wandel. Hamburg 1989
31 Hayek, F. A. v: Die Theorie komplexer Phänomene. Tübingen 1972
32 Turnheim, G.: Chaos und Management. Wien 1991
33 Hax, A.: Strategisches Management. Frankfurt 1988
34 Mandelbrot, B.: Die fraktale Geometrie der Natur. Basel 1987
35 Turnheim, G.: Chaos und Management. Wien 1991
36 Warnecke, H.-J.: Die Fraktale Fabrik. Berlin/Heidelberg/New York 1992
37 Warnecke, H.-J.: Die fraktale Fabrik, effiziente Kommunikation für die Produktion von morgen. VDI-Jahrbuch 92/93, S. 12
38 Pümpin, C.: Das Dynamikprinzip. Düsseldorf, Wien, New York 1989
39 Pümpin, C; Prange, J.: Dynamisches Management und Controlling. In Horvath, P. (Hrsg.): Synergien durch Schnittstellencontrolling. Stuttgart 1991

11 Management und Effizienz

Grundsätzlich strebt jede Managementtätigkeit eine Leistung bzw. ein Ergebnis an. Die meisten Organisationen, aber insbesondere Unternehmen, werden geschaffen, um bestimmte Aufgaben zu lösen oder festgelegte Ziele zu erreichen. In der Praxis gibt es fast immer mehrere, grundsätzlich geeignete Organisationsstrukturen, Vorgehensweisen oder Managementmethoden, um dies zu tun. Es interessiert daher nicht nur die Eignung von Organisationsstrukturen und damit der Erfolg bei der Ausübung der Managementfunktion „Organisieren", sondern grundsätzlich die Wirkung von angewandten Managementmaßnahmen, -instrumenten und -techniken.

- Ziel von Organisationen ist eine Leistung oder ein Ergebnis

Der Zweck „guten" Managements ist es, mit den vorhandenen Mitteln, also im Rahmen einer gegebenen Umwelt und einer bestehenden Firmensituation, einen optimalen Effekt, und damit den größtmöglichen Erfolg zu erreichen. Daraus ergeben sich die Fragen:

- Der Zweck „guten" Managements ist größtmöglicher Erfolg

– Welche Managementmaßnahme ist wirkungsvoll?
– Wie sieht die geeignetste Organisationsform aus?

Eine Voraussetzung für jedes organisatorisch-rationale Handeln und Entscheiden in einem Unternehmen besteht in dem Vorhandensein eines Beurteilungsmaßstabes, an dem das Handeln und Entscheiden ausgerichtet ist und der Erfolg gemessen werden kann.

- Was kann der Beurteilungsmaßstab sein?

Das Ergebnis der Managementtätigkeit ist von vielen Einflußgrößen abhängig, die nur qualitativ erfaßbar sind und insgesamt zu einem bestimmten Leistungsklima führen. Ein wesentlicher Teil dieses Leistungsklimas wird durch die Art der Ausführung der Managementtätigkeit,

- Der Begriff „Effizienz"

das Managementverhalten, bestimmt. Bei unterschiedlichem Managementverhalten als Input erbringen Organisationen verschiedene Leistungen als Output. Man kann diesen komplexen Wirkungsgrad mit dem Begriff „Effizienz" belegen [11.1].

Die präzise Darstellung von Effizienz erweist sich als außerordentlich schwierig. Effizienz ist nicht nur das Verhältnis von Input zu Output, wie etwa die Produktivität. Die Effizienz der Aufgabenerfüllung kann mit dem Grad der Zielerfüllung verbunden werden. Das setzt das Bestehen eines Zielsystems als Grundlage der Effizienzmessung voraus [11.2]. Die sich als Resultat der Managementtätigkeit ergebende Leistung und damit die Effizienz ist auch von vielen nicht quantitativ meßbaren Faktoren abhängig, die sich in dem Begriff Leistungsklima zusammenfassen lassen. Der Begriff Betriebsklima ist gebräuchlicher, jedoch irreführend. Nicht die Gesamtorganisation, sondern jede Arbeitsgruppe hat ihr spezielles Gruppenklima, unter dessen Bedingungen eine Leistung erbracht werden soll. Dieses Gruppenklima oder Sozialklima wird durch das Managementverhalten der Vorgesetzten und die eingesetzten Instrumente einerseits und durch die Erwartungen, Motive und Fähigkeiten der Organisationsmitglieder andererseits beeinflußt. Es wirkt sich auf Ihre Zufriedenheit und die Leistung aus. Damit besteht zweifellos auch ein Zusammenhang zwischen Effizienz und Zufriedenheit der Organisationsmitglieder. Zwar soll hier nicht der Auffassung der angloamerikanischen Literatur gehuldigt werden, daß nur „zufriedene Arbeiter auch fleißige Arbeiter sind" [11.3]. Vielmehr ist Leistung im Sinne von „Leistung wozu" zu betrachten. Die Leistungsforderung der Organisation kann dadurch gerechtfertigt werden, daß sie Überleben und Wachstum der Organisation sichert. Das ist nicht Selbstzweck, sondern gibt den Organisationsmitgliedern Möglichkeiten zur Befriedigung ihrer Erwartungen und Motive [11.4]. Die Festlegung von Kriterien zur Messung der Effizienz hängt somit auch von den Wertvorstellungen der Handelnden ab [11.5]. Daher ist leicht einzusehen, daß die Bestimmung der Effizienz schwierig ist.

Man kann eine Gesamt-Unternehmens-Effizienz definieren, die sich in Wirtschaftlichkeits- und Bilanzzahlen

- Effizienz:
Grad der Zielerfüllung

- Voraussetzung:
ein Zielsystem

- Betriebsklima,
Leistungsklima

- Der Zusammenhang zwischen Effizienz und Zufriedenheit

- Die Messung der Effizienz hängt von Wertvorstellungen ab

ausdrücken läßt. Sie schlägt sich aber auch in nichtquantifizierbaren Größen wie z.B. dem Sozial- oder Betriebsklima nieder. So wird etwa eine hohe Fluktuation aufgrund von schlechtem Sozialklima die Kosten für Personalbeschaffung und Ausbildung erhöhen, die Produktivität mindern und sich somit in nur schwer meßbaren Größen auswirken.

• Gesamt-Unternehmens-Effizienz zeigt sich in den Bilanzzahlen

Fälschlicherweise wird häufig in der gleichen Bedeutung wie Effizienz der Begriff „Effektivität" gebraucht. Dieser Begriff kennzeichnet die Eignung einer Maßnahme. Sie ist wirksam. Effizienz ist es, die Dinge richtig zu tun. Effektivität ist es, die richtigen Dinge zu tun. In der Praxis gibt es meist mehrere grundsätzlich geeignete Vorgehensweisen oder Maßnahmen, um ein Ziel zu erreichen. Davon ist aber nicht nur eine wirksame,- also eine effektive- sondern die bestgeeignetste, die effizienteste auszuwählen. Es entsteht daraus automatisch die Frage, was der größtmögliche Erfolg, effizientes Management oder effiziente Organisationen sind.

• Effektivität und Effizienz

Es gibt eine Reihe von Ansätzen, also methodische Wege, um den Begriff Effizienz faßbar zu machen. Wir wollen uns im folgenden auf die Darstellung von 4 Ansätzen beschränken.:

• Was ist effizientes Management?

Der Ziel-Ansatz geht von dem Grad der Zielerreichung aus, den es zu messen gilt. Wenn man sich damit begnügt, den Zweck eines Unternehmens auf ein einziges, übergeordnetes Ziel zurückzuführen, z.B. den Gewinn oder die Eigenkapitalrendite (Rate of Return), so würde eine einzige Dimension genügen. Da nicht nur ein Ziel, sondern immer ein ganzes Zielbündel in Organisationen besteht und sich die Ziele über der Zeit verändern, wird die Messung der Effizienz ein Problem.

• Ziel-Ansatz

Beim Systemansatz werden zusätzlich zu den Zielen auch die Strukturen, Prozesse und die System-Umwelt-Beziehungen mit einbezogen. Die im Systemansatz definierte Effizienz mißt die Fähigkeit des Systems, die Konkurrenten im Erwerb von knappen Ressourcen, wie z.B. Finanzmitteln, geeignetem Personal, Rohstoffen usw. zu übertreffen. Der Erfolg in der Ressourcengewinnung spiegelt sich in der Verhandlungsposition des Systems gegenüber seiner Umwelt und seinen Konkurrenten wie-

• Systemansatz

- Die Messung der Verhandlungsposition gegenüber der Umwelt

- Der Interaktionsansatz berücksichtigt die verschiedenen Effizienzvorstellungen der Bezugsgruppen

- Der „Management-Audit"-Ansatz

der, die sich um so stärker erweist, je mehr es die Konkurrenten im Erwerb knapper Mittel übertrifft.

Die Messung der Effizienz bezieht sich also auf die Messung der Stärke oder Schwäche der Verhandlungsposition eines Systems gegenüber seiner Umwelt, d.h. wie stark es seine Umwelt dominiert [11.6]. Damit ist die so definierte Effizienz nicht mehr direkt meßbar. Es müssen bestimmte Indikatoren zur indirekten Messung dienen, wie Umsatz-, Eigenkapital-, Gesamtkapitalrentabilität, Wachstum, Marktanteil absolut oder im Vergleich zum Wettbewerb, Produktivität wie z.B. der Pro-Kopf- Umsatz und Flexibilität. Der prozeßbezogene Aspekt verlagert das Meßproblem auf die Messung der Effizienz oder Ineffizienz der Prozesse bzw. ihrer Schwachstellen. Hierzu werden als indirekte Kriterien z.B. Problemlösungsaufwand und -zeiten, Durchlaufzeiten, Ausschuß, Lagerbestände, Schnelligkeit der Kommunikation gemessen.

Der Interaktionsansatz geht im Unterschied zu den traditionellen Effizienzansätzen davon aus, daß die verschiedenen Interessengruppen, wie etwa Kapitalgeber, Management, Mitarbeiter, Kunden, Lieferanten, Staat und Öffentlichkeit, verschiedene Effizienzvorstellungen besitzen. Es ist denkbar, daß diese sich nicht ausschließlich nach Wirtschaftlichkeit oder Gewinn ausrichten. Es könnte beispielsweise eine geringere als die maximal mögliche Wirtschaftlichkeit zugunsten anderer Kriterien akzeptiert werden. In einem Interaktionsprozeß dieser Gruppen mit der Umwelt werden dann die Maßstäbe zur Bewertung des Verhaltens der Organisation gegenüber den Interessengruppen, die Effizienzkriterien, beeinflußt und sozusagen ausgehandelt.

Der „Management-Audit"-Ansatz ist mehr anwendungsorientiert und kommt daher in der täglichen Praxis der Wirtschaft häufig vor. Allgemein kann das Management-Audit als eine periodische, interne Überprüfung und Beurteilung der Aktivitäten und Funktionsbereiche eines Unternehmens bezeichnet werden. Es geht von einer Einschätzung der gegenwärtigen Situation, den Erfahrungen der Vergangenheit bis zu den Perspektiven der Zukunft aus. Das Audit wird durch entsprechende Mitarbeiter des Unternehmens, im englischsprachigen Raum als Auditor, in Deutschland als „interne Revision" bezeichnet, mittels gezielter Prüffragen vorgenommen (siehe Kapitel 8). Es werden die Aktivitäten, die verschiedenen Planungs-, Führungs- und Kontrollsysteme sowie die Managementinstrumente analysiert, bewertet und auf Schwachstellen untersucht.

Insgesamt muß man feststellen, daß bei der Effizienzmessung noch weitgehend Ideen dominieren und deren Umsetzung in theoriegestützte, praktisch anwendbare Lösungen erst für die Zukunft versprochen werden kann. Man behilft sich heute mit

- generell ökonomischen Effizienzkriterien, wie Gewinn, Rendite,
- Kriterien der Leistung des internen Systems, wie Produktivität, Problemlösungszeit, aber auch Zufriedenheit der Mitarbeiter, Fluktuation, Krankenstand und
- Kriterien, die Nebenbedingungen für die Realisierung organisatorischer Effizienz des Systems darstellen, wie Flexibilität, Stabilität, Innovationsfähigkeit usw.

Nicht immer hat die Erfüllung bestimmter Kriterien wie etwa ein leerer Schreibtisch, ständig laufende Maschinen oder geschäftig aussehende Mitarbeiter mit wirklicher Effizienz zu tun [11.7]. Da jedoch das Denken im Rahmen des Managementprozesses auf rationales Handeln und Entscheiden ausgerichtet sein muß, sind alle Managementfunktionen, -techniken und -instrumente vorrangig nach Gesichtspunkten der Effizienz und des Erfolges zu betrachten und einzusetzen. Über die Fragen der Effizienz und des Erfolgs von Unternehmen in verschiedenen Umfeldern sind in den letzten Jahren eine Reihe von pragmatischen Untersuchungen veröffentlicht worden. Sie versuchen, Zusammenhänge zwischen dem Erfolg und dem dort offensichtlich effizient angewandten Management nachzuweisen. Darauf wird in Kapitel 12 eingegangen.

- Hilfsgrößen zur Effizienzmessung erforderlich

- Zeigt die Erfüllung der Kriterien die Effizienz?

- Untersuchungen über Erfolg und Effizienz von Unternehmen

Literatur zu 11

1 Voßbein, R.: Führungssystem und Unternehmensorganisation. Essen 1979
2 Baumgarten, R.: Führungsstile und Führungstechniken. Berlin 1976 S. 67
3 Zepf, G.: Kooperativer Führungsstil und Organisation. Wiesbaden 1972
4 Steinle, C.: Führung, Grundlagen, Prozesse und Modelle der Führung in der Unternehmung. Stuttgart 1978, S. 182
5 Grabatin, G.: Effizienz von Organisationen. Berlin, New York 1981 S. 1
6 Staehle, W. H.: Management. München 1980 S. 127
7 Fessmann, K.-D.: Effizienz der Organisation. In: RKW-Handbuch Führungstechnik und Organisation, Berlin 1978

12 Untersuchungen über Management und Erfolg

Der Frage, warum Unternehmen leistungsfähiger und erfolgreicher sind als andere, wird seit langem nachgegangen. Sie beschäftigte den Ingenieur Frederick W. Taylor [12.1] mit seinen Zeit- und Bewegungsstudien als Instrument zur Effizienzsteigerung ebenso wie den Psychologen Elton Mayo [12.2] mit den Hawthorne-Experimenten, bei denen sich die Verbesserung der Arbeitsbedingungen als positiver Einfluß auf die Produktivität erwies. Insbesondere in der letzten Zeit wurde häufiger untersucht, warum manche Firmen mehr Erfolg haben als andere. Die Fragen waren: Welche Merkmale zeichnen sie aus? Welche Rolle spielen dabei Managementinstrumente und -techniken, Managementsysteme oder die Wahl bestimmter Strategien. Kann man diese Vorgehensweisen nachvollziehen und verallgemeinern? Lassen sie sich auf andere Firmen übertragen?

• Warum haben manche Firmen mehr Erfolg als andere?

Auch Mißmanagement und bis zum Firmenzusammenbruch führende Mißerfolge haben schon immer Anlaß zu Recherchen über die Gründe gegeben und zu solchen Ableitungen von verallgemeinerten Erkenntnissen geführt.

• Mißmanagement als Anlaß zu Untersuchungen

12.1 Untersuchungen über Mißmanagement

Anlaß für Untersuchungen über Mißmanagement sind Krisen in von Strukturwandel bedrohten Branchen, wie das etwa im deutschen Werkzeugmaschinenbau in mehreren Wellen ab Ende der 70er Jahre der Fall war. Branchen- und Unternehmenskrisen haben selten nur eine Ursache. Immer wirken mehrere Einflüsse zusammen [12.3]. Es ist interessant, daß die hier aus der Mitte der

• Festgestellte Schwächen wie ein Katalog von Zielen moderner Managementansätze

80er Jahre auszugsweise zitierten Schwächen sich wie ein Katalog all der Ziele lesen, die mit neueren Managementansätzen erreicht werden sollen und die bei der Effizienzmessung nach dem Management-Audit-Ansatz (siehe Kapitel 11) überprüft werden. Die Untersuchungen aus der Praxis des „Mißerfolgs" [12.3,4,5,6] nennen Schwachstellen, die natürlich nicht alle kumulativ in demselben Unternehmen zu finden sind. Dort, wo man auf sie trifft, treten sie allerdings in der Regel nicht einzeln, sondern meist gehäuft auf:

- Nichterfassen der Parameter des eigenen Systems

Größte Schwachstelle ist häufig das Nichterfassen der wichtigen Parameter des eigenen Systems und das Nichterkennen von dessen dynamischer Wandlung in der sich rasch ändernden Umwelt. Vielfach hängt man in diesen Unternehmen alten Vorstellungen über den Markt und dessen Erfordernissen an die Produkte nach, wie sie vor Jahren gültig waren. Kurz- und mittelfristige Strategien sind meist schwach ausgebildet. Es fehlen das Verständnis, das Beurteilungsvermögen, Erfahrungen, analytische Begabung, adäquate Hilfsmittel, realistische Meßgrößen und Kontrollmechanismen, um unter den vielen Einflußfaktoren diejenigen zu erkennen, die zukunftsentscheidend und beeinflußbar sind.

- Kostenanalysen und Kostenbeeinflussung nicht systematisch und institutionalisiert

Ohne geeignete Produkte und Strategien, mittels Kostenreduktion allein ist keine Firma zu retten. Im Bereich Produktion kann man oft feststellen, daß die Bedeutung der Begriffe Produktivität und Flexibilität im Sinne einer kostenmäßigen Optimierung bei gleichbleibender Qualität zwar anerkannt und gelegentlich sogar wahrgenommen wird, aber nur selten richtig institutionalisiert und fester Bestandteil eines entsprechenden Ablaufs ist. Mangels systematischer Kostenanalysen und fehlender Systemkenntnis werden die Kosten schwerpunktmäßig nur im Personalbereich durch Gemeinkostenanalysen beeinflußt.

- Investitionsplanung erfolgt unsystematisch und ohne geeignete Instrumente

Bei Planung, Entscheidung und Durchführung von Investitionen gibt es bei allen Pleiteunternehmen zahlreiche Beispiele von wenig durchdachter Geldverschwendung. Es erfolgen keine seriösen Alternativplanungen, keine detaillierte Cashflow- und Rendite-Analyse, keine Risikoanalyse, keine genauen Kostenschätzungen und Kostenkontrollen

12.1 Untersuchungen über Mißmanagement

während der Planungs- und Durchführungsphase. Öfters entstehen erhebliche Kostenüberschreitungen, die schwerwiegende Auswirkungen auf das Kostengefüge und die Rentabilität des Unternehmens haben.

Ein institutionalisiertes, effizientes, fachlich geeignetes und bereichsübergreifendes Controlling, das alle wichtigen Parameter, Abläufe, kostenverursachenden Faktoren und Systeme kompromißlos in Frage stellt, existiert nicht in jeder Firma des Maschinenbaus.

• Die Controllingfunktion fehlt

Besondere Schwachstellen sind sowohl die Aufbau- wie auch die Ablauforganisation. Es gibt viele zu starre und schwerfällige Strukturen, die einen Mangel an Flexibilität aufweisen und die rasche Reaktion auf Marktveränderungen verhindern. In Großbetrieben wird oft übersehen, daß man kraft organisatorischer Maßnahmen die Stärke des Großbetriebes – nämlich Konzentration von Finanzen, Forschung und Entwicklung, Einkauf, weltweites Marketing – mit den Vorteilen des kleineren Betriebes – Flexibilität, wenig Papierkram, kurze Entscheidungswege, zentralisierte Ergebnisverantwortung – kombinieren kann. So erreicht man, daß Produkte ohne administrative Umwege schnell auf den Markt gebracht werden können. In vielen Großunternehmen stößt man stattdessen auf zeitraubende und kostspielige Prozeßabläufe, die zu zahllosen Sitzungen und Akten, aber relativ wenigen Taten und Ergebnissen führen.

• Schwachstelle Organisation

• Keine Nutzung der Potentiale von Kleinheit oder Größe

Die Entscheidungskataloge und -hierarchien sind zu bürokratisch. Durch perfektionierte Stellenbeschreibungen werden Kompetenzen unantastbar. In der Hierarchie bleibt der Elan der unteren Ebenen hängen, da es zu viele Hierarchiestufen gibt.

• Überwiegend bürokratisches Verhalten

Es herrscht eine unverständliche Zurückhaltung bei neuen Technologien, wie etwa der Optimierung von Verfahrensabläufen mit CAD/CAM-Systemen zur effektiven Steuerung der Übergänge von der Entwicklung in die Fertigung.

• Keine positive Einstellung zu Veränderungen

Zu dem Thema „Führung" präzisiert besonders eine Studie über den Schweizer Maschinenbau [12.6]:

„Wegen der hohen Anforderungen an die Führungspersönlichkeiten liegt das größte Defizit an Ressourcen in dem Bereich der Führung. Viele Firmen in der Schweiz

• Größtes Defizit im Bereich der Führung	verfügen zwar über gutes Management, das neben fachlicher Qualifikation die Schweizer Offiziersausbildung und entsprechende Führungserfahrungen besitzt. Da der Begriff „Weltmarkt" im militärischen Bereich keine große Rolle spielt werden unter „Marketing" nur zu oft zahllose Führungsrichtlinien, Berichte, Tagungen und andere passive organisatorische Maßnahmen verstanden, jedoch weniger das, was uns auf nahen und entfernten Märkten widerfährt und was reaktionsschnell, einfallsreich, flexibel und effizient dagegen zu unternehmen wäre. Zentrale Leitung und vielfach noch vorhandene autoritäre Führung motivieren wenig, eigene Ideen zu entwickeln. Das oberste Management ist nicht überall in der Maschinenindustrie vom Vorwurf des „Management by hope", der bloßen Absichtserklärungen, der schlagwortartigen Marschbefehle wie „Vorwärtsstrategie", „dynamisch verkaufen" oder ähnlichem freizusprechen."
• Zentrale Leitung und autoritäre Führung motivieren wenig	
• Empfehlungen zur Abhilfe	Als Konsequenzen für die Unternehmensführung werden die Benutzung adäquater Führungsinstrumente für Planung, Organisation, Kontrolle und Information empfohlen [12.7] und dazu folgende Forderungen gestellt, die noch die Vorstellung der Rationalität und der Beherrschbarkeit von Organisationen der 70er und 80er Jahre atmen:
• Instrumente zur Steuerung erforderlich	Man müsse mit geeigneten Planungs- und Kontrollinstrumenten konsequent das Unternehmensgeschehen steuern und zentrale Abläufe, wie Auftragsabwicklung, Bestandsführung, Produktentwicklung effizienter gestalten. Durch dezentrale Organisationseinheiten mit Leistungs- und Gewinnverantwortung müsse die Flexibilität der Unternehmen erhöht, sowie detaillierte Kosten- und Erlöstransparenz für Produkte, Teilmärkte, Aufträge und Organisationseinheiten geschaffen werden. Aufgaben, Kompetenzen und Verantwortung müßten konsequenter delegiert und konkreter abgegrenzt, projektorientiert müßten größere organisatorische Veränderungen durchgeführt und die Informationssysteme unterschiedlicher Organisationseinheiten vereinheitlicht werden.
• Dezentralisierung	
• Mehr Delegation	
• Bessere Informationsinstrumente	

12.2 Die Untersuchung von Peters/Waterman

Das Interesse von Wissenschaftlern und Praktikern konzentrierte sich zunehmend auf die Fragen, was gutes Management ausmacht und welche besonderen Eigenschaften erfolgreiche Organisationen, insbesondere Spitzenunternehmen auszeichnen. 1977 versuchte die amerikanische Beratungsfirma McKinsey empirische Daten über erfolgreiche Firmen zusammenzutragen. Auf der Basis von 62 untersuchten, besonders erfolgreichen amerikanischen Firmen fand das darüber von Peters und Waterman veröffentliche Buch „In Search of Excellence" [12.8] weltweite Beachtung, wenngleich es nicht kritiklos hingenommen wurde.

Eine wichtige Frage ist natürlich bei solchen Untersuchungen, wie Erfolg definiert wird (siehe Kapitel 11). Hier bietet die Beurteilung von Unternehmen mit einer Reihe von Kennzahlen, die über mehrere Jahre hinweg beobachtet werden, eine aus Sicht der Außenstehenden – die der Sicht der Aktionäre am nächsten kommt – eine einigermaßen zuverlässige Basis.

Peters und Waterman beurteilten solche Unternehmen als hervorragend, die nach mindestens 4 der folgenden 6 Kriterien im Zeitraum von 1961 bis 1980 in der oberen Hälfte ihres Industriezweiges lagen: Kumulierter Vermögenszuwachs, kumuliertes Eigenkapitalwachstum, die Durchschnitte von Verhältnis Marktwert zu Buchwert, Gesamtkapitalrendite, Eigenkapitalrendite und Umsatzrendite.

Als Ergebnis ihrer Arbeit identifizierten Peters und Waterman im wesentlichen 7 Faktoren – die 7 S -, die ihrer Meinung nach für den Erfolg der Unternehmen ausschlaggebend sind und die alle miteinander in einer, in Form eines Sterns darstellbaren Beziehung stehen. Die 7 S gehen auf Pascale und Athos [9] zurück, die bereits 1981 ein Buch unter dem Titel „Geheimnis und Kunst japanischen Managements" veröffentlicht hatten und 7 „Hebel" identifizierten, mit denen Manager ihrer Meinung nach große, komplexe Organisationen beeinflussen können. Bei den Bezeichnungen wurden Alliterationen gewählt, um dem Gedächtnis eine Stütze zu geben. Es sollte jedoch

- Was macht gutes Management aus?

- „Excellent Companies"

- Die Definition des Erfolges

- Mindestens 4 von 6 Kriterien in der oberen Hälfte ihres Industriezweiges

- Das Modell der 7 S

- „Harte" und „weiche" Faktoren

- Der Beitrag der „weichen" Faktoren zum Erfolg

kein neues Modell, sondern eine effektivere Wahrnehmungsmethode geschaffen werden, um Managern zu helfen „in der Komplexität ihrer Organisationen einen Pfad zu schlagen".

Das 7S-Modell will das Zusammenwirken der wesentlichen Kriterien für unternehmerische Spitzenleistungen mit ihren Interdependenzen darstellen. Dabei wurde insofern etwas nachgeholfen, als die 7 Begriffe alle mit dem Buchstaben S beginnen. Die Begriffe wurden dabei in „harte" – Strategie und Struktur- und „weiche" – Stil, Systeme, Stammpersonal und Selbstverständnis unterteilt. Kernaussage ist, daß alle Faktoren, die lange als nicht beeinflußbare, irrationale, intuitive und informelle Elemente der Organisation abgetan wurden, doch durch Führungsmaßnahmen beeinflußt werden können. Diese „weichen" Faktoren hätten mit Sicherheit ebensoviel oder noch mehr mit dem Erfolg und Mißerfolg des Unternehmens zu tun, wie die formalen Strukturen und Strategien. Die 7 Elemente sind in Bild 12.1 dargestellt:

Erfolgreiche Unternehmen zeichnet ein sichtbar gelebtes Wertesystem aus, das vielfach auf einer Vision von

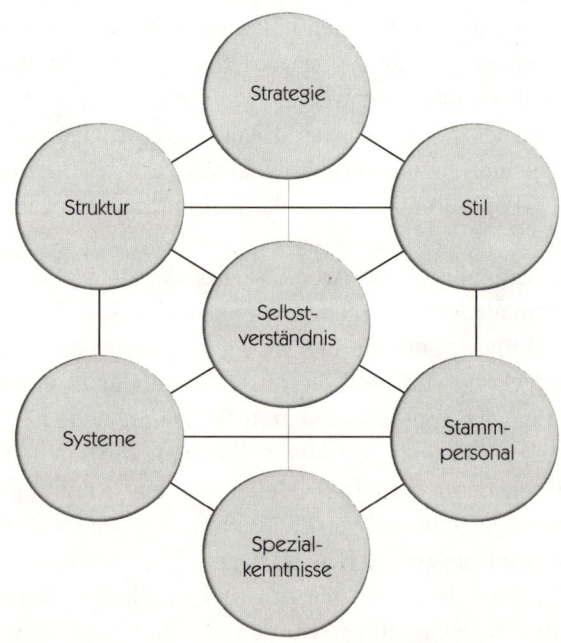

Bild 12.1: Das 7-S Modell (Copyright McKinsey Company, Inc)

der Zukunft des Unternehmens beruht. Die Autoren nennen das „Selbstverständnis" des Unternehmens. Die Führung ist in der Lage, die Visionen als zukunftsorientierte Ideen, Vorstellungen, Absichten in Unternehmensgrundsätze z.B. bezüglich Qualität, Zuverlässigkeit, Kundendienst zu übersetzen und die Strategien, Ziele und Aktivitäten der Mitarbeiter auch tatsächlich zu beeinflussen. Es werden also gemeinsame Wertvorstellungen abgeleitet, die das Verhalten des einzelnen Mitarbeiters prägen. Je stärker das Selbstverständnis des Unternehmens, die Firmenkultur, ausgeprägt ist, desto weniger sind umfangreiche Handbücher, detaillierte Organigramme oder zahlreiche Vorschriften nötig. In diesen Unternehmen wissen alle Mitarbeiter auch so, was zu tun ist, denn die Leitwerte sind allen bewußt.

Als wichtiger Erfolgsfaktor erweisen sich klare Unternehmensstrategien und Zielsysteme. Die Betätigungsfelder der erfolgreichen Unternehmen beschränken sich auf die Produkte und Aktivitäten, bei denen eigenes Knowhow fruchtbar eingesetzt wird. Besonders erfolgreiche Unternehmen scheinen durch Handeln zur Strategie zu gelangen.

Unter Struktur (Structure) wird die organisatorische Gliederung mit den dazugehörigen Regelungen verstanden. Eigenständigkeit und Unternehmertum kennzeichnen die Aktivitäten, Bereiche und Abteilungen. Die Bereiche, Divisions und Organisationseinheiten sind überschaubar. Es wird das Konzept des Profit-Centers, der Gewinnverantwortlichkeit und damit der Meßbarkeit des Erfolges durch den erzielten Gewinn angestrebt. Flexible Formen der Aufbau- und Ablauforganisation herrschen vor.

Mit Stammpersonal (Staff) ist das personelle Gefüge des Unternehmens gemeint. Erfolgreiche Unternehmen sind mitarbeiterorientiert: sie besitzen Achtung vor dem einzelnen. Für die Führungskräfte sind die Mitarbeiter Sinn und Zweck ihrer Managementaufgabe; die Manager wissen das und leben das beispielgebend vor. Gleichzeitig sind sie aber auch leistungsorientiert, was sich in hohen Erwartungen und ständigen Leistungsvergleichen äußert.

Es besteht ein gesundes Verhältnis zwischen zentralen und dezentralen Strukturen. Die Führung ist zugleich

- Selbstverständnis (Superordinate Goal)

- Eine starke Ausprägung des Selbstverständnisses ersetzt Organisation

- Strategie

- Struktur (Structure)

- Stammpersonal (Staff)

- Mitarbeiterorientierung

• Stil (Style)	locker und fest. Nach außen gegenüber dem Wettbewerb und den Kunden erscheint das Unternehmen straff geführt. Nach innen ist die Haltung locker, offen und konstruktiv, so daß die Kommunikation und Innovationen angeregt werden. Es bestehen Freiräume für Eigeninitiative im Rahmen der Geschäftsgrundsätze und Unternehmensziele.
• Straffe Führung, Freiräume für Eigeninitiative	Produktivität entsteht nicht durch Überkontrolle, sondern durch das Engagement der Mitarbeiter. Quality Circles und Task Forces haben einen hohen Stellenwert. Man konzentriert sich auf Aktionen und ihre Durchführung, sowie auf die Ergebnisse.
• Spezialkenntnisse (Skills)	Es besteht großes Vertrauen in die Fähigkeiten der Mitarbeiter. Ihr Wollen und Können bestimmt im wesentlichen den Unternehmenserfolg. Das Unternehmen konzentriert seine Energie auf angestammte Tätigkeitsgebiete. Die Identifikation und Motivation der Mitarbeiter ist hoch.
• Systeme (Systems)	Flexible und effiziente Systeme bedingen Standardisierung und Individualisierung. Die Bedeutung von Systemen für den Unternehmenserfolg wird erkannt. Es besteht jedoch keine Systemgläubigkeit.
• Weiteres Merkmal: Kundennähe	Ein weiteres, allerdings in den 7 S nicht unmittelbar ausgedrücktes Merkmal ist die Kundennähe. Darunter wird die Fixierung darauf verstanden, die Wünsche des Kunden zu erahnen und seine Bedürfnisse zu erfüllen. Erfolgreiche Unternehmen besitzen geradezu eine Besessenheit, dem Kunden eine gute Qualität und den bestmöglichen Service zu liefern. Der Kunde scheint allgegenwärtig: im Verkauf, in der Fertigung, der Konstruktion, der Forschung, ja selbst im Rechnungswesen. Die traditionelle Managementlehre ist nicht obsolet.
• 7-S-Modell paßt in das GEbäude des Managementprozesses	Beim 7-S-Modell fällt auf, daß die Kriterien „Strategie" als ein Teil der Managementfunktion Planen, „Struktur" als Folge der Funktion Organisieren und „Stil", also Führungsstil, sowie schließlich „Systeme" sich sehr wohl in das gedankliche Gebäude des Managementprozesses einordnen lassen. Allerdings zeigen die Untersuchungen auch, daß diese Kriterien in einer bestimmten Art ausgeübt werden müssen, wenn sich Erfolg einstellen soll. Sicherlich ist nicht richtig, wenn behauptet wird, daß in diesem Buch „traditionelle Managementlehren" keine

Rolle mehr spielen" [12.10]. Es zeigt sich aber, daß die bloße Anwendung von Techniken und Instrumenten und das Vorhandensein von Systemen allein nicht ausreichen, um erfolgreich zu sein. Sicherlich haben Peters und Waterman zum ersten Mal vorbildlich die Schädlichkeit einseitiger, linearer Rationalität erklärt.

> • Die Erkenntnis der Schädlichkeit einseitiger, linearer Rationalität

Aus den sehr stark deskriptiv gestalteten Ausführungen der Autoren lassen sich folgende Regeln (zitiert nach [11]) extrahieren:

- Vorliebe für Aktion,
- eng am Kunden bleiben,
- Autonomie und Unternehmergeist,
- Produktivität durch Menschen,
- vor Ort bleiben, Werte-Bewußtsein schaffen,
- bei seinem Leisten bleiben,
- einfache Organisation, wenig Personal,
- gleichzeitig eng führen und lange Leine.

> • „Regeln" von Peters/Waterman

Es hat sich auch nach Peters und Waterman gezeigt, daß es nicht möglich ist, mit wenigen Regeln zu einem dauerhaften Erfolg zu kommen. Je turbulenter und instabiler die Märkte und Zeiten sind, desto weniger gelten klare Management-Regeln. Je prinzipienhafter und dogmatischer Regeln sind, umso gefährlicher können sie sein.

> • Es ist sinnlos, mit Regeln Erfolgsrezepte ausdrücken zu wollen

Die Untersuchungen von Peters und Waterman wurden nicht ohne Kritik hingenommen. Insbesondere fragte rückblickend das amerikanische Wirtschaftsmagazin Business Week, das entscheidend zu dem Bekanntheitsgrad dieses Buches beigetragen hat, wo die hochgelobten Firmen nach einigen Jahren standen. Es konnte nämlich festgestellt werden, daß bei einem guten Drittel der Firmen einige Jahre nach der Untersuchung inzwischen beträchtliche Managementschwächen vorhanden und einige der Firmen sogar in Schwierigkeiten geraten waren [12.12]. 14 der ursprünglich von 75 auf 36 reduzierten, erfolgreichen Firmen sind in den Mißerfolg gerutscht, weil sie eine falsche Annahmenbildung über Entwicklungen im Firmen-Umfeld vollzogen haben. Kritik an der zu praktisch und zu wenig an wissenschaftlichen Maßstäben ausgerichteten Untersuchungs- und Darstellungsmetho-

> • Untersuchungen von Peters und Waterman nicht ohne Kritik

dik wurde auch von Carroll [12.13] geübt, sowohl was die Kriterien der „Excellence" als auch die nur deskriptive und nicht explikative Darstellung betrifft.

12.3 Andere Untersuchungen über Management und Erfolg

- Weitere Studien über Erfolg

Im Kielwasser des Bestsellers von Peters/Waterman entstanden eine Reihe von weiteren Studien über die Erfolgsgründe von Unternehmen. Untersucht wurden Spitzenunternehmen des deutschen Werkzeugmaschinenbaus [12.14], erfolgreiche deutsche Aktiengesellschaften, mittelständische Unternehmen aus verschiedenen Branchen [12.15,16] und amerikanischen „exzellenten" Unternehmen [12.17].

- Studie über verschiedene Branchen in Deutschland

In einer Studie [12.15] wurden besonders erfolgreiche Kundenfirmen einer Industrie-Bank miteinander verglichen und versucht, die Gründe für deren Erfolg herauszuarbeiten. Es handelt sich um 551 Unternehmen aus drei als Wachstumsbranchen eingestuften Industriezweigen, nämlich Maschinenbau, Elektrotechnik und Kunststoffverarbeitung sowie um drei mehr binnenmarktorientierte Branchen mit besonders empfindlichen Rezessionseinflüssen, nämlich Steine und Erden, Gießereien und Holzverarbeitung. Die Kriterien sind: Wachstum der Betriebsleistung, das Verhältnis Cash-flow zur Betriebsleistung und die Gesamtkapitalrendite.

- Die Rezepte erfolgreicher Unternehmen scheinen überraschend einfach zu sein

Auf den ersten Blick enthüllen diese Studien nichts besonderes Neues über erfolgreiche Unternehmen. Alle Verhaltensweisen in diesen Organisationen scheinen mehr oder weniger dem gesunden Menschenverstand zu entspringen und überraschend einfach zu sein. Trotzdem tun sich die meisten Unternehmen schwer, solche Einsichten in ihrer gesamten Organisation durchzusetzen. Doch die zusammengefaßten Ergebnisse bestätigen eine Reihe der von Peters und Waterman für den amerikanischen Sprachbereich angeführten Kriterien.

- Planung und Kontrolle

Exzellente Unternehmen verwechseln Autonomie nicht mit Laissez-faire. Wo es möglich ist, fördern sie Initiative und Selbständigkeit, wo es notwendig ist, bestehen sie auf strikter Disziplin. Für die schwierige Aufgabe, das richtige Gleichgewicht zwischen diesen gegenläufigen Zielen zu finden, hat jedes Unternehmen einen eigenen Weg. Gemeinsam sind

- intensive Beschäftigung mit formaler Unternehmensplanung, allerdings kombiniert mit der Fähigkeit, schnell auf Unerwartetes zu reagieren,
- kontinuierliche Ergebniskontrolle,
- eine langfristige Perspektive im Sinne klarer Vorstellungen über Aufgaben und Ziele des Unternehmens, die von allen Führungskräften und Mitarbeitern geteilt wird,
- eine klare Unternehmensphilosophie. Im Gegensatz zu vielen mittelmäßigen Firmen, in denen tiefe Verwirrung über die langfristigen Pläne des Topmanagements herrscht, sind die Führungskräfte in nachgeordneten Rängen davon überzeugt, daß die Unternehmensleitung weiß, was sie will und warum sie es will,
- präzise Zielvorgaben. Die nachfolgenden Ebenen erhalten klare Zielvorgaben und die notwendigen Kompetenzen sowie die zur Realisierung der Ziele erforderlichen Ressourcen.

Es werden überdurchschnittlich hohe Ziele für Rendite, Umsatzwachstum, Marktanteilsgewinn, Produktivitätssteigerung sowie Innovationsanspruch und Innovationsgeschwindigkeit gesetzt. Im operativen Management zeichnet die erfolgreichen Unternehmen des deutschen Werkzeugmaschinenbaus eine hohe Produktivität des Personals aus: der Pro-Kopf-Umsatz liegt bei einer Wertschöpfung von 50% um etwa die Hälfte über dem Branchendurchschnitt. Die Werte für die Kapitalproduktivität sind ähnlich weit über dem Durchschitt der Branche. Diese guten Kennzahlen werden durch eine hohe Anlagennutzung erreicht, d.h. mit zwei- bis dreischichtigem Betrieb, zum Teil mit einer unbemannten Nachtschicht. Ferner erreicht man einen hohen Kapitalumschlag durch niedrige Bestände und kurze Durchlaufzeiten von nur 5 bis 6 Monaten vom Auftragseingang bis zur Auslieferung.

- Autonomie, kein Laissez-faire

- Gemeinsame Charakteristika der Erfolgreichen

- Hoher Pro-Kopf-Umsatz

- Hohe Anlagennutzung

- Überdurchschnittliche Wertschöpfung

- Niedrige Bestände

- Die Praxis der Kontrolle

- Wenig formale Organisation

- Wenig Bürokratie

- Wesentliches Element der Führung ist: sichtbares Management

- Unterstützung durch straffe, formelle Systeme

- „Es ständig besser machen wollen"

Kontrolle wird in erfolgreichen Unternehmen weniger durch perfektionierte, formale Kontrollsysteme, sondern durch eine beispielhafte Führungspraxis und durch wenige, aber straff gehandhabte Kontrollen erreicht.

Der formalen Organisationstruktur wird nur wenig Bedeutung beigemessen. Informelle Beziehungen scheinen wichtigere Gründe für den Erfolg zu sein. Die Organisation ist meist schlank, flexibel mit möglichst wenig Bürokratie, die Organisationspyramide flach und überlappend. Die eigentliche Geschäftstätigkeit wird auf kleine, eigenverantwortliche Profit-Center übertragen, die klare, in die Strategie des Gesamtunternehmens eingebundene Aufgaben haben. Selbst wenn die Unternehmen stark zentralisiert sind, wird versucht, den Führungskräften weitgehende Handlungsfreiheit zu geben. Ebenso dient Organisation und Führung zur Schaffung eines Arbeitsklimas und -stils, das kontinuierliche, strategische Anpassung und operative Produktivitätssteigerung fördert und unterstützt.

Wesentliches Element der Führung ist: sichtbares Management. Die Unternehmensspitze isoliert sich nicht von den Tagesgeschäften, sondern sucht den unmittelbaren Kontakt zu den Mitarbeitern. Die Führung ist durch straffes, zupackendes Handeln am Ort charakterisiert. Man führt nicht vom Schreibtisch aus, sondern geht zum Ort der Handlung und initiiert Aktionen und Maßnahmen. In der Durchführungsphase des Tagesgeschäftes wird aktionsorientiert geführt. Dies wird durch straffe, formelle Systeme unterstützt. Die Tagesarbeit erfolgt perfekt durch starke Mitarbeiterorientierung und fortschrittliche Führungssysteme auf der Basis unternehmerischen Erfolgswillens. Der Führungsstil ist geprägt von dem Grundsatz, es ständig besser machen zu wollen. Dies bezieht sich besonders auf die unternehmerischen Zielsetzungen, die Ideenfindung für Verbesserungen und die straffe Durchführung und Kontrolle. Es gibt lockere Führungselemente, die die Kommunikation und Motivation bereits in der Suchphase für Produktinnovationen oder Produktivitätssteigerungen fördern.

Ohne Ausnahme gelingt es guten Unternehmen, Führungskräfte und Mitarbeiter zu einem weit höheren

12.3 Andere Untersuchungen über Management und Erfolg

persönlichen Engagement und härterer Arbeit zu bewegen, als es weithin für möglich gehalten wird. Als Erfolgsgeheimnis wird eine Strategie des aufgeklärten Selbstinteresses angesehen. Besonders wirksam sind

- aufrichtiger Respekt vor dem Individuum,
- die Förderung eines gewissen Stolzes, zur Firma zu gehören,
- hohe Löhne und Gehälter und finanzielle Anreize, Kapital- und Gewinnbeteiligungen,
- der Vorrang von internen Beförderungen vor externen Stellenbesetzungen,
- eine Kommunikationspolitik, die nicht nur die für die tägliche Arbeit nötigen Informationen übermittelt, sondern den Betriebsangehörigen auch ein tieferes Verständnis für das Unternehmen und ihre Rolle darin gibt. Es wird ständig versucht, von anderen Unternehmen oder abteilungsfremden Führungskräften Anregungen zu bekommen. Die Haltung „bei uns funktioniert das nicht" gibt es nicht.
- Unternehmensinterne Fortbildung, die nicht nur der Steigerung der Effizienz dient, sondern auch die Unternehmensziele deutlich macht.

Eine in den USA von als Anschlußuntersuchung zu Peters und Waterman durchgeführte Studie von Clifford/Cavannagh [12.18] befaßte sich mit mittelgroßen Unternehmen in den USA mit Umsätzen zwischen 25 Mio US $ und 1 Milliarde US $ pro Jahr. Sie bezog sich vornehmlich auf die sogenannten ABC-Unternehmen, eine Gruppe der 100 wachstumsstärksten, mittleren Unternehmen aus allen Wirtschaftszweigen der USA, die sich in dem Verband der American Business Conference (ABC), zusammengetan haben. Ziel der Untersuchung war es festzustellen, wie und weshalb diese Unternehmen Spitzenleistungen erzielten und was sich daraus ableiten läßt. Als Vergleichsgruppe dienten Firmen in der PIMS-Datenbank.

Die Autoren bezeichneten ihre Arbeiten nicht als „wissenschaftliche Untersuchung" im eigentlichen Sinn. Sie arbeiteten mit Befragungen anhand von strukturierten Fragebögen, Interviews, sammelten alle veröffentlichten

- Instrumente zur Schaffung persönlichen Engagements

- Erfolgsgeheimnis: Strategie des „aufgeklärten Selbstinteresses"

- Studie von Clifford/Cavannagh über mittelgroße Unternehmen in den USA

- Das Vorgehen bei der Untersuchung

Daten und verwendeten die in Datenbanken wie der PIMS-Datenbank zugänglichen Zahlen. Die Managementmethoden und -instrumente und die Vorgehensweisen, die sie bei den Unternehmen mit überdurchschnittlichen Leistungen fanden, versuchten sie dann zu beschreiben und zu charakterisieren. Das durchschnittliche, jährliche Wachstum der „ABC-Spitzengewinner" in Bezug auf Umsatz (Bild 12.2), Ertrag (Bild 12.3), Zahl der Arbeitsplätze (Bild 12.4) und Marktwert lag weit über den Vergleichswerten der Gesamtwirtschaft, der bekannten Liste der 500 Fortune-Unternehmen und sogar über den „Excellent Companies" von Peters und Waterman.

- Haupterkenntnis: Erfolge nicht nur in Wachstumsmärkten

Es wurden Übereinstimmungen mit Peters/Waterman, aber auch erhebliche Abweichungen von deren Feststellungen gefunden. Haupterkenntnis der Studie ist, daß hervorstechende Erfolge nicht nur von Firmen in besonders attraktiven Wachstumsmärkten erzielt werden, sondern

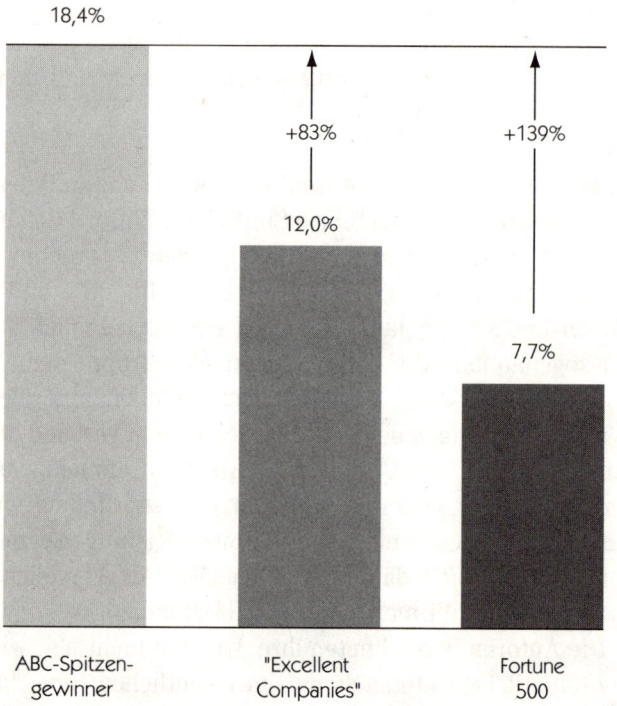

Bild 12.2: Der jährliche Umsatzzuwachs in den Jahren 1978-83 der „ABC-Spitzengewinner"

12.3 Andere Untersuchungen über Management und Erfolg

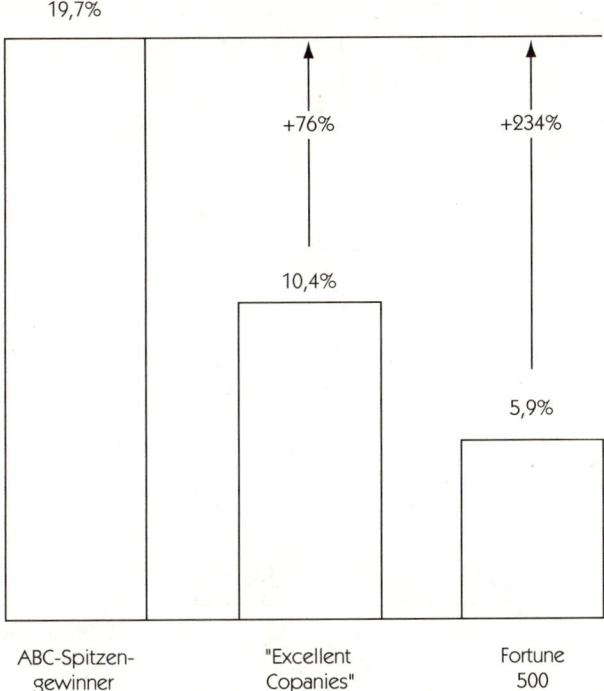

Bild 12.3: Der jährliche Ertragszuwachs der „ABC-Spitzengewinner" in den Jahren 1978-83

sie einzelnen Unternehmen zuzuschreiben sind, die ebensogut in „schlechten" Marktsegmenten oder Branchen angesiedelt sein können. Es ist nicht ausschlaggebend, in einem „guten" Markt tätig zu sein, sondern sich in einem Markt die richtige Nische herauszusuchen. Das haben auch 90 % der untersuchten Firmen erfolgreich getan.

Der Erfolg dieser Spitzenunternehmen ist nach den Autoren folgenden 6 Kriterien zuzuschreiben, die wie sie selbst zugeben, überraschend konventionell klingen:

- 6 Kriterien für den Erfolg

1. Wichtigste Basis für erfolgsbringende Nutzenpotentiale sind marktorientierte Innovationen. Die Spitzengewinner führen frühzeitig und häufig Innovationen ein und schaffen damit neue Produkte, Dienstleistungen und Märkte. Innovation bedeutet dabei das Abweichen von eingefahrenen Denkgewohnheiten, das Verlassen der üblichen Wege und sogar das Verletzen bisheriger Regeln.

- Wichtigste Basis: marktorientierte Innovationen

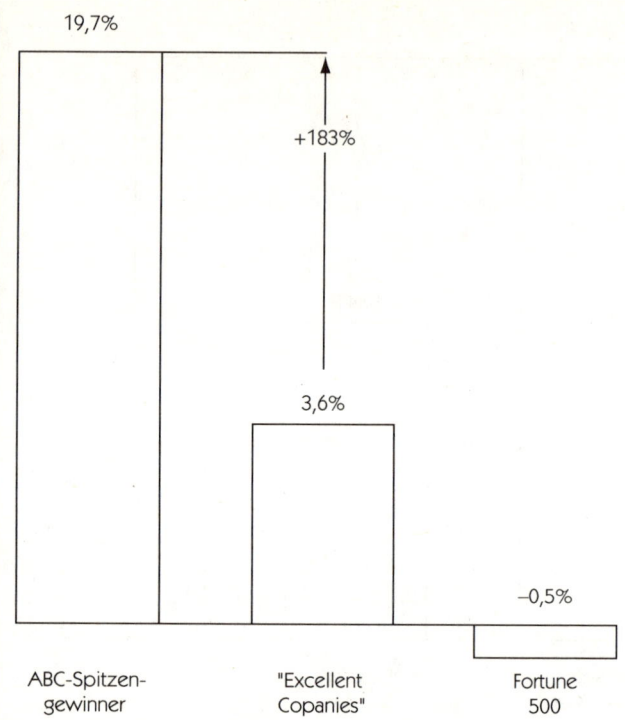

Bild 12.4: Die durchschnittliche, jährliche Entwicklung der Zahl der Arbeitsplätze in den Jahren 1978-83

74 Prozent der untersuchten Firmen begannen ihre Tätigkeit mit einer innovativen Leistung und einem neuen oder besseren Produkt. Sie weichen damit von einer vielfach angewandten Strategie ab, nach den Erkenntnissen der Erfahrungskurve möglichst häufig das gleiche zu tun: Um Gewinne zu machen, muß man kostengünstig produzieren; dazu muß man möglichst viele, gleiche Produkte herstellen und große Marktanteile erreichen, damit man die Erfahrungskurve nutzen kann. Um sich den größten Marktanteil zu sichern, muß man wiederum die niedrigsten Preise verlangen, wofür als Voraussetzung gilt, die niedrigsten Kosten zu haben. Das wiederum setzt das weitere Ausnutzen der Erfahrungskurve voraus.

Die Spitzengewinner verfolgen einen anderen Weg: sie brechen aus diesem Zyklus aus, schaffen neue Werte für ihre Kunden und somit auch neue Erfahrungskurven.

Durch Innovationen wird von der Strategie der Erfahrungskurve abgewichen

• Spitzenunternehmen schaffen neue Werte für ihre Kunden

2. Der Wert bzw. der Nutzen für den Kunden, nicht der Preis ist erfolgsbestimmend. Spitzengewinner verhalten sich fast immer so, daß sie Produkte und Dienstleistungen liefern, die dem Kunden einen hohen Wert oder Nutzen bieten anstatt weniger zu kosten. Zwar sind sie kostenbewußt und achten sorgfältig auf Effizienz und Wirtschaftlichkeit. Aber der Schwerpunkt ihres Denkens und Strebens liegt bei dem Ziel, dem Kunden einen besonderen Nutzen bieten zu können, für den er auch einen entsprechenden Preis zu zahlen bereit ist. Hoher Wert für den Kunden und damit ein hoher Preis bedeuten aber nicht automatisch auch hohe Fertigungskosten. In der Praxis sind oft Unternehmen, die den Wettbewerb auf Basis des Wertes und nicht des Preises führen, auch noch die kostengünstigsten Hersteller.

• Der Wert, nicht der Preis ist erfolgsbestimmend

Bei praktisch allen Unternehmen mit Spitzengewinnen war nicht der Preis, sondern der Wert die Basis des Wettbewerbs. Selbst bei Massenwaren gelingt es erfolgreichen Unternehmen, sich durch besondere Eigenschaften oder Qualität zu differenzieren, dem Käufer einen höheren Wert zu bieten und einen höheren Preis zu erhalten.

• Wettbewerbsbasis ist Wert, nicht der Preis

Falsch verhielten sich in dieser Hinsicht die amerikanischen Reifenhersteller. Sie lehnten ursprünglich das Konzept der Gürtelreifen ab, weil sie die Kosten und Preise im Vergleich zu den damals marktbeherrschenden Diagonalreifen für nicht wettbewerbsfähig hielten. Gürtelreifen kosteten wirklich mehr und sind auch heute noch teurer als Diagonalreifen. Doch die französische Firma Michelin bewies, daß auch die amerikanischen Kunden bereit waren, höhere Preise zu bezahlen, um in den Genuß der größeren Sicherheit und der längeren Lebensdauer zu kommen. Die amerikanischen Hersteller brauchten Jahre, um diesen Vorsprung wieder aufzuholen.

• Das Beispiel amerikanischer Reifenhersteller

3. Diversifikation ist Expansion durch Überschreitung der Grenzen zu verwandten Geschäftsbereichen. Dies kann durch vorhandene Produkte auf neuen Märkten oder neue Produkte auf vorhandenen Märkten erfolgen. Diversifikation wird häufig mit dem Ziel der Streuung von geschäftlichem Risiko, aber auch mit dem Wunsch

• Diversifikation wird nur sehr maßvoll betrieben

nach Nutzung von Synergien versucht. Diese werden dort vermutet, wo die vorhandenen Ressourcen in Form von besonderen Erfahrungen, Kenntnissen und Systemen, bei der Finanzierung oder im vorhandenen Vertriebsnetz gemeinsam genutzt werden können. Der Glaube an Synergien und der Wunsch auf diese Weise rasch zu wachsen, führte in den 70er Jahren zu einer wahren Diversifikationseuphorie und zu dem Entstehen von Mischkonzernen und Konglomeraten. Diesen Fehler einer zu weit vom eigenen Metier wegführenden Diversifikation machen die Spitzengewinner nicht. Wenn sie diversifizieren, agieren sie vorsichtig, in kleinen, aber sicheren Schritten.

- Bürokratie und Unternehmenserfolg sind unvereinbar

- Maßnahmen gegen Bürokratie

4. Die untersuchten Spitzengewinner sehen jegliche Art von Bürokratie, wie zu viele Vorschriften und Regelungen, welche die Initiative hemmen und Entscheidungen verzögern, als ihren größten Feind an. Oftmals entsteht Bürokratie mit dem Wachstum von Organisationen, da die Komplexität mit der Unternehmensgröße, mit zunehmender Arbeitsteilung und stärkerer Spezialisierung wächst. Bürokratie ist auch ein Zeichen dafür, daß versucht wird, um jeden Preis eine Ordnung durchzusetzen, selbst wenn die Komplexität eigentlich eine solche Ordnung nicht mehr zuläßt. Spitzengewinner reagieren folgendermaßen:

- Spitzengewinner reagieren so auf Bürokratie

– Das Management gibt deutlich zu erkennen, daß es bürokratisches Verhalten nicht duldet,
– es vermeidet die „üblichen" Stabsfunktionen im Gemeinkostenbereich wie z.B. Planungsstäbe und Hilfsfunktionen,
– es versucht, ihre Mitarbeiter zu Unternehmern zu machen.

- Der Antrieb für das Management ist Bedeutendes zu leisten

5. Das Management der Spitzenunternehmen ist nicht nur von dem Wunsch geprägt, Gewinn zu machen, sondern es besteht ebensoviel Interesse, etwas Bedeutendes zu leisten und beispielsweise ein Unternehmen erfolgreich aufzubauen. Die meisten Führungskräfte der Spitzengewinner hatten exakte Vorstellungen über ihre Unternehmensphilosophie und gaben prägnante Darstellungen ihres Wertsystems. Es entstand die Überzeugung, daß diese fest verwurzelten Unternehmens-

12.3 Andere Untersuchungen über Management und Erfolg

kulturen, die sich aus diesen Kredos und diesen Überzeugungen erkennen ließen, die stärksten Waffen der Spitzengewinner sind. Die Unternehmenskulturen der Spitzengewinner werden durch folgende Merkmale charakterisiert:
- Die Achtung oder das Gefühl, daß das, wofür das Unternehmen eintritt, was es tut und wie es das tut, etwas Besonderes ist.
- Der religiöse Eifer, die ehrliche Begeisterung, die sich auf alle, die mit dem Unternehmen zu tun haben überträgt, von den gegenwärtigen zu den zukünftigen Mitarbeitern, den Kunden und den Lieferanten.
- Die Gepflogenheit, Mitarbeiter mit einzubeziehen. Alle Mitarbeiter werden so ziemlich über alles informiert was Ziele, Pläne und Probleme betrifft und können als Partner am Geschehen teilhaben.
- Die Ansicht, daß Gewinne und Vermögenszuwachs zwangsläufig als Nebenprodukte anfallen, wenn alles andere gut funktioniert.

6. Spitzenunternehmen haben Führungspersönlichkeiten, die ihr eigenes Engagement in ein dauerhaftes Engagement ihrer Organisationen umsetzen können. Dies sind Manager, die ihre Aufgabe mit Besessenheit ausführen. Sie verstehen es, den wenigen, für den Unternehmenserfolg besonders wichtigen Faktoren ihre besondere Aufmerksamkeit zu widmen. Aber sie sind auch weit entfernt von der Einstellung des Management by Exception, daß alles was reibungslos funktioniert, keine Aufmerksamkeit verdient. Ihr Bestreben ist vielmehr, daß man alles noch besser machen könnte. Sie scheuen sich nicht, sich selbst die Hände schmutzig zu machen, um einen Eindruck von den wirklichen Problemen zu bekommen und widmen vor allem den Kunden viel Zeit. Sie kümmern sich akribisch und kompromißlos um die Details ihres Geschäftes.

Die Bedeutung der sogenannten „weichen Faktoren" wird auch in der Untersuchung von Clifford/Cavanagh in den Vordergrund gerückt. So stellen sie zusammenfassend fest:

Typisch für Spitzengewinner ist, daß ihr Selbstverständnis und die Mechanismen, die es stützen, fast zu

• Merkmale von Unternehmenskulturen der Spitzengewinner

• Spitzenunternehmen haben Führungspersönlichkeiten

• Die Manager haben das Bestreben, alles besser zu machen

Normen für den Umgang untereinander werden. Diese Mission des Unternehmens bedeutet mehr als nur eine einheitliche Qualitätsorientierung und ein gemeinsames Ziel. Sie vermittelt das Gefühl, daß dieses Unternehmen etwas Besonderes ist, das vom einzelnen mehr als nur Routinearbeit verdient. Typisch für Spitzengewinner ist, daß ihr Selbstverständnis und die Mechanismen, die es stützen, fast religiöse Geltung haben und daß sie ein Engagement hervorrufen, das im Unternehmen vom Vorstand bis zum eben eingetretenen Mitarbeiter spürbar ist. Das Selbstverständnis hat dort mehrere Funktionen: Es enthält das Glaubensbekenntnis und dient als wesentliche Richtschnur und Orientierungshilfe. Es ist tief verwurzelt, so daß Führungskräfte der ersten drei Ebenen „im wesentlichen einer Meinung" sind. Es sorgt für den Primat der Mitarbeiter. Eine gute Darstellung des Selbstverständnisses hebt auch die Bedeutung der Mitarbeiter unmittelbar hervor. Wenn ein Unternehmen seine Mitarbeiter wirklich schätzt, zeigt es das auf vielfache Weisen. Das Wertesystem der Spitzengewinner fördert in der Regel persönliche Initiative und Handlungsfreiheit, damit die Mitarbeiter die Kunden besser bedienen können.

Abschließend stellt die Studie fest.: Erfolgreiche Unternehmen weisen alle sechs Merkmale gleichzeitig auf und arbeiten ständig daran, sie sich dauerhaft zu erhalten. In den besten Unternehmen gibt es etwas wie eine dynamische Anpassungsfähigkeit als in der Organisation vorhandene Triebkraft, die keinen Zweifel daran läßt, daß keine Funktion jemals gut genug ist und die Suche nach Besserem und Neuerem immer weiter gehen muß.

Eine Industriestudie der Beratung McKinsey zusammen mit der Universität Darmstadt [12.19] versuchte Gesetzmäßigkeiten des Unternehmenserfolgs in 40 deutschen Unternehmen des Maschinen- und Komponentenbaus zu erkennen. Zur Charakterisierung des Erfolgs wurden als Kennzahlen Rendite-, Wachstums-, Liquiditätsgrößen aus den Jahren 1985 bis 1989 verwendet (Bild 12.5).

Die besonders Erfolgreichen lagen beim Wachstum mit Zuwächsen von durchschnittlich 9 % weit über dem Wachstum des Bruttosozialproduktes von 5 %. Bei Umsatzrendi-

---

- Bedeutung der sogenannten „weichen Faktoren"

- Religiöse Geltung der Mission

- Funktionen des „Selbstverständnisses"

- Das Wertesystem fördert Initiative

- Alle sechs Merkmale gleichzeitig in erfolgreichen Unternehmen

- Die „Einfach überlegenen" Firmen von Rommel, Brück u.a.

12.3 Andere Untersuchungen über Management und Erfolg

ten von durchschnittlich 7,4 % ließen sie die Durchschnittlichen mit weniger als 3 % weit hinter sich. Als gemeinsame Merkmale der besonders erfolgreichen Unternehmen konnte herausgearbeitet werden:

Spitzenerfolge werden nicht im hochpreisigen Spezialangebot in Marktnischen, sondern im preisempfindlichen Volumengeschäft erzielt. Herausragendste Gemeinsamkeit der Erfolgreichen ist, daß sie gleichzeitig in den drei Dimensionen der operativen Leistungsfähigkeit Kosten, Geschwindigkeit und Qualität besser sind. In einer dieser drei Dimensionen sind sie meist besonders überlegen. Die besten Unternehmen zeichnen sich sowohl in der Zielsetzung als auch in ihren Strukturen und Abläufen durch kompromißlose Einfachheit aus. Grunderkenntnis war wiederum, daß es selbst in schwachen Branchen und schwierigen Zeiten Firmen gibt, die deutlich erfolgreicher sind, als schwache Anbieter in „attraktiven Zukunftsbereichen".

- Große Unterschiede zwischen Erfolgreichen und weniger Erfolgreichen

- Erfolgreiche gleichzeitig stark bei Kosten, Geschwindigkeit und Qualität

- Kennzeichen: kompromißlose Einfachheit

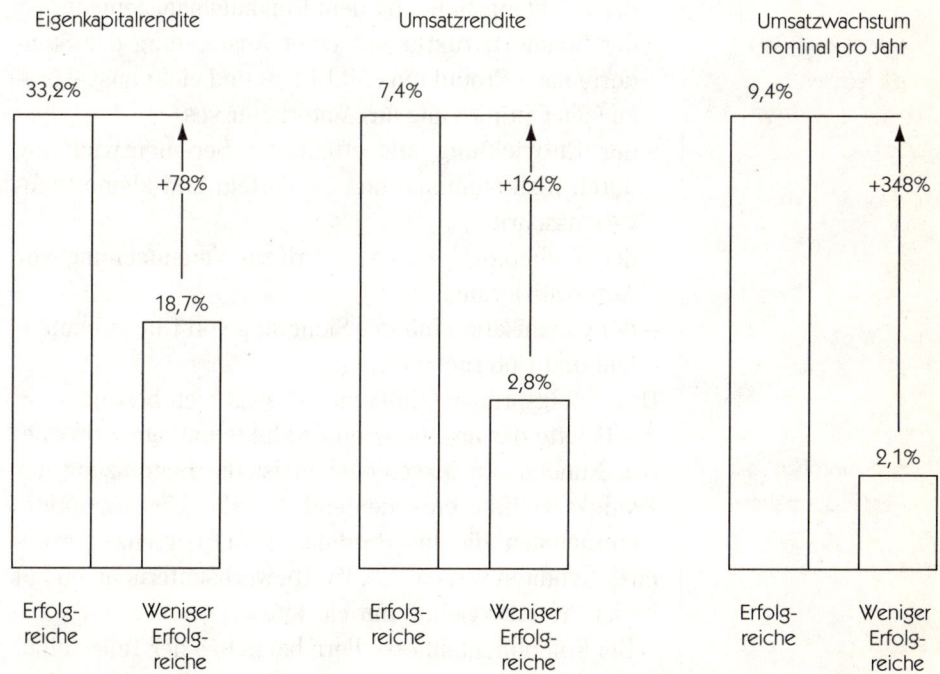

Bild 12.5: Die Eigenkapitalrendite, Umsatzrendite und das Umsatzwachstum der „Erfolgreichen und weniger Erfolgreichen" Maschinenbauunternehmen von 1985 bis 1989

Der Zeit-, Kosten-, und Qualitätsvorsprung wird in der Studie durch konkrete Zahlen für die Maschinenbauer belegt:

- Durchlaufzeiten in der Fertigung im Durchschnitt der Jahre 1985 – 89 mit ca. 8 Wochen um die Hälfte niedriger,
- die Wertschöpfung pro Mitarbeiter um 20 % höher,
- die Qualität von zwei Dritteln ihrer Produkte dem Wettbewerb überlegen, gegenüber gerade 25 % bei den Schwächeren.

• Konkrete Zahlen für Maschinenbauer

Die überlegene Leistung der Spitzenunternehmen hat ihre Wurzel in Einfachheit und Umsetzungsstärke: einfache, realistische Ziele mit hoher Realisierungswahrscheinlichkeit verbunden und mit innerer Einfachheit der Strukturen und Abläufe. Die „Einfachheit" äußert sich in

- der Sortimentsstruktur durch Konzentration auf Kernbereiche bei optimalem Kundennutzen,
- der Fertigungstiefe und dem Einkaufsmanagement,
- der Standortstruktur mit einer Ausrichtung der Standorte nach Produkten (Bild 12. 6) und einer ausgesprochenen Optimierung des Materialflusses,
- der Entwicklung mit effizienter Serienentwicklung durch Risikominimierung im Vorfeld und kleine Innovationsschritte,
- der Technologie mit dem Prinzip Vereinfachung vor Automatisierung,
- der Organisation mit der Sicherung von Überschaubarkeit und Unternehmertum.

• Merkmale der „Einfachheit"

Das Erfolgsprinzip „Einfachheit" zeigt sich besonders in der Palette der angebotenen Produkte und angesprochenen Kunden: Im Maschinenbau ist die Begrenzung der Produktevielfalt entscheidend für die Umsatzrendite. Unternehmen, die ihre Produktevielfalt begrenzen, erreichen Renditen von ca. 7 %, Wettbewerbsunternehmen mit hoher Produktevielfalt nur ca. 4 %.

• „Einfachheit" bei der Produktpalette

Bei Komponentenherstellern hat neben der Teilevielfalt auch die Begrenzung der Kundenvielfalt wesentlichen Einfluß auf die Umsatzrendite. Komponentenhersteller, die sowohl die Kundenvielfalt als auch die Teilevielfalt stark begrenzen, erreichen Umsatzrenditen von durchschnittlich 7 %, während Wettbewerber mit deutlich mehr Teilen und Kunden nur ca. 3 % Umsatzrendite abwerfen. Unternehmen, die ihre Teile- oder Kundenstruktur gestrafft haben, liegen mit 4 bzw. 5 % zwischen diesen beiden Werten.

• Einfluß der Teilevielfalt

Dabei geht es nicht nur einfach darum, Produkte, Teile und Kunden aus dem Programm zu streichen. Erforderlich sind statt dessen geschicktes Vereinheitlichen, gezieltes Bilden von Schwerpunkten. Vor allem ist ein gezieltes Umsetzen der als richtig erkannten Lösungen in die tatsächliche Anwendung wichtig. Erfolgreiche Hersteller sind in der Streichung von „Nulldrehern", d.h. Produktvarianten die weniger als einmal pro Jahr verkauft werden,

• Wege zur Reduzierung der Teilevielfalt

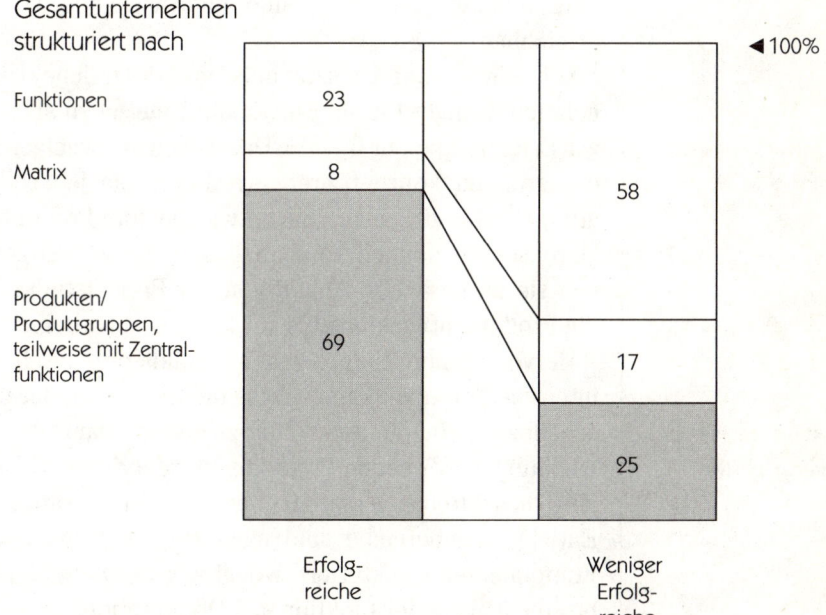

Bild 12.6: Erfolgreiche Maschinenbauer sind meist nach Produkten organisiert (nach Rommel, Brück u.a. 1993)

viel rigoroser. Sie streichen doppelt so viele Produkte wie die weniger erfolgreichen Wettbewerber, obwohl auch diese die Bereinigung des Produktionsprogrammes als wichtig ansehen.

Viele der beschriebenen Erfolgsfaktoren werden durchaus auch bei den weniger erfolgreichen Herstellern als wichtig erkannt. Der Unterschied zwischen Erfolgreichen und den weniger Erfolgreichen besteht darin, daß die weniger Erfolgreichen mangelnde Konsequenz in der Durchsetzung der Zielvorstellungen haben. Erfolgreiche sind auch im Fertigungsdurchlauf konsequenter. Ausschlaggebend für den raschen Durchlauf ist dort, daß die Reihenfolge der Abarbeitung an den Maschinen durch Niedrighalten des Materialvorrates an den Maschinen konsequent eingehalten wird.

- Die Bedeutung der Konsequenz der Umsetzung

Die Erfolgreichen verdanken ihre guten Erträge auch den Leistungen ihren Entwicklungsabteilungen. Diese bringen gezielt Produkte für das anvisierte Segment hervor und widerstehen der Versuchung von den Kunden nicht honorierte Leistungsmerkmale in die Produkte einzubauen. Wenn sich Ziel-Disziplin mit optimalen Entwicklungsabläufen verbindet, sind überraschende Vorteile erreichbar.

- Erfolgsfaktor Entwicklung

Mit 4,5 % vom Umsatz müssen erfolgreiche Unternehmen weniger für die Entwicklung ausgeben als weniger Erfolgreiche mit 6 – 7 %. Da sie sich auf weniger Produktgruppen konzentrieren investieren sie je Produktgruppe 30 bis 40 % mehr. Sie entwickeln ihre Produkte im Durchschnitt doppelt so schnell. Den Zeitvorteil gewinnen sie im gesamten Ablauf von der Projektstudie über die Produktentwicklung bis zur Fertigungsvorbereitung.

- Entwicklungskosten geringer

Hervorragende Unternehmen minimieren durch eine intensive Vorentwicklungsphase die Risiken. In der überschaubaren Hauptentwicklung ziehen sie dann die Entwicklung dieser neuen Produkte effizient durch. Gestützt wird dies durch eine klare und einfache Organisation. Die Entwicklungsbereiche sind nach Produktgruppen oder Komponenten strukturiert, wobei weniger Schnittstellen bestehen als in der funktionalen Organisation.

- Risikominimierung durch intensive Vorentwicklungsphase

Erfolgreiche Unternehmen wählen als Entwicklungstaktik kleine Schritte: Häufige kleine Verbesserungen des

Produktnutzens in variierenden kleinen Zeitabständen bringen im fast kontinuierlichen Strom Verbesserungen hervor, die für den Kunden wahrnehmbar sein müssen. Damit überschauen sie besser, ob ein Produkt noch auf Basis der bisherigen Technologie weiterentwickelt werden kann.

• Die Entwicklungstaktik der kleinen Schritte

12.4 Die Wertung der empirischen Ergebnisse

Die Erkenntnisse der empirischen Untersuchungen scheinen teilweise so banal, daß man die Feststellungen von Untersuchungen über Mißmanagement dazu in Vergleich setzen muß, damit sie glaubwürdig klingen. Sie zeigen, daß zum Erfolg zwar das Handwerkszeug, also Techniken, Instrumente und Systeme gehören und die Beherrschung dieses Handwerkszeuges als selbstverständlich angesehen wird. Die Kunst der Unternehmensführung kann sich nicht auf die Anwendung von Techniken, Instrumenten und Methoden beschränken. Gleichzeitig wird aber auch klar, daß dieses Handwerkszeug nicht überschätzt werden darf und eben nur Mittel zum Zweck ist.

Literatur zu 12

1 Taylor, V. H.: The Principles of Scientific Management. New York 1915 (deutsch: Weinheim 1970)
2 Mayo, E.: The Social Problems of an Industrial Civilization. Boston 1945
3 Hauschildt, J.: Krisenursachen: Aus Schaden klug. Manager Magazin 10, 1983, S. 142 – 152
4 Schwetlick, W.; Lessing, R.: Bilanz des Versagens. Manager Magazin 3, 1977, S. 26 – 33
5 Fischer, A. J.: Maschinenbauunternehmen kämpfen mit vielen Schwachstellen. In: Blick durch die Wirtschaft 71, 12.4.1984
6 Hayek, N. G.: Vom Krisendruck aufgebrochene Schwachstellen. Neue Zürcher Zeitung vom 16.8.1984
7 Schwetlick, W.; Lessing, R.: Therapie gegen Mißmanagment. Manager Magazin 4, 1977 S. 36 – 39
8 Peters, J. T.; Waterman, R. H.: In Search of Excellence. New York 1982 (deutsch: Auf der Suche nach Spitzenleistungen. Landsberg 1984)

9 Pascale, R.T.; Athos, A.G.: Geheimnis und Kunst japanischen Managements. München 1982, Original: The Art of Japanese Management. New York 1981
10 Eichstädt, K.E.: Was Führungstheorien wirklich wert sind. Capital 11, 1984 S. 162 – 164
11 Gerken, G: Der neue Manager. Freiburg 1986
12 Gazdar, K.: Die Suche geht weiter. Management Wissen 9, 1985, S. 28 – 31
13 Caroll D.T.: A disappointing search for excellence. Harvard Business Reviev Nov. 1983
14 Enthofer, H.; Haars, P.; Salminger, S.; Schossleitner, D.: Erfolgskurs für die Krise. Wirtschaftswoche Nr. 40 und 41, (1983), S 46-52, 58-67.
15 Geschäftsbericht der Industriekreditbank AG 1983/84.
16 Albach. H.: Die Innovationsdynamik der mittelständischen Industrie. Vortrag bei der Jahrestagung des Verbandes der Hochschullehrer für Betriebswirtschaft in Bonn am 13. Juni 1984
17 Goldsmith, W.; Clutterbuck, D.: The Winning Streak: Britains top companies reveal their formulas for success. London 1984 (nach Heismann, G.: Manager Magazin 9, 1985, S. 202-231)
18 Clifford, D. K.; Cavanagh, R. E.: Spitzengewinner, Strategien erfolgreicher Unternehmen. Düsseldorf, Wien, New York 1986
19 Rommel, G.; Brück, F.; Diederichs, R.; Kempis R.-D.; Kluge, J.: Einfach überlegen: das Unternehmenskonzept, das die Schlanken schlank und die Schnellen schnell macht. Stuttgart 1993

13 Japanische Methoden des Management

13.1 Unternehmensführung im Wettbewerb der Triade

Die bisherige Darstellung vom Management beleuchtete die in den USA entstandene, in Europa und speziell in Deutschland nach dem Krieg weiter vollzogene Entwicklung der Managementlehre. In den letzten Jahren verdichtete sich, genährt durch die Erfolge der japanischen Industrie, der Eindruck, die Japaner seien den westlichen Ländern mit ihrer Industrie oder ihren Managementmethoden überlegen.

Es ist daher erforderlich, auf die verschiedenen Managementparadigmen der sogenannten Triade einzugehen, d.h. die jeweilige Umwelt in Europa, den USA und Japan, wo sich offensichtlich unterschiedliche Erfolge der jeweiligen Managementsysteme zeigen. Dabei soll in diesem Kapitel zunächst die Entwicklung in den USA und Japan beleuchtet werden, da dies eine Grundlage für das Verständnis der Trends in Europa und für das in allen Diskussionen so dominierende „Lean Management" darstellt.

Viele westliche Beobachter fragen sich, wie es den Japanern gelungen ist, so erfolgreich Produkte zu entwickeln und zahlreiche Märkte zu erobern. Sie haben es in bestimmten Schlüsselmärkten wie dem Automobilbau, der Mikroelektronik, der Unterhaltungselektronik, der Photographie, der Digitaltechnik, der Gentechnik, der Materialtechnik, der Stahlherstellung und bei den Finanzdienstleistungen zur weltweiten Marktbeherrschung gebracht. Daraus ergeben sich Fragen wie: Kann sich die europäische Konzeption der Unternehmensführung im Wettstreit mit den japanischen und amerikanischen Kon-

- Die Überlegenheit der japanischen Industrie in den 80er Jahren

- Die Managementparadigmen in Europa, USA und Japan

- Was ist an den japanischen Konzepten dran? Was können wir daraus lernen?

- Kritik an den Methoden des amerikanischen Management

- Das amerikanische Managementparadigma

- Denken in Dimensionen des Taylorismus

- Funktion der Produktion verkümmert

- Wachstum entsteht durch Marketinginstrumente

- Das Denken ist kurzfristig und finanzorientiert

zepten behaupten ? Was ist an den japanischen Konzepten dran? Welches sind die Erfolgsgründe, lassen sie sich übertragen oder gar verbessert in Europa einführen? Was können wir daraus lernen?

Die zunächst festgestellten, durch die verschiedenen Kulturen bedingten Unterschiede im Management amerikanischer und japanischer Unternehmen führte zu Kritik an den Methoden und Instrumenten des amerikanischen Management. Die These, der Wettbewerb in der Triade, also in Europa, den USA und Japan sei im wesentlichen auf eine Konkurrenz der Managementsysteme zurückzuführen, ist in der Literatur nicht unbestritten.

Die Geschichte der Entwicklung der Managementlehre zeigt, daß das amerikanische Managementparadigma zweifellos weltweit bisher einen großen Einfluß gehabt hat. Die neuere Entwicklung insbesondere seit dem Buch von Womack läßt Zweifel daran aufkommen, daß dies auch in Zukunft so sein könnte. Das amerikanische Managementparadigma läßt sich folgendermaßen charakterisieren [13.1]:

Durch das tief verwurzelte Denken in den Dimensionen des Taylorismus und der Philosophie der Massenfertigung wurde in den USA der Trend zu vielfältigeren, differenzierteren Produkten übersehen. Die Funktion der Produktion als ein strategisches Instrument zur Erzielung von Wettbewerbsvorteilen durch produktivere, prozeßorientierte Organisationsformen und durch Zeitwettbewerb, also durch größere Flexibilität bei der Anpassung an sich rascher ändernde Kundenwünsche, ist verkümmert.

Es bestehen Nachteile sowohl hinsichtlich der Ausbildungssysteme als auch der Arbeitsorganisation gegenüber Japan und Deutschland. Das Wachstum der Wirtschaft wird vornehmlich durch massiven Einsatz von Marketinginstrumenten erzielt, nicht durch Erhöhung moderner, produktiver Kapazitäten. Es ist interessanter, im attraktiven Finanzsektor tätig zu sein, als in den viel weniger angesehenen technisch-wissenschaftlichen Berufen. Daraus resultiert hoher Druck auf die Unternehmen, kurzfristig und möglichst jedes Quartal finanzorientierte Erfolgsmeldungen liefern zu können. Folge ist die

Vernachlässigung langfristigen, strategischen Denkens. Als das Ideal der wirtschaftlichen Entwicklung wird eine Dienstleistungs-, nicht eine Produktionsgesellschaft gepriesen.

Die Japaner haben nach dem Krieg bei der Entwicklung ihrer Industrie in ihrem Denken andere Wege beschritten als die westliche Welt. Sie haben insbesondere die Produktion als wesentlichen Wettbewerbsfaktor erkannt und genutzt (Bild 13.1). Die westliche Welt legte mit einer technikorientierten Strategie den Schwerpunkt auf die Automatisierung mit der Entwicklung immer komplizierterer NC-, DNC,- und CNC-Technik, komplexer Fertigungssteuerungs- und Betriebsdatenerfassungssysteme. Der Flußgedanke mit dem inzwischen importierten prozeßorientierten Denken in Just-in-Time-Systemen wurde dem Streben nach den alles steuernden CIM-Systemen untergeordnet. In Japan hingegen befaßte man sich einem Nachholbedürfnis folgend mit der Einführung des Qualitätsgedankens und bewegte sich bald abseits des taylorschen, arbeitsteiligen Denkens in Richtung einer Strategie der ständigen Verbesserung und der Vermeidung von Verschwendung zu höchst flexiblen und wirtschaftlichen Fertigungssystemen, wie sie der Toyotismus darstellt.

Als Versuch der Erklärung des „japanischen Wirtschaftswunders" wird von vielen Autoren die völlig andere Umwelt des japanischen Unternehmens ins Feld geführt: es seien die lebenslange Beschäftigung, der nach Seniorität bemessene Lohn, geduldige Gewerkschaften. Trotz dieser Mythen seien sie dem wahren Grund nicht auf die Spur gekommen. Die wahren Hauptgründe lägen nach Imai [13.2] im unterschiedlichen Wertesystem der Japaner und im Westen und in dem Konzept von Kaizen.

Bereits in den 80er Jahren wurden eine Reihe von japanischen Managementmethoden und -instrumenten begleitet von entsprechenden Erfolgsmeldungen in die westliche Welt „exportiert", die unter geheimnisvoll klingenden Namen wie KANBAN, JIT (Just-in-time), Quality Circles, Total Quality Management (TQM) und zuletzt KAIZEN rasch bekannt wurden. Vielfach stieß ihre Propagierung und Anwendung aber auch auf heftige Kritik. Erst relativ spät wurde, ausgelöst durch die Studie des MIT bemerkt,

- Andere Wege der Japaner

- Produktion als Wettbewerbsfaktor

- Qualitätsgedanke

- Strategie der ständigen Verbesserung

- Andere Umwelt des japanischen Unternehmens

- Das Wertesystem

- Grund: Japanische Managementmethoden und -instrumente?

- Grundsätzlich andere Auffassungen von industriellen Prozessen

daß nicht nur diese einzelnen Bausteine eines „japanischen" Managementdenkens die wesentlichen Unterschiede ausmachen, sondern grundsätzlich andere Denkweisen und Auffassungen von industriellen Prozessen und der Philosophie von Führung und Organisation von industriellen Unternehmen der wirkliche Grund für den Erfolg der Japaner darstellen.

13.2 Das japanische Wertesystem

Die Wertvorstellungen der Japaner kann man nur verstehen, wenn man sich mit den kulturellen und sozialen Hintergründen befaßt [13.3]. Es ist interessant zu sehen, daß von den ostasiatischen Ländern, diejenigen besonders reüssierten, die sich an konfuzianischen Gesetzen orientierten: Japan, Korea, Taiwan, Honkong, Singapur. Die positivistische und quasi-wissenschaftliche Haltung der

- Der Einfluß der konfuzianischen Denkweise

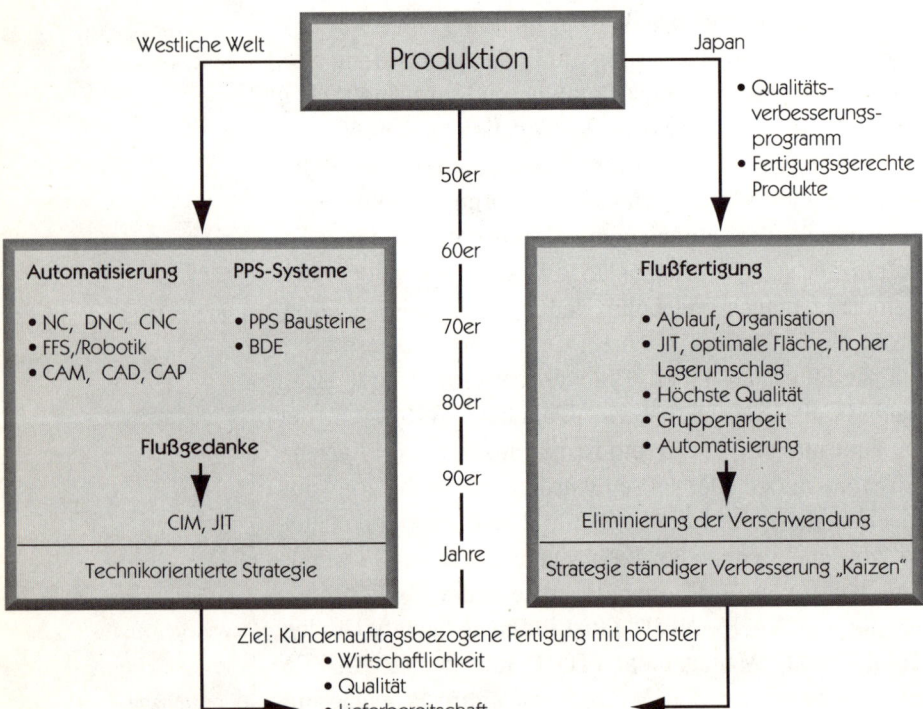

Bild 13.1: Die unterschiedlichen Auffassungen von der Produktion in Japan und der westlichen Welt nach Eidenmüller (1993)

13.2 Das japanische Wertesystem

konfuzianischen Denkweise belebte das Interesse am Studium der Phänomene der Natur und an menschlichen Verhaltensweisen. Persönliche Beziehungen und Loyalität wurden die Grundpfeiler einer feudalen Gesellschaftsordnung, die um Familie und Staat zentriert war. Loyalität, Pietät und Höflichkeit galten als oberste Tugenden.

• Werte: Loyalität, Pietät, Höflichkeit

Die Brillanz des einzelnen wird in Nippon nicht herausgestellt. Sie zählt nur insoweit, als sie zum Erfolg der Gruppe beiträgt. Die Mitglieder der japanischen Arbeitsgruppen gewinnen ihr Selbstverständnis kaum aus individuellen Leistungen oder speziellem Wissen, sondern aus der Identifikation mit den Wert- und Zielvorstellungen ihrer Gruppe. Es besteht insbesondere ein Unterschied im Verständnis der Selbstverwirklichung: In westlichen Firmen ist es in der Regel das individuelle Erfolgserlebnis; in Japan hingegen ist es der Erfolg der Gruppe. Die enge Identifikation mit der Gruppe ermöglicht den Stolz auf das gemeinsam Erreichte.

• Die Priorität der Gruppe vor dem Einzelnen

Ursprünglich stieß in diesem Wertesystem das Ziel der Gewinnmaximierung auf Ablehnung. In den letzten Jahren wandelte sich dies jedoch. Die Gewinnerzielung wird als durchaus erforderliches Ziel zum Überleben angesehen. Allerdings ist in vielen Firmenzielsetzungen das beherrschende Ziel der Dienst am Gemeinwesen.

• Gewinnerzielung paßt inzwischen in japanisches Wertesystem

Die Einstellung zum Wandel ist in Japan positiv, wobei trotzdem die traditionellen Verhaltensmuster beibehalten werden und somit keine sozialen Ängste entstehen. Veränderung und ständiger Wandel ist nach japanischer Auffassung etwas Selbstverständliches. Wandel bedeutet in japanischen Augen Verbesserung. Japaner haben besonderen Mut, mit Neuem zu experimentieren und Risiken einzugehen. Dabei wird immer das Bestreben sichtbar, etwas noch besser als andere zu machen und an der Spitze der Entwicklung zu stehen.

• Positive Einstellung der Japaner zum Wandel

Das Wort Qualität und Perfektion hat einen nahezu Wunder wirkenden Charakter. Jeder wesentlichen Neuerung folgt ein Prozess der permanenten Verbesserung und weiteren Verfeinerung mit dem Streben nach Perfektion in ständig erfolgenden, kleinen Schritten: Kaizen. Die Überzeugung von der Notwendigkeit einer nie endenden

• Jeder Neuerung folgt ein Prozeß der permanenten Verbesserung in kleinen Schritten

- Kaizen und prozeßorientiertes Denken

Verbesserung ist tief in der japanischen Mentalität verwurzelt. Als wichtigster Unterschied zwischen japanischen und westlichen Managementkonzepten wird japanisches Kaizen und die damit verbundene prozeßorientierte Art zu denken gegenüber dem westlichen innovations- und ergebnisorientierten Denken gesehen. Kaizen ist der ausschlaggebende Faktor für den Erfolg des japanischen Management.

13.3 Unternehmen und Mitarbeiter in Japan

- Unternehmen bedeutet in Japan wirklich „Menschen"

- Die Mentalität der „großen Familie"

Die meisten Beobachter im Westen betrachten das japanische industrielle System mit seinen Charakteristika wie die lebenslange Zugehörigkeit zum Betrieb als etwas typisch Japanisches. In Wirklichkeit wurde es in der Zeit des Umbruches nach dem zweiten Weltkrieg durch die faktischen Notwendigkeiten erzwungen. Die Großfirmen wurden durch die amerikanische Besatzungsmacht entflochten. Man hatte vor großen Industriekomplexen Angst, sie könnten wieder zu sehr zum Krieg reizen. Viele Kleinfirmen entstanden, die außer der Arbeitskraft ihrer Mitarbeiter nichts hatten und eher Kommunen als Unternehmen ähnelten. Die dabei gewachsene Mentalität der „großen Familie" hat sich bis heute erhalten. In japanischen Augen ist daher das Unternehmen eine Ansammlung von Menschen, von denen jeder als Mitglied, nicht als Angestellter des Unternehmens angesehen wird. Dieses japanische Konzept vom Unternehmen, das eine Art „Gemeinde oder Dorfsystem" darstellt, unterscheidet sich grundlegend vom westlichen Modell, das die Aktionäre als die Besitzer und die Arbeiter als angestellte Arbeitskräfte versteht. Die Aktionäre gelten in Japan als eine Gruppe wohlhabender und interessierter Geldverleiher. Viele japanische Vorstandsmitglieder würden bei der Frage nach ihrer Hauptverantwortung sagen, daß sie für das Wohlergehen ihres Personals arbeiten. Das japanische System ist also keine Frage kulturellen Erbes. Wie lange diese Werte des japanischen Großunternehmens überleben werden, wenn die Generationen langsam aussterben, die nach dem Krieg diese Entwicklung mitgeprägt haben, ist schwer vorherzusagen.

- Zeitlicher Bestand dieser Werte?

Den meisten japanischen Unternehmen fehlt sogar ein Organisationsschema. Dies ist für westliche Firmen undenkbar. Dennoch - oder vielleicht deswegen - reagieren japanische Unternehmen viel schneller auf eine sich wandelnde Umwelt und sind dennoch in der Lage, langfristige Entschlüsse zu fassen. Das westliche Organisationskonzept wurde vom Militär übernommen. Es soll klare Befehlslinien generieren und in Arbeitsteilung die „Denker" und „Planer" von den Ausführenden trennen. Zwar haben die Japaner diese Form rein äußerlich übernommen. Aber sie haben sie innerlich an die japanische Denkweise angepaßt: in Japan ist jedes „Mitglied des Dorfes" gleichberechtigt und fühlt sich als Generalist. Aus diesem Geist heraus beschränkt sich der Manager im japanischen Unternehmen nicht allein auf seine gegenwärtige Aufgabe sondern sieht seine Pflicht umfassender. Er hat damit auf eine bestimmte Weise eine Top-Management-Perspektive. Da er weiß, daß er mit seinen Kollegen auf Lebenszeit verbunden ist und sie miteinander auskommen müssen, hat er kein Interesse an störenden Machtkämpfen, sondern sucht den Konsens, der zum langfristigen Wohlergehen des Unternehmens führt.

- Japanische Vorstellungen von Organisation

- Der Japaner denkt als Generalist

13.4 Managementaufgaben aus japanischer Sicht

Trotzdem herrscht Ordnung im Unternehmen. Die Aufgaben des Management werden in Japan wie folgt gesehen: Vom Management müssen zunächst grundsätzlich Unternehmenspolitik, Regeln, Anweisungen und Richtlinien festgelegt werden. Dann muß darauf geachtet werden, daß diese Standards auch wirklich befolgt werden. Wenn dies möglich ist und sie nicht befolgt werden, muß das Management zu disziplinären Maßnahmen greifen. Wenn sie nicht befolgbar sind, muß es entweder dies trainieren oder die Standards so überarbeiten, daß sie von den Mitarbeitern eingehalten werden können. Die Arbeit eines Mitarbeiters beruht in jedem Betrieb auf gegebenen, vom Management festgesetzten Standards, also Vorschriften. Dies wird mittels Training und Disziplin aufrecht erhalten.

- Hauptaufgabe ist es, für Einhaltung der Standards und der Disziplin zu sorgen

In Japan wird es als besondere Aufgabe des Managements angesehen, dafür zu sorgen, daß alle Mitarbeiter strikt unter Einhaltung der bestehenden Standards arbeiten. Die Einhaltung der Standards ist jedermanns Pflicht. Das nennt man auch Disziplin. Eine der häufigsten Beobachtungen von Japanern in europäischen und amerikanischen Firmen ist, daß die Disziplin dort fehlt und sich westliche Manager um diese elementaren Aufgaben nicht kümmern. Als wichtige Aufgabe des Management gilt auch zu überlegen, wann die bestehenden Standards das letzte Mal hinterfragt worden sind. Dabei bietet sich eine gute Gelegenheit zu überprüfen, wie es mit der Einhaltung der bisherigen Standards steht.

- In den Augen von Japanern fehlt in westlichen Firmen die Disziplin

Das prozessorientierte Denken überbrückt die Kluft zwischen Prozess und Ergebnis, zwischen Zweck und Mittel, zwischen Zielen und Maßnahmen und hilft den Mitarbeitern zu einer ganzheitlichen und vorurteilsfreien Denkweise. Prozessorientiert denken heißt, das Zustandekommen eines Ergebnisses zu bewerten, nicht das Ergebnis selbst. Es reicht nicht aus, Mitarbeiter allein aufgrund der Ergebnisse ihrer jeweiligen Leistung zu beurteilen. Ein Management sollte besser darauf achten, welche Schritte der Mitarbeiter in Richtung Verbesserung unternommen hat.

- Prozeß- und ergebnisorientiertes Denken

13.5 Kanban und Just-in-Time

Kanban ist eine verbrauchsorientierte Steuerung nach dem Hol-Prinzip, die sich insbesondere bei geringer Fertigungstiefe anstelle einer EDV-Planung an vielen Schnittstellen zwischen Arbeitsgängen einsetzen läßt. Es ist dies ein selbststeuernder Regelkreis [13.4]. Kanban - eigentlich Schild oder Karte - ist ein „Laufzettel" an Behältern von Teilen. Diese z.B. an einer Palette mit Teilen befestigte Karte wird als Bestellung für neue Teile an die im Fertigungsprozess mit der vorgelagerten Operation befaßte Stelle zurückgeschickt, um die nächste Lieferung auszulösen. Kanban ist ein unmittelbarer Arbeitsauftrag des nachgelagerten an den vorgelagerten Prozess. In der reinen Form dieses Konzepts darf nicht ohne „Kanban", d.h.

- Kanban als verbrauchsorientierte Steuerung nach dem Hol-Prinzip

- Kanban ist Auftrag des nachgelagerten an den vorgelagerten Prozess

ohne Bestellung gefertigt werden. Damit werden sämtliche Bestände permanent über Kanban kontrolliert. Jeder Mitarbeiter sieht selbst, ob die Nachfrage zunimmt oder nachläßt. Kanban läßt sich nur bei Serienfertigung einsetzen [13.5].

Kanban ist ein wichtiges Element des Just-in-Time-Prinzips. Darunter ist die von Taiichi Ohno [13.6] entwickelte Philosophie zu verstehen, die sowohl innerbetrieblich als auch in Bezug auf die Zulieferanten unter Vermeidung irgendwelcher Zwischenlagerungen und damit Vergeudung von Zeit und Geld zusichert, daß die einzubauenden Teile genau zur richtigen Zeit am richtigen Ort zur Verfügung stehen. Das dazu angewendete Verfahren ist im allgemeinen Kanban [13.7,8].

- Kanban als wichtiges Element des Just-in-Time-Prinzips

Just-in-Time bedeutet das operative Zusammenwirken aller Produktionsbereiche einschließlich der Zulieferer in einem übergreifenden und durchgängigen Fließsystem. Typische Merkmale sind eine abgestimmte Programmgestaltung, strikte Programmeinhaltung, kleinste Losgrößen und Materialabruf nach dem Hol-Prinzip des Kanban.

- Just-in-Time: ein übergreifendes und durchgängiges Fließsystem

13.6 Total Quality Management (TQM)

Ab 1950 legten W.E. Deming und J.M. Juran, eingeladen als Berater der japanischen Regierung, durch Seminare über Qualitätsmanagement in Japan den Grundstein für die japanischen Qualitätserfolge. Durch die Vorträge von Juran begriff man Qualitätskontrolle in Japan schnell als wichtiges Managementinstrument.

- Qualitätsmanagement in Japan

Im Laufe der Zeit hat sich die Qualitätskontrolle (Quality Control, QC) zur Statistischen Qualitätskontrolle (Statistical Quality Control, SQC) und weiter zur Total Quality Control (TQC) entwickelt, aus der schließlich die unternehmensweite Qualitätskontrolle (Company Wide Quality Control, CWQC) wurde. Der Begriff unternehmensweite Qualitätskontrolle wurde geprägt, um auch im Westen klar zu machen, daß es sich hier nicht um Kontrolle der Qualität der Produkte, sondern um ein alle Aktivitäten des Unternehmens betreffendes Konzept zur Verbesserung dieser Aktivitäten handelt.

- Total Quality Control: Konzept zur Verbesserung aller Aktivitäten des Unternehmens

- Definition von TQC

- TQC in Japan mit dem Ziel der Leistungsverbesserung

- Qualität schon in der Entwicklung „einbauen"

- Ziele der Einführung von TQC bei den Japan Steel Works

TQC geht weit über Qualitätskontrolle hinaus: Imai [13.9] definiert TQC als ein Managementinstrument mit einem systematisch-analytischen Ansatz in Richtung Kaizen und Problemlösung. TQC bedeutet, daß alles in die Qualitätskontrolle einbezogen wird, Mitarbeiter, Organisation und natürlich Hard- und Software. Die TQC-Bewegung in Japan ist nicht allein auf Qualität ausgerichtet. Westliche Beobachter haben den Begriff viel zu viel mit Qualitätskontrolle assoziiert. In Wirklichkeit sieht man TQC in Japan als eine Bewegung mit dem Hauptaugenmerk auf Leistungsverbesserung auf den Gebieten Qualitätssicherung, Kostensenkung, Erfüllung des Produktionsprogrammes, Einhaltung von Lieferterminen, Arbeitssicherheit, Entwicklung von neuen Produkten und Produktivitätsverbesserung. In letzter Zeit findet man TQC auch auf den Gebieten Marketing, Verkauf und Kundendienst sowie Logistik.

Das Hauptaugenmerk der TQC liegt nicht mehr nur in der Aufrechterhaltung der Qualität im Produktionsprozeß, sondern vor allem darin, eine den Anforderungen der Kunden entsprechende Qualität schon in der Entwicklung und im Design „einzubauen". Dieses Axiom ist wahrscheinlich eines der wichtigsten Elemente der TQC. Alle TQC-Aktivitäten orientieren sich an den Bedürfnissen der Kunden. Dennoch neigen Manager oft dazu, an die eigenen Anforderungen zu denken. Zu oft planen sie die Entwicklung eines neuen Produktes nur, weil gerade Kapazität oder finanzielle Mittel verfügbar sind.

Beispielsweise wurden die Ziele der Einführung von TQC bei den Japan Steel Works im Jahre 1979 wie folgt formuliert (Imai 1992):

– Herstellung von Produkten und Dienstleistungen, welche die Kundenanforderungen weitestgehend erfüllen und das Vertrauen der Kunden gewinnen.
– Höhere Profitabilität des Unternehmens durch verbesserte Arbeitsabläufe, weniger Fehler, geringere Kosten, weniger Garantieleistungen und eine verbesserte Auftragsabwicklung.
– Unterstützung der Mitarbeiter bei der Erfüllung des Unternehmensziels insbesondere in Richtung Durch-

gängigkeit der Unternehmenspolitik und freiwilliger Aktivitäten.

Da die TQC auch an Problembereichen wie Kostensenkung, Qualitätssicherung, Programmsteuerung usw. ansetzt, entstand unter ihrem Einfluß das Konzept des funktionsübergreifenden Management. Dabei arbeiten verschiedene Schnittstellen funktionsübergreifend zusammen. Ein oft zitierter Leitsatz in Unternehmen, die sich zur Einführung von TQC entschlossen haben, ist das „Niederreißen von Barrieren zwischen den Abteilungen".

- TQC führt zu funktionsübergreifendem Management

Ishikava [13.10] machte die inzwischen berühmte Aussage: „Der nächste Prozess ist der Kunde". Dieser Gedanke hat bewirkt, daß die Arbeiter und Ingenieure ihre Kunden nicht mehr ausschließlich auf dem Markt bei den Käufern des fertigen Produktes gesucht haben, sondern auch in den Kollegen bei den nachgeordneten Prozeßschritten, an die die eigene Arbeit weitergegeben wird. Wenn man die Kollegen der nächsten Prozeßschritte als Kunden betrachtet, ist es von Anfang an erforderlich, die Probleme am Arbeitsplatz als solche zu identifizieren, zu akzeptieren und alles nur Mögliche zu deren Lösung zu tun. So muß der Konstruktionsingenieur die Mitarbeiter in der Fertigung als seine Kunden betrachten.

- Der nächste Prozess ist der Kunde

- Den vorgelagerten Prozess im Griff haben

Wenn aber die Kollegen im nachgelagerten Bereich als Kunden angesehen werden sollen, ist es eine Forderung der kundenorientierten TQC, daß diesen niemals Schwierigkeiten gemacht werden dürfen. Wenn ein fehlerhaftes Produkt in die nächste Bearbeitungsstufe geht, werden dadurch auch Probleme verlagert. Durch die Notwendigkeit der Korrektur des Fehlers wird der Prozeß gestört und eine niedrigere Effizienz bewirkt. Die Vermeidung all dieser Fehler in der Prozesskette führt also zu höherer Effizienz in der Fertigung. Das gesamte Konzept der kundenorientierten Qualitätssicherung (TQC) geht davon aus, daß die Sicherung der Qualität eines jeden einzelnen Arbeitsschrittes letztlich auch die Qualität des fertigen Produktes bestimmt. Diese als Konzept der Beherrschung des vorgelagerten Prozesses (Upstream Management) bezeichnete Denkweise umfaßt die Einbindung von Händlern, Lieferanten und anderen Partnern in den Verbesserungsprozeß.

- Höhere Effizienz durch Vermeidung von Fehlern

- Die Qualität jedes Arbeitschrittes bestimmt die Qualität des fertigen Produktes

Japanische Manager vertreten die Auffassung, daß Verbesserung um der Verbesserung willen der sicherste Weg zu Erhöhung der Wettbewerbsfähigkeit eines Unternehmens ist. Wenn man auf Qualität bedacht ist, stellen sich die Gewinne von selbst ein. Die in europäischen Unternehmen verbreitete Meinung, daß Qualität etwas kostet, durch hohe Qualitätsanforderungen also hohe Kosten entstehen, wird nicht geteilt.

Die erfolgreichen Japaner kennen kein Controlling. Die abgespaltene Unternehmensfunktion, in der für die Linie Daten gesammelt und aufbereitet, Kosten ermittelt und kontrolliert, Berichte verfaßt und der Zielerreichungsgrad ermittelt wird, besteht in Japan nicht [13.11]. Eine „Controlling-Philosophie" nämlich „alles was er heute tut, morgen kostengünstiger zu machen", wurde in den „Köpfen aller Mitarbeiter" identifiziert.

Die Ziele werden in Japan nach den Beobachtungen in 12 Unternehmen von jedem einzelnen Mitarbeiter selbst kontrolliert, der damit selbst die Position des Controllers ausübt. Wesentlicher Unterschied zu westlichen Unternehmen ist auch, daß nicht alle Ziele zunächst in die Sprache des Rechnungswesens, also in Kosten übersetzt werden, um nach Soll-Ist-Vergleichen in komplizierte Ursachenanalysen zurückübersetzt werden zu müssen. In Japan wird vielmehr nach Sachdaten gesteuert, wie Produktionszahlen, Zeiten, Ausschuß- und Nacharbeitsraten.

In Japan geht man vom Grundsatz aus, „Qualitätskontrolle beginnt mit Training und endet mit Training". Daher werden Topmanagement, Mittelmanagement und Arbeiter regelmäßig in QC trainiert. Eine Einführung von TQC ist in Japan immer mit hohem Trainingsaufwand für Führungskräfte und Mitarbeiter verbunden. Hauptziel des Trainings ist es, das Denken der Mitarbeiter in Richtung TQC zu lenken, mehr noch, eine Bewußtseinsrevolution einzuleiten.

In japanischen Betrieben engagieren sich kleine Gruppen von Mitarbeitern auf freiwilliger Basis in Richtung Qualitätsverbesserung. Diese Initiativen wurden unter dem Namen Qualitätszirkel bekannt. Der Qualitätszirkel ist eine kleine Gruppe, die im Betrieb auf freiwilliger Basis in Richtung Qualitätskontrolle aktiv ist. Sie arbeitet beständig im

---

- Wettbewerbsfähigkeit durch Verbesserung um der Verbesserung willen

- Japaner kennen kein Controlling

- In Japan wird nach Sachdaten gesteuert

- Qualitätskontrolle beginnt mit Training

- Hoher Trainingsaufwand

- Qualitätszirkel

Rahmen eines unternehmensweiten Programmes für Qualitätskontrolle, Selbstentwicklung, Weiterbildung gegenseitige Wissensweitergabe, Ablaufsteuerung und Verbesserung am Arbeitsplatz. Wer die Entwicklung der QC-Zirkel in Japan verfolgt hat, der weiß, daß sie sich oft auf Problemfelder wie Kosten, Arbeitssicherheit, und Produktivität konzentrieren und daß ihre Aktivitäten nur indirekt mit der Verbesserung der Produktqualität zu tun haben. Zum großen Teil zielen ihre Aktivitäten auf Verbesserungen am Arbeitsplatz ab. Der Qualitätszirkel ist also eigentlich weniger ein Instrument der Qualitätsverbesserung im engeren Sinn, sondern ein Instrument zur gesamten Leistungsverbesserung eines Unternehmens. Die Bedeutung der Qualitätszirkel wurde von westlichen Beobachtern, die sie als tragende Säule der japanischen TQC-Aktivitäten sahen, allerdings oft überschätzt.

• Kleine Gruppen auf freiwilliger Basis zur Verbesserung der Qualität und Leistung

Wenn es um Qualität geht, denkt man zuerst an die Qualität der Produkte. Bei der TQC geht es jedoch in erster Linie um die Qualität der Mitarbeiter. Ein Betrieb, dem dies gelingt, befindet sich auf dem besten Weg zur Erzeugung von Qualitätsprodukten. Mitarbeiter zur Qualität hinzuführen, heißt diesen zu Qualitätsbewußtsein zu verhelfen. Im Arbeitsumfeld gibt es eine Fülle von bereichseigenen und funktionsübergreifenden Problemen. Man muß den Mitarbeitern helfen, dies zu erkennen. Der nächste Schritt heißt Training der Mitarbeiter in Problemlösungen, damit sie die erkannten Probleme auch lösen können. Um zu vermeiden, daß ein gelöstes Problem erneut auftaucht, müssen die Ergebnisse der Problemlösung standardisiert werden.

• Qualität der Mitarbeiter ist auch Anliegen von TQC

13.7 Die Philosophie von Kaizen

Kaizen [13.12] bedeutet Verbesserung des Status Quo in kleinen Schritten als ein Ergebnis laufender Bemühungen. Unter Verbesserung kann man sowohl einen großen, sprunghaften, als auch einen oder viele kleine Schritte verstehen. Mit dem vielfach strapazierten Begriff Innovation meint man im Westen eine drastische Verbesserung des Status Quo als Ergebnis einer großen Investition, Ent-

• Definition von Kaizen

- Verbesserung des Status Quo in kleinen Schritten

- Gegensatz von Kaizen und Innovation

- Kaizen auch bei privaten und öffentlichen Belangen

wicklung oder „Erfindung". Eine Innovation verläuft dramatisch, spektakulär als einmaliger großer Schritt und springt sofort ins Auge. Innovation ist meist mit Einführung neuer komplexer Technologien oder mit großen Investitionen verbunden. Kaizen benötigt im Unterschied dazu nur einfache Managementinstrumente und meist kaum Investitionen. Der Zustand eines innovativen Systems wird sich in der Praxis nach Bild 13.2 entwickeln. Er wird sich ständig verschlechtern, wenn nicht laufend Anstrengungen unternommen werden, das System zu erhalten und zu verbessern.

Es gibt zwei unterschiedliche Wege zum Erfolg: Der eine läuft in kleinen Schritten ab, der andere in großen (Bild 13.3). Japanische Unternehmen bevorzugen im allgemeinen die kleinen Schritte, während westliche Unternehmen sich für die großen Schritte entscheiden. Jedoch bedeutet Kaizen Verbesserung in kleinen Schritten als ein Resultat ständiger Bemühungen. Daher muß nach der Denkweise der Japaner auf eine Innovation sofort Kaizen erfolgen. Kaizen ist ständig bemüht, Standards nicht nur zu erhalten sondern zu verbessern.

Kaizen ist eine Vorgehensweise, die kulturbedingt in Japan verankert ist und nicht nur die Arbeitsabläufe und Prozesse betrifft, sondern sich auch ständig auf private und öffentliche Belange bezieht [13.13]. Eine Verbesserung an sich ist als Wert unbestritten, weil das Wort schon etwas Positives darstellt. Wo immer im Betrieb Verbesserungen erreicht werden, führen sie zu verbesserter Qualität und zu

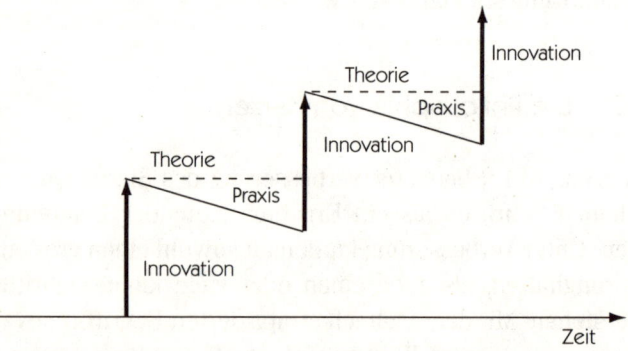

Bild 13.2: Die Verschlechterung eines Zustandes in der Praxis zwischen größeren Innovationsschritten nach Imai (1992)

13.7 Die Philosophie von Kaizen

verbesserter Produktivität. Ausgangspunkt jeder Verbesserung ist das Erkennen ihrer Notwendigkeit, d.h. das Erkennen eines Problems. Daher legt Kaizen großen Wert auf Problembewußtsein und bietet Techniken zum Erkennen von Problemen an.

Imai stellt fest: „Nach vielen Jahren des Studiums westlicher Geschäftspraktiken kann ich behaupten, daß dieses Kaizen-Denken in den meisten Betrieben des Westens entweder gar nicht oder nur sehr schwach ausgeprägt ist. Mehr noch, man lehnt es ab, ohne sich seiner Vorteile bewußt zu sein". Vielfach kommt das „not invented here"-Syndrom zum Ausdruck.

• Kaizen-Denken in den Betrieben des Westens nicht ausgeprägt

Ein Beispiel ist die Entwicklung eines neuen Produktes, wenn sie sequentiell, also in nacheinander folgenden Schritten in den verschiedenen Funktionen Marktforschung, Marketing, Produktentwicklung, Prozess- und Maschinenentwicklung und Produktion erfolgt. Deshalb ist Organisation und Managementdenken in Japan prozeßorientiert. Das prozeßorientierte und funktionsübergreifende Denken überbrückt die Kluft zwischen Prozess und Ergebnis, zwischen Zweck und Mittel, zwischen Zielen und Maßnahmen und hilft den Mitarbeitern zu einer ganzheitlichen Denkweise. Während man im Westen funktionsübergreifende Probleme vornehmlich im Zusammenhang mit der Lösung von Konflikten be-

• Prozessorientiertes Denken in Japan

• Funktionsübergreifende Probleme im Westen: Konflikte

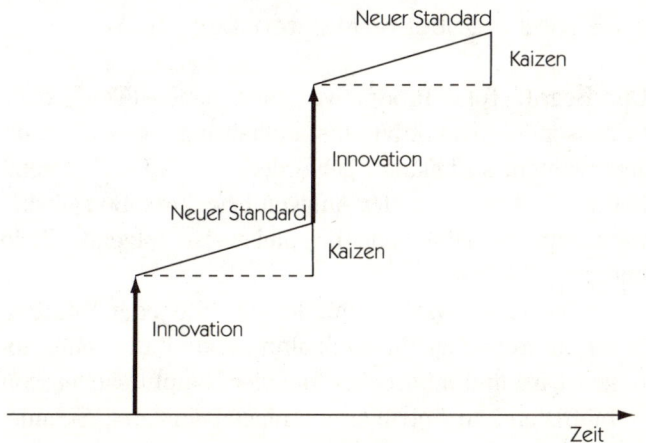

Bild 13.3: Die Verbesserung eines Zustandes bei Anwendung von Kaizen zwischen den Innovationsschritten nach Imai (1992)

trachtet, will die Kaizen-Strategie dem japanischen Management einen systematischen und auf Zusammenarbeit basierenden Zugang zur Lösung funktionsübergreifender Probleme bieten.

Kaizen löst Probleme durch Etablierung einer Unternehmenskultur, in der jeder ungestraft das Vorhandensein von Problemen eingestehen kann. Während man im Westen funktionsübergreifende Probleme vornehmlich im Zusammenhang mit der Lösung von Konflikten betrachtet, will die Kaizen-Strategie dem japanischen Management einen systematischen und auf Zusammenarbeit basierenden Zugang zur Lösung funktionsübergreifender Probleme bieten. Hierin liegt das Geheimnis des japanischen Wettbewerbsvorteils.

- Einfluß von Kaizen auf die Unternehmenskultur

In den meisten japanischen Unternehmen existieren Kaizen-Bewegungen. Man geht davon aus, daß ein Manager mindestens 50 % seiner Aufmerksamkeit auf Kaizen verwenden sollte.

- 50 % der Aufmerksamkeit für Kaizen

Nicht nur Manager suchen laufend nach Wegen zur Verbesserung von Systemen und Abläufen, sondern auch das mittlere Management, Meister und vor allem Arbeiter sind in Kaizen intensiv involviert. Das Konzept der Beherrschung der vorgelagerten Prozesse (Upstream Management) beinhaltet auch die Einbindung von Händlern, Lieferanten und anderen Partnern in den Verbesserungsprozess.

- Umfassende Einbindung aller in Kaizen

13.8 Total Productive Maintenance (TPM)

Der Begriff Total Productive Maintenance (TPM) oder umfassende produktive Instandhaltung ist außerhalb Japans nicht so bekannt geworden wie TQC. TPM setzt bei der Verbesserung der Anlagen bzw. ihrer Betriebsbereitschaft an. TPM kann beispielsweise folgende Ziele haben:

- Die umfassende Instandhaltung

1. Aufbau eines Systems, mit dessen Hilfe jeder Mitarbeiter in freiwillige Instandhaltungsaktivitäten einbezogen wird und mitarbeitet, die vier Hauptursachen von Ineffizienz zu verringern: Anlagenstillstand, Schmierung, Zeit für den Wechsel von Werkzeug und defekte Teile.

- Einbeziehen aller Mitarbeiter in TPM

2. Deutlich verbesserte Problemlösungsfähigkeit des Instandhaltungspersonals und dessen Engagement für Kaizen-Aktivitäten mit dem Ziel eines Anlagenstillstandes Null.
3. Verbesserung der Produktionsbereitschaft von Maschinen und Werkzeugen durch Verminderung der Umrüst- und Reparaturzeiten.

• Verbesserung von Problemlösungsfähigkeit und Produktionsbereitschaft

13.9 Die Strategien der Japaner

Der Präsident von Sony hat auf dem Weltwirtschaftsforum in Davos gesagt, daß die amerikanischen den japanischen Unternehmen unterlegen wären, weil sie nicht strategisch denken könnten, sondern sich nur kurzfristig nach den Quartalsdividenden ausrichten.

• Denken Japaner strategischer?

Die Strategien der Japaner auf dem Gebiet der internationalen Chipsmärkte schildert Lejeune [13.14] folgendermaßen: Im Jahre 1985 begann der japanische Siegeszug auf den internationalen Chipsmärkten. Die Japaner waren gerüstet, die Weltmärkte mit Massen von Chips zu Niedrigpreisen zu überschwemmen. Japan verschaffte sich dabei wie immer seine Marktstellung über den Preis. Nachdem sie bereits mehr als die Hälfte des Weltmarktes beherrschten, folgten sie der Empfehlung der Anti-Dumping-Kommission, erhöhten die Exportpreise und verteuerten damit indirekt die Endprodukte ihrer Konkurrenten. Es wurde dabei nach der „Drogen-Preis-Methode" verfahren. Das heißt, zunächst bekommt man das Produkt fast umsonst, dann immer noch sehr billig, und wenn eine Abhängigkeit besteht, werden die Preise kräftig heraufgesetzt. Die japanischen Halbleiterhersteller setzen eindeutige Prioritäten. Die Belieferung der eigenen Industrie hat absoluten Vorrang. Dann kommen die großen US-Firmen und danach erst die europäische Industrie.

• Die Strategien der Japaner auf den Märkten für Chips

In langfristig ausgerichteten Strategien wissen die Japaner kühl Aufwand und Ertrag, Risiko und Gewinnaussichten gegeneinander abzuwägen. Selbst Strafgelder in Millionenhöhe für Kopieren eines Patentes werden von ihnen ohne ein Wimpernzucken bezahlt, wenn dadurch wie vorher ausgerechnet die Forschungs- und Entwick-

- Die langfristigen Strategien der Japaner

- Vorrang des Gesamterfolges des Landes vor individuellem Gewinnstreben

lungskosten eingespart werden können. Im Gegensatz zu Europa wird in Japan nichts, aber auch gar nichts dem Zufall überlassen. Der Kampf über den Preis als Waffe ist nur ein Teil der japanischen Einkreisungsstrategie. So hart und unerbittlich der japanische Binnenwettbewerb auch ist, nach außen tritt die japanische Wirtschaft geschlossen auf. Der Gesamterfolg des Landes hat in Japan absoluten Vorrang vor individuellem Gewinnstreben. Die Japaner haben als Endziel die dauerhafte Eroberung der Märkte vor Augen. Neben der Produktion haben sie auch ihr weltweites Vertriebssystem straff unter Kontrolle. Auch die Preise differieren erheblich. So wird der japanische Binnenmarkt wesentlich günstiger beliefert.

Literatur zu 13

1 Steger U.: Future Management. Frankfurt 1992
2 Imai, M.: Kaizen. Der Schlüssel zum Erfog der Japaner im Wettbewerb. 2. Aufl. München 1992
3 Schneidewind, D.: Das japanische Unternehmen. Berlin, Heidelberg New York 1991
4 Leyde J.M.: Just in Time bei Landis & Gyr. In: Wildemann, H.(Hrsg).: Lean Management. Frankfurt 1993
5 Shigeo Shingo, S.: Das Erfolgsgeheimnis der Toyota-Produktion. Landsberg 1992
6 Ohno, T.: Toyota Production System: Beyond Large Scale Production System. Cambridge 1988
7 Handelsblatt (Hrsg.): Just in Time. Handelsblattserie 1987, Düsseldorf 1987
8 Wildemann, H.(Hrsg.): Just-in-Time-Produktion. Erfahrungsberichte aus Japan, USA Europa. München 1987
9 Imai, M.: Kaizen, der Schlüssel zum Erfolg der Japaner im Wettbewerb. 2.Aufl. 1992
10 Ishikava, K.: What is Total Quality Control? Englewood Cliffs, N.J. 1985
11 Deutsch, Ch: Controlling, Wie die Schildkröte. Wirtschaftswoche Nr. 46, 6.11.1992
12 Imai, M.: Kaizen, der Schlüssel zum Erfolg der Japaner im Wettbewerb. 2.Aufl. 1992
13 Shigeo Shingo, S.: Das Erfolgsgeheimnis der Toyota-Produktion. Landsberg 1992 S. 256
14 Lejeune, J. E.: Mr. Chip. Bergisch Gladbach 1990
15 Eidenmüller, B.: Lean Production – Herausforderung für das Produktionsmanagement. In: Wildemann (Hrsg.): Lean Management. Frankfurt am Main 1993

14 Lean Management

Der Begriff „Lean Production" stammt nicht aus Japan. Er wurde von John F. Krafcik, einem der Autoren der im November 1990 erschienenen, weltbekannten Studie des MIT „The Machine That Changed The World" [14.1] geprägt. Lean bedeutet schlank, fit oder athletisch. Für Lean Production bzw. Lean-Management wurde ein eigenes Kapitel zur Darstellung gewählt, weil westliche Beobachter darin eine radikal neue Sichtweise des bei uns üblichen Managements industrieller Prozesse erkannt haben, das nunmehr weltweit außerhalb Japans nachgeahmt wird. Es soll in diesem Kapitel versucht werden, eine zusammenfassende Übersicht über die Grundideen von Lean-Management aus der Sicht der westlichen Autoren zu geben und die bereits in Kapitel 13 dargestellten japanischen Managementinstrumente als Bausteine in den Gesamtzusammenhang einzufügen.

- Radikal neue Sichtweise des Managements industrieller Prozesse

14.1 Das Toyota-Management

Japanische Gesprächspartner können nichts mit dem Begriff „Lean Management" anfangen. Sie kennen nur das Toyota-Management. Die Entwicklung des Toyota-Management ist eigentlich die Geschichte des Lean Management. Bei dieser Produktionsphilosophie hat das innerhalb des Toyotakonzerns entwickelte Produktionssystem eine paradigmatische Rolle gespielt und wurde in den 50er und 60er Jahren zu dem Zweck entwickelt, die Prinzipien der amerikanischen Massenproduktion mit den Anforderungen des japanischen Marktes in Bezug auf die Herstellung vieler Varianten und Modelle zu kombinieren.

- Marktforderung in Japan: Varianten und Modellvielfalt

- Toyotismus: Steigerung von Qualität, Produktivität und Flexibilität

- Definitionen von Lean Management

- Die Zahlen der MIT-Studie

- Produktivität in Stunden pro Auto

- Qualität in Montagefehlern pro Wagen

- Unterschiede in Zeit und Produktivität der Entwicklung

Als Erfinder gilt Taiichi Ohno, damals Betriebsingenieur und später Vizepräsident der Toyota Motor Corporation. Der „Toyotismus" beinhaltet im Vergleich zu der traditionellen Massenproduktion eine entscheidende Steigerung von Qualität, Produktivität und Flexibilität [14.2].

„Lean Management ist mehr als ein neues Rezept. Es ist eine radikal andere Sichtweise des bei uns üblichen Managements industrieller Prozesse" [14.3].

„Lean Management ist ein komplexes System, welches das gesamte Unternehmen umfaßt. Es stellt den Menschen in den Mittelpunkt des unternehmerischen Geschehens. Seine Elemente sind geistige Leitlinien, Arbeitsprinzipien mit neuen Organisationsüberlegungen, integrierende Strategien zur Lösung der zentralen Unternehmensaufgaben, wissenschaftlich ingenieurmäßige Methoden sowie eine Reihe pragmatischer Arbeitswerkzeuge, für Mitarbeiter" [14.4].

14.2 Erfolge des Lean Management

Im Jahr 1990 rüttelten die in der Studie des MIT [14.1] publizierten Zahlen die Weltöffentlichkeit auf, obwohl schon viele frühere Hinweise den Vormarsch der Japaner bestätigt hatten. Die Untersuchung zeigt bei Herstellern von Großserienwagen sowie bei Luxusautos hinsichtlich Produktivität und Qualität von weltweit ca. 60 Standorten ganz erhebliche Differenzen. Während die Europäer im Durchschnitt 36,2 Stunden, amerikanische Werke 25,1 Stunden pro Auto benötigten, brauchten japanische Werke nur 16,8 Stunden.

Doch auch die Qualität japanischer und westlicher Autohersteller weicht entsprechend ab: ausgedrückt als Anzahl der Montagefehler pro Wagen liegt der Durchschnitt in Europa mit 97,0 und in den USA mit 82,3 Fehlern deutlich höher als bei japanischen Werken in Japan mit 60,0.

Die Unterschiede in Bezug auf die Produktivität in der Entwicklung und der Entwicklungszeit verhalten sich ähnlich [14.5]: Während in Europa und USA etwa 3,4 bzw. 3,5 Mio. Entwicklungsstunden erforderlich sind, reichen in Japan 1,2 Mio. Stunden aus. Auch die Entwicklungszeiten sind in Europa und USA mit 61 bzw. 62 Monaten deutlich höher als in Japan mit 43 Monaten.

Es ist schwer Lean Management so ohne weiteres zu erklären. Von vielen wird Lean Management mit Gruppenarbeit gleich gesetzt oder es werden in einem Atemzug japanische Techniken und Instrumente wie Kanban, Just-in-time, Total Quality Management oder – wie dies besonders in Deutschland der Fall ist – Gruppenarbeit genannt. Dies sind jedoch nur Bausteine. Lean Management ist mehr: Es enthält all diese Bausteine und verwendet die japanischen Managementtechniken wie z.B. Kaizen, Total Quality Management als Elemente in einem umfassenden Konzept.

- Lean Management ist nicht nur Gruppenarbeit

14.3 Prinzipien des Lean Management

In ihrem praktisch orientierten Buch über Lean Management haben Bösenberg/Metzen eine Darstellung dieses Phänomens derart versucht, daß sie 5 Leitgedanken definiert haben. Diese werden wiederum durch Kernsätze ergänzt und erklärt. Sie stellen dabei fest, daß ihre „Beschreibungen des leanen Management lediglich als Kompaß dienen können". Dann versuchen sie, mit 10 Arbeitsprinzipien „als Übersetzung der allgemeinen Leitgedanken in die Sprache der konkreten Arbeitsorganisation" weiterzukommen. Diese sollen keine konkreten Lösungsstrategien oder standardisierte Lösungsmethoden, sondern mehr Richtungshinweise im Sinne praktischer Erfahrungssätze darstellen. Die einzelnen Arbeitsprinzipien (Bild 14.1) beinhalten eine Reihe von bekannten, japanischen Managementmethoden. Darüber hinaus halten es Bösenberg/Metzen für richtig, noch 6 Grundstrategien zu formulieren. Sie sollen Musterlösungen für die wichtigsten internen Aufgaben des Unternehmens bieten. Die Grundstrategien sind nach Meinung der Autoren nur „als Gesamtpaket wirksam, haben sich alle miteinander entwickelt und wirken auf das Ganze nur als gemeinsames Strategiebündel".

Zentrale Denkansätze des Lean Management

10 Arbeitsprinzipien	6 Grundstrategien
1. Gruppe, Team	1. Kontinuierlicher Material-Fluß (Just-in-time, Kanban)
2. Eigenverantwortung	2. Umfassendes Qualitätsmanagement Total Quality Management
3. Feedback	
4. Kundenorientierung	
5. Wertschöpfung	3. Integrierte Produktentwicklung – Simultaneous Engineering
6. Standardisierung	
7. Ständige Verbesserung	
8. Sofortige Fehlerabstellung	4. Proaktives Marketing
9. Vorausdenken, -planen	5. Strategischer Kapitaleinsatz
10. Kleine, beherrschte Schritte	6. Unternehmen als Familie

Bild 14.1: Tabelle von Womack: Bewertung Standardauto

Um Lean Management zu charakterisieren, definieren Bösenberg/Metzen eine Reihe von Arbeitsprinzipien und Grundsätze für die Organisation:

- 10 Arbeitsprinzipien

1. Die Aufgaben werden in der Gruppe oder im Team erledigt. Der Konsensgedanke ist bei der Lösung der Aufgabe dominant, interner Wettbewerb wird vermieden.

- Gruppe, Team

2. Jede Tätigkeit wird in Eigenverantwortung durchgeführt. Den Rahmen dazu bilden die Standards, die für jede Tätigkeit erstellt werden. Kann die geforderte Qualität nicht eingehalten werden, wird der Arbeitsfluß unterbrochen.

- Eigenverantwortung

3. Alle Aktivitäten, vom einzelnen bis zum kompletten Funktionsbereich, werden von einem außergewöhnlich intensiven Feedback begleitet. Die Reaktionen von Außenwelt, System oder Anlagen dienen zur Steuerung des eigenen Handelns.

- Feedback

4. Alle Aktivitäten sind streng auf Kunden orientiert. Die Wünsche des Kunden haben oberste Priorität im Unternehmen.

- Kundenorientierung

5. Die wertschöpfenden Tätigkeiten haben oberste Priorität im Unternehmen. Das gilt für alle verfügbaren Ressourcen.

- Priorität der Wertschöpfung

14.3 Prinzipien des Lean Management

6. Formalisierung und Standardisierung der Arbeitsgänge erfolgt durch einfache schriftliche und bildliche Darstellungen.
7. Die ständige Verbesserung aller Leistungsprozesse bestimmt das tägliche Denken. Es gibt keine endgültigen Ziele, sondern nur Schritte in die richtige Richtung.
8. Jeder Fehler wird als Störung des Prozesses angesehen, der sofort an der Wurzel abgestellt werden muß und dem bis auf die eigentliche Ursache nachzugehen ist.
9. Nicht die erfolgreiche Reaktion, sondern die Vermeidung künftiger Probleme gilt als Ideal. Das Denken erfolgt wie bei einem Schachspieler über mehrere Züge im voraus.
10. Die Entwicklung erfolgt in kleinen, beherrschten Schritten. Das Feedback auf jeden Schritt steuert den nächsten. Die Geschwindigkeit wird durch die schnelle Folge der Schritte erhöht.

- Standardisierung
- Ständige Verbesserung
- Sofortige Abstellung der Fehler
- Vorausdenken, Vorausplanen
- Kleine, beherrschte Schritte

Aus Pfeiffers [14.6] Sicht ist Lean Management ein Bündel von Prinzipien und Maßnahmen zur effektiven und effizienten Planung, Gestaltung und Kontrolle der gesamten Wertschöpfungskette industrieller Güter. Sein Grundverständnis geht also in Übereinstimmung mit der allgemeinen Auffassung viel weiter, als es der Ausdruck Lean Production deutlich macht, und sieht weit mehr betroffen als nur die Produktion.

- Bündel von Prinzipien und Maßnahmen zur effektiven und effizienten Gestaltung der Wertschöpfungskette

Pfeiffer versucht, die Prinzipien des Lean Management zu systematisieren. Prinzipien definiert er als „verdichtete Handlungsanweisungen zur Gestaltung von Entscheidungsprozessen". Die Prinzipien sollen eine Funktion als Orientierungshilfe übernehmen. Er gliedert dabei in prozessuale und inhaltliche Prinzipien. Dies ist in einer Übersicht in Bild 14.2 dargestellt.

- Systematisierung der Prinzipien des Lean Management

Prozessuale Prinzipien behandeln das „Wie" des Vorgehens und sind solche des rationalen Denkens und Handelns, die relativ unabhängig von der eingenommenen Perspektive gelten. Die prozessualen Prinzipien können wiederum in methodische und in Attitüden-Prinzipien unterschieden werden.

- Prozessuale und inhaltliche Prinzipien

Die methodischen Prinzipien sind: Systematik, Integriertheit und Interdiziplinarität. Jedes Vorgehen muß

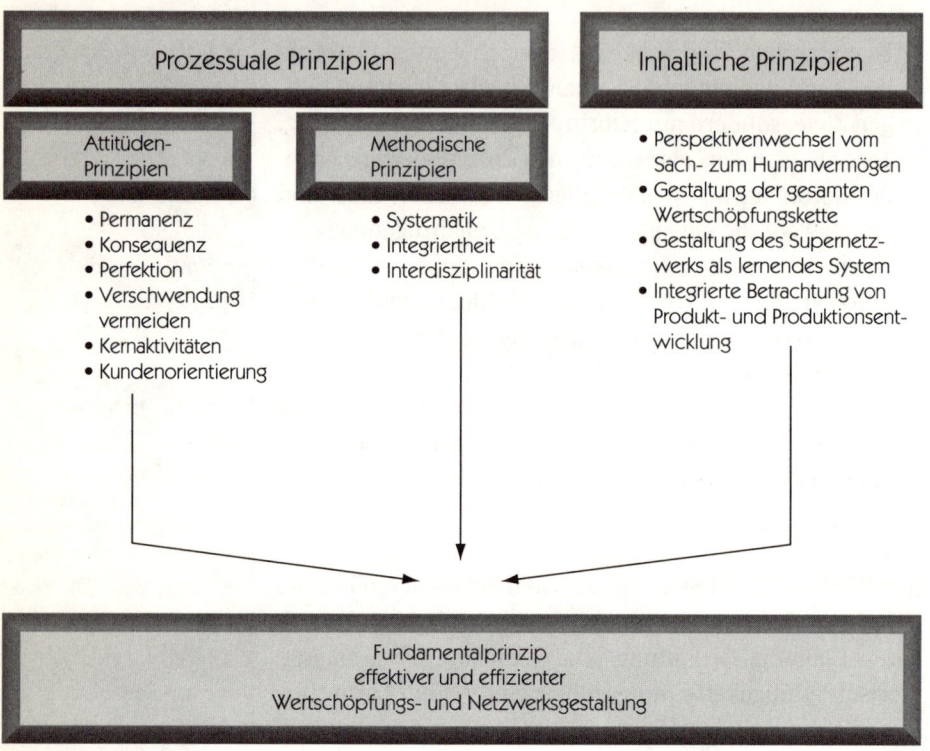

Bild 14.2

- Methodische Prinzipien
- 5 Faktorenmodell
- Bei Veränderungen alle 5 Faktoren im Auge behalten
- Dimensionen

nach dem 5 Faktorenmodell unter der Beachtung der Prinzipien von Integriertheit, Systematik und Interdiziplinarität erfolgen (Bild 14.3).

Jede Aktivität hat, unabhängig davon, in welchem Funktionsbereich, also Entwicklung, Beschaffung, Produktion, Marketing usw., und auf welcher Ebene, also Stelle, Abteilung, Werk, sie stattfindet eine funktionale, eine strukturale und eine prozessuale Dimension. Wichtigste Erkenntnis ist, daß es bei jeder Veränderung gilt, alle 5 Faktoren gemeinsam im Auge zu behalten.

Die funktionale Dimension betrifft den Input und Output. Die strukturale Dimension betrifft die Technologie, die Betriebsmittel, das Personal und die Aufbauorganisation. Die prozessuale Dimension hat mit dem Ablauf und den Geschäftsprozessen zu tun.

Das 5-Faktoren-Modell

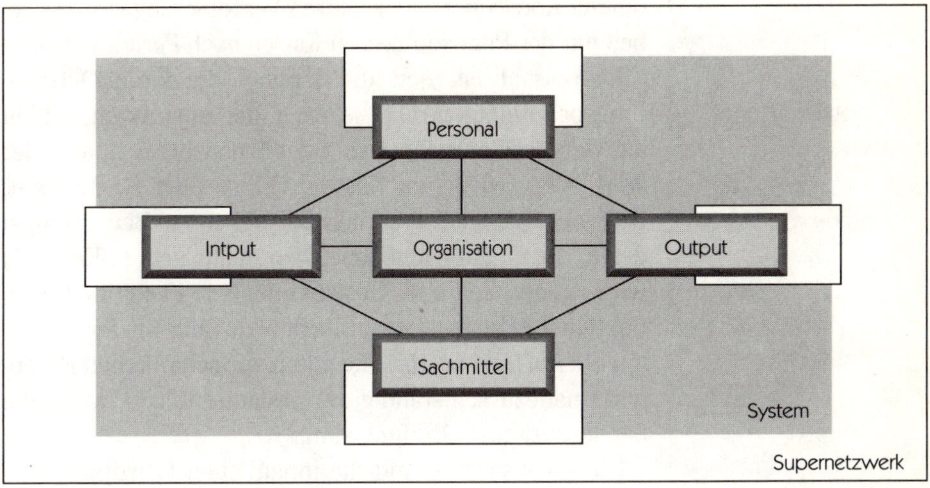

Bild 14.3: Der Einfluß von Veränderungen auf die wesentlichen Faktoren und das Gesamtsystem nach Pfeiffer (1992)

Das Vorgehen in europäischen Unternehmen ist in vielen Fällen von einer Einseitigkeit bzw. von einer Mißachtung der Forderung nach Integriertheit, Systematik und Interdisziplinarität geprägt. Der Gedanke ist einem Großteil unseres Management fremd, daß jede Veränderung in Personal, Technologie, Input oder Output auf organisatorische Konsequenzen für das Gesamtsystem überprüft werden muß, da sonst kein optimaler Zustand erreicht wird. In der Vermeidung solcher Einseitigkeiten sieht Pfeiffer den Grund für den durchschlagenden Erfolg des Lean Management.

- Mißachtung der Forderung nach Integriertheit in europäischen Unternehmen

Daneben sind die Attitüden-Prinzipien Permanenz, Konsequenz, Perfektion, Vermeidung von Verschwendung, Beschränkung auf Kernaktivitäten und Kundenorientierung als grundlegend für den Erfolg des Lean Management zu sehen.

- Attitüden-Prinzipien

Die Permanenz und Konsequenz zeichnet das Lean Management nicht nur bei Verfolgung von Qualitätszielen aus. Es strebt vielmehr generell nach Perfektion. Westliche Firmen geben sich mit dem Erfolg zufrieden, wenn ein bestimmtes Ziel erreicht ist, z.B. Ausschußreduktion. Das Denken in der Dimension der ABC-Analyse ist sehr stark verwurzelt, daß nämlich die letzten 20 % einer Verbesse-

- Permanenz und Konsequenz im Streben nach Perfektion

- Optimierungskriterien auf der Sachebene und der Wertebene

- Das Fundamentalprinzip als gemeinsame Klammer

- Inhaltliche Prinzipien

- Wechsel der Perspektive: vom Sachvermögen zum Humanvermögen

rung übermäßig hohe Kosten bedingen. Die Japaner arbeiten mit Konsequenz an weiteren Verbesserungen und streben mit der Philosophie von Kaizen nach Perfektion.

Interessant ist, daß die Japaner bei ihren Optimierungsbemühungen sich weniger der abstrakten Zahlen aus dem Kostenrechnungs- oder Finanzbereich, also der Wertebene, wie etwa Kosten, Erlöse oder Rentabilität, bedienen. Vielmehr räumen sie bei ihren Bemühungen den Kriterien auf Sachebene, also „technischen" Kriterien wie Qualität, Zeit oder Geschwindigkeit, Flexibilität, Produktivität oder Bestandshöhe den Vorrang ein. Sie vertreten die Auffassung, daß die guten wirtschaftlichen Ergebnisse nahezu selbständig zwangsläufig folgen, wenn die Sachkriterien in Ordnung sind.

Die prozessualen und die inhaltlichen Prinzipien werden mit der gemeinsamen Klammer eines sogenannten Fundamentalprinzips verbunden. Das fundamentale Prinzip der effektiven und effizienten Gestaltung des Wertschöpfungsnetzwerks lautet: „Je früher und grundlegender das Management nachdenkt und handelt, desto größer ist die Effektivität und Effizienz der Beeinflussungsmaßnahmen. Die Chance steigt, das „Richtige richtig" zu machen und nicht nur „etwas richtig" zu machen . Dafür ist die Nutzung des Know-hows aller Mitarbeiter in einem kontinuierlichen Prozeß von entscheidender Bedeutung. Insofern ist das Fundamentalprinzip ein „Oberprinzip der geschilderten Prinzipien".

Inhaltliche Prinzipien des Lean Management sind: Der Perspektivenwechsel vom Sach- zum Humanvermögen, die Gestaltung der gesamten Wertschöpfungkette, die Gestaltung des gesamten Netzwerkes als lernendes System und die integrierte Betrachtung von Produkt- und Produktionsentwicklung.

Der Perspektivenwechsel vom Sachvermögen zum Humanvermögen wird als erstes inhaltliches Prinzip bezeichnet. Die Perspektive, also die Betrachtungsweise, aus der das Management das Unternehmen und die Mitarbeiter betrachtet, ist nicht neu, aber doch eindeutig anders, als herkömmlich – auch bei Vergleich mit dem Konzept des kooperativen Führungsstils. Es wird die Bedeutung des Menschen und seiner Fähigkeiten ganz anders eingeschätzt. Dies äußert sich darin, daß der Mensch weniger als „störender Kostenfaktor" gesehen wird, der durch hohe Investitionen in Sachvermögen, also Maschinen, und durch weitgehende Automation „beseitigt" werden muß. Vielmehr wird der Schwerpunkt auf Vertrauen in die Leistungsfähigkeit der Mitarbeiter zur Nutzung und zum Schaffen geistiger Potentiale gelegt. Mehr Vertrauen in die Fähigkeiten bedeutet auch andere Formen der Arbeitsorganisation im Sinne der Erweiterung des Handlungsspielraumes, also der Kompetenzen. Dies gilt für Arbeitsgruppen, denen die Sicherung der Qualität in Formen der Selbstkontrolle anvertraut wird. Es gilt auch für das Bedienungspersonal von Produktionsmaschinen, die im Rahmen der Total Productive Maintenance die Reparatur und Wartung ihrer Maschinen selbst übernehmen.

- Der Mensch kein störender Kostenfaktor

Zweites wesentliches inhaltliches Prinzip ist die Gestaltung der gesamten Wertschöpfungskette vom Lieferanten über den Produzenten bis zum Abnehmer als integriertes Supernetzwerk. Es werden nicht, wie bei der herkömmlichen taylorschen Denkweise nach funktionalen Gesichtspunkten zerstückelte Teile des Unternehmensprozesses, also einzelne Prozeßschritte, sondern die gesamte Wertschöpfungskette betrachtet. Man denkt in einer Prozeßkette. Dies erfolgt jedoch nicht nur innerhalb des eigenen Unternehmens, sondern ebenso unter Einschluß der Vorlieferanten des Zulieferers wie auch der Kunden-Kunden bis zum Endabnehmer als integriertes Supernetzwerk (Bild 14.4). Leane Unternehmen versuchen, über den gesamten Erstellungsprozeß industrieller Güter optimierend und unterstützend einzugreifen. Bei Verbesserungen werden immer die Auswirkungen auf die gesamte Prozeßkette bzw. auf das ganze betroffene Netzwerk der Beteiligten und der Zulieferfirmen berücksichtigt. Dazu gehört, daß die Schnittstellen auf der Input- und der Outputseite beherrscht werden.

- Prinzip der Gestaltung der gesamten Wertschöpfungskette

Das dritte wesentliche inhaltliche Prinzip ist das Prinzip der Gestaltung des Supernetzwerkes als lernendes System. Ein Unternehmen, das sich als „lernendes System" versteht, muß Strukturen und Prozesse schaffen, die Knowhow entsprechend den oben geschilderten Prinzipien

- Gestaltung des Netzwerkes als lernendes System

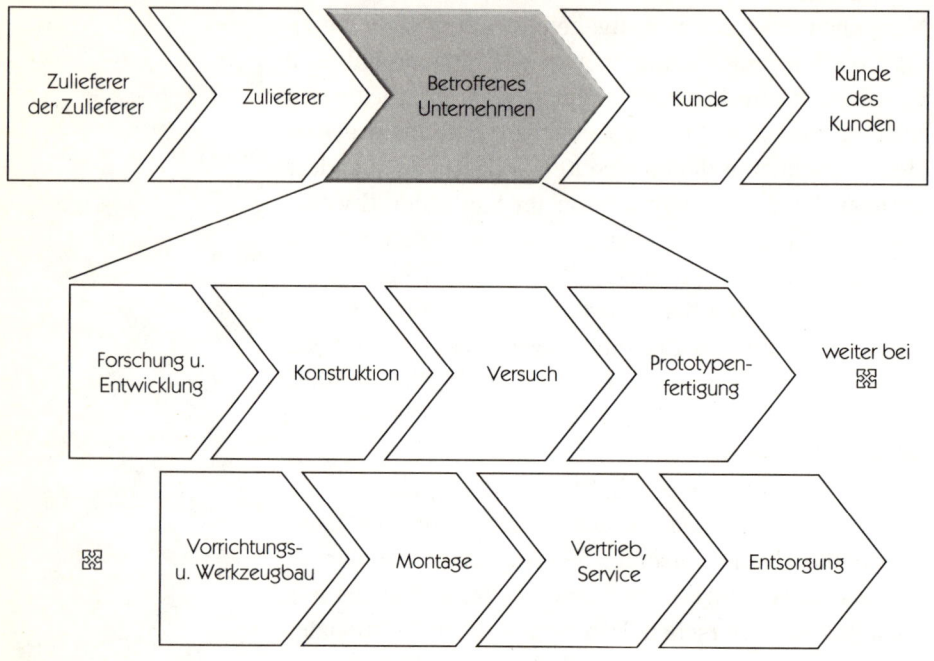

Bild 14.4: Die Gestaltung der gesamten Wertschöpfungskette als inhaltliches Prinzip

- Rückgängigmachen der Arbeitsteilung

sichern. Der Integriertheit und Systematik dient beispielsweise das Rückgängigmachen der übertriebenen Arbeitsteilung. Die Permanenz und Konsequenz kann durch Systeme erreicht werden, etwa Fehlererkennungs- und -behandlungssysteme mit konsequenter Fehlerrückverfolgung oder der Einrichtung eines permanenten Verbesserungssystems wie z.B. Kaizen.

Viertes von leanen Unternehmen verfolgtes inhaltliches Prinzip ist die integrierte Betrachtung von Produkt- und Prozeßtechnologie. Westliche Unternehmen widmen zwar der Innovation ihrer Produkte viel Aufmerksamkeit. Sie haben oft auch viele, innovative Produkte. Trotzdem ist die Wettbewerbsposition nicht gut genug. Grund ist, daß sie oft der Prozeßtechnologie zu wenig Aufmerksamkeit schenken. Die Produktion hat in den letzten Jahren unter dem amerikanischen Managementeinfluß und unter der Übermacht der Marketingedanken gelitten und wurde

- Integrierte Betrachtung von Produkt- und Prozeßtechnologie stiefmütterlich behandelt [14.7]. Erst die Japaner haben gezeigt, daß wesentliche strategische Wettbewerbsstärken aus Vorteilen in der Produktion zu gewinnen sind.

Weiterer Aspekt der integrierten Betrachtung von Produkt- und Prozeßentwicklung bei leanen Unternehmen ist das Parallelisieren von Produkt- und Prozeßentwicklungsaktivitäten. Dieses Verhalten ist in Europa unter dem Namen Simultaneous Engineering eingeführt worden [14.8].

• Integriertes Parallelisieren von Produkt- und Prozeßentwicklung

14.4 Übertragbarkeit von Lean Management

Es gibt eine Reihe von kritischen Stimmen hinsichtlich der Übertragbarkeit von Lean Management als typisch japanischer Erfolgsrezeptur in westliche Unternehmen. Die Wirksamkeit dieses Konzeptes sei lediglich unter den typisch japanischen Rahmenbedingungen gegeben.

• Wirksamkeit nur unter japanischen Rahmenbedingungen?

So meint Binner [14.9], japanische Konzepte seien für Europa ein Rückschritt, denn man könne ein solches System oder auch nur Elemente 1:1 auf deutsche Unternehmen und die Realitäten der japanischen Arbeitswelt nicht übertragen. Japanische Teamkonzepte orientieren sich an taktgebundenen Arbeitssystemen, die von angelernten, homogenen Arbeitsgruppen bedient würden. Ein unzureichende Berufausbildung werde dadurch kompensiert. Es gelte vielmehr, mit dem vorhandenen hohen Qualifikationsniveau unter den bereits lange bekannten Humanisierungsansätzen die Arbeitsplätze im Rahmen der Teamorganisation zu besetzen. Die Gruppenbildung müsse sich in einer hohen Identifikation zum Unternehmen ausdrücken und einen Motivationsschub durch eine zusätzliche Erfolgsbeteiligung erhalten. Dazu muß geringere Fertigungstiefe und geringerer Verwaltungsoverhead kommen, um Weltkostenstandard zu erreichen.

• Japanische Konzepte für Europa ein Rückschritt?

Berggren [14.10] stellt bei einer Betrachtung der sogenannten Transplants, Fabriken der Japaner in anderen Ländern, fest, daß die gesellschaftlichen Rahmenbedingungen zu wenig bei den Untersuchungen beleuchtet worden sind. Japanische Managementmethoden seien

• Fehlende Vergleichbarkeit bei den Transplants

- Vergleich „Fordismus" und „Lean Production" beweist Übertragbarkeit

- Übereinstimmende Prinzipien auch im Westen beherrscht

stark von den gesellschaftlichen Rahmenbedingungen abhängig.

Pfeiffer gibt sich überzeugt von der prinzipiellen Übertragbarkeit der Philosophie und der Prinzipien des Lean Management. Er stellt den „Fordismus" der „Lean Production" gegenüber und bezeichnet sie als zwei prinzipiell innovatorische Produktionssysteme, nämlich als die erste und die zweite industrielle Revolution. Dabei konstatiert er, daß eine Reihe von Prinzipien des „reinen Fordismus" mit denen der Lean Production übereinstimmen und nur durch das Auftreten des „modernen Fordismus" in Vergessenheit geraten sind. Da diese Prinzipien ursprünglich auch im Westen beherrscht worden seinen, sei es unlogisch, die Frage nach Übertragbarkeit auf unsere Verhältnisse zu stellen (Bild 14.5). Für eine Reihe von unterschiedlichen Prinzipien (Bild 14.6) sei eine Veränderung durchaus denkbar. Er schließt daraus:" Ein Großteil der Prinzipien der „Lean Production" ist auch interkulturell gültig, denn im wesentlichen sind es die gleichen Prinzipien, die Ford in seinem System des „Reinen Fordismus" bereits angewandt hat. Ohno hat diese Prinzipien nur auf veränderte Rahmenbedingungen bezogen und ihre Strukturen angepaßt. Während der Westen es verpaßt hat, die Erkenntnisse Fords weiterzuentwikkeln, sah die japanische Industrie aus der Position eines Followers heraus die veränderten weltwirtschaftlichen Rahmenbedingungen und spezifischen Wettbewerbsbedingungen als

Übereinstimmende Teilprinzipien des „Reinen Fordismus" und der „Lean Production"

- Zeitlohn
- Durchgängige Prozessorientierung/Fließfertigung
- Maximierung des Kundennutzens bzw. Schaffung einer Konsumentenrente
- Interne und externe Innovationsimpulse
- Gesamte Wertschöpfungskette im Fokus
- Konstruktion als Kostenhebel bzw. F&E als integrative Funktion

Bild 14.5: Die übereinstimmenden Teilprinzipien nach Pfeiffer (1992)

Unterschiede in den Teilprinzipien

Reiner Fordismus	Lean Production
• Niedrig qualifizierte Arbeitskräfte	• Höher qualifizierte Arbeitskräfte
• Einmal-Anlagen	• Flexible Anlagen
• Massenbedarf	• Progressiv steigender Trend zur Individualisierung
• Hohe Fertigungstiefe	• Niedrige Fertigungstiefe
• Qualität durch Arbeitsvorbereitung bestimmt	• Qualität wird produziert
• Hoch arbeitsteiliger Einzelarbeitsplatz	• Teamarbeit und Verantwortlichkeit
• Trennung von Denken und Handeln	• Integration von Handeln und Denken

Bild 14.6: Die Unterschiede in den Teilprinzipien zwischen reinem Fordismus und Lean Production nach Pfeiffer (1992)

Chance und bezog sie in die Umsetzung der Prinzipien des „Reinen Fordismus" mit ein.

Literatur zu 14

1. Womack, J.P.; Jones, D.T.: Ross, D.: The Machine that changed the World. New York 1990 Deutsch: Die zweite Revolution in der Autoindustrie. 5. Aufl., Frankfurt 1992
2. Ohno, T.: Toyota Production System: Beyond Large Scale Production System. Cambridge 1988
3. Pfeiffer, W.; Weiß, E.: Lean Management. Berlin 1992
4. Bösenberg, D.; Metzen, H.: Lean Management, Vorsprung durch schlanke Konzepte. Landsberg 1992
5. Clark, K.; Fujimoto, T.: Automobilentwicklung mit System, Strategie, Organisation und Management in Europa, Japan und USA. Frankfurt, New York 1992
6. Pfeiffer, W.; Weiß, E.: Lean Management. Berlin 1992
7. Barth, R.: Überleben im Strukturwandel. Zürich 1990
8. Wildemann, H.: Variantenmanagement. In Wildemann (Hrsg.): Lean Management. Frankfurt am Main 1993
9. Binner, H.: Alles „Lean Production" – oder was? wt Produktion und Management 7/8, 1992
10. Berggren, C.: Von Ford zu Volvo. Berlin, Heidelberg 1991

Sachwortverzeichnis

ABC-Analyse 104
Abläufe 209
Ablauforganisation 48, 158, 207
Absicht 63, 67, 75, 76, 81, 87, 132
Absichten, generelle 76
Absichten einer Konstruktionsabteilung 68
Abteilungen 124
Abteilungsbildung 168, 174
Abweichungsanalyse 59, 260, 261, 268, 280
Aktionen 348
Aktivitäten 159
Alleinentscheid 164
Alternative 88, 98, 100, 121
Analysen
–, Markt- 270
–, Produkt- 270
Analysetechniken 290
Anerkennung 239
Anlagennutzung 347
Anpassungsfähigkeit 319
Anreiz, finanzieller 230, 349
Anreizsysteme 192
Ansatz
–, betriebswirtschaftlich-pragmatischer 229
–, eigenschaftsorientierter 230, 231
–, formalwissenschaftlicher 21
–, kybernetischer 39, 53
–, motivationsorientierter 233
–, situativer 50, 51
–, System-, 49
–, systemkybernetischer 47
–, verhaltenstheoretischer 235
–, verhaltenswissenschaftlicher 21
–, wettbewerbsstrategische 324
–, Ziel- 333
Anspruchgruppe 64, 65, 70, 77
Anweisung 209, 247
Arbeitsabläufe 376
Arbeitsbedingungen 239, 337

Arbeitsgruppe 167
Arbeitsklima 348
Arbeitsleistung 13, 14
Arbeitspakete 206, 221
Arbeitsplatzbeschreibung 215
Arbeitsprozesse 208
Arbeitssicherheit 372, 375
Arbeitsteilung 10, 158, 179, 184, 209, 253, 390
Arbeitsunterweisung 248
Arbeitsvorbereitung 89, 90, 93, 185, 186
Arbeitszufriedenheit 13, 162, 244
arme Hunde 139
Assoziationsvorgänge 291
Athos 341
Attitüden-Prinzipien 387
Attraktivität der Nutzenpotentiale 323
Attribute 44
Audit 286, 334
–, System- 286
–, Verfahrens- 286
Aufbauorganisation 48, 157, 158, 207
Aufbaustudien 24
Aufgaben 63, 161
–, des Management 369
–, funktionsübergreifende 168
–, Verteilung der 215
Aufgabenanalyse 158
Aufgabenbeschreibung 215
Aufgabendifferenzierung 160
Aufgabengliederung 156
Aufgabenorientiertheit 243
Aufgabenorientierung 228, 245
Aufgabensynthese 158
Aufsichtsrat 166
Auftrag 247
Ausführung und Kontrolle 258
Aussagen
–, allgemeingültige 6
–, deskriptive 5

–, explikative 5
–, normative 5, 6
–, technologische 6
Ausschuß 166, 334, 387
Auswahltechniken 119
Automatisierung 366
autonome Fertigungsinsel 186
Autonomie 212, 307
Autorität 12, 226

Balkendiagramm 122
Barnard 54
Baukastensystem 183
BAYER AG 193
BDE 298
Bedürfnis nach Selbstverwirklichung 237
Bedürfnishierarchie von Maslow 237
Bedürfnisse
–, Ich- 237
–, physiologische 237
–, soziale 237
Beeinflussen des Verhaltens 226
Befragung mit Fragebogen 107
Beirat 166
Belegungen von Maschinen 148
Benchmarking 175, 283
Berichtssystem 282, 304
–, manuelles 296
Berichtswesen 268
Berufserfahrung 25
Beschreibungsmodell 39, 98
Bestände 371
Betriebsdatenerfassungssysteme 298
Betriebsführung 2
–, wissenschaftliche 3
Betriebsklima 332, 333
Betriebswirtschaftslehre 23
Beurteilungssystem 262
Bewerberauswahl 29
Bewertungstechniken 119
Beziehungen, zwischenmenschliche 225
Beziehungsnetz 227
Beziehungsorientierung 245
Bezugsgruppen 64, 66, 322, 323
Brainstorming 108, 283
Brainwriting 109
Brauchlin 97
Budget 132, 149, 260, 265, 279
Budgetierungssystem 296
Bürokratie 239, 348, 354
Bürokratisierung 175, 200, 306

Business Administration 23
Business School 23, 24
Businesspläne 270

CAD 297
CAM 298
CAP 298
CAQ 298
Case-Method 29
Cash-Kühe 138, 139
Chaos 18, 313
–, deterministisches 314
–, kreatives 318
Chaos-Management 18
Chaostheorie 314
Checkliste 100, 103, 281, 286
CIM 297
Clausewitz 8
commitments 150
Computer Aided Control 298
Computer Aided Design 297
Computer Aided Manufacturing 298
Computer Aided Planning 298
Computer Integrated Manufacturing 149, 297
Contingency Approach 50
Controller 374
Controlling 266, 339, 374
–, der Leistungserstellung 270
–, im Volkswagen-Konzern 267
–, Konzern-Controlling 269, 270
–, operatives 267
–, strategisches 269
corporate culture 82
Cost-Center-Konzept 191
Critical Path Method 123
Crosby 272, 273

3-D-Konzept von Redding 245
Delegation 156, 161, 162, 198, 305
Delphi-Methode 112
Deming 272, 276, 371
Denken
–, ergebnisorientiertes 370
–, ganzheitliches 42
–, interdisziplinäres 43
–, kybernetisches 54
–, pragmatisches 43
–, prozeßorientiertes 42, 370
–, synthetisches 43
–, systemtechnisches 54
Dezentralisation 160, 162

Dienstaufsicht 305
Dienstweg 176
Differenzierung 129, 133, 143, 158, 174
Differenzierungsstrategie 213
Disziplin 369
Diversifikation 353
Division 159, 190, 199, 270
Divisionalisierung 320
Durchführbarkeitsstudie 92
Durchlaufzeiten 186, 187, 334, 358
Dworatschek/Schubert 57, 58
Dynamik 320
Dynamik-Prinzip 18, 321
dynamische Optimierung 121
dynamische Unternehmen 323

Effektivität 81, 245, 333, 388,
–, eines Führers 234
Effizienz 14, 60, 71, 73, 201, 212, 302, 310, 331, 388
–, Gesamt-Unternehmens- 332
–, Messung der 332, 334
–, Management-Audit-Ansatz 334
–, Systemansatz 333
–, Ziel-Ansatz 333
Effizienzkriterien 335
Effizienzmessung 332, 335
Effizienzsteigerung 337
Effizienzvorstellungen 334
Eigenschaften des Führers 231
Eigenschaftstheorie 232
Eigenverantwortung 384
Einfachheit 357, 358
Einfluß-Projektmanagement 203
Einfluß sozialer Beziehungen 14
Einheit der Auftragserteilung 11, 170, 202
Einhüllen 89
Einliniensystem 170
Einstellungen 228, 236
Einzelfertigung 157, 183
elektronische Datenverarbeitung 296
Entlastung der Vorgesetzten 304
Entscheiden 59, 64, 87, 88, 93, 103
Entscheidung 148, 176
–, in Ausnahmefällen 304
–, Vorbereitung von 292
Entscheidungsanalyse 96
Entscheidungsbaum 120
Entscheidungsdelegation 156, 242
Entscheidungshilfen 181
Entscheidungsinterdependenzen 164

Entscheidungskatalog 339
Entscheidungskompetenz 161, 162
Entscheidungsmodell 101, 121
Entscheidungsprozeß 95, 97, 164
–, modulares Modell 97
Entscheidungssituationen, komplexe 120
Entscheidungsspielraum 161, 162
Entscheidungsstruktur 157
Entscheidungstabellen 120
Entscheidungsvorbereitung 116
Entscheidungsvorschläge 101
Entscheidungswege 198, 199
Entwicklung 179, 180, 372, 377
–, Produkt- 388
–, Produktions- 388
Entwicklungsprojekt 281
Entwicklungszeiten 383
Erfahrungskurve 134, 352
Erfolg 235, 310, 331, 335, 337, 341
–, Meßbarkeit des 343
Erfolgserzielung 125
Erfolgsfaktor 271, 343, 360
Erfolgsfaktoren, kritische 141, 283
Erfolgskontrolle 150, 281, 306
Erfolgspotential 126, 128, 144
Erfolgsrezepte 345
–, japanische 391
Ergebniskontrolle 253, 347
Ersatzprobleme 122
Erwartungen 228, 236, 332
Erzeugnisentstehungsprozeß 92
Excellent Companies 341, 350
externe Kunden 275

Fabrik der Zukunft 299
5-Faktoren-Modell 387
Fall-Methode 29
Fayol 7, 11, 54, 170
Feasibilitystudie 92
Fehlerrückverfolgung 390
Feigenbaum 272, 274
Fertigung 106, 179
–, Einzel- 146
–, Klein- 146
–, Werkstätten- 184
–, Wiederhol- 184
Fertigungsinsel 187, 320
Fertigungssegmentierung 212, 320
–, Merkmale der 213
Fertigungssysteme, flexible 188, 365
Fertigungstiefe 213, 358, 391, 393

Fertigungszellen, flexible 186
Fiedler 234
Fiedlersches Kontingenzmodell 235
Finanzplan 147
–, Kosten- und Ergebnisplan 147
Fischgrätdiagramm 283
Flexibilität 17, 162, 183, 190, 202, 315, 325, 334, 335, 338, 339, 340, 364, 388
Fließfertigung 185, 392
Fließprinzip 185
Fluktuation 335
Flußfertigung 366
Flußoptimierung 214
Fokussierung 131, 325
Fordismus 392
–, moderner 392
–, reiner 392, 393
Formalisierung 157, 385
–, zur Komplexitätsbeherrschung 313
Fragebögen 349
Fragezeichen 139
Fraktal 319, 320
Fraktale Fabrik 299, 318, 319
Fraktale Geometrie 319
Führen 225
Führer
–, aufgabenorientiert 228
–, mitarbeiterorientiert 228
Führertheorien 227
Führung 2, 3, 14, 15, 340
–, im Mitarbeiterverhältnis 305
–, als Instrument 228
–, autoritäre 340
–, operative 269
–, partizipative 305, 306
–, straffe 344
–, Teilprozesse der 309
Führungsanweisung 72, 248
Führungseigenschaften 232
Führungserfolg 231, 232
Führungsfähigkeit 231
Führungsfunktion 225
Führungsgrundsätze 210, 248
Führungsinstrument 7, 270, 310, 340,
Führungskonzept 6, 302
–, geschlossenes 308
Führungskräfte 348
Führungsleitsätze 257, 263
Führungsmodelle 6, 7
–, bürokratisches 306
Führungspraxis 25

Führungsprinzipien 15
Führungsprozeß 225, 227, 302
Führungssituation 234
Führungsstil 236, 239, 240, 241, 243, 259, 310, 344, 348
–, autokratischer 242
–, demokratischer 242
–, klassischer 242
–, kooperativer 245, 388
–, laissez-faire 242
–, Typ von 241
–, Typisierung von 242
Führungssystem 6, 272, 306, 310, 348
Führungstechniken 7, 15, 246
Führungstheorien 226, 229
Führungsverhalten 30, 234, 241, 243, 244, 248, 301
Führungsverantwortung 161
Funktion 311
–, Controllingfunktion 267
–, eines Systems 44
–, Funktion Controlling 269
–, kaufmännische 179
–, kontinuierliche 57
–, sequentielle 55
–, technische 179
–, zentrale 213
–, Ziele setzen 69, 72, 78
Funktionendiagramm 215
Funktionsmeister-System 171
Funktionsverbesserung 116

Gegenstromverfahren 262
Gehaltsfindung 262
Gemeinkostenbereich 354
Genehmigungsvorbehalt 165
Gesamtsystem 43
Geschäftsbereich 159, 190, 200
Geschäftsbereichsbildung 320
Geschäftsbereichsorganisation 190, 192
Geschäftseinheit 141
–, strategische 137
Geschäftsfelder 137
Geschäftsführung 167
Geschäftsgrundsätze 76
Geschäftsplan 263
Geschäftsprozesse 212
Geschwindigkeit 357, 388
Gewinn 65, 73, 81, 82, 125
Gewinnmaximierung 66, 367
Gewinnverantwortlichkeit 343

Sachwortverzeichnis

Gewinnverantwortung 340
Gliederungsprinzipien 160
Globalisierung der Märkte 294
Great-Man-Theory 230
GRID-Konzept 247
Grundstrukturen, organisatorische 178
Gruppe 30, 167, 228, 285, 367, 374, 384
Gruppenarbeit 167, 285, 366
gruppendynamische Methoden 30
Gruppenklima 332

Handbücher 343
Handeln, rationales 331, 335
Handlungsanweisungen 83, 302
Handlungshilfen 5
Handlungsmaxime 11
Hard Facts 144, 290, 291
Harzburger Führungsmodell 15
Harzburger Modell 305
Hawthorne-Experimente 13, 337
Hayek 316
Herstellungsprozeß 279
Herzberg 238
Hewlett Packard 79, 81
Hierarchie 161, 163, 168, 175, 198, 305, 315
Hol-Prinzip 370, 371
Homomorphie 102
Human-Behaviour-Bewegung 13
Human-Relations-Bewegung 7
Human-Relations-Periode 12
Humanisierung der Arbeitswelt 238
Humanisierungsansätze 391
Hygiene-Faktoren 238

Identifikation 177, 391
–, der Mitarbeiter 308
Imai 365, 372, 377
Improvisieren 88
In-Basket-Method 29
Incident-Method 29
Individualisierung 344
Information 247, 289
–, Informationssystem 252
–, unvollkommene 43
–, intuitive Verarbeitung 291
–, Überlastung mit 295
–, verdichtete 292
–, Verdichtung der 291
Informationsabgabe 289
Informationsangebot 290
Informationsaufnahme 289

Informationsbedürfnisse 291
Informationsdarstellung 292
Informationsgesellschaft 294
Informationsgewinnung 289
Informationspflicht 176
Informationsquellen 290
Informationssysteme 292, 295, 340
–, integrierte 296
–, rechnergestützte 296
Informationsübermittlung 289, 293
Informationsverarbeitung 290
Informationsvorsprünge 294
Informationswege 290
informelle Beziehungen 14
informelle Gruppen 14
Initiative 304
Innovation 351, 352, 375, 376, 390
Innovationsfähigkeit 335
Input 44, 45, 332
Insellösungen 297
Instandhaltung 378
–, umfassende 378
Instanz 161, 181
Instrumente 345
–, der Führung 309
–, der strategischen Planung 144
–, des Organisierens 214
–, statistische 276
–, zur Leistungsverbesserung 375
Integration 158, 175
Integriertheit 386, 387
Interaktion, soziale 229
Interdisziplinarität 386, 387
Interessenkonflikte 163
interne Kunden 275
interne Revision 271, 335
interpersoneller Prozeß 228
Interviews 349
Interviewtechnik 106
Intuition 22, 24, 128
Investition, Investitionsausschuß 167
Investitionen 338
Investitionsbudget 264
Investitionspläne 270
Investitionsplanung 296
Investment-Center-Konzept 192
Ishikawa 283, 373
Ishikawa-Diagramm 283
ISO 9000 ff 286
Isomorphie 102
Iteration 89, 90, 96

JIT 365
Job-Description 215
Job-Enrichment-Programme 240
Job-Rotation 28
Juran 272, 274, 276, 371
Just-in-Time 365, 371, 383

Kaizen 255, 365, 366, 367, 368, 372, 375, 376
Kanban 365, 370, 371, 383
Kast/Rosenzweig 68
Kennzahlen 292
Kepner/Tregoe 97
Kernaktivitäten 387
Kernbereich 358
Kernkompetenzen 212
Kleinserienfertigung 157
Kollegialentscheid 164
Kollegialinstanz 165
Komitees 166
Kommunikation 176, 289, 348
Kommunikationspolitik 349
Kommunikationsprozeß 226
Kompetenz 12, 161, 168, 252, 305, 339
–, Antrags- 162
–, Ausführungs- 162
–, Mitsprache- 162
–, Verfügungs- 162
–, Vertretungs- 162
Kompetenzverteilung 188
komplexe Situationen 42
Komplexität 46, 112, 199, 206, 213, 253, 311, 317, 354
–, reduzieren 312
–, tatsächliche 312
Komplexitätsbewältigung 311, 313
Konferenzen 166
Konfiguration 157, 170
Konflikt 71, 200, 228, 378
Konsens 369
Konsequenz 116
Konstruieren, methodisches 92
Konstruktion 89, 179, 180, 216, 392
Konstruktionsabteilung 190
Kontext 227, 295
Kontingenzmodell 234
Kontrolle 9, 11, 104, 251, 348, 348
–, der Qualität 271
–, Abweichungs- 304
–, Arten von 254
–, durch den Vorgesetzten 255

–, Durchführung von 279
–, Durchführungskontrolle 264
–, End- 271
–, Ergebnis- 254, 255, 263
–, Folge- 261
–, formelle 252
–, Fortschritts- 255
–, Instrumente der 279
–, Kosten- 264
–, operative 263
–, persönliche 256, 257
–, Planfortschritts- 263, 280
–, Prämissen- 264
–, Prozeß- 254, 255
–, Schwerpunkte der 253, 254
–, Selbst- 259
–, strategische 263
–, systematisch-schriftliche 252
–, ungebunden schriftliche 252
–, Ursachen- 262
–, Verhaltens- 254
–, Zeichnungs- 258
–, Zweck von 251
Kontrollinstrumente 280, 340
Kontrollmethoden 260
–, formale 83
Kontrollplan 254
Kontrollprozeß 72
Kontrollpunkte 254
Kontrollspanne 169
Kontrollsystem 125, 252, 259, 271, 348
–, für Investitionsprodukte 265
Kontrolltechniken 280
Kontrollvolumen 281
Kooperation 323
Koordination 11, 64, 166, 172, 174, 175
Koordinierung 198
Kosten 357, 375
–, Opportunitäts- 199
–, Vertriebs- 270
Kosten-Nutzen-Überlegungen 290
Kosten-Nutzen-Analyse 122
Kostenabweichung 264
Kostenanalysen 338
Kostenführerschaft 213
Kostenkontrollen 338
Kostenminimierung 191
Kostenrechnung 264, 388
Kostenreduktion 199
Kostenschätzungen 338
Kostensenkung 15, 118, 134, 372

Sachwortverzeichnis

Kostensenkungspotential 135
Kostentransparenz 340
Kostenüberschreitungen 339
Kostenverantwortung 214
Kostenvorteile 137
Kostenziele 285
Krankenstand 335
Kreativität 129
Kreativitätstechnik
-, assoziativ-intuitive 107
-, systematisch-diskursive 107
Kritik 256
Kritikgespräch 248
kritische Masse 199
Kunde in der Prozeßkette 276
Kunden 373
Kundenbedürfnisse 276
Kundendienst 343
Kundennähe 133, 344
Kundennutzen 358, 392
Kundenorientierung 384, 386, 387
Kybernetik 47, 49

Labormethode 30
Lagerbestände 334
Lagerhaltungsprobleme 122
Laissez-faire 346
Lastenheft 207, 221
Leadership 15, 55
Lean Management 18, 363, 381, 382
-, Arbeitsprinzipien 384
-, Prinzipien des 383, 385
-, zentrale Denkansätze 384
Lean Production 18, 381, 392, 393
Learning-by-doing 28
Leavitt 236
Legenden 83
Legitimität 177
Lehrmethoden 27
-, aktive 29
-, passive 28
Leistung 14, 71, 81, 239, 240, 241, 244, 302, 332
Leistungsbeurteilung 262, 263
Leistungsklima 331, 332
Leistungslohnsystem 13
Leistungsorientiertheit 243
Leistungsorientierung 310
Leistungsverbesserung 372
Leitbilder 310
Leitung 2, 163
Leitungsspanne 169

Lejeune 379
Lernfähigkeit 17
Lernprozeß 43
Lewin 242
Liberalismus historischer 50
lineare Optimierung 121
Linie 176
Linienorganisation 170, 171
Linienstelle 181
logisches Grundmodul 97
Lohnanreizsysteme 10
Losgrößen 371

Macht 76, 226
Mackenzie 55, 57
Management 2, 3
-, als Funktion 2
-, als Lehrfach 22
-, by Champignon 302
-, by Decision Rules 303
-, by Delegation 303, 305
-, by Direction 303
-, by Exception 303, 304, 355
-, by-Formen 302, 303
-, by hope 340
-, by Modelle 15
-, by Motivation 303
-, by Objectives 69, 150, 303, 306
-, by Participation 303
-, by-Terror 302
-, by Vision 317
-, by walking around 303
-, eine Wissenschaft 2, 4
-, im funktionalen Sinn 2
-, im institutionellen Sinn 2
-, im Regelkreis 57
-, Ingenieure und Management 35
-, Lernbarkeit des 26
-, operatives 125
-, Prozeß- 255
-, Qualitäts- 371
-, sichtbares 348
-, Situations- 246
-, strategisches 313
-, systemorientiertes 49
-, Upstream- 373
Managementaufgaben 3, 54
Managementausbildung 22
Managementdenken, japanisches 366
Managementfähigkeiten 24
Managementfunktion 15, 53, 54, 60, 302, 335

Managementgrundsätze 258
Management-Informations-Systeme 296
Managementinstrumente 59, 60, 279, 331, 335, 337, 371, 376
–, japanische 381
Managementkonzepte 301, 302, 321
Managementkreis 54, 55
Managementlehre 7, 9
–, systematische 91
–, traditionelle 344
Managementmaßnahmen 331
Managementmethoden 69, 331
–, amerikanische 274
–, japanische 18, 365
Managementmodelle 15, 301-303
Managementparadigma, amerikanisches 364
Managementprinzipien 50, 52, 302,
Managementprozeß 53, 58, 274, 335, 344
Management-Prozeß-Schule 12
Management-Schule
–, behavioristische 19
–, empirische 19
–, kybernetische 21
–, mathematische 20
–, prozeßorientiert 19
Managementschulung 26
Managementsystem 6, 301, 303, 309, 308, 337, 363
–, maßgeschneidertes 310
Managementtechnik 3, 59, 60, 284, 331, 335, 337
–, japanische 383
Management-Technologie 7
Managementtheorien 18
Managementverhalten 302, 332
Marketing 16, 46, 339, 340, 364, 377, 390
Markt 284, 313
Marktanteil 135, 136, 347
–, relativer 137, 132
Marktattraktivität 137
Marktführer 131
Marktmacht 133
Marktnischen 131, 136
Marktposition 128, 139
Marktsegmente 131, 136
Marktwachstum 139
Marktwachstum-Marktanteil-Matrix 139
Marktwachstumsrate 137
Marktwirtschaft, soziale 67
Maschinenbelegungsplanung 121
Maslow 237
Massenbedarf 393

Massenfertigung 15, 157, 185
Massenphänomene 104
Massenproduktion 278, 381
Maßnahmen 279, 348
Matrix-Projektorganisation 204
Matrixorganisation 173
Mayo 337
McGregor 307
Mehrliniensystem 171, 172
Meilensteine 281
Menschenführung 2, 16, 17, 226
Meta Potential Method 123
Methode 635 109
Methoden
–, des amerikanischen Management 364
–, statistische 277
methodisches Konstruieren 92
Miner 54
Mintzberg 24
MIS 296
mission 67
Mission des Unternehmers 356
Mißmanagement 337
Mißtrauensorganisation 253
MIT-Studie 18, 382
Mitarbeiterbeurteilung 262
Mitarbeitergespräch 247
Mitarbeiterorientiertheit 243
Mitarbeiterorientierung 343, 348
Mitspracherecht 164, 165
Mittelstand 132
Mitwirkung 71, 72
–, bei der Zielbildung 71
Modell 39, 54, 98, 101
–, der 7 S 341
–, des Regelkreises 272
–, bürokratisches 71
–, Führungs- 302
–, Harzburger 302
Modellbildung 102
Modelle
–, formale 49
–, mathematische 122
Modellverhalten 102
Modellvielfalt 381
Morphologie 112
Motivation 16, 30, 193, 232, 241, 274, 304, 328, 348
–, Zwei-Faktoren-Theorie der 238
Motivationsansatz 232
Motivationstheorien 17, 236

Motivatoren 238, 239
Motive 236, 332
Multimomentstudie 105
Multiplikation 321, 326
Multiplikatoreffekt 322

Netzplantechnik 123
Netzwerke 316
Neun-Felder-Matrix 140
New Age 18
Normen 76, 77, 83, 84, 110, 229
Normstrategie 138, 140
Nutzen 322
–, für alle Bezugsgruppen 66
–, für den Kunden 353
Nutzenpotential 321, 322, 325, 326, 351

Objectives 67
Ohno 371, 382
ökonomisches Prinzip 102
Ordnung
–, ad-hoc-Ordnung 316
–, evolutionäre 315
–, formalisierte 155
–, spontane 316
Organigramm 215, 327, 343
Organisation 11, 84, 271
–, Ablauf- 343
–, Aufbau- 343
–, funktionale 179, 360
–, handlungsorientierte 179
–, Matrix- 199
–, prozeßorientierte 364
–, schlanke 348
–, verrichtungsorientierte 179
Organisationsentwicklung 31
Organisationsformen 167
Organisationshandbuch 259
Organisationskonzept 369
Organisationsplan 215
Organisationsschema 369
Organisationsstruktur 127, 156, 331
–, formale 348
–, hierarchische 201
–, Komplexität der 199
Organisationstheorie 21
Organisieren 331
Output 44, 45, 46, 332

Pascale 341
Perfektion 367

Personalauswahl 10
Personalentwicklungssystem 310
Personalförderung 262
Personalinformationssysteme 298
Personalpolitik 80
Persönlichkeitseigenschaft 52
Persönlichkeitstheorie 230
Peters 341
Pflichtenheft 207, 221
PIMS-Datenbank 349
Plan
–, Absatz- 146
–, Bebauungs- 91
–, Beschaffungs- 147
–, Bildungs- 91
–, Entwicklungs- 146
–, Finanz- 147
–, Forschungs- 146
–, Investitions- 147
–, Kapazitäts- 146
–, Lehr- 91
–, Personal- 146
–, Produktions- 146
–, Vertriebs- 146
Plan-Gewinn- und Verlustrechnung 148
Planen 87, 103
–, Arbeitsprinzipien beim 88
–, Definition von 87
Planspiele 29
Planung 11, 90
–, in technischen Bereichen 91
–, und Ausführung 9
–, Anlagen- 91
–, Ausführungs- 92
–, dispositive 125, 148
–, Fertigungs- 93
–, hierarchisch aufgebaute 312
–, Jahres- 145
–, operative 125, 145, 296
–, Projekt- 91
–, rollierende 145
–, strategische 125, 126, 264, 296, 313
–, Ziel- 91
Planungsinstrumente 340
Planungsprozeß 67
Planungsprozesse, technische 93
Planungsrichtlinien 210
Planungsstäbe 354
Planungssystem, 313
–, operatives 296
Plausibilitätsprüfungen 91

Porter 141
Portfolioanalyse 136
Positionsmacht 234
Post-Graduate-Studies 23
Potential 66, 339
–, Gewinn- 66
–, Nutzen- 66
Potentialanalyse 134
PPS 298
–, Systeme 366
Praxiserfahrung 26
Prinzipien 83, 84, 385, 392
–, Attitüden- 385, 386
–, inhaltliche 385, 386, 388-390
–, methodische 385, 386
–, prozessuale 385, 386, 388
Problem
–, Detail-Bearbeitung 99
–, Grob-Erfassung 99
–, großer Komplexität 112
–, funktionsübergreifend 375, 377
–, komplex 48, 89, 94, 100
–, offen 100
Problemanalyse 94, 96
Problembewußtsein 377
Problemklassen 94
Problemlösung 93, 375
Problemursachen 283
Problemzerlegung 94
Produkteigenschaften 278
Produktentwicklung 274, 340, 377
Produktevielfalt 253, 358
Produktgestaltung 134, 284
Produkthaftpflicht 254
Produkthaftung 259
Produktinnovation 118, 348
Produktion 212, 273, 366, 377
–, als Wettbewerbsfaktor 365
Produktions-Planungs- und Steuerungssystem 298
Produktionsbereitschaft 379
Produktionsplanung 122
Produktionsplanungssystem 297
Produktionsprozeß 320
Produktivität 73, 160, 332, 335, 338, 344, 345, 347, 375, 377, 382
Produktivitätspotentiale 214
Produktmerkmale 272
Produktnutzen 129
Produktplanung 92
Produktqualität 133, 134, 375

Profit-Center 343, 348
Profit-Center-Konzept 191
Projekt 201, 269
Projektabwicklung 264
Projektdefinition 207
Projektieren 92
Projektkomplexität 206
Projektleiter 202
Projektleitung 201
Projektmanagement 201, 202
Projektorganisation 201, 202
Projektphasen 201
Projektplanung 202
Projektstrukturplan 207, 221
Projektziel 202, 206
Promotor 323, 327
Prozeß 3, 270, 370, 377
–, der strategischen Planung 137
–, Einfluß- 226
–, Entscheidungs- 96
–, Finanzierungs- 324
–, Interaktions- 334
–, kreativer 114
–, Planungs- 90, 91
–, Produkteinführungs- 324
–, Restrukturierungs- 324
–, Strategiefindungs- 128
–, Übernahme- 324
–, Verbesserungs- 378
–, vorgelagerter 378
Prozeßabläufe 299, 321
Prozesse
–, Geschäfts- 255, 321
–, gruppendynamische 27, 30
–, industrielle 366
–, Kommunikations- 159
–, physische 159
Prozeßgestaltung 284
Prozeßkette 187, 209, 389
Prozeßkontrolle, automatisierte 255
Prozeßkostenrechnung 175
Prozeßmodul 98
prozeßorientiertes Denken 368
Prozeßorientierung 212, 392
Prozeßschritte 274, 373, 389
Prozeßtechnologie 390
Prüflisten 103, 281
Prüfung 251
Pümpin 321, 325
Purpose 67

Qualifizierung der Mitarbeiter 212
Qualität 129, 133, 191, 271, 272, 275, 320, 338, 343, 353, 357, 358, 367, 372, 374, 375, 376, 388, 393
–, anwenderbezogener Ansatz 278
–, Konzept zur Verbesserung 276
–, produktbezogener Ansatz 278
–, prozeßbezogener Ansatz 279
–, Sicherung der 389
–, transzendenter Ansatz 277
–, wertbezogener Ansatz 279
Qualitätsanforderungen 276, 374
Qualitätsaudit 285
Qualitätshandbuch 210
Qualitätskontrolle 182, 271, 273, 371, 372, 374
–, statistische 371
Qualitätskonzeption 285
Qualitätsmerkmale 276, 283
Qualitätsprobleme 285
Qualitätssicherung 185, 186, 258, 272, 273, 286, 372
–, kundenorientierte 373
Qualitätssicherungshandbuch 259
Qualitätssicherungssystem 276, 286
–, Konformität eines 287
Qualitätsspirale 275, 276
Qualitätsstandard 286
Qualitätsvorschriften 286
Qualitätswesen 272
Qualitätszirkel 285, 374, 375
Quality Circles 344, 365
Quality Control 371
–, Company Wide 371
–, Statistical 371
–, Total 371

rationales Denken 312
Rationalität 16, 17
Realisierung 92, 103
Rechnungswesen 266
Redding 245
Reengineering 211
Regelkreis 39, 54
–, selbststeuernder 370
Regeln 209, 302
Regelstrecke 40
Regelung 40
Regler 59
Relevanzbaumanalyse 115
Reorganisation, permanente 316
Ressourcen 133, 320, 339

Restrukturierung 212
Return-on-Investment 192
Revolution, industrielle 392
Rezepte 47
Richtlinien 209, 369
Richtlinienkompetenz 181, 182
Rolle 228, 349
Rollenspiel 29
Rückkopplung 40, 112, 236
–, Prinzip der 279

Sachdaten 374
Sanktionen 77, 177
Schnittstelle 158, 175, 211, 212, 299, 360
Schnittstellenproblematik 276
Schnittstellenprobleme 174
Schulung 276
Schwäche 127, 133
Schwachstellen 338, 339
Scientific Management 9, 10
Segmentierung 139, 213
Selbstähnlichkeit 314, 319
Selbstentwicklung 375
Selbstkontrolle 260, 389
Selbstorganisation 315, 316, 320
Selbstverpflichtung 100, 108
Selbstverständnis 342, 343, 355, 356
Selbstverwirklichung 367
Sensitivity Training 31, 30
Service 133
7-S-Modell 342, 344
Simulation 30, 122
Situation 43, 52, 98, 229, 234, 235
Situationsansatz 233, 235
Situationsmodell 50
–, der Führung 234
Situationstheorie 233
situative Bedingungen 310
Soft Facts 17, 144, 290, 291
Soll-Ist-Vergleich 260, 262, 279, 304, 374
Soll-Leistung 63
Soll-Wird-Vergleich 280
Sortimentsstruktur 358
Sozialklima 332, 333
span of control 169
Sparte 159, 190, 193
Spartenorganisation 195
Spezialisierung 129, 132, 160, 172
Spitzengewinner 350, 354, 356
Spitzenleistungen 349
Spitzenunternehmen 341

Stab-Linien-Organisation 172
Stäbe 311
–, Kontroll- 182
–, Planungs- 182
Stabsfunktionen 354
Stabsstelle 181, 172, 173
Staehle 21
Standardisierung 157, 158, 209, 344, 385
Standards 209, 210, 275, 276, 369, 376
ständige Verbesserung 385
Stärke 127, 133
Stärken-Schwächen-Analyse 133
Stars 138
Status 239
Statuten 76
Stellen 159
Stellenbeschreibung 210, 215, 305, 327, 339
Stellenhierarchie 169
Steuerkette 40
Steuerung 40, 64
–, Fertigungs- 93
Stichprobenverfahren 105, 290
Stil 342
Störereignisse 110
Störgröße 40
Strategie 102, 127, 269, 309, 338, 342, 344, 349
–, der Marktführerschaft 135
–, der ständigen Verbesserung 365
–, der Japaner 379
–, finanzielle Beurteilung 269
–, langfristige 380
–, Produkt- 270
strategische Planung 16, 126, 132, 198
Streben nach Perfektion 387
Struktur 42, 155, 318, 342, 343
–, eines übergeordneten Systems 44
–, -typen 170
–, Autoritäts- 177
–, Grund- 170
–, hierarchische 176
–, Kommunikations- 176
–, Macht- 177
–, objektorientierte 188
–, Organisations- 229
–, werkstattorientierte 185
Strukturen 110
–, dezentrale 343
–, flexible 327
–, fraktale 318, 319
–, geschäftsprozeßorientierte 175
–, hierarchische 321

–, horizontale 321
–, teamorientierte 187
–, zentrale 343
Strukturieren 89
Strukturierung 95, 319
–, hierarchische 167
Strukturierungsprozeß 320
Studie des MIT 365
Stufen, Aus- und Fortbildung 26
Subsystem 43, 44, 71, 159
Synektik 113
Synergie 156, 199, 354
System 66, 155
–, von Handlungsempfehlungen 309
–, abstraktes 45
–, autonomes 51
–, Beurteilungs- 263
–, Budgetsystem 150
–, Controlling- 267
–, dynamisches 51
–, Führungs- 49
–, Funktion des 42
–, Gesamt- 42
–, geschlossenes 45, 46
–, Informations- 267
–, integriertes Planungs- 148
–, komplexes 45, 51
–, Kontroll- 252
–, lernendes 386, 389
–, mechanistisches 46
–, Mehrlinien- 172
–, offenes 45, 51
–, operatives Planungs- 146
–, Planungs- 252, 267
–, soziales 313
–, Sub- 42, 124
–, übergeordnetes 45
Systemanalyse 95
Systemansatz 42
–, in der Managementlehre 51
Systematik 116, 386, 387
Systemdenken 42, 48
Systeme 342, 344, 345, 60
–, vorbestimmter Zeiten 15
–, Anreizsysteme 310
–, Belohnungs- 310
–, Berichts- 60
–, Betriebsdatenerfassungs- 365
–, CIM- 365
–, effiziente 344
–, Fertigungs- 365

Sachwortverzeichnis

–, flexible 344
–, formelle 348
–, Führungs- 335
–, Handlungs- 47
–, Kommunikations- 149
–, komplexe 318
–, Kontroll- 60, 335
–, Kostenrechnungs- 102
–, lebende 315, 320
–, lernende 315
–, nichtlineare 314
–, offene 46
–, Planungs- 60, 335
–, reale 48
–, Sach- 47
–, soziale 5, 46, 47, 70, 313
–, statische 47
–, Steuerbarkeit von 313
–, straffe 348
–, Ziel- 47
Systementscheidung 95
Systemmitglieder 71
Systemsynthese 94
Systemtechnik 93, 95
Systemtheorie 47, 48, 53
Systemumwelt 43
Szenario-Technik 110
Szenariopfade 110

Target Costing 284
Task Force 168, 202, 344
Taylor 7, 9, 229, 337
Taylor-System 11
Taylorismus 15, 364
Taylorsche Arbeitsteilung 211
Team 116, 167, 384
Teamarbeit 167, 393
Teamorganisation 391
Teams 168
Techniken 345
–, der Führung 309
–, der Visualisierung 292
–, des Organisierens 214
–, zum Erkennen von Problemen 377
–, Analysetechniken 103
–, Darstellungs- 292
–, Erfassungs- 103
–, Zeitplanungs- 122
Technikorientierung 273
Technologie 311
–, des Management 4

Technologieplanung 141
Teilevielfalt 358, 359
Theorie 4, 5
–, Führungs- 6
–, Management- 6
Theorien
–, des Führens 227
–, des Geführtwerdens 227
Total Productive Maintenance 378
Total Quality Control 274
Total Quality Management 365, 383
Toyota-Management 381
Toyotismus 382
TQM 365
Training 26, 369, 374
Training des Könnens 27
Training off-the-job 28
Training on-the-job 28
Transplants 391
Trendbrüche 312
Trennung von Ausführung und Kontrolle 9
Turbulenz 18, 294, 312, 314, 321, 325

Überleben, langfristiges 137, 161
Überwachung 251
Überzeugungen 76
Umwelt 46, 48, 52, 66, 76, 77, 98, 129
–, dynamische 125
Unternehmen 71, 77
–, als offenes System 46
–, dynamische 323, 325
–, gewachsenes System 316
–, technologieorientierte 131
–, vernetztes System 316
–, Vielprodukte- 136
Unternehmensaktivitäten 156
Unternehmensaufgabe 158
Unternehmenserfolg 116, 125
Unternehmensführung, marktorientierte 16
Unternehmensfunktion 124
Unternehmensgröße 354
Unternehmensgrundsätze 76
Unternehmenskonzept 327
Unternehmenskultur 17, 82, 303, 309, 315, 378
Unternehmensleitbild 76, 209, 309
Unternehmensphilosophie 76, 79, 118, 347
Unternehmensplanung 124, 347
–, langfristige 126
–, periodische 144
–, rollierende 144
–, strategische 103

Unternehmenspolitik 124, 200, 369
Unternehmensprinzipien 76
–, eines Ingenieurbüros 78
Unternehmensstrategie 128, 209, 264, 343
Unternehmensziele 72, 80, 320, 344
Unternehmer 22
Unternehmung als private Erwerbseinheit 50
Unternehmung als privatwirtschaftliche
 Erwerbseinheit 50
Unternehmung als System 50
Unternehmungsführung 2
Ursache-Wirkungs-Diagramm 283
Ursachen-Wirkungsketten 233
Urwick 54

Value analysis 116
Value Engineering 117
Varianten 381
Variantenvielfalt 183
Veränderungen 339
Verantwortung 12, 80, 161, 252
Verantwortungsbereich 163
Verbesserung 360, 370, 375
–, in kleinen Schritten 376
–, drastische 375
Verfahrensentwicklungen 128
Verhalten 26, 30, 39, 82, 83, 157, 232, 274, 316
–, Änderung des 27
–, nichtdirektives 169
–, ökonomisches 230
–, rationales 230
Verhaltensänderung 31
Verhaltensansatz 235
Verhaltensgitter 244
Verhaltensgitter von Blake/Mouton 243
Verhaltensleitsätze 248
Verhaltensmodell von Leavitt 236
Verhaltensmuster 31
Verhaltensweisen 83, 84, 229
Vernetzung 110, 298
Verpflichtungen 150
Verrichtungsprinzip 184
Verschwendung 365, 386, 387
Verteilzeit 106
Vier-Felder-Matrix 137
Vision 17, 18, 317, 318
Vitalität 320
Vorkopplung 59, 111, 280
Vorstand 166

Wandel 18, 367

Waterman 341
Weber 7, 12
weiche Faktoren 342, 355
Weisungsbefugnis 182, 204
–, funktionale 172
Weisungsrechte 172
Weiterbildung 375
Weltkostenstandard 391
Werkzeugmaschinenbau 337
Wertanalyse 116
Werte 76, 77, 78, 82, 83, 229, 367
–, in der deutschen Metallindustrie 78
Wertesystem 76, 254, 315, 356, 365
–, japanisches 366, 367
Wertewandel 77, 78
Wertkette 141
Wertschöpfung 347, 358, 384, 388
Wertschöpfungskette 142, 208, 386, 390, 392
Wertschöpfungsstufen 213
Wertsystem 236
Wertvorstellungen 14, 82, 84, 309, 332, 343
Wettbewerbsanalyse 283
Wettbewerbsfähigkeit 294
Wettbewerbsfaktor 365
Wettbewerbspotentiale 213
Wettbewerbsstärke 139
Wettbewerbsstrategie 127
Wettbewerbsstrategien 213
Wettbewerbsvorteil 126
Wettbewerbsvorteil, japanischer 378
Wettbewerbsvorteile 129, 132, 141, 144, 364
Wir-Gefühl 84
Wirtschaftlichkeitsrechnung 122
Wissenschaft 4
wissenschaftliche Betriebsführung 13
Womack 364

Zeit 294, 321, 328
Zeit- und Bewegungsstudien 337
Zeitlohn 392
Zeitwettbewerb 364
Zellteilung 319
Zentralbereiche 195, 196
zentrale Dienste 320
Zentralfunktion 199, 200
Zentralfunktionen 311
Zentralisation 160, 162
Zentralisierung 199
Zertifizierung 286
Ziel 63, 65
–, der Gewinnmaximierung 65

Sachwortverzeichnis

–, des Organisierens 155
–, Formulierung 70
–, Haupt- 66
–, Unter- 66
Zielabstimmung 306
Zielbildungsprozeß 70, 71, 308
Zielbündel 333
Ziele 4, 67, 69, 70, 72, 78, 81, 87, 124, 132, 260, 276, 304, 307, 327, 347, 372, 374, 378
–, methodischen Konstruierens 93
–, setzen 72
–, abgeleitete 69
–, Akzeptanz der 80
–, Bereichs- 74
–, Einzel- 73, 270
–, Elemente von 69
–, Gesamt- 124
–, Global- 319
–, Konzern- 270
–, kurzfristige 73
–, langfristige 73
–, Leistungs- 307
–, Monats- 145
–, operationale 69, 251
–, persönliche 72
–, Teilziele 71, 73, 124
–, übergeordnete 73
–, Unternehmens- 74, 263
–, Vorgabe von 306
Zielerfüllung 332
Zielerreichungsgrad 67, 374
Zielgröße 70, 75
Zielhierarchie 74, 75, 307
Zielkatalog 73, 74
Zielkonflikte 65
Zielobjekte 70, 75
Zielorientierung 306
Zielsystem 320, 332, 343
Zielvereinbarung 69, 253, 268
Zielvorgabe 69, 347
Zufriedenheit 71, 241, 277, 332
Zulieferanten 286
Zwang, durch Sanktionen 228

Springer-Verlag und Umwelt

Als internationaler wissenschaftlicher Verlag sind wir uns unserer besonderen Verpflichtung der Umwelt gegenüber bewußt und beziehen umweltorientierte Grundsätze in Unternehmensentscheidungen mit ein.

Von unseren Geschäftspartnern (Druckereien, Papierfabriken, Verpackungsherstellern usw.) verlangen wir, daß sie sowohl beim Herstellungsprozeß selbst als auch beim Einsatz der zur Verwendung kommenden Materialien ökologische Gesichtspunkte berücksichtigen.

Das für dieses Buch verwendete Papier ist aus chlorfrei bzw. chlorarm hergestelltem Zellstoff gefertigt und im pH-Wert neutral.

Druck: Druckerei Kutschbach, Berlin
Verarbeitung: Buchbinderei Lüderitz & Bauer, Berlin